Sanitäranlagen

in öffentlichen und gewerblichen
Bauten und Einrichtungen

Sanitäranlagen
in öffentlichen und gewerblichen Bauten und Einrichtungen

Planung
Ausstattung
Installation

Hugo Feurich
Oberingenieur VDI

Manfred Henning
Dipl.-Volkswirt

Heinz Wagner
Prof. Dipl.-Ing.

Berlin/Arnsberg 1992

Impressum

Herausgeber: Strobel-Verlag · A. Strobel KG · Arnsberg
Autoren: Hugo Feurich · Oberingenieur VDI
Manfred Henning · Dipl.-Volkswirt
Heinz Wagner · Prof. Dipl.-Ing.
Layout und
Herstellung: Strobel-Druck · A. Strobel KG · Arnsberg

© 1992 bei den Autoren und A. Strobel KG

Alle Rechte, auch die des auszugsweisen Nachdrucks und der fototechnischen Wiedergabe, vorbehalten.

Printed in Germany

ISBN 3-87793-036-0

Inhaltsverzeichnis

1	**Grundlagen für die Sanitärplanung**	9
1.0	Einführung	9
1.1	Die Verhaltensweisen der Menschen im privaten und im öffentlichen Sanitärbereich	14
1.2	Die Entwicklung des Hygienebewußtseins	21
1.3	Der Einfluß des Hygienebewußtseins auf den Bau öffentlicher Gebäude	23
1.4	Hygiene und Sanitärtechnik	33
1.5	Infektionsquellen und Infektionswege	34
1.6	Gesundheitsrisiko durch Krankheitskeime im Sanitärbereich	34
1.6.1	Pseudomonas aeruginosa	35
1.6.2	Mykobakterien	38
1.6.3	Legionellen	38
1.6.3.1	Einfluß von Warmwasserversorgungssystemen	40
1.6.3.2	Einfluß der Wassertemperatur	40
1.6.3.3	Einfluß der Wassererwärmer	41
1.6.3.4	Einfluß der Warmwasserleitungen	41
1.6.3.5	Einfluß der Entnahmearmaturen	42
1.6.3.6	Einfluß der Warmsprudelbecken	43
1.6.4	Staphylokokken und Streptokokken	44
1.7	Sauberkeit	47
1.7.1	Waschen und Baden	47
1.7.1.1	Unterarm- und Händewaschen für Ärzte	51
1.7.1.2	Unterkörper-, Fuß- und Beinwaschen	52
1.7.1.3	Baden	53
1.7.2	Wasser- und Wärmeverbrauch	55
1.7.2.1	Duschbad	55
1.7.2.2	Wannenbad	63
1.7.3	Ausscheidungen	65
1.7.3.1	Stuhlgang	66
1.7.3.2	Harnentleerung	66
1.7.3.3	Körperreinigung im Anal- und Genitalbereich	68
1.7.3.4	Funktionsanforderungen an die Sanitäreinrichtung	68
1.7.4	Sauberkeit des Raumes und der Einrichtung	70
2	**Elemente der Sanitärplanung**	73
2.0	Allgemeines	73
2.1	Leitungsinstallation	73
2.2	Flächenbedarf der Sanitärräume	78
2.2.1	Waschplatz	83
2.2.2	Duschplatz	90
2.2.3	Badewannenplatz	99
2.2.4	Platz für Klosetts	103
2.2.5	Platz für Urinale	104
2.2.6	Platz für Bidets	106

2.2.7	Planungsbeispiele	107
2.3	**Sanitärobjekte**	**114**
2.3.1	Werkstoffe	114
2.3.1.1	Vergleichende Bewertung	120
2.3.2	Waschbecken	122
2.3.3	Duschstände	124
2.3.4	Badewannen	127
2.3.4.1	Ermittlung des Abflusses	130
2.3.5	Klosetts und Klosettkombinationen	135
2.3.6	Urinale	140
2.3.7	Bidets (Sitzwaschbecken)	143
2.3.8	Bodenabläufe	143
2.4	**Sanitärarmaturen**	**145**
2.4.1	Baumerkmale der Armaturen	145
2.4.2	Bauarten der Sanitärarmaturen	150
2.4.2.1	Durchgangsarmaturen	154
2.4.2.2	Auslaufventile	155
2.4.2.3	Druckspüler	156
2.4.2.4	Spülkästen mit Auslauf-Schwimmerventil	157
2.4.2.5	Mischbatterien	159
2.4.2.5.1	Zweigriff-Mischbatterien	159
2.4.2.5.2	Eingriff-Mischbatterien	159
2.4.2.5.3	Sicherheits-Mischbatterien	160
2.4.2.5.4	Thermostat-Mischbatterien	160
2.4.2.5.5	Überlauf-Mischbatterien	161
2.4.2.6	Selbstschlußarmaturen	164
2.4.2.6.1	Hydraulisch gesteuerte Selbstschlußarmaturen	164
2.4.2.6.2	Elektrisch gesteuerte Selbstschlußarmaturen	164
2.4.2.6.3	Opto-elektronisch gesteuerte Selbstschlußarmaturen	166
2.4.2.6.4	Radar-elektronisch gesteuerte Selbstschlußarmaturen	167
2.4.2.6.5	Ultraschall-elektronisch gesteuerte Selbstschlußarmaturen	170
2.4.2.7	Ausläufe, Duschköpfe, Spritzköpfe	170
2.4.2.8	Mehrwegeumstellungen	170
2.4.3	Qualitätsmerkmale	171
2.4.3.1	Oberflächenbearbeitung	171
2.4.3.2	Ventildichtung	172
2.4.4	Anschlußwerte von Sanitärarmaturen und Sanitärobjekten	172
2.4.4.1	Fließdruck und Mindestfließdruck	176
2.4.5	Sicherungsmaßnahmen gegen Rückfließen und Sicherungsarmaturen	179
2.4.5.1	Ursachen für eine Veränderung des Trinkwassers	179
2.4.5.2	Sicherungsmaßnahmen	180
2.4.5.3	Sicherungsarmaturen und Sicherungseinrichtungen	183
2.4.6	Schallschutz nach DIN 4109	190
2.4.6.1	Schall	190
2.4.6.2	Schalldruck und Schalldruckpegel	193
2.4.6.3	Schallschutzanforderungen	195
2.4.6.4	Schallschutzmaßnahmen	197
2.4.6.5	Geräuschentstehung durch Fließgeschwindigkeit und Wasserdruck	204

2.4.6.6	Minderung der Geräuschentstehung durch Armaturen- und Gerätewahl	205
2.4.6.7	Minderung der Füll- und Entleerungsgeräusche	206
2.4.6.8	Minderung der Geräuschausbreitung	207
2.4.6.9	Schalldämmung und Schalldämpfung	211
2.4.6.10	Installationstechnischer Schallschutz	217
2.5	**Wände und Fußböden**	**231**
2.5.1	Abdichtung gegen Feuchtigkeit	231
2.5.2	Rutschsicherheit	234
2.6	**Elektrische Schutzbereiche in Baderäumen**	**234**
2.6.1	Elektrische Schutzbereiche	234
2.6.2	Maßnahmen zum örtlichen Potentialausgleich	237
2.7	**Pflege und Überwachung sanitärer Anlagen**	**239**
2.7.1	Pflege und Überwachung der Installationen	239
2.7.2	Pflege der Räume	242
3	**Vorschriften**	**245**
3.1	**Gesetze und Verordnungen des Bundes**	**245**
3.1.1	BGB – Bürgerliches Gesetzbuch	245
3.1.2	HGB – Handelsgesetzbuch	246
3.1.3	Strafgesetzbuch	246
3.1.4	Gesetz zur Regelung des Rechtes der Allgemeinen Geschäftsbedingungen – AGB-Gesetz –	247
3.1.5	Gesetz über die Haftung für fehlerhafte Produkte – Produkthaftungsgesetz –	248
3.1.6	Bundesbaugesetz	250
3.1.7	Zweites Wohnungsbaugesetz	251
3.1.8	Gesetz über technische Arbeitsmittel – Gerätesicherheitsgesetz –	251
3.1.9	Wassersicherstellungsgesetz	251
3.1.10	Gesetz zur Ordnung des Wasserhaushaltes – Wasserhaushaltsgesetz WHG –	252
3.1.11	Gesetz zur Verhütung und Bekämpfung übertragbarer Krankheiten beim Menschen – Bundes-Seuchengesetz –	252
3.1.12	Energieeinsparungsgesetz 1980 – EnEG 1980 –	253
3.1.13	Wärmeschutz-Verordnung 1982	254
3.1.14	Heizungsanlagen-Verordnung 1982 – HeizAnlV 1982 –	254
3.1.15	Verordnung über energiesparende Anforderungen an den Betrieb von heizungstechnischen Anlagen und Brauchwasseranlagen 1978 – Heizungsbetriebs-Verordnung HeizBetrV –	255
3.1.16	Gewerbeordnung	255
3.1.17	Arbeitsstättenverordnung – ArbStättV –	256
3.1.18	Verordnung über Trinkwasser und über Wasser für Lebensmittelbetriebe (– Trinkwasserverordnung – TrinkwV –) vom 12.12.1990	257
3.1.19	Verordnung über die hygienischen Anforderungen und amtlichen Untersuchungen beim Verkehr mit Fleisch – Fleischhygiene-Verordnung FlHV – vom 30.10.1986	258
3.1.20	Verordnung über bauliche Mindestanforderungen für Altenheime, Altenwohnheime und Pflegeheime für Volljährige – HeimMindBauV –	259
3.2	**Gesetze und Verordnungen der Länder**	**260**
3.2.1	Landesbauordnungen	260
3.2.2	Verordnung über Bauvorlagen im bauaufsichtlichen Verfahren (Bauvorlagenverordnung – BauVorlVO –) vom 18.7.1985	260

3.2.3	Verordnung über prüfzeichenpflichtige Baustoffe, Bauteile und Einrichtungen (Prüfzeichenverordnung – PrüfzVO –) vom 17.5.1973	261
3.2.4	Verordnung über die Überwachung von Baustoffen, Bauteilen, Bauarten und Einrichtungen (Überwachungsverordnung – ÜVO –) vom 9.1.1976	262
3.2.5	Landeskrankenhausgesetz – LKG – Berlin 1986	263
3.2.6	Verordnung über die Errichtung und den Betrieb von Krankenhäusern – Berlin 1985	264
3.2.7	Gaststättenverordnungen der Länder zum Gaststättengesetz	266
3.2.8	Verordnung über Waren- und Geschäftshäuser für Berlin – Warenhausverordnung –	268
3.2.9	Verordnung über Camping- und Zeltplätze – Campingplatzverordnung –	268
3.2.10	Verordnung über die hygienische Behandlung von Lebensmitteln – Lebensmittelhygiene-Verordnung – vom 23.8.1977	270
3.3	**Richtlinien**	271
3.3.1	Richtlinien für den Bäderbau	271
3.3.2	Richtlinien für den Saunabau	274
3.3.3	Arbeitsstätten-Richtlinien	274
3.3.4	Schulbau-Richtlinien	275
3.4	**Normen**	276
3.4.1	VOB – Verdingungsordnung für Bauleistungen	276
3.4.2	VOL – Verdingungsordnung für Leistungen	277
3.4.3	DIN 1986 „Entwässerungsanlagen für Gebäude und Grundstücke"	277
3.4.4	DIN 1988 „Technische Regeln für Trinkwasser-Installationen – TRWI –"	278
3.4.5	DIN 2000 „Zentrale Trinkwasserversorgung – Leitsätze für Anforderungen an Trinkwasser, Planung, Bau und Betrieb der Anlagen"	281
3.4.6	DIN 4109 „Schallschutz im Hochbau – Anforderungen und Nachweise"	282
3.4.7	DIN 18022 „Küchen, Bäder und WC's im Wohnungsbau, Planungsgrundlagen"	284
3.4.8	DIN 18024 „Bauliche Maßnahmen für Behinderte und alte Menschen im öffentlichen Bereich. Planungsgrundlagen"	284
3.4.9	DIN 18025 „Wohnungen für Schwerbehinderte; Planungsgrundlagen"	285
3.4.10	DIN 18031 „Hygiene im Schulbau"	285
3.4.11	DIN 18032 Teil 1 „Hallen für Turnen, Spiele und Mehrzwecknutzung, Grundsätze für Planung und Bau"	286
3.4.12	DIN 18195 „Bauwerksabdichtungen"	287
3.4.13	DIN 18228 „Gesundheitstechnische Anlagen in Industriebauten"	288
3.4.14	DIN 18299 „Allgemeine Regelungen für Bauarbeiten jeder Art"	289
3.4.15	DIN 18336 „Abdichtungsarbeiten"	289
3.4.16	DIN 18352 „Fliesen- und Plattenarbeiten"	290
3.4.17	DIN 18381 „Gas-, Wasser- und Abwasser-Installationsanlagen innerhalb von Gebäuden"	290
3.4.18	DIN 19644 V „Aufbereitung und Desinfektion von Wasser für Warmsprudelbecken"	292
3.4.19	DIN 52218 „Prüfung des Geräuschverhaltens von Armaturen und Geräten der Wasserinstallation im Laboratorium"	292
3.4.20	DIN 52219 „Messung von Geräuschen der Wasserinstallation in Gebäuden"	292
3.4.21	DIN 52221 „Körperschallmessung bei haustechnischen Anlagen"	293
	Literaturverzeichnis	294
	Inserenten	299

1 Grundlagen der Sanitärplanung

1.0 Einführung

Sanitäre Anlagen in Gebäuden sind für das Zusammenleben der Menschen ein wichtiger Bestandteil des Gesundheitswesens im weitesten Sinne. Das beinhaltet das Verhüten von Krankheiten – die Hygiene –, das Heilen der Kranken – die Heilkunde – und das Versorgen Unheilbarer – die Fürsorge.

Der Umfang und die Ausstattung sanitärer Anlagen in Wohngebäuden sowie in öffentlichen und gewerblichen Bauten und Einrichtungen sollen den modernen technischen und sozialen Forderungen der Gesundheitspflege entsprechen.

Bereits in der Planung ist es ein wesentlicher Unterschied, ob eine Sanitäranlage in einer Wohnung eines Mehrfamilienwohngebäudes, in einem Einfamilienhaus – von dem einfachen Reihenhaus bis zur Luxusvilla – oder in öffentlichen und gewerblichen Bauten und Einrichtungen erstellt werden soll.

Neben einer vorteilhaften Auswahl der Sanitärobjekte und ihrer zweckmäßigen Anordnung sind im Wohnungsbau der Preis und das Design ausschlaggebend. Bei öffentlichen und gewerblichen Anlagen sind daneben noch Faktoren, wie z.B. die Frequentierung der Anlage durch die höchstmögliche Anzahl der Benutzer, die Benutzungshäufigkeit, die körperliche Verfassung der Benutzer – Behinderte, Krankenhauspatienten usw. –, die Wirtschaftlichkeit in der Anlagenbetreibung und die Wartungsfreundlichkeit der technischen Einrichtungen und der Räumlichkeiten wichtige Planungskriterien. In vielen Fällen beeinflussen individuelle Wünsche und finanzielle Möglichkeiten der Bauherren neben den technischen und bautechnischen Vorschriften die Sanitärplanung. Die Wirtschaftlichkeit in der Betreibung spielt bei Privatbädern nur eine untergeordnete Rolle, während sie bei öffentlichen und gewerblichen Sanitäranlagen ein wesentliches Kriterium darstellt und von der Funktionalität der Sanitärobjekte erheblich abhängt.

Die Grenze zwischen öffentlichem und gewerblichem Bereich ist auf dem Sanitärsektor fließend. Öffentliche Einrichtungen können auch privatwirtschaftlich betrieben werden. Die Probleme, die sich in diesem Sektor ergeben, sind von den Betreibern unabhängig. Investoren, Planer und Betreiber haben überall die gleichen Probleme und erwarten von den Sanitärfachleuten dafür spezielle Lösungen.

Was gehört zu dem fast unbegrenzten Markt des öffentlichen und gewerblichen Sanitärsektors? Es können hier nur Hauptgruppen aufgeführt werden, wobei nicht der Anspruch auf Vollzähligkeit erhoben wird.

I. **Gesundheitswesen**
   1. Arzt- und Zahnarztpraxen
   2. Krankenhäuser
      a. Medizinischer Bereich
      aa. Vorbereitungsraum zum OP
      ab. Arztraum
      ac. Behandlungsräume und -einrichtungen
      b. Patientenbereich
      c. Verwaltungs- und Personalbereich
      d. Küchenbereich
      da. Hauptküche
      db. Etagenküche
      dc. Waschküche
   3. Entbindungsstationen
   4. Rehabilitationseinrichtungen
   5. Sanatorien, Kurbetriebe
   6. Gesundheitsdienste
   7. Alten- und Pflegeheime
   8. Behinderteneinrichtungen

II. **Gast- und Beherbergungsgewerbe**
   1. Gast- und Schankstätten
   2. Restaurants
   3. Cafes
   4. Autobahnraststätten
   5. Bars
   6. Hotels
      a. Restaurantbereich
      b. Gästezimmer
      c. Schwimm-, Sauna- und Fitneßbereich
      d. Küchenbereich
      e. Personalbereich
   7. Pensionen
   8. Jugendherbergen
   9. Campingplätze

III. **Verkehrswesen**
   1. Verkehrsmittel
      a. Eisenbahnen
      b. Flugzeuge
      c. Schiffe
      d. Reisebusse
   2. Aufenthaltseinrichtungen für Reisende
      a. Bahnhöfe
      b. Flughäfen
      c. Schiffshäfen
      d. Autobahn-Rastplätze
      e. Tankstellen
      f. Wartehallen

IV. Bildungs- und Forschungseinrichtungen
1. Kindergärten
2. Schulen
3. Universitäten und Hochschulen
4. Bibliotheken
5. Forschungseinrichtungen
6. Laboratorien

V. Sport-, Freizeit- und Unterhaltungseinrichtungen
1. Sportstadien
2. Hallen-, Frei- und Strandbäder
3. Saunabetriebe
4. Theater
5. Konzerteinrichtungen
6. Diskotheken
7. Museen
8. Versammlungsstätten
9. Kirchen und Gedenkstätten

VI. Industriebereich
1. Produktionseinrichtungen in Lebensmittelbetrieben
   a. Fleischverarbeitende Betriebe
   b. Molkereien und Käsereien
   c. Fischverarbeitende Betriebe
   d. Tiefkühlkostproduzierende Betriebe
   e. Dauerbackwaren-Hersteller
2. Sonstige Produktionsbetriebe
3. Sozialeinrichtungen
   a. Waschbereich
   b. Duschbereich
   c. Klosettbereich
   d. Urinalbereich
4. Verwaltungsbereich

VII. Handels- und Gewerbebetriebe
1. Lebensmitteleinzelhandlungen bzw. -abteilungen
2. Einzelhandelsgeschäfte
3. Kaufhäuser
4. Einkaufszentren
5. Gewerbliche Küchen
6. Handwerksbetriebe
   a. Bäckereien
   b. Fleischereien
   c. Konditoreien
   d. Friseursalons
7. Sonstige Gewerbeunternehmen

VIII. Gemeinschaftsunterkünfte
1. Erholungsheime
2. Kinderheime
3. Kasernen
4. Haftanstalten

IX. Öffentliche Verwaltungen
1. Rathäuser
2. Gerichte
3. Allgemeine Behörden und Ämter

X. Öffentliche Bedürfnisanstalten
1. Öffentliche Toiletten in Städten und Gemeinden

Bei einer Analyse des Gesamtsanitärmarktes in seinen einzelnen Segmenten ist erkennbar, daß es auch bestimmte Marktüberschneidungen zwischen dem privaten und dem öffentlich/gewerblichen Bereich gibt. So ist z.B. in der Hotellerie für die Gästezimmer ein starker Einfluß der Privatsphäre erkennbar, was auch auf die Altenheime in gewissem Umfange zutrifft. Aus dieser Tatsache ergibt sich eine Wechselwirkung zwischen den einzelnen Sanitäranlagen in ihren Ausstattungen. So hat der private Ausstattungsstandard einen nicht unbedeutenden Einfluß auf die Ausstattung im öffentlichen und gewerblichen Sanitärbereich, wie aber auch umgekehrt.

Wie bereits erwähnt, sind bei Sanitäranlagen in öffentlichen und gewerblichen Bauten und Einrichtungen neben den allgemeinen noch besondere Kriterien und deren Gewichtung zu berücksichtigen.

Die Probleme, die in Sanitärräumen, welche von einer anonymen Menge unterschiedlichster Personen benutzt werden, entstehen, müssen im Sinne der Betreiber und der Benutzer von den Sanitärfachleuten gelöst werden.

Die besonderen Anforderungen, die an öffentliche und gewerbliche Sanitäreinrichtungen gestellt werden, sind deutlich aus folgendem Beispiel ersichtlich:

Ein öffentliches Schwimmbad wird von mindestens 500 000 Besuchern im Jahr frequentiert, die im Regelfall zweimal duschen – jeweils vor und nach dem Bad –. In einem solchen Schwimmbad sind durchschnittlich 40 Duscharmaturen installiert, was bedeutet, daß diese Armaturen je 25 000mal im Jahr benutzt werden.

Der Anforderungsunterschied zwischen einer Duscharmatur im privaten Badbereich und einer im öffentlichen Bereich ist offenkundig. Ein solcher Massenbetrieb erfordert aber auch zwei wichtige Kriterien, die neben den hygienischen Anforderungen zu beachten sind:

die Wirtschaftlichkeit und die Vandalensicherheit.

Die Vermeidung unnötigen Verbrauchs von Wasser und Energie im Sanitärbereich ohne Komforteinschränkung für die Benutzer ist nicht nur für die wirtschaftliche Betreibung der Anlagen von Bedeutung, sondern auch für die Schonung der Umwelt. Bereits bei der Planung und der Installation einer Sanitäranlage muß an die Senkung der Folgekosten, wie z.B. Langlebigkeit durch Qualität der Einrichtungsgegenstände – Material und Konstruktion –, die Möglichkeit eines leichten Ersatzes von Verschleißteilen mit geringen Montagezeiten und -kosten, gedacht werden.

Bei Modernisierung älterer bestehender Anlagen können oftmals ohne wesentliche Beeinträchtigung des laufenden Betriebes moderne Installationsmethoden angewandt werden. Konstruktiv flexible Vorwand-Installationselemente und Trockenverkleidung können leicht den baulichen Gegebenheiten angepaßt werden und verkürzen die Installationszeit wesentlich.

Auch die Möglichkeit der leichten Pflege zur Hygieneförderung ist für die wirtschaftliche Unterhaltung einer Sanitäranlage ein wichtiges Kriterium. Glatte, verschmutzungshemmende Oberflächen und gute Desinfektionsmöglichkeiten, sowie ausreichende, sinnvoll aufgestellte Abfallbehälter, ergänzt durch in kurzen Abständen durchgeführte regelmäßige und gründliche Reinigung, ermöglichen eine saubere Anlage. Dunkle Ecken laden zum Verschmutzen ein, wogegen helle, saubere, freundliche und funktionsgerechte Anlagen notorische Verschmutzer abschrecken und Zerstörungswütige hemmen. Selbstverständlich ist die Schaffung von Ablagen zum sicheren und sauberen Abstellen des Handgepäcks in allen Räumen notwendig.

Der Grundsatz

„Ordentliche und saubere Sanitärräume tragen wesentlich zum Wohlbefinden des Menschen bei"

sollte von Planern, Installateuren und Betreibern stets beachtet werden.

Daß eine öffentliche Sanitäranlage auch **behindertengerecht** geplant und ausgestattet sein muß, ist selbstverständlich.

Eng verbunden mit der Wirtschaftlichkeit ist die Vandalensicherheit. Die Beseitigung von Vandalismusschäden ist oft mit hohen Kosten verbunden, die sich auf die Wirtschaftlichkeit auswirken. Deshalb sollte bereits bei der Planung von Neuanlagen bzw. bei der Modernisierung bestehender älterer Anlagen die Möglichkeit der Vermeidung berücksichtigt werden. Dort, wo Sanitärräume von den unterschiedlichsten Personen benutzt werden, **müssen** hohe Ansprüche an die Ausstattung und die Pflege dieser Räume gestellt werden. Wenn auch keine absolute Vandalensicherheit möglich ist, kann aber eine Vandalismus-Hemmung geschaffen werden. Das bedeutet im einzelnen u.a. Schlagfestigkeit und Widerstandsfähigkeit gegen Zerstörungswut, Sicherung gegen Demontage und Diebstahl, Schutz vor unerlaubten Eingriffen hinsichtlich Funktionsgarantie, Benutzersicherheit und Gebrauchsfähigkeit. Die Funktionssicherheit bei Dauerbetrieb und extremer Beanspruchung erfordert eine robuste Funktions- und Verschleißfestigkeit der Sanitärgegenstände. Einrichtungen mit selbststeuernden Funktionsabläufen bzw. für die Benutzer problemloser leicht begreifbarer Bedienung, bei denen die technischen Einheiten meist vom Benutzer unerreichbar hinter der Wand installiert werden können, werden von der Industrie angeboten, um Vandalismus möglichst weitgehend auszuschließen.

Das vorliegende Buch soll als Hilfe für Investoren, Planer, ausführende Installateure und Betreiber von öffentlichen oder gewerblichen Sanitäranlagen dienen.

1.1 Die Verhaltensweisen der Menschen im privaten und im öffentlichen Sanitärbereich [68]

Öffentliche Einrichtungen im sanitären Bereich, aber auch öffentliche Verkehrsmittel und Gebäude werden zunehmend Objekte zerstörerischer Aktionen oder erfahren Zeichen unpfleglichen Umgangs durch die Benutzer. Aus diesem Grunde wurde ein soziologischer Erklärungsversuch vorangestellt.

Soziales Verhalten

Das soziale Verhalten des Menschen wird weitgehend durch kulturelle Symbole und Normen gesteuert. Geltende Normen entsprechen den jeweils gültigen Werten der verschiedenen Gesellschaften. Davon abgeleitete Regeln und Muster erleichtern es dem Individuum, sich „in der Welt" zurechtzufinden.

Das soziale Verhalten kann in der Regel nur dem Muster der Gesellschaft zugeordnet werden, in der es stattfindet.

In *dieser* Gesellschaft wird darüber geurteilt, inwieweit ein bestimmtes Verhalten den gesellschaftlichen Normen entspricht. Ein jeder muß im Laufe seines Lebens mit unterschiedlichen „Umwelten" umgehen können, und er handelt in der Regel so, daß er sein erlerntes Verhaltensgrundmuster variiert. Ort der primären Sozialisation ist in der Regel die Familie. In und mit ihr werden jene Verhaltensformen trainiert, die in ihrer Anwendung im Laufe des Lebens modifiziert werden. Auch in der modernen Sozialisationsforschung wird – wie in Lerntheorien – trotz der Erkenntnisse über Möglichkeiten der Umformung bestimmter Verhaltensmuster („lebenslange Sozialisation") der Phase der ersten Lebensjahre hinsichtlich des Erwerbs von Grundmustern des Verhaltens besondere Bedeutung zugemessen.

Wenige Grundmuster sind so allgemein, daß sie als universal angesehen werden können. **Jürgen Habermas** ging in seinem Modell der „Entwicklung des moralischen Bewußtseins" in Fortführung der von **L. Kohlberg** und **J. Piaget** entwickelten Stufenmodelle über jene hinaus, indem er als erreichbare Endstufe in der Entwicklung des Menschen diesen als Weltbürger, als „Mitglied einer fiktiven Weltgesellschaft" unter den Bedingungen „moralischer und politischer Freiheit" handelnd sah. Als „Niveau der Kommunikation" gelte auf dieser Entwicklungsstufe eine „universalistische Bedürfnisinterpretation".

Der Traum einer Weltgesellschaft, in der mittels „kommunikativer Kompetenz" (Habermas) Dissens geregelt und soziale Ungleichheit weitgehend aufgehoben ist, bleibt vorerst Utopie. In den achtziger Jahren des zwanzigsten Jahrhunderts haben sich unterschiedliche kulturelle Normen und Werte noch weit mehr als konfliktauslösend gezeigt als das Problem des Klassenkampfes für soziale Gerechtigkeit.

Die soziales Verhalten bestimmende Wertgrundlage und das dazugehörende Normengefüge ist in der Gegenwart vielfältigen Erschütterungen ausgesetzt, so daß Verhaltensirritationen – vor allem in der Öffentlichkeit – auffällig werden.

Der moderne Mensch

Der moderne Mensch ist überfordert. Er hat sich seit der Aufklärung über seine „selbstverschuldete Unmündigkeit" (wie Kant es provozierend formulierte) zu befreien versucht von Bevormundung und Zwängen, er hat im zwanzigsten Jahrhundert aktiv seine „Selbstverwirklichung" betrieben. Er hat dieses Ziel im wesentlichen erreicht. Er hat sich den einengenden Spielregeln seiner Gesellschaft entziehen wollen, und er schuf nicht nur für sich Freiräume, sondern praktizierte auch für seine Kinder eine „antiautoritäre Erziehung". Das Mobiliar seiner Einraumwohnung durfte aus Apfelsinenkisten bestehen, die Matratzen durften auf dem Fußboden liegen, Lager für den Tag und für die Nacht sein, für sich allein und andere.

Der Mensch der zweiten Hälfte des 20. Jahrhunderts (auf dem Weg zum Weltbürger) reist nicht mehr wie Thomas Manns Aschenbach mit Schrankkoffern nach Venedig, sondern mit dem Schlafsack und minimaler Garderobe im Rucksack an die Strände des Südens. Das Fremde war nahe und jederzeit zu haben, und die Freiheit war grenzenlos.

Der Mensch der zweiten Hälfte des 20. Jahrhunderts mußte nicht mehr funktionieren; Sanktionen für Aussteiger jeder Art waren nicht mehr von der „Gesellschaft", sondern, wenn überhaupt, im Privatbereich zu erwarten. Wenn Einzelne nicht mit ihrem Leben zurechtkamen, suchten sie sich eine therapeutische Hilfe. Das vermeintliche Versagen wurde individualisiert. Es ging vor allem darum, Beziehungen zu Frau und Mann, vor allem aber zu den Eltern „aufzuarbeiten". Denn die Beziehungen „funktionierten" auch nicht mehr. Wenn es dennoch in einigen Fällen ein Miteinander ohne Konflikte gab, so mußte auch dies mißtrauisch machen, der Verdacht auf dekadente Bürgerlichkeit war Grund genug, auch deshalb einen Psychiater aufzusuchen.

So ähnlich könnte im 21. Jahrhundert unsere Gegenwart beschrieben werden, eine Zeit, in der die Menschen – der industrialisierten, westlichen Welt – scheinbar den Höhepunkt ihres Ausstiegs aus der „selbstverschuldeten Unmündigkeit" erreicht hätten.

Öffentlichkeit war nicht mehr bestimmend, die Perfektionierung der Bürokratie signalisierte anmaßend Gerechtigkeit ohne Ansehen der Person. Dennoch geübtes öffentliches Engagement, wie in den späten sechziger Jahren, erfuhr politische Diskriminierung, und dies führte schließlich zu einem noch stärkeren Rückzug in die Intimität; das Individuum war frei und ohne Verantwortung. Der „individualisierte" Mensch lehnte Regeln öffentlichen Verhaltens ab, zog sich ins Private zurück und saß in der Falle: im Feldzug gegen eine „Entfremdung" hatte er sich selbst gefunden, aber den Kontakt zur Gesellschaft verloren. Und er mußte zur Kenntnis nehmen: sobald er sich nicht an die Regeln hielt, war er als Mitspieler nicht mehr gefragt.

Die kritische Haltung des modernen Menschen zu den Regeln öffentlichen Verhaltens war durchaus eine emanzipatorische Leistung, doch mit der Suche nach Befriedigung der radikalen Lust am Entdecken der Individualität wurden die Fähigkeiten sozialen Verhaltens in der gesellschaftlichen Öffentlichkeit minimiert.

Öffentlichkeit und Privatheit

Öffentlichkeit besteht überall dort, wo einer Anzahl – sich grundsätzlich fremder – Menschen Kommunikation und Arrangement durch spezifische Stilisierungen des Verhaltens möglich sind. Diese Kommunikation bedarf „vernünftiger" Regeln, wie sie sich im Marktgeschehen am deutlichsten zeigen. Definiert ist im öffentlichen Bereich die Situation, in der Menschen miteinander in Verbindung treten. Diese Verbindungen sind in der Regel zeitlich begrenzt, beliebig und mit wechselnden Personen wiederholbar. Die „Maßstäbe der Vernunft und die Regeln des Gesetzes" sind Grundlage des Verhaltens in der Öffentlichkeit. Eine „unvollständige Integration" (Hans Paul Bahrdt, 1961), die das Individuum in der Öffentlichkeit erfährt, ist geradezu Bedingung für eine weitgehend stilisierte Kommunikation. Dagegen ist der Privatbereich jene Sphäre, die eine – auch emotionale – Einbindung zulassen muß. „Ein Merkmal sozialer Ordnungen, die den Aggregatzustand der Öffentlichkeit kennen, ist der hohe Grad an Bewußtsein vieler in ihr vorkommender sozialer Verhaltensweisen". Damit umgehen zu können, sie miteinander in Einklang zu bringen, führe zu höherer Bewußtheit und zu einer Vergeistigung des gesellschaftlichen Lebens (Bahrdt).

Öffentlichkeit und Privatheit bedingen sich zu ihrer vollständigen Funktion gegenseitig. Diese deutlichere Trennung der komplementären Bereiche konnte jedoch erst „funktionieren", als auch der politische Bereich öffentlich wurde, das heißt, daß z. B. auch jeder Bürgerin durch das Wahlrecht die Teilnahme an politischer Öffentlichkeit möglich wurde. Die Öffentlichkeit der „Salons" des 18. und 19. Jahrhunderts, die Öffentlichkeit der griechischen „agora" können zwar als historische Vorläufer bezeichnet werden, besaßen aber nicht das Merkmal der – modernen – Allgemeinheit.

Auch das Leitbild des privaten Bereichs, die Familie, ist relativ jungen Datums in ihrer modernen Form. Geht man von der Annahme aus, daß die traditionelle Familie inzwischen an Bedeutung verloren hat, so muß auch der primäre Bereich der Sozialisation unsicher geworden sein oder nicht mehr mit der Familie allein verbunden werden können.

Obwohl auch Bahrdt (1961) annahm, daß die Erfahrung mit der Beliebigkeit der Kommunikation in der Öffentlichkeit Gefahren berge, so daß in Zukunft die Autorität tradioneller Bindungssysteme in Frage gestellt werden könnten, ließen sich damit allein Verhaltensirritationen nicht begründen.

Die Institution Familie ist von der Entwicklung zur personalen Autonomie nicht unberührt geblieben. Gleichwohl besteht sie in der konventionellen Form neben anderen, neuen Organisationsformen privater Gemeinschaft weiter.

Der Rückzug in die Privatsphäre erfuhr nicht unwesentliche Unterstützung durch die Gestaltung neuer Wohnquartiere als Beherbergungszellen für Menschen, die der Öffentlichkeit nicht mehr zu bedürfen schienen.

Die moderne Stadt

Der Ort, in dem Öffentlichkeit stattfindet, ist vor allem die Stadt.

Eine Neugestaltung war nach dem zweiten Weltkrieg in vielen Städten nicht nur zur Reparatur von Kriegsschäden notwendig, sondern auch wegen der Unterbringung der den westlichen Industriestaaten zuströmenden Menschen. Stadtgestaltung wurde verkehrs-, d.h. autogerecht vorgenommen, die Neubebauung nach frei übertragenen Prinzipien der Reformer der zwanziger Jahre (Licht, Luft, Sonne), vor allem aber nach den Bedingungen der freien Marktwirtschaft: es mußte sich „lohnen" zu bauen (es muß sich „rechnen" ist ein Begriff der achtziger Jahre). Stadtgestaltung zur Schaffung urbaner, öffentlicher Räume wurde weitgehend vernachlässigt.

Die neuen Wohnungen für die Menschen der zweiten Hälfte des zwanzigsten Jahrhunderts ließen kaum etwas zu wünschen übrig, boten aber auch wenig Raum zum Gestalten, die Grundrisse bestimmten streng die Nutzungszwecke der einzelnen Räume. Und: um ein Bild an die Wand zu hängen (primitivste Form von Kreativität), benötigte man für die Befestigungsvorrichtung die Schlagbohrmaschine. Das Geräusch der Bohrmaschine war in den Neubaugebieten das aufdringlichste Existenzgeräusch der anderen Individuen, gefolgt vom Dröhnen der Druckspülung, dem Fernsehprogramm der anderen konnte man zur Not das eigene noch anpassen. Man mußte sich arrangieren mit der Umwelt der eigenen Wohnung, ohne dazu das private Terrain zu verlassen. Dies zu tun, um zu kommunizieren, bot sich wegen der „Unwirtlichkeit" der Umgebung nicht an. Alexander Mitscherlich [52] beschrieb die Zerstörung unserer Städte durch den Wiederaufbau. Sein Buch erschien 1965, und inzwischen bemüht man sich, durch „Wohnumfeldverbesserungen" in Großsiedlungen (z.B. Märkisches Viertel, Berlin) diese „Unwirtlichkeit" zu mildern.

Die Gestaltung der Wohnungen als komfortabler Binnenraum zur Einfriedung des Privaten ist nicht von einer Gestaltung des Außenraumes, der öffentliches Leben zuläßt, begleitet worden. Es ist jedoch nicht stadtplanerischem und architektonischem Versagen allein zuzuschreiben (und auch nicht den Prämissen der „Charta von Athen"), wenn unsere Städte den Eindruck trost- und formloser Gebäudeansammlungen vermitteln. Eine „merkantile Ausbeutung des städtischen Raumes" (Mitscherlich) sei Ursache für die Reduzierung von öffentlich zugänglichem Raum. Dies geht vor allem zu Lasten der Jugend und des Alters.

Unsere moderne Stadt hat durch die Präferierung des Verkehrs und durch die Bodenpolitik jedoch nicht nur in den Neubaugebieten diese räumlichen Einschränkungen erfahren, sondern auch in den sorgfältig gepflegten und grundsätzlich auch gegen Kinder abgegrenzten Quartieren der Einfamilienhäuser. Auch dort – und vielleicht gerade dort – herrscht das Diktat der Privatheit. Aus dem öffentlichen Leben ausgeschlossen zu sein, weder Raum noch Anforderung zur Teilnahme zu haben, das bedeutet Isolation.

Isolation und mangelnde Kommunikation zeigen pathologische Folgen, sie machen – im günstigsten Falle sogar – aggressiv. Sigmund Freud erkannte im „Unbehagen in der Kultur" bereits jenen Widerspruch, dem sich der Mensch in der modernen Zivilisation stellen müsse. Dem Widerspruch entzog sich der Mensch zunächst durch den Rückzug in die Intimität der Privatheit.

Der Verlust der Öffentlichkeit

„Intimität läuft auf die Lokalisierung der menschlichen Erfahrung, ihre Beschränkung auf die nächste Umgebung hinaus, dergestalt, daß die unmittelbaren Lebensumstände eine überragende Bedeutung gewinnen. Je weiter diese Lokalisierung fortschreitet, desto mehr setzen die Menschen einander unter Druck, die Barrieren von Sitte, Regel und Gestik, die der Freimütigkeit und Offenheit entgegenstehen, aus dem Wege zu räumen" [66].

Der Mensch ist ein soziales Wesen. Sein Rückzug in die Privatheit in der zweiten Hälfte des zwanzigsten Jahrhunderts war nicht nur Folge eines emanzipatorischen Strebens, sondern ihm lagen auch Erfahrungen mit kollektiver Ideologie und deren Wirkungen zugrunde, die zur Vermeidung von Gemeinschaftsbildung aufzurufen schienen. Die nach dem zweiten Weltkrieg als politisch entlastend angesehene Präferierung der freien Marktwirtschaft ließ auch Konkurrenz als notwendiges Merkmal einer Gesamtideologie zu. Die durch Institutionen bestimmte Gesellschaft bedurfte nicht mehr des persönlichen Engagements, der Rückzug in die Privatheit war auch materiell und bürokratisch abgesichert. Die für das Leben in einer Gemeinschaft notwendigen Regeln wurden als obsolet angesehen, verbindliche Verhaltensformen wurden abgelehnt, das private Individuum bedurfte der Mitspieler nicht mehr. Selbst der Markt, als Form von Öffentlichkeit, hatte auf Selbstbedienung umgestellt. Das soziale Wesen Mensch, das der Regeln verlustig gegangen ist, kann nicht mehr spielen, und das Spiel ist die Verhaltensform in der Öffentlichkeit. „Wenn die lebenslange Formung der menschlichen Erfahrung mit und in der Welt durch die fortwährende Suche nach dem „eigenen Selbst" ersetzt wird, degeneriere der Mensch (so Richard Sennetts Schlußfolgerung) zu einem „Schauspieler, dem seine Schauspielkunst abhanden gekommen ist".

Das von Kant geforderte Vermögen, seinen Verstand zu benutzen, ohne sich der Leistung eines anderen zu bedienen (Voraussetzung des Ausstiegs aus der Unmündigkeit), sollte gewiß nicht Sprachlosigkeit und Vereinzelung bedeuten, denn „... wieviel und mit welcher Richtigkeit würden wir wohl denken, wenn wir nicht gleichsam in Gemeinschaft mit anderen, die uns ihre Gedanken mitteilen, dächten" fügte er an. Der moderne Mensch bedarf des anderen nicht mehr, er „kommuniziert" inzwischen sowohl mit dem Computer als auch mit dem Fernseher. Die – bürgerliche – Öffentlichkeit als „Sphäre der zum Publikum versammelten Privatleute" (Jürgen Habermas) verlor ebendies Publikum.

Die Vereinzelten fanden sich nicht mehr im Gesamten wieder, konnten sich aber den Raum für ihre einzelne Existenz komfortabler als je zuvor gestalten.

Auswirkungen auf öffentliches und privates Verhalten

Der Mensch verhält sich in der Regel so, wie er es gelernt hat. Der Rückzug in die intime Sphäre der Privatheit, begleitet von einer aufwendigen Pflege der Individualität (von der Wissenschaft gefördert und von Medien propagiert), ließ das Regelwerk öffentlichen Verhaltens nahezu in Vergessenheit geraten. Angemessen stilisiertes Verhalten in der Öffentlichkeit wurde nicht mehr geübt, es wurde zudem als die persönliche Freiheit einschränkend diskriminiert. Der Terminus „Umgangsformen" – mit seiner inhaltlichen Ausfüllung – schien einer vergangenen Zeit anzugehören.

Die Lebensformen der Menschen in der industrialisierten Gesellschaft sind nicht mehr bestimmt von den Regeln einer Gemeinschaft, selten auch hat die „moralische Kraft der Gruppe" (Emile Durkheim) einer „Entfremdung" durch Arbeitsteilung entgegenwirken können. Der Mensch als soziales Wesen erfährt in einer Isolation erzeugenden Konkurrenzgesellschaft eine Einschränkung seiner – natürlichen, der Art entsprechenden – Bedürfnisse:

- ◆ der Bewegungsraum ist ihm durch Wohnformen und Eigentumsverhältnisse eingeschränkt,
- ◆ der Umfang der öffentlichen Kommunikation ist minimal,
- ◆ die Angebote der Institutionen wie Dienstleistungsunternehmen zur Entlastung – von körperlicher Tätigkeit, aber auch von Verantwortung – sind vielfältig,
- ◆ schließlich ist vielen Menschen gegenwärtig eine Umsetzung von Kreativität, Wissen und Können mangels eines geeigneten Arbeitsplatzes nicht einmal möglich.

In der privaten Sphäre allein kann jener Verlust an Öffentlichkeit und Teilnahme nicht in ausreichendem Maße Kompensation erfahren, dem „Spiel" des auf Kommunikation angewiesenen Sozialwesens Mensch sind dort enge Grenzen gesetzt. Die auf Tausch gegründeten modernen familiären Beziehungen erschöpfen sich bekanntermaßen. „Langeweile ist die notwendige Konsequenz einer Intimität, die als Tausch funktioniert" (Sennet). Dennoch ist das Verhalten des Individuums in seinem privaten Bereich nur scheinbar ein regelloses. Die soziale Kontrolle im privaten Bereich ist einerseits durch Personen direkt und durch die vornehmlich individualpsychologische Analysierung und Bewertung von Verhalten außerordentlich intensiv, andererseits wird sie durch die Tatsache der monetären Verantwortung für gemietete oder im Eigentum befindliche Sachwerte bestimmt, so daß auch die Selbstkontrolle weitgehend funktioniert: eine Abwendung materiellen wie ideellen Schadens wird deshalb vorrangig Ziel privaten Verhaltens sein.

Je weniger es aber gelingt, die individuellen Bedürfnisse angesichts einer kalten (gleichgültigen) Öffentlichkeit zu befriedigen, um so weniger gelingt eine Kompensation des Mangels im Privatbereich. Es beginnt „Unlust, Zerstreutheit, Konzentrationsmangel, Jähzorn, Zerstörungswut, grausame Rücksichtslosigkeit" (Mitscherlich).

Aggressive Handlungen gegen die materiale, aber auch die soziale Umwelt haben seit Jahren zugenommen. Ursache mag vor allem der doppelte Entfremdungseffekt moderner Gesellschaften sein:

Einerseits entdeckt der Mensch auf der Individualebene, zurückgeworfen auf die eigene Persönlichkeit, deren
– natürliche – Mangelhaftigkeit und die eigene Machtlosigkeit. Er versucht, diese Enttäuschung mit einer komfortablen Ausstattung des privaten Bereichs zu kompensieren. Er verteidigt sein Refugium in dem Maße, wie seine Unfähigkeit, am gesellschaftlichen Leben teilzunehmen, zunimmt.

Andererseits wird diese Möglichkeit der Kompensation gegenwärtig durch tatsächlichen oder drohenden Arbeitsplatz- oder Wohnungsverlust in Frage gestellt. Soziale Ungleichheiten werden auffälliger.

Anschläge gegen die materiale Umwelt (vor allem in öffentlichen Verkehrsmitteln und in sanitären öffentlichen Einrichtungen) sind Ausdruck dieser Aggressivität, gespeist von dem Erkennen eigener Bedeutungslosigkeit in der Gesellschaft.

Das Verhalten in sanitären öffentlichen Einrichtungen ist ein besonderes Beispiel für Verhaltensirritationen aufgrund der geschilderten Entwicklung: In ihnen wird Privatheit imitiert, jedoch der Privatheit immanenten sozialen Kontrolle sowie dem Zwang zur Selbstkontrolle kann man sich in der Anonymität öffentlicher Einrichtungen entziehen. Sie stellen Symbole einer an sich feindlichen Umwelt dar, scheinen jene „Spielräume" anzubieten, die im öffentlichen kommunikativen Verhalten nicht mehr hergestellt werden.

Schlußfolgerungen und Möglichkeiten

Öffentliche Einrichtungen sind grundsätzlich allen zugänglich. Sie sind Bestandteil jeder größeren Ansiedlung und dienen unterschiedlichen Zwecken: Verwaltungsgebäude, Kinos, Theater, Bahnhöfe, Schwimmbäder sind Einrichtungen mit jeweils deutlich definierten Funktionen. Der Charakter der Institution bestimmt das konkrete Verhalten der Besucher.

In allen öffentlichen Gebäuden wie auf den Straßen und Plätzen der Stadt ist die soziale Kontrolle durch die Anwesenheit vieler anderer Menschen gewährleistet. Sie ist im Gegensatz zur direkt persönlichen im privaten Bereich eine „unpersönliche", soziale Kontrolle wird im „städtischen Milieu durch tausend Blicke aus Fenstern, Läden und von Passanten ausgeübt" (Bahrdt).

Die in allen öffentlichen Gebäuden vorhandenen *sanitären Einrichtungen* sind von der Definition her öffentliche, durch ihre Funktion jedoch wird in ihnen Privatheit imitiert. In der Anonymität und jeglicher Sanktionen individuellen Verhaltens entzogen imitierten Privatheit bieten sich die Ausstattungsgegenstände wie Räumlichkeiten als Ersatzobjekte für das Entladen aufgestauter Aggressionen an.

Die soziologische Forschung hat sich bisher wenig mit dem unterschiedlichen Verhalten der Menschen in öffentlichen und privaten Räumen befaßt. Dennoch könnten schon jetzt einige Maßnahmen beschrieben werden, die geeignet sind, ein aggressionsfreies Verhalten von Menschen in öffentlichen Räumen zu fördern. Es könnte

- ◆ im Bereich der familiären und schulischen Sozialisation zum Training öffentlichen Verhaltens einiges getan werden, z.B. über deutliche Hinweise auf den ökologischen Aspekt der Verantwortlichkeit eines jeden Menschen für die Gemeinschaft im Hinblick auf einen pfleglichen Umgang mit natürlichen Ressourcen, die schließlich zur Herstellung unserer gebauten Umwelt gebraucht werden.

- ◆ Die ingenieurtechnische und architektonische Gestaltung öffentlicher Einrichtungen wird die Ursache der geschilderten Aggressivität nicht beseitigen können, es kann lediglich durch die Herstellung einer dem Menschen nicht fremden (freundlichen!) Atmosphäre (ausreichende Helligkeit, Vermeidung allzu großer Enge, Entspannung signalisierende Farbgebung, unkomplizierter Gebrauch) die Bereitschaft zu aggressivem Verhalten gemindert werden.

- ◆ Durch häufigere Pflege der sanitären Einrichtungen, wenn nicht durch entsprechende Betreuung, kann beispielsweise jene soziale Kontrolle der Privatheit dort imitiert werden, wo wegen der Art der Einrichtung die soziale Kontrolle einer Öffentlichkeit durch andere Personen nicht hergestellt werden kann.

- ◆ Schließlich ist die Kreativität der Fachleute im Entwerfen der Ausstattung und bei der Gestaltung öffentlicher Einrichtungen ebenso gefragt wie ihr Mut und ihr Engagement, die sachgerechten und zweckmäßigen Lösungen durchzusetzen. Dabei können sich durchaus teuere Lösungen auf Dauer als die wirtschaftlichsten erweisen.

1.2 Die Entwicklung des Hygienebewußtseins

Der Begriff *Hygiene* geht auf „*Hygieia*", die griechische Göttin der Gesundheit, zurück und hat für uns heute die Bedeutung von „Gesundheitspflege" und „Gesundheitslehre". Des weiteren umfaßt er aber alles, was dieser Gesundheitspflege förderlich ist.

War in antiker Zeit auch keine wissenschaftlich begründete Kenntnis der Hygiene vorhanden, so gab es doch ein Wissen um die Bedeutung von Reinheit und Sauberkeit: Dies manifestiert sich vor allem darin, daß vor heiliger Handlungen die Reinigungszeremonie gesetzt war. Wer z.B. in Delphi das berühmte Orakel befragen wollte, mußte sich vorher im klaren Wasser der Quelle von Kastalia gereinigt haben. Aber auch, wer an den Spielen von Delphi teilnahm, mußte vorher seinen Körper im Bade gereinigt haben.

Der Brunnen im Hofe der Moschee diente ebenfalls der Reinigung aller, die die Moschee betreten wollten – und schließlich ist die christliche Taufe mit Wasser eine Anlehnung an die Reinigungszeremonien der Antike.

Die Entwicklung der modernen Hygiene geht auf **Max von Pettenkofer** (1818–1901) zurück. 1855 veröffentlichte er seine Studien über die Cholera und ihre Beziehung zur Qualität des Trinkwassers. Dieser Schrift folgten weitere. Auch wurden die Untersuchungen auf Typhus ausgedehnt. Durch seine Arbeiten auf vielen Gebieten der Gesundheitsfürsorge wird Max von Pettenkofer als der Begründer der experimentellen Hygiene angesehen.

Die moderne Hygiene ist mit dem Wirken weiterer Forscher eng verknüpft. Hier sollen nur Rudolf Virchow, Ignaz Philipp Semmelweis und Robert Koch genannt sein.

Rudolf Virchow (1821–1902) übte großen Einfluß auf die Hygienegesetzgebung aus. Er kämpfte entschieden für bessere soziale, medizinische und hygienische Verhältnisse. Als Mitglied der wissenschaftlichen Deputation für das Medizinalwesen setzte er sich sehr für die Ausführung der Berliner Kanalisation ein: 1868 erscheint sein Gutachten „Über die Kanalisation von Berlin". Weitere Arbeiten zu diesem Thema folgten. Virchow hatte 1848 bei der Beobachtung der Typhusepidemie in Oberschlesien erkannt, daß zwischen der allgemeinen Verunreinigung der Straßen und der Typhusepidemie ein direkter Zusammenhang bestand.

Ignaz Philipp Semmelweis (1818–1865) wurde 1855 Professor für Geburtshilfe in Pest (heute ein Teil von Budapest) und erkannte sehr bald den Zusammenhang von Hygiene und Infektionsgefahr. Er besiegte durch verbesserte Hygiene und damit verringerte Infektionsgefahr das gefürchtete Kindbettfieber.

Den eigentlichen Durchbruch erzielte schließlich **Robert Koch** (1843–1910). Er erlebte eine Zeit furchtbarer Epidemien. Als junger Arzt schuf er die wichtigsten methodischen Grundlagen der bakteriologischen Forschung. 1882 weist er das Tuberkulosebakterium nach und entdeckt ein Jahr später den Erreger der Cholera. 1905 erhielt Koch den Nobelpreis für Medizin.

Hygiene war nun das Gebot der Stunde. Das Hygienebewußtsein und die schnelle Umsetzung von Erkenntnissen in die Wirklichkeit des täglichen Lebens wurde durch die Bildung entsprechender Institutionen erheblich gefördert.

1865 erhält Pettenkofer den Ruf auf den ersten Lehrstuhl für Hygiene, eingerichtet an der Universität München. 1879 wird dort das erste Hygiene-Institut eröffnet, danach wird ein solches auch an der Universität Leipzig geschaffen. In Berlin wird 1876 das Kaiserliche Gesundheitsamt errichtet. Nach dem Eintritt Robert Kochs in das Kaiserliche Gesundheitsamt wurde dessen hygienisches Laboratorium für die weitere Entwicklung der Gesundheitsfürsorge und der fortführenden Arbeiten auf dem Gebiet der Hygiene von größter Bedeutung. 1883 findet in Berlin eine Hygiene-Ausstellung statt – es ist das Jahr, in dem Robert Koch den Cholera-Erreger nachweisen kann –, und 1885 wird schließlich auch in Berlin ein Hygiene-Institut eröffnet.

Damit waren nunmehr die institutionellen Voraussetzungen geschaffen, die Zusammenhänge zwischen Umwelt – Gesundheit – Hygiene – Krankheit weiter zu erforschen und zu verbreiten. Gleichzeitig war dadurch auch ein breites Hygienebewußtsein in der Bevölkerung und der Verwaltung geweckt worden, das nun im täglichen Leben in die Praxis umgesetzt werden mußte.

1.3 Der Einfluß des Hygienebewußtseins auf den Bau öffentlicher Gebäude

Der Einfluß des Hygienebewußtseins auf die Gestaltung öffentlicher Bauten soll an zwei Beispielen, den Krankenhäusern und den Badeanstalten, dargestellt werden.

Einrichtungen zur Krankenpflege gab es schon lange vor unserer Zeitrechnung. In Asien und dem arabischen Raum sind sie nachgewiesen.

Dem griechischen Gott der Heilkunde, Asklepios, sind in klassischer Zeit Heilanstalten gewidmet. Südwestlich der antiken Stadt Pergamon – berühmt geworden durch den von Human 1878–86 ausgegrabenen Pergamon-Altar – liegen die Ruinen einer der bedeutendsten Heilstätten der Antike: Des Asklepeions von Pergamon, das neben denen von Kos und Epidauros zu den berühmtesten der antiken Welt gehörte.

Eines der ältesten Spitäler in Europa ist das Hotel-Dieu in Paris, das bereits im Jahr 660 erwähnt wird. Karl der Große machte allen Klöstern die Krankenpflege zur Pflicht.

Auf Anregung von Papst Innocenz III erfolgte die Gründung mehrerer „Heilig-Geist-Spitäler", als deren Musteranstalt das Hospital San Spirito in Rom (1204) zu nennen ist, das 1300 Betten aufwies. Danach erlahmten für lange Zeit die Aktivitäten im Bereich des Krankenhausbaues.

Erst mit dem frühen 17. Jahrhundert beginnt, gefördert durch die vielen Epidemien des ausgehenden Mittelalters und der beginnenden Neuzeit, der systematische Bau von Krankenhäusern: 1635 entsteht das Krankenhaus von Genua für 1400 Kranke, 1710 läßt Friedrich I die Charité in Berlin bauen. In jeder größeren Stadt entstehen nach und nach Krankenhäuser.

Bis in das späte Mittelalter, ja noch bis in das 19. Jahrhundert, entbehrte die Krankenpflege derjenigen Kenntnisse über Hygiene, die uns heute selbstverständlich sind. So lagen oft Hunderte in einem Raum, mehrere Personen mit unterschiedlichen Leiden in einem Bett. Seuchen griffen um sich. Diese Ballung von Krankheitsträgern unter z.T. katastrophalen Verhältnissen ließ dem Einzelnen kaum eine Chance zur Genesung.

Heilbehandlung basierte auf Beobachtung und Erfahrung. Eine Erfahrung war offensichtlich die, daß bestimmte Krankheiten – wie die gefürchtete Lepra – ansteckend sind. So entstand die erste Hygieneverordnung unserer Zeit: Die III. Synode zu Lyon forderte 583 die Trennung der Aussätzigen von anderen Kranken [50].

Danach dauerte es fast 1200 Jahre, bis eine zweite, ebenfalls einschneidende Hygieneverordnung erfolgte. Erst 1712 forderte in Paris für den Wiederaufbau des abgebrannten großen Pariser Krankenhauses „Hotel Dieu" eine Untersuchungskommission, daß in einem Neubau jeder Patient sein eigenes Bett haben müsse [59].

Diese Forderung brachte eine neue, wichtige Planungsgrundlage für Hospitäler: Für jeden Patienten ein Bett!

Aber auch andere Forderungen dieser Kommission verdienen Erwähnung:

- Die Gebäude sollen eine Ost-West-Ausrichtung erhalten, damit die Säle Licht und Wärme von Süden erhalten, Schatten und Kühle an der Nordseite bieten;

- Fenster sollen bis zur Decke geführt werden, um die oberste schlechte Luftschicht besser abführen zu können;

- Treppen sollen in einem offenen Treppenraum liegen, so daß Luft von außen frei in der ganzen Höhe zirkulieren kann;

- Jeder Saal soll 34–36 Betten erhalten, bei jedem Saal sind Aborte „nach englischer Art", ein Waschraum, ein kleines Bad, eine Kochvorrichtung für Speisen und Tee sowie ein Raum für die Krankenwärterin vorzusehen.

Waren die ersten Krankenhäuser meist große, kirchenschiffähnliche dreischiffige Saalanlagen mit gewölbten Decken, wird später von gewölbten Decken aus Kostengründen abgesehen. Die Säle werden kleiner. Aber die fortschrittlichen Forderungen der Pariser Kommission von 1786 und 1788 finden zunächst keinen Widerhall: Die Revolution von 1789 wütet.

Das Programm dieser Kommission brach aber auch mit dem bisherigen System der massenweisen Zusammenführung von Kranken in willkürlich aufgeführten Gebäuden geschlossener Form. Diesem zentralistischen System wird ein dezentrales Krankenhaussystem mit einzelnen Pavillons entgegengesetzt. 1829 wurde in Bordeaux das erste Pavillon-Krankenhaus erstellt. Die Vorteile des Pavillonbaues sah man vor allem auf zwei Seiten: Erstens sollte die Gefahr der Ansteckung reduziert werden, und zweitens sollten die Pavillons die Möglichkeit schaffen, die Krankensäle von zwei Seiten aus zu belichten und damit auch zu belüften.

Insbesondere letzteres ermöglichte der Korridor-Typ nicht: Bei ihm hatte jeder Saal nur Fenster an einer Seite. In Deutschland fand der Pavillon-Typ erst spät Eingang, aber ab 1870 zunehmend Anwendung.

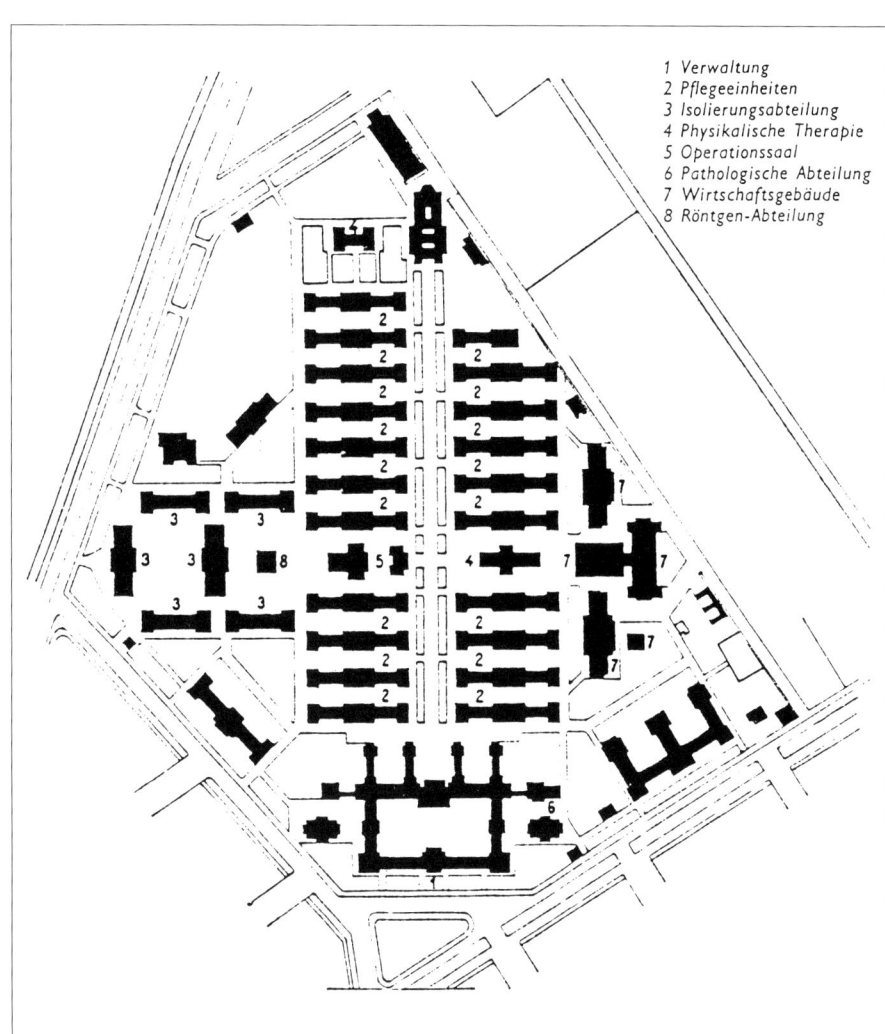

Bild 1 Alter Lageplan des Virchow-Krankenhauses in Berlin. Baujahr 1906, seinerzeit vorbildliche Anlage zur Vermeidung von Krankheitsübertragungen. Das Pavillonsystem wurde inzwischen aufgegeben [37].

1 Verwaltung
2 Pflegeeinheiten
3 Isolierungsabteilung
4 Physikalische Therapie
5 Operationssaal
6 Pathologische Abteilung
7 Wirtschaftsgebäude
8 Röntgen-Abteilung

Eine Besonderheit stellt die Entwicklung der Einrichtungen für ansteckend Kranke dar. Hatte ab 583 bereits die Synode zu Lyon durch Beschluß die Trennung der Aussätzigen von anderen Kranken gefordert, so ist doch festzustellen, daß eine wirkliche und wirksame Isolierung ansteckend Kranker erst einsetzte, nachdem wesentliche Erkenntnisse auf den Gebieten Hygiene und Medizin durch Pettenkofer, Virchow und Koch erarbeitet waren.

In England, wo die Isolierung ansteckend Kranker schon länger bestand, wurde 1875 die Isolierung Infektionskranker in Spitälern durch die Gesundheitsakte vorgeschrieben. Zwei Aspekte standen dabei im Vordergrund:

1) Die Einschleppung von Infektionskrankheiten tunlichst zu verhindern. Erfahrungsgemäß wurden viele dieser Krankheiten durch Seeleute aus fremden Ländern übertragen. Deshalb entstanden spezielle Spitäler zur sofortigen Aufnahme von infektiös Kranken der ankommenden Schiffe in unmittelbarer Nähe der Hafeneinfahrten.

2) Infektiös Kranke sicher von Gesunden isoliert zu behandeln.

In England entwickelte sich hierfür ein spezieller Typus: Das schwimmende Krankenhaus. Hierfür wurden entweder Schiffe hergerichtet – dafür ist das Pockenschiff „Castalia" auf der Themse ab 1884 ein Beispiel –, oder es wurden schwimmende Plattformen geschaffen, auf denen Baracken errichtet wurden.

Durch die Erkenntnisse der modernen Hygiene und Medizin, sowie die technischen Möglichkeiten unserer Zeit, haben sich alle diese baulichen Lösungen überholt: Wirtschaftliche und funktionelle Aspekte bestimmen die Bauform, die Hygieneaspekte werden durch gezielte Maßnahmen medizinischer, technischer und organisatorischer Art berücksichtigt.

Während sich die Bauform heute weniger nach den hygienischen Gesichtspunkten, wie sie im 18. und 19. Jahrhundert ausgebildet wurden, richtet, ordnet sich dafür der interne Betrieb in besonderer Weise solchen Gesichtspunkten unter. „Unreine" – von jedermann erreichbare – Bereiche sind von „reinen" Bereichen durch Schleusen getrennt [48]. Reine Bereiche, in denen Kranke behandelt werden, dienen dazu, die Infektionsgefahr auf ein Minimum zu begrenzen. Dies setzt aber auch entsprechende Disziplin aller Beschäftigten voraus. Die meisten Hygienemaßnahmen betreffen jedoch den Ausbau der Gebäude. Hier soll die Festsetzung und Vermehrung von Keimen aller Art durch besondere

Bild 2 Berührungslos elektronisch arbeitende Armatur in einem modernen Krankenhaus. Höchste Hygienestufe (AQUA Butzke-Werke AG).

konstruktive Maßnahmen und die richtige Auswahl von Ausbaugegenständen, Armaturen und Materialien verhindert werden. In reinen Zonen sind deshalb berührungslos arbeitende Armaturen Standard. Hierfür stellt die Sanitärindustrie heute eine breite Angebotspalette zur Verfügung.

H. Merke entwickelte Ende des vorigen Jahrhunderts extra für das Operationshaus des Moabiter Krankenhauses in Berlin einen Waschtisch, der es den Ärzten ebenfalls ermöglichte, ohne Berührung mit den Händen das Wasser zum Fließen zu bringen und sich zu reinigen.

In diesem Zusammenhang sind auch alle Maßnahmen zu nennen, die das Eindringen von Schmutz verhindern sollen: So sind Fugen zu vermeiden oder dicht zu verschließen, wo sie unbedingt erforderlich sind. In allen Details wird auf glatte, porenfreie, leicht zu reinigende Oberflächen geachtet. Durch lufttechnische Anlagen lassen sich die Luftbewegungen so lenken, daß Keime der Luft schnell abgeführt werden und sie gefährdete Bereiche – etwa offene Wunden bei Operationen – praktisch nicht erreichen.

Zu dem hohen Standard und den ausgezeichneten Heilerfolgen in unseren Krankenhäusern konnte es aber nur kommen, weil in den vergangenen hundert Jahren sich ein breites Hygienewissen und Hygienebewußtsein herausgebildet hat.

Genauso, wie die Entwicklung der Krankenhäuser starken Einfluß auf das Hygienebewußtsein der Menschen genommen hat, so kann auch die Entwicklung des Badewesens als Beispiel dafür herangezogen werden.

Das Bedürfnis des Menschen, sich mit Wasser zu waschen, im Wasser zu baden, besteht, solange es Menschen gibt. Dabei ist dieses Bedürfnis keineswegs auf den Menschen beschränkt: Die meisten Tiere nutzen das Wasser ebenfalls zur Reinigung und zu ihrem Wohlbefinden.

Aus dem reinen Bedürfnis heraus wurde bereits in der Antike eine Badekultur entwickelt, und schließlich gehörte das Bad – oder doch wenigstens der symbolische Akt der Reinigung durch Wasser – zur Kulthandlung in verschiedenen Regionen [27].

Diese kultische Reinigung spielte sowohl bei den Babyloniern und den alten Ägyptern als auch bei den Griechen und Römern eine Rolle, ehe die Christen die Taufe mit der Reinigungszeremonie verbanden.

Wer als interessierter Reisender heute die noch immer herrlichen Ruinen des antiken Ephesus besucht, kann sich ein Tauchbecken zeigen lassen, das den frühen Christen dieser Stadt als Taufbecken gedient haben soll: Paulus soll hier persönlich die Taufen während seines Aufenthaltes in Ephesus in der jungen Christengemeinde vollzogen haben.

Aber auch Buddha, Zarathustra, Moses und Mohammed haben die kultische Waschung als Zeichen der äußeren und inneren Reinheit in ihre religiösen Riten aufgenommen: Die dem Gebet vorausgehende Waschung wird zur religiösen Pflicht.

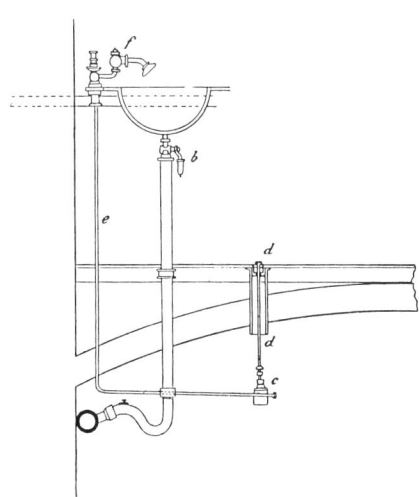

Bild 3 Fußbetätigte Armatur für das Krankenhaus Moabit in Berlin um 1895. Die Armatur vermeidet jegliche Handberührung. Der Wasserfluß für Warm- und Kaltwasser wird durch je ein Fußventil betätigt (d). Die Steigrohre (e) führen das Wasser zur Mischarmatur (f) [59].

Der uns überlieferte älteste Bericht über das Baden stammt aus Homers Odyssee. Odysseus, der nach seinem erfolgreichen Abenteuer mit dem hölzernen Pferd Troja zu zerstören geholfen hatte, befand sich auf der Rückreise in sein Heimatland Ithaka. Diese Seereise wurde durch Homer zu der wohl bekanntesten Abenteuerreise überhaupt: 10 Jahre benötigte Odysseus, um seine Heimat zu erreichen. Als sein Schiff wieder einmal durch den erzürnten Zeus zerschmettert wird, kann er sich als einziger retten. Nausikaa, die schöne Königstochter, badete im Fluß, als sie den ermatteten Schiffbrüchigen am Strand liegend erblickt. Hier ist literarisch belegt, daß man das Bad im Freien pflegte:

„Und wie sie dann sich gebadet
und wohl sich mit Ölen gesalbet" [30].

Nausikaa will mit ihren Mägden Odysseus in den Königspalast bringen, doch wird Odysseus zunächst gebadet, ehe er zu König Alkinoos geführt wird.

„Kommt denn ihr Mädchen und
gebt dem Manne zu essen und trinken;
Und dann badet ihn unten im Fluß,
wo Schutz vor dem Winde ist" [30].

Durch Homer erfahren wir also, daß das reinigende Bad zu den Gepflogenheiten gehört:

Dem König nahte man nur gereinigt.

Die Zerstörung Trojas – und damit die abenteuerliche Heimreise des Odysseus – nimmt man allgemein im 12. vorchristlichen Jahrhundert an. Homer selbst lebte im 9. oder 8. Jahrhundert v.Chr.

Noch älter sind die auf uns überkommenen Reste des Palastes von Knossos auf Kreta. Hier erbrachten die Archäologen uns Kunde von noch früheren Badegepflogenheiten. Dieser Palast, im 15. Jahrhundert v.Chr. zerstört, verfügte über mehrere keramische Badewannen, Baderäume und sogar ein Wasserklosett.

Aber nicht nur einfaches Baden war bekannt, man konnte auch schwimmen. Ein steinernes Relief aus der Zeit um 750 v.Chr. zeigt assyrische Kampfschwimmer mit der typischen Kraulschwimmbewegung: Rechter Arm vorn, linker Arm hinten.

Bild 4 Badewanne aus dem Knossos-Palast, Kreta. Der Palast wurde um 1400 v.Ch. zerstört (Foto Wagner).

In klassisch griechischer Zeit waren sowohl das Schwimmen als auch das Baden in der Wanne selbstverständlich. Das Gymnasion in Delphi, direkt unterhalb des ebenso berühmten Tempelbezirkes mit dem Sitz des noch berühmteren Orakels gelegen, weist dagegen nur ein recht kleines, rundes und sehr flaches Wasserbecken auf: Dies deutet auf die eher kultische Funktion. Dagegen besaß das Gymnasion von Herkulaneum, der Schwesterstadt von Pompeji, mit der sie im Jahre 59 n.Chr. auch das gleiche schreckliche Schicksal teilte, ein langes, eher schmales Wasserbecken, das durchaus zum Schwimmen geeignet war. Noch größer ist das Becken in Olympia gewesen: 32,50 m lang und 16,30 m breit bei einer Tiefe von 1,60 m.

Athen und Sparta kannten öffentliche Bäder. Die Römer knüpften an diese Entwicklung an und entwickelten sie zu den bekannten römischen Thermen weiter. Stand bei den Griechen ursprünglich die sportliche Betätigung im Gymnasion im Vordergrund, wozu abschließend das Bad zur Reinigung und Erfrischung diente, so steht bei den Römern das Bad im Vordergrund und wurde ergänzt durch verschiedene Einrichtungen zur Unterhaltung und Geselligkeit.

Römische Thermen waren z.T. riesige Paläste. Sie enthielten als wichtigste Elemente das Caldarium (Warmbad), das Tepidarium (einen Warmluftraum mit lauwarmen Bädern) sowie das Frigidarium (Kaltbad). Dazu gehörten Nebenräume, wie Umkleideräume und Toiletten, dann die Räume für Geselligkeit und Unterhaltung: Bibliothek, Gesellschaftsräume, Vortrags- und Musikräume, Räume für Gymnastik und Turnen sowie Spielflächen. Die Thermen des Caracalla in Rom (206–216 n.Chr.) waren auf einer Fläche von 353 x 333 m für 2500 Besucher erbaut. Die etwas späteren Thermen des Diokletian (298–306 n.Chr.) faßten im Hauptgebäude sogar 3000 Personen! [8]

Die Thermen spielten im Leben römischer Bürger ganz offensichtlich eine bedeutende Rolle. Das wird nicht nur durch die große Zahl der Thermen in Rom selbst belegt, sondern auch durch die Tatsache, daß jede römische Stadt – sogar römische Garnisonen – über öffentliche Thermen verfügten. Auch ist bekannt, daß der Eintrittspreis sehr gering war.

Wenn auch die römischen Thermen nicht auf Abhärtung und sportliche Ertüchtigung aus waren, so trugen sie doch zur Körperkultur bei. Nach dem Bade gehörten Massagen und Einreibungen mit Salben und Ölen dazu. Dieser hohe Stand der Bäderkultur ging mit dem römischen Reich unter.

Antikes Gedankengut wurde nach und nach durch christliche Lehren verdrängt. Und obwohl die christliche Taufe letzlich eine Reinigungszeremonie ist, wurde die Reinigung des Körpers im Bade zunehmend verteufelt. Nur in einigen Klöstern findet man im frühen Mittelalter einfache Badeanlagen.

Erst nach den Kreuzzügen begann wieder eine Bade-Renaissance: Man hatte im Vorderen Orient die Annehmlichkeiten eines warmen Bades kennen- und schätzengelernt. So hatte bald jede Stadt ihre Badestuben. Lukas Cranach d. J. zeigt in seinem berühmten Bild „Der Jungbrunnen", wie durch das Bad im Wasserbecken aus Alten und Gebrechlichen wieder junge, lebensfrohe Menschen werden.

Bild 5 Gemälde „Der Jungbrunnen" von Lukas Cranach d. J., 1546. Das Gemälde ist im Besitz der Staatlichen Museen Preußischer Kulturbesitz (Berlin).

Eine Fülle von Bildern gibt das Bad im Zuber solcher Badestuben wieder. Wir beginnen beim Anblick solcher Stiche zu ahnen, daß hier weniger das Bedürfnis nach Reinigung, vielmehr die Lust am Vergnügen im Vordergrund stand: Und ganz gewiß diente solche Baderei nicht der Gesundheit, sondern der Verbreitung von Krankheiten, wußte man ja noch nichts von entsprechender Wasseraufbereitung und Wasserentkeimung. Pest und Syphilis breiteten sich aus, das Baden in den Badestuben wurde dafür mitverantwortlich gemacht. Jegliches Baden und selbstverständlich auch die Badestuben wurden verboten [51].

Der Niedergang des Badewesens hielt bis zum 19. Jahrhundert an. Kaiser Wilhelm I ließ sich, da es im Berliner Stadtschloß keine Badewanne gab, eine solche aus dem nahegelegenen Hotel de Rome holen, wenn er – meist freitags – zu baden wünschte. Daß es mit dem Badewesen in deutschen Landen insgesamt nicht gut stand, versteht sich von selbst.

Das moderne Badewesen hat mehrere Wurzeln. Die einen gehen auf die antiken Badebräuche zurück, andere fußen auf den Erfahrungen in den Kurbädern, von denen einige – wie z. B. Baden-Baden, Aachen oder Trier – auf eine noch römische Tradition verweisen können. Wieder andere gehen auf Leute wie Turnvater Jahn zurück, denen es um die Gesunderhaltung durch sportliches Tun, also auch um das Schwimmen ging. Schließlich trugen auch medizinische Anwendungserfolge von Wasser – so z. B. durch Hufeland, Prießnitz oder Kneipp – zu einer Renaissance bei.

Besonders das Baden in der freien See fand Ende des 18. Jahrhunderts Interesse. Doberan war das erste Seebad an der Ostsee. Norderney wurde 1779 Seebad, Travemünde folgte 1800, 1826 Helgoland, um nur einige der bekanntesten zu nennen.

Wehrpflicht und militärische Ausbildung schufen die Grundlagen für eine breite Schwimmausbildung. Das Vorbild für unsere heutigen Badeanstalten waren jedoch weder die römischen Thermen noch die Kurbäder, es waren die in England in der ersten Hälfte des 19. Jahrhunderts entstandenen kombinierten Bade- und Waschanstalten.

In Deutschland wurde die Waschanstalt schlecht, die Badeanstalt gut angenommen. Leitlinie war die Badeanstalt, die das Schwimmen als Volkssport ermöglichte. Häufig verband man die Badeanstalt mit einer Bäderabteilung, da die meisten Wohnungen zu Beginn des 20. Jahrhunderts über kein eigenes Bad verfügten. Dieser Typus des Sportbades wurde auch noch nach dem letzten Weltkrieg kultiviert, ehe – wiederum Anregungen aus England folgend – in den Jahren nach 1973 mehr und mehr familienfreundliche „Spaß- und Freizeitbäder" entstanden.

Diese verbinden den Spaß am Baden, nicht nur am Schwimmen, mit vielen Spiel- und Freizeitangeboten unter einem Dach. Da kann man Tischtennis spielen, es gibt Squash-Räume, Fitneßeinrichtungen, Fernsehzimmer usw.

Der unerhörte Aufschwung, den der Bau von Hallenbädern nach dem letzten Krieg nahm, erforderte sachgerecht fundierte Richtlinien, um die Investitionen auch nutzbringend zu tätigen.

So entstanden – nicht nur in Deutschland – seit 1960 eine Vielzahl von Richtlinien zum Bäderbau. Das letzte umfassende Werk ist für Deutschland die 1977 erschienene Richtlinie für den Bäderbau, herausgegeben vom Koordinierungskreis Bäder der Deutschen Gesellschaft für das Badewesen, dem Deutschen Schwimmverband und dem Deutschen Sportbund [44].

Hygiene im Hallenbad heißt heute

◆ Wasserhygiene

◆ Lufthygiene

◆ Raumhygiene

◆ Körperhygiene.

Sowohl wissenschaftlich als auch technisch sind zu allen vier Bereichen fundierte Erkenntnisse vorhanden [69].

Wasserhygiene

Das Wasser eines Schwimmbeckens wird durch die Badenden in vielfacher Weise belastet: So gelangen feine bis grobe Verunreinigungen, gelöste oder kolloide Stoffe, Mikroorganismen, Viren usw. in das Badewasser.

Durch eine entsprechende Wasseraufbereitung und den ständigen Zusatz frischen Wassers von Trinkwasserqualität (Füllwasserzusatz) wird eine gesundheitlich unbedenkliche Wasserqualität gewährleistet.

Dabei sind die Anforderungen

- ◆ an das aufbereitete Wasser unmittelbar vor dem Eintritt in das Becken
- ◆ an das Beckenwasser
- ◆ an das Füllwasser

genau definiert.

Zur Wasserhygiene gehört aber auch, daß das Wasser an allen Stellen des Beckens ständig in den Erneuerungsprozeß einbezogen wird. Deshalb müssen die Zu- und Abläufe einerseits, die Eindruckgeschwindigkeit des aufbereiteten Wassers andererseits so aufeinander abgestimmt sein, daß dieses Ziel optimal erreicht wird. Zwei Verfahren werden angewendet: Entweder drückt man mit hoher Geschwindigkeit das aufbereitete Wasser seitlich in das Becken ein – Ziel ist eine ständige gute Vermischung von „altem" und „neuem" Wasser – oder man drückt mit geringer Geschwindigkeit aufbereitetes Wasser durch eine Vielzahl von Bodendüsen in das Becken, dann ist das Ziel die Verdrängung des belasteten Wassers durch frischaufbereitetes neues Wasser. Insbesondere für das Vermischungsprinzip spielt die Beckengeometrie eine große Rolle [39].

Lufthygiene

Da sich in Hallenbädern Menschen weitgehend unbekleidet, häufig auch mit nasser Haut, befinden, ist es wichtig, ihnen mittels heizungs- und lufttechnischer Anlagen raumklimatische Verhältnisse zu schaffen, die trotz der besonderen Situation von allen Besuchern als angenehm und behaglich empfunden werden.

Um optimale lufthygienische Verhältnisse zu erhalten, sind Richtwerte in den verschiedenen Bereichen eines Hallenbades für Temperatur, Luftfeuchte und Luftmenge festgelegt. Um eine zutreffende Wärmeversorgung zu sichern, sind die Angaben über den Wärmebedarf zu beachten.

Raumhygiene

Die Benutzung durch tausende Besucher pro Woche erfordert äußerste Sauberkeit in allen Räumen des Bades. Dabei sind besonders sensible Bereiche diejenigen, die mit nackten Füßen betreten werden. Die Fußböden sollen deshalb einerseits rutschhemmend, andererseits leicht und gut reinigungsfähig sein. Verwendete Materialien müssen verschleißfest und resistent gegenüber chemischen Reinigungs- und Desinfektionsmitteln sein. Die vorgeschriebene Zahl von Fußdesinfektionsplätzen für die Besucher sind vorzusehen, die Desinfektion der gesamten Bodenflächen muß möglich sein. Wände sind so in ihren Oberflächen auszuführen, daß sie wasserabweisend, leicht reinigungsfähig und gegen Beschädigungen weitgehend unempfindlich sind.

Insbesondere in modernen Freizeitbädern gehören ergänzende Anlagen – wie Whirlpools oder Sauna-Anlagen – zu beliebten Einrichtungen. Zur Sauna gehört auch ein Abkühlraum mit entsprechender Ausstattung. Whirlpools erfordern eine besonders hochwertige Wasserhygiene, da sonst das Beisammensein vieler Personen auf engem Raum und begrenztem Wasservolumen bei hohen Temperaturen eine erhöhte Keimgefährdung bringen würde.

Körperhygiene

Jedes Hallenbad ist auf die ordnungsgemäße Körperhygiene seiner Besucher angewiesen. Die hierfür erforderlichen Voraussetzungen sind einwandfreie und ausreichende sanitäre Anlagen – Duschen, Waschplätze, Aborte, Urinale, Desinfektionsanlagen –, die zu Vorreinigungszonen zusammengefaßt werden. Es empfiehlt sich, Zwangswegeführungen für die Benutzer vom Umkleidebereich durch die Vorreinigungszone zum Schwimmbecken vorzusehen. Der für die individuelle Körperhygiene erforderliche Aufwand seitens des Betreibers ist erheblich, weil er zu hohen laufenden Betriebsausgaben führt. Deshalb ist es aus wirtschaftlichen Gründen zwingend, den Wasserverbrauch nicht über das notwendige Maß ansteigen zu lassen und eingesetzte Energie – sowohl bei der Wasser- als auch bei der Raumerwärmung – zurückzugewinnen. Um den Wasserverbrauch – insbesondere beim Duschen – sinnvoll einzugrenzen, sind Selbstschlußarmaturen oder elektronisch gesteuerte Armaturen erforderlich. Zur Vermeidung von Hautpilzinfektionen, insbesondere an den Füßen, sind entsprechende Desinfektionsmöglichkeiten heute Standard in jedem Hallenbad.

Unsere heutigen Erkenntnisse, technischen Einrichtungen und Bestimmungen zur Überwachung der vorgeschriebenen hygienischen Anforderungen stellen ein so hohes Qualitätsniveau sicher, daß der Besuch des Hallenbades in jedem Fall einen Gewinn an Gesundheit, körperlicher Ausarbeitung und Befriedigung gewährleistet.

1.4 Hygiene und Sanitärtechnik

Die Aufgabenstellung der **Hygiene** besteht vornehmlich in der Verhütung von Krankheiten, die in der Art von Infektionen auftreten, und im Erhalten und Stärken der Leistungsfähigkeit. Ursache einer Infektion – vom lat. inficere „hineinbringen" – ist dabei das Eindringen von krankheitserregenden lebenden Keimen, das sind Mikroorganismen aus dem Pflanzen- und Tierbereich sowie Virusarten, in den Körper, in dem sie sich vermehren und zur Erkrankung führen können. Die Aufgabenstellung der **Sanitärtechnik,** die sich mit Ausführung, Arbeitsweise und Handhabung von privaten und öffentlichen sowie gewerblichen Einrichtungen zur Körperreinigung und Körperpflege sowie der Entsorgung menschlicher Ausscheidungen befaßt, betrifft in diesem Zusammenhang das Einhalten von Sauberkeitsregeln in bezug auf Körper, Raum und Einrichtung.

Besondere Anforderungen bestehen dabei für alle sanitärtechnischen Einrichtungen im öffentlichen und gewerblichen Bereich sowie bei Arbeitsbereichen mit erhöhter Infektionsgefährdung, wie sie im Abschnitt **1.0** beispielhaft aufgeführt wurden.

1.5 Infektionsquellen und Infektionswege
[43, 57, 63]

Ansteckungsquellen sind vor allem die Ausscheidungen kranker Menschen, infizierte Gebrauchsgegenstände, Nahrungsmittel und Wasser sowie Keimträger (ohne Krankheitserscheinungen), Überträger (z. B. Fiebermücken) und Zwischenwirte (z. B. Tiere als Tollwutüberträger). Die Infektionswege beim Menschen bestehen dabei durch direkten Kontakt mit der Infektionsquelle oder durch Übertragung über Zwischenträger wie Fliegen oder andere Insekten, Wäsche, Geschirr, Wasser und Luft. Zu unterscheiden sind die direkte Infektion von Mensch zu Mensch durch Berührung, die als Kontakt- und Tröpfcheninfektion auftritt, die indirekte Infektion durch infektiöse Gegenstände sowie die Infektion über Aerosole.

Bei der **direkten Infektion** erfolgt die Übertragung meist über die Hände, die mit allen Dingen in Berührung kommen und daher am ehesten verschmutzen. Die **Tröpfcheninfektion** wird z. B. durch ausgehustete oder beim Sprechen versprühte Tröpfchen verursacht. **Indirekte Infektionen** entstehen durch Kontakte mit bereits verkeimten Gegenständen.

Sanitäre Bereiche sind in dieser Hinsicht sensible Bereiche: Die direkte Infektion erfolgt hier insbesondere durch die nicht vorgenommene Händereinigung nach der Toilettenbenutzung. Tröpfcheninfektion kann auch durch aufspritzendes Wasser bei der Benutzung von Tiefspülklosetts erfolgen. Indirekte Infektionen entstehen bei Sanitäreinrichtungen durch vom Vorbenutzer eingebrachte Keime, die sich z. B. in schlecht zu reinigenden und schwer desinfizierbaren Bereichen der Sanitärgegenstände ansiedeln oder bei Benutzung von Gemeinschaftshandtüchern festzustellen sind.

1.6 Gesundheitsrisiko durch Krankheitskeime im Sanitärbereich

Die Erkrankung durch eine Infektion setzt als Ursache eine Infektionsquelle, die Übertragung von Krankheitskeimen und eine Empfänglichkeit des Menschen voraus. Gesundheitsrisiken aus dem Sanitärbereich entstehen insbesondere bei abwehrgeschwächten Menschen, d.h. bei einer allgemeinen Immunschwäche und bei gestörten Abwehrmechanismen.

Betroffen sind vor allem:

- alte Menschen,
- Diabetiker,
- chronisch Kranke,
- Menschen, deren Immunsystem durch Kortison, Zytostatika oder Bestrahlung geschwächt ist,
- Alkoholiker,
- AIDS-Kranke,
- Menschen mit Staublunge,
- Patienten mit Verbrennungen und offenen Wunden.

Gesundheitsrisiken bei Sanitäreinrichtungen und deren Benutzung bestehen vor allem bei folgenden Gattungen von Bakterien: den Pseudomonaden, den Mykobakterien und den Legionellen sowie bei den Staphylokokken und Streptokokken.

Erkrankungen, die auf Infektionen im Krankenhaus zurückgehen, fallen unter den Sammelbegriff „Hospitalismus".

1.6.1 Pseudomonas aeruginosa

Pseudomonas aeruginosa, die zur Gattung der Pseudomonaden gehören, sind gramnegative Stäbchenbakterien, die in nahezu allen Feuchtbereichen der Umwelt, in sauberen und verschmutzten Gewässern, besonders im Boden und Abwasser verbreitet sind. Bei Menschen findet man den Keim gelegentlich im Stuhl, im Darm, auf der Haut, im Bereich von Achsel und Afterregion und in der Mundhöhle, ohne daß Krankheitssymptome vorliegen. Erkrankungen durch Infektionen mit Pseudomonas aeruginosa kommen fast ausschließlich bei allgemein geschwächten Patienten in Krankenanstalten vor und fallen unter den Begriff Pseudomonas-Hospitalismus. Sie sind in erster Linie solche des Magen-Darm-Kanals, des Atemtraktes, der Nieren und ableitenden Harnwege und der Gehirnhäute in Verbindung mit einer möglichen Sepsis (Blutvergiftung). Eine besondere Gefährdung besteht bei größeren Verbrennungswunden, die einen guten Nährboden für Pseudomonas aeruginosa darstellen. Dabei kommt es nicht selten zu einer Sepsis mit tödlichem Ausgang.

Die wichtigste Dauerinfektionsquelle des Pseudomonas-Hospitalismus sind alle Abflüsse und Überläufe der Sanitärgegenstände. Nach bakteriologischen Untersuchungen an Waschbecken, Badewannen und Ausgußbecken sind Ablaufventile, Überläufe, Ablaufstopfen, Ketten und Kettenhalter die hauptsächlichen Infektionsquellen und Ursache des Pseudomonas-Hospitalismus. Auch verdient die Übertragungsmöglichkeit durch Urinflaschen und Bettpfannen der Beachtung [43].

Begünstigend auf den Abwasserkeim wirken eine gleichbleibende, aufgeheizte Raumtemperatur und die Verwendung von Warmwasser. In

Wasser von 34 bis 38 °C findet Pseudomonas aeruginosa optimale Lebensbedingungen. Die Generationszeit beträgt dabei nur 25 bis 30 Minuten, d.h. die Keimzahl verdoppelt sich jeweils in diesem Zeitraum.

Bei Untersuchungen wurden im Krankenhaus praktisch alle Abläufe und Überläufe der Sanitärinstallation als wichtigste Dauerinfektionsquelle des Pseudomonas-Hospitalismus festgestellt. Das gilt für die sich im Ab- und Überlaufsystem bildende „Schlammschicht" und vor allem für „Schlammablagerungen" in den Fugen zwischen Ab- und Überlaufventil und Sanitärgegenstand sowie für Fugen und Absätze im gesamten Ablauf. Der im Fugenbereich von Ablaufventil, Stopfen, Kette und Überlaufrosette aus Seifenresten, Fett, Talg, Haare und Schuppen entstehende Belag ist neben der sich im Ab- und Überlaufrohr bildenden Schlammschicht Hauptstandort des Keimbefalls mit Pseudomonas aeruginosa.

Die angesiedelten Keime treten entsprechend ihrer kurzen Generationszeit nach einer Desinfektion rasch wieder an die Oberfläche. Badewasseruntersuchungen nach gründlicher Lysoldesinfektion der Wannen und Füllungen mit sterilem Badewasser von 35 °C zeigen schon vor Badebeginn einen Keimgehalt von 1000 Pseudomonas aeruginosa pro ml, der innerhalb von 2 Stunden auf das Zehnfache angestiegen war. Selbst eine Desinfektion mit Grob- und Scheuerdesinfektionsmitteln ergab keine sichere Keimfreiheit. Eine ausreichende Keimfreiheit kann auch bei gründlichster Desinfektion nur kurzzeitig und nicht auf Dauer erzielt werden. Ketten und Abflußstöpsel, die von einer Desinfektion nur ungenügend erfaßt werden können, tragen wesentlich zur Keimausbreitung bei.

Auf Probleme bei Badewannen mit ungenügendem Bodengefälle und bei Verwendung von rutschsicheren Einlagen sei in diesem Zusammenhang hingewiesen. Bei Badewannen aus Edelstahl entsteht häufig, infolge eines zu geringen Bodengefälles und einer ungenügenden Ablaufsenkung für den Einbau des Ablaufventils, nach der Entleerung eine Pfützenbildung durch zurückbleibendes Restwasser. Ebenso wird unter rutschsicheren Gummieinlagen, die mit Saughaftern am Wannenboden gehalten werden, Feuchtigkeit durch Kapillarwirkung nach einer Entleerung zurückgehalten. In beiden Fällen ist mit dem in der Wanne verbleibenden Restwasser, auch nach einer vielfach üblichen Sprühdesinfektion, mit einer schnell ansteigenden Keimvermehrung durch Pseudomonas aeruginosa zu rechnen. Die nächste Wannenfüllung wird

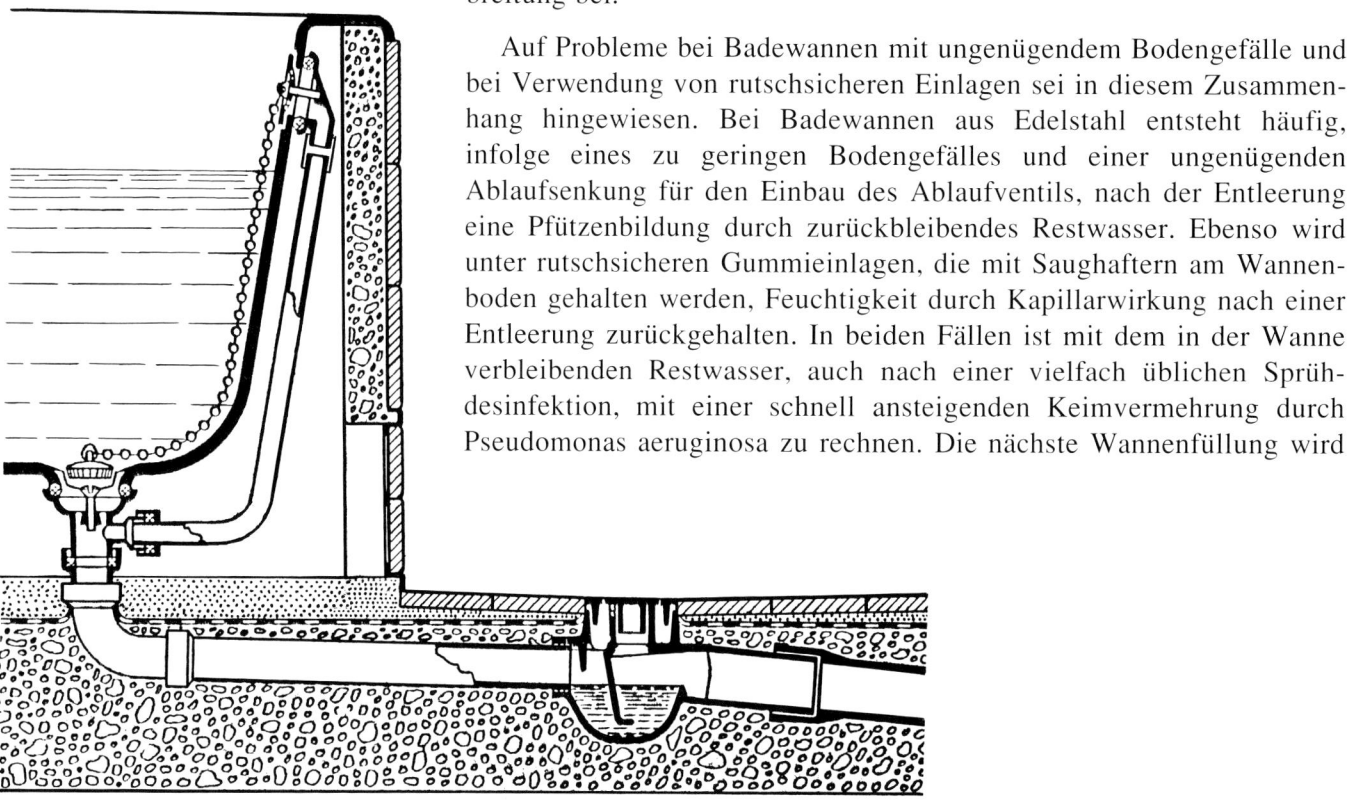

Bild 6 Badewannenablaufsystem mit Ab- und Überlaufgarnitur, Stopfen, Kugelkette und Kettenhalter, bei indirektem Anschluß an einen Badablauf.

damit vorbelastet, was durch eine entsprechende Ablaufausführung und durch Herausnahme der Gummieinlagen und Aufhängen derselben zum Trocknen zu vermeiden ist. Der Überlaufanschluß ist bei temperaturansteigenden, bei Überwärmungs- und Dauer-Wannenbädern, die mit ständigem oder zeitweisem Frischwasserzulauf betrieben werden, erforderlich. Das gilt auch für Unterwassermassageanlagen, die bei Heiß- oder Kaltmassage mit Frischwasserzusatz arbeiten. Bei medizinischen und Reinigungs-Wannenbädern kann jedoch auf den Überlauf und damit auf eine Infektionsquelle verzichtet werden. Ein willkürliches Überlaufen beim Füllen der Wanne hat das Badepersonal zu vermeiden, und Sicherheit gegen eine unbeabsichtigte Raumüberflutung ist durch Bodenabläufe zu gewährleisten. Zitiert sei der Hinweis [43]:

„Es ist einfacher, gelegentlich aus einer Badewanne übergelaufenes Wasser aufzuwischen, als den Pseudomonas-Hospitalismus bekämpfen zu wollen, ohne vorher die Hauptinfektionsquelle, den Überlauf, beseitigt zu haben."

Die Ketten von Wannen-Ablaufgarnituren müssen haltbar sein und eine sichere Befestigung am Kettenhalter und am Stopfen besitzen, da sie einer starken Wechselbeanspruchung unterliegen. Ein Dreieckhaken (Bild 7 c) ist bald aufgerissen, während ein Schlüsselring (Bild 7 d) stets geschlossen bleibt. Zu empfehlen ist eine Aufhängevorrichtung für den Stopfen an der Überlaufrosette, z.B. mit einer Öse am Kettenhalter (Bild 7 b). Damit werden eine Scheuerstelle der Kette auf dem Wannenrand und das Abtropfen von Wasser auf den Fußboden vermieden. Das Überziehen der Kette mit einem durchsichtigen Kunststoffschlauch (Bild 7 d) reduziert die Ablagerungsmöglichkeit von Krankheitskeimen zwischen den schlecht desinfizierbaren Kettengliedern.

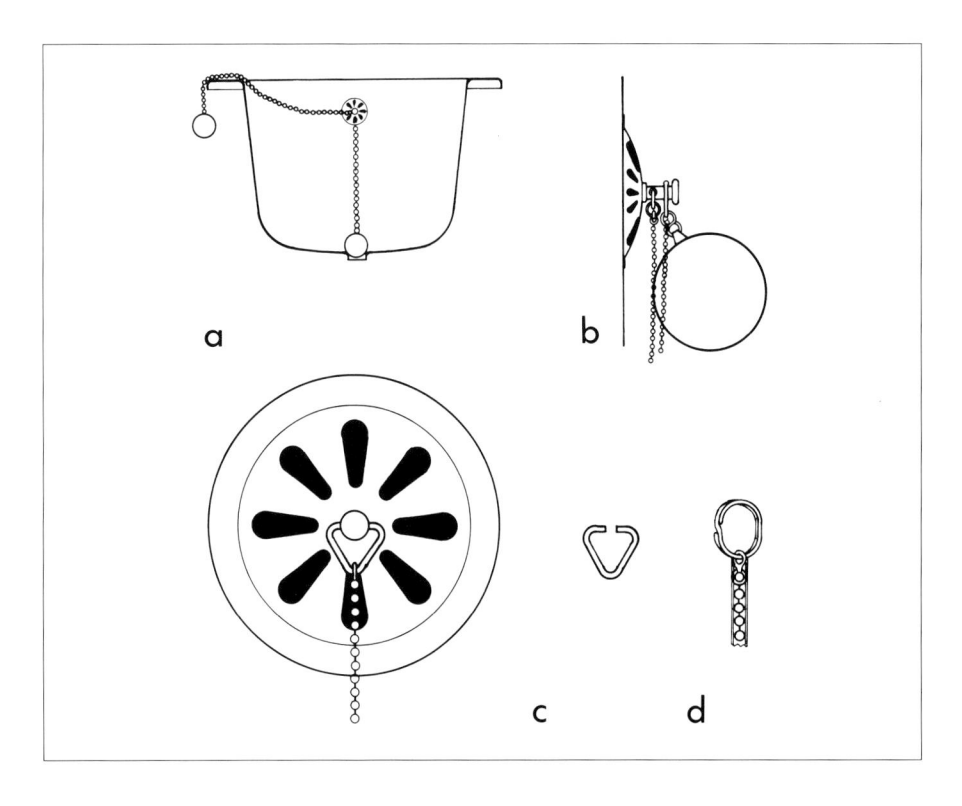

Bild 7 Wannenablaufverschlüsse
a) Kette mit Weichgummikugel, beim Entleeren über den Wannenrand gelegt
b) Aufhängen der Weichgummikugel mit Öse an der Überlaufrosette
c) Kettenhalter mit Dreieckhaken
d) Schlüsselring und Kugelkette mit durchsichtigem Kunststoffschlauch überzogen.

Bei Waschbecken sind grundsätzlich keine Ablaufverschlüsse mit Stopfen und Kette vorzusehen, und auf den Überlauf ist zu verzichten.

1.6.2 Mykobakterien [57, 64]

Mykobakterien umfassen eine Gruppe von stäbchenförmigen Bakterien, die sich durch die sogenannte Säurefestigkeit auszeichnen. Zu ihren bekanntesten Vertretern gehören die Erreger der Tuberkulose (Mycobacterium tuberculosis) und der Lepra (Mycobacterium leprae), deren Übertragung im Sanitärbereich hierzulande jedoch eine untergeordnete Bedeutung zugeschrieben wird. Dagegen werden atypische Mykobakterien, von denen z.Zt. 54 Arten bekannt sind, neuerdings stärker beachtet. Einige von ihnen treten in zunehmender Häufigkeit als Ursache von tuberkuloseähnlichen Krankheitsbildern auf. Sie sind überall in der Umwelt vertreten, wobei Wasser zu dem wichtigsten Erregerreservoir und Übertragungsmedium gehört. Das Wachstumsoptimum liegt bei Temperaturen von 22 bis 45 °C. In Kaltwasser- und Warmwasserrohrnetzen sind alte Rohrleitungssysteme mit ausgeprägten Wandinkrustationen und bakteriellen Wandbelägen, sowie lange Stagnationszeiten begünstigende Faktoren für das Vorkommen und die Vermehrung.

Als Infektionsquelle kommen Duschen und Rückkühlwerke in Frage, wobei die Infektion durch Inhalation mykobakterienhaltiger Aerosole erfolgt. Weitere Übertragungswege sind über die verletzte Haut und Kontakt mit kontaminiertem Badewasser, Trinkwasser, Waschwasser, Aquariumwasser und Erde, sowie durch Aufnahme von Getränken und Nahrungsmitteln über den Mund.

Maßnahmen zur Vermeidung einer Infektion durch Mykobakterien bestehen in der Verhinderung der Aerosolbildung wie bei den Empfehlungen für Legionellen (Abschnitt **1.6.3**).

Die Chlorung scheidet aus, da die Bakterien äußerst chlorresistent sind. Über die Wirksamkeit thermischer Maßnahmen liegen bisher noch keine Untersuchungsergebnisse vor. Auch von Desinfektionsmaßnahmen ist keine wesentliche Hilfe zu erwarten, da die Bakterien auch weitgehend desinfektionsmittelresistent sind.

1.6.3 Legionellen [26, 53, 63, 64, 65]

Legionellen oder Legionärsbakterien sind Krankheitserreger, die erst 1976 entdeckt wurden. Anlaß für die Entdeckung war eine Epidemie von Pneumonien (Lungenentzündungen), die während und nach einem Veteranentreffen der „American Legion" 1976 in Philadelphia in den USA auftrat. Von mehr als 200 schwer erkrankten Personen verstarben 30. In der Bundesrepublik Deutschland wird mit jährlich 6000 bis 7000 Fällen von Legionellenpneumonien und einer Sterblichkeit von 15 bis 20 % gerechnet. Die Erkrankungen verlaufen als schwere Lungenentzündungen mit einer hohen Todesrate und als das sogenannte Pontiac-

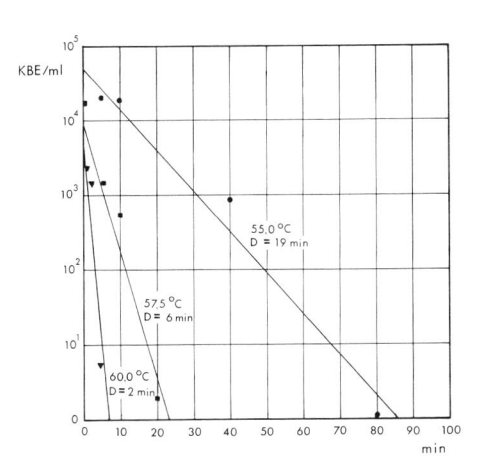

Bild 8 Absterbegeschwindigkeit in Mischkulturen vermehrter Legionellen-Suspensionen bei unterschiedlichen Temperaturen [65].

Fieber, bei dem es für wenige Tage zu hohem Fieber mit Schüttelfrost kommt. Eine Krankheitsgefährdung besteht dabei durch wasserführende Systeme versorgungstechnischer Anlagen vor allem in Hotels, Krankenanstalten, öffentlichen und gewerblichen Bädern und Arbeitsstätten.

Legionellen kommen hauptsächlich im Wasser vor; in Teichen, Seen und Flüssen – nicht im Meerwasser –, in öffentlichen Brunnen, im Grundwasser selten, in der Trinkwasserversorgung, vor allem aber in zentralen Warmwasserversorgungsanlagen, in Warmsprudelbecken (Whirlpools), in Kühltürmen und Luftwäschern (Luftbefeuchtungsanlagen) von Klimaanlagen und in Kraftwerkskühlsystemen. Einen wesentlichen Einfluß auf ihr Vorkommen hat dabei die Wassertemperatur. Nur in seltenen Fällen hat man sie aus kaltem Leitungswasser unter 15 °C isoliert. Für die Vermehrung ist eine Temperatur von etwa 25 °C die untere Grenze und ein Temperaturbereich zwischen 32 und 43 °C als optimal anzusehen. Bei Wassertemperaturen oberhalb 43 °C setzt der Absterbeprozeß ein. Die Absterbegeschwindigkeit wird bei steigender Temperatur beschleunigt, wie aus der Darstellung in Bild 8 hervorgeht.

Sie wird als „dezimale Reduktionszeit" oder „D-Wert" bezeichnet, das ist die Zeit, in der die koloniebildenden Einheiten (Zellen) einer Bakterienpopulation um eine Zehnerpotenz reduziert wird. Bei 50 °C beträgt dieser D-Wert bei Legionellen 19 Minuten, bei 57,5 °C 6 Minuten und bei 60 °C nur noch etwa 2 Minuten. Bei 70 °C beträgt der D-Wert nur noch wenige Sekunden.

Nach Untersuchungen von **Kurt Olbrich** [46] gelten die Voraussetzungen für das Absterben jedoch nur für ausgewachsene Bakterien. Im Entwicklungsstadium erwiesen sich die kleinen Legionellen gegen hochtemperiertes, wie auch gegen gefrorenes Wasser resistent. Sie igelten sich ein und verharrten in Warteposition, um bei einer Temperaturänderung in den Vermehrungsbereich eine neue Kultur zu begründen. *Daraus ist die Erkenntnis abzuleiten, daß eine zeitweise Temperaturerhöhung, z.B. auf 70 °C, in der Warmwasseranlage wirkungslos ist.*

Der Nachweis von Legionellen bei Temperaturen über 60 °C hat zur Ursache, daß Legionellen in Teilen des Warmwassersystems siedeln, die durch Isolierwirkung nicht auf die Temperatur des fließenden Wassers gebracht werden. Das könnten z.B. Bereiche von Gummidichtungen bei Absperr- und Entnahmearmaturen oder von Ablagerungen (Korrosionsprodukte) auf dem Boden von Warmwasserspeichern sein. Dabei kann ein Teil dieser Legionellen in den Wasserstrom abgegeben und kurzfristig auf Temperaturen über 50 °C erhitzt werden, jedoch reicht die Einwirkzeit bis zur Entnahme für die vollständige Abtötung nicht aus.

In kaltem Trinkwasser ist die Vermehrung von Legionellen nicht zu befürchten, auch führt der Genuß von kaltem oder warmem Trinkwasser nicht zu Erkrankungen. Legionellen führen nach dem heutigen Wissensstand nur durch Einatmen des legionellenhaltigen Aerosols, d.h. feinster, versprühter Tröpfchen mit einem Tröpfchendurchmesser von ca. 5 µm (10^{-6} m), z.B. beim Duschen oder bei der Benutzung von

Warmsprudelbecken zu Erkrankungen. Aber auch bei Klimaanlagen durch das in die Raumluft gelangende Befeuchtungswasser (wenn die Luftbefeuchtung durch Wasserzerstäubung über Düsen oder durch Sprühbefeuchter, sogenannte Luftwäscher, erfolgt) sind Legionellen-Erkrankungen möglich. Es konnten auch Luftbefeuchter und Vernebler aus dem Bereich der Intensivmedizin in einigen Fällen als Infektionsquelle festgestellt werden.

Vorbeugende Maßnahmen für den technischen Bereich sind abhängig von den dafür in Frage kommenden Infektionsquellen zu treffen. Diese sind für folgende Bereiche gegeben:

- ◆ Warmwasserversorgungssysteme, bei denen eine Gefährdung durch Aerosolbildung an den Entnahmestellen, insbesondere bei Duschen, besteht.
- ◆ Warmsprudelbecken – auch Whirlpools genannt – als Gemeinschaftseinrichtungen in öffentlichen oder gewerblichen Schwimmbädern und Freizeitanlagen.
- ◆ Raumlufttechnische Anlagen mit Befeuchtung der Luft durch Wasserzerstäubung über Düsen mit oder ohne Druckluft sowie über Sprühbefeuchter (Luftwäscher).

1.6.3.1 Einfluß von Warmwasserversorgungssystemen

Warmwasserversorgungssysteme und sanitärtechnische Einrichtungen werden als ursächlich am Zustandekommen von Legionelleninfektionen angesehen [64]. Ob dabei Duschen oder auch andere Entnahmearmaturen die wichtigste Infektionsquelle darstellen, aus denen entsprechende Mengen legionellenhaltiger Aerosole versprüht werden, ist bisher nicht ausreichend untersucht worden. Da das Vorhandensein von Legionellen im Trinkwasser und die Vermehrung in Warmwasseranlagen jedoch grundsätzlich gegeben ist, sind Maßnahmen gegen eine Legionellenvermehrung im Wasser zu treffen. Die Möglichkeiten hierzu bestehen in der chemischen Dekontamination durch Chlorung und in der thermischen Dekontamination durch Einhaltung bestimmter Wassertemperaturen.

Die Abtötung von Legionellen gelingt sicher mit Chlor oder Chlordioxid, wie sie im Trinkwasser- und Badewasserbereich eingesetzt werden. Erforderlich ist eine Chlorkonzentration von >1 mg/l. Die Hochchlorung von Warmwasser unterliegt allerdings Einschränkungen, da sie mit zusätzlichen Korrosionsproblemen, Geruchsbelästigungen und mit der toxikologisch nicht unbedenklichen Bildung von Chloroformspuren verbunden ist.

1.6.3.2 Einfluß der Wassertemperatur

Für die thermische Dekontamination, die temperatur- und zeitabhängig verläuft (Bild 8), wird eine minimale Abtötungstemperatur von 50°C mit deutlich einsetzendem Absterbeprozeß als notwendig angesehen [65]. Da in einem Warmwasserbereitungssystem infolge zahlreicher Schwachstellen – wie Temperaturschichtung im Speicher, isolierende Ablagerungen von Kalkausscheidungen und Korrosionspartikeln, ungenügende Wärmedämmung, stagnierendes Wasser in nicht oder wenig benutzten Leitungsabschnitten, bakterielle Wandbeläge auf isolierend wirkenden Gummidichtungen und Kunststoffmaterial bei Armaturen und Duschköpfen, unzureichend durchströmte Toträume bei Armaturen – die konstante Einhaltung einer Solltemperatur nicht möglich ist, wird die Erwärmung des Wassers auf 60°C für notwendig gehalten. Im Verteilungssystem soll eine Temperatur von 55°C nicht unterschritten werden.

1.6.3.3 Einfluß der Wassererwärmer

Bei Wassererwärmern mit Speicherung verhindert die sich einstellende und während der Betriebszeit mit der Entnahme sich verändernde Temperaturschichtung das Einhalten einer konstanten Solltemperatur. Im Bodenbereich des Speichers kommt es außerdem zu Ablagerungen von im Wasser mitgeführten Schwebstoffen, Kalkausscheidungen und Korrosionspartikeln, sowie Schlamm von Aluminium-Opferanoden, die ideale Voraussetzungen für eine Legionellenvermehrung aufweisen.

Zu empfehlen sind daher:

- ◆ dezentrale und zentrale Durchflußwassererwärmer ohne Speicherung,
- ◆ Speicherwassererwärmer mit Umwälzpumpe nach dem Ladespeichersystem geschaltet,
- ◆ bei Speichern eine Entleerungsmöglichkeit am tiefsten Punkt und eine regelmäßige Reinigung, gegebenenfalls in Verbindung mit Desinfektion mit bioziden Substanzen unter Einschluß von Chlor.

1.6.3.4 Einfluß der Warmwasserleitungen

Hier kommt es auf die Einhaltung der vorstehend angegebenen Wassertemperaturen von 60°C bzw. minimal 55°C an. Die damit in Zusammenhang stehende Frage der Energieeinsparung hat eine untergeordnete Bedeutung. Diese Schlußfolgerung ergibt sich aus dem von der Wassertemperatur abhängigen Speicherinhalt und dem in gleicher Weise abhängigen Spitzendurchfluß der Warmwasserverteilungsleitung. Bei einer vergleichsweise niedrigeren Warmwassertemperatur werden ein größerer Speicherinhalt und mit einem größeren Spitzendurchfluß eine größere Rohrweite benötigt.

Es soll das Größenverhältnis der erforderlichen Speicherinhalte von Warmwasserspeichern für die Speicherwassertemperaturen $\vartheta_{W1} = 60°C$ und $\vartheta_{W2} = 45°C$ ermittelt werden. Die Kaltwassertemperatur beträgt $\vartheta_K = 10°C$. Aus der Ableitung der Mischwassergleichung (1) errechnet sich das Größenverhältnis wie folgt:

$$Q_W = Q_M \cdot \frac{\vartheta_M - \vartheta_K}{\vartheta_W - \vartheta_K} \tag{1}$$

$$\frac{I_{60}}{I_{45}} = \frac{\vartheta_{W2} - \vartheta_K}{\vartheta_{W1} - \vartheta_K} \tag{1a}$$

$$I_{45} = I_{60} \cdot \frac{\vartheta_{W1} - \vartheta_K}{\vartheta_{W2} - \vartheta_K}$$

$$I_{45} = I_{60} \cdot \frac{60 - 10}{45 - 10}$$

$$I_{45} = I_{60} \cdot 1{,}429$$

Q_W = Warmwasserbedarf in l bei Speichertemperatur ϑ_W
Q_M = Mischwasserbedarf in l bei Mischwassertemperatur ϑ_M
I = Speicherwasserinhalt in l
ϑ = Wassertemperatur in °C

Das bedeutet, daß der Speicherinhalt I_{45} bei einer Speicherwassertemperatur von $\vartheta_W = 45\,°C$ um 42,9 % größer als bei einer Speicherwassertemperatur von $\vartheta_W = 60\,°C$ sein muß. Für den Spitzendurchfluß der Warmwasserverteilungsleitung gilt das gleiche Verhältnis. Die Leitungen sind dazu etwa eine Nennweite größer zu bemessen. Bei einer zwar geringeren Temperaturdifferenz zwischen Wasser- und Umgebungstemperatur führen die größeren wärmeabgebenden Oberflächen von Speicher und Leitungen angenähert zu gleichen Wärmeverlusten.

Wichtige Maßnahmen gegen eine Legionellenausbreitung in Warmwasserleitungen sind:

- ◆ Wärmedämmung der Warmwasserverteilungs- und Zirkulationsleitungen sowie der Rohrarmaturen mindestens nach den Bestimmungen der Heizungsanlagenverordnung [38], Warmwasserverteilungsleitungen nicht überdimensionieren,

- ◆ Warmwasserzirkulationsleitungen und Zirkulationsdurchfluß nach dem Wärmeverlust des Zirkulationskreislaufes bemessen,

- ◆ Zirkulationspumpen sind für Dauerbetrieb, d.h. ohne Zirkulationsunterbrechung zu planen,

- ◆ Warmwasserzirkulation möglichst nahe an die Entnahmestellen heranführen,

- ◆ bei fehlender Zirkulation eine elektrische Begleitheizung vorsehen,

- ◆ nicht benutzte Leitungsteile müssen außer Betrieb genommen und entleert werden.

1.6.3.5 Einfluß der Entnahmearmaturen

Entnahmearmaturen müssen bei einer geforderten Wassertemperatur von 60 °C in den Warmwasserverteilungsleitungen eine Verbrühungsgefahr ausschließen. Es sind daher Sicherheitsmischbatterien, Eingriff-mischbatterien mit voreinstellbarer Höchsttemperatur oder Thermostatmischbatterien mit automatischer Temperaturbegrenzung zu verwenden (Abschnitt **2.4**). Die Mischtemperatur ist auf etwa 40°C zu begrenzen (gem. DIN 1988 Teil 2 [11]).

Die im Bereich von Ausläufen, insbesondere von Duschköpfen, oft angetroffene Legionellenbesiedlung ist durch konstruktive Maßnahmen der Hersteller einzuschränken. Das bedarf dann auch einer Kennzeichnung. Wenn hierzu bisher auch keine verbindlichen Angaben vorliegen, so können doch folgende Empfehlungen gegeben werden:

- ◆ Die Aerosolbildung ist durch eine niedrige Wasseraustrittsgeschwindigkeit zu minimieren.
- ◆ Eine feine Zerstäubung des austretenden Wassers ist auszuschließen.
- ◆ Die Wasserstrahlen sollen möglichst tangial auf die Oberflächen der Sanitärgegenstände auftreffen.
- ◆ Die Innenbereiche der Armaturen müssen gut durchströmt werden; es dürfen keine Toträume vorhanden sein.
- ◆ Gummi- und Kunststoffmaterialien, die das Legionellenwachstum fördern, z.B. für Dichtungen, sind ungeeignet.
- ◆ Automatische Spülung der nicht zirkulierenden bzw. nicht ständig zirkulierenden Warmwasserleitungen mit Wassertemperaturen $\geq 60°C$. Messungen durch das Hygiene-Institut Berlin in einem städtischen Schwimmbad mit 24 installierten Duschplätzen ergaben einen hohen Befall mit Legionellen nach einer Betriebszeit von 4 Wochen. Nach einer Durchspülung mit Wasser von 60°C bei einer Fließdauer von 3 Minuten konnte im ausfließenden Wasser aus den Duschköpfen kein oder nur noch ein geringer Befall gemessen werden. Die thermische Desinfektion wird einmal wöchentlich vorgenommen. Bild 9 zeigt hierzu das Beispiel einer Duschanlage mit elektronisch gesteuerten Entnahmearmaturen [28].

Das warme Wasser kommt mit einer Temperatur von 60°C aus einem Speicherwassererwärmer und wird in einem Zentralthermostat auf 42°C zentral vorgemischt. Damit in keinem Rohrleitungsabschnitt Wasser stagnieren kann, ist die Verteilungsleitung für die Duschköpfe als Ringleitung mit Zirkulation ausgeführt und oberhalb der Duschköpfe verlegt. Die gesamte elektronische Steuerung für die Duschen und für die thermische Desinfektion durch Spülung mit Wasser von 60°C befindet sich in einem Wandschrank außerhalb des Naßbereiches.

1.6.3.6 Einfluß der Warmsprudelbecken

Warmsprudelbecken – auch Whirlpools genannt – erfreuen sich in öffentlichen und gewerblichen Schwimmbädern großer Beliebtheit. Es handelt sich dabei um Großraumsitzwannen für die gleichzeitige Benut-

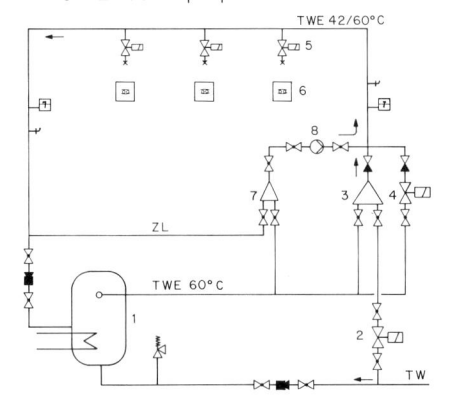

1 = Trinkwassererwärmer
2 = Magnetventil Kaltwasser
3 = Zentralthermostat
4 = Bypaß-Magnetventil
5 = Magnetventil mit Brausekopf
6 = IR-Sensor
7 = Zirkulationsthermostat
8 = Zirkulationspumpe

Bild 9 Schaltschema einer elektronisch gesteuerten Duschanlage mit Einrichtung zur thermischen Desinfektion (AQUA Butzke-Werke AG).

zung durch mehrere Personen, die mit Warmwasser bis etwa 37°C gefüllt sind und als attraktives Moment eine Luft-Wasser-Sprudelanlage besitzen. Hygienisch sind sie nicht unbedenklich, da die hohe Wassertemperatur, das kleine Beckenvolumen und die oft hohe Frequentierung durch Badegäste das rasche Bakterienwachstum fördern.

Das Beckenwasser muß den Hygieneanforderungen des Bundesseuchengesetzes (Abschnitt **3.1.11**) entsprechen und durch Aufbereitung und Desinfektion in einem stationären Zustand zwischen Reinigung und Verunreinigung gehalten werden. Die verfahrenstechnischen Maßnahmen für die Aufbereitung und Desinfektion sind in der Vornorm DIN 19644 V (Abschnitt **3.4.18**) festgelegt. Eine wesentliche Beziehung besteht in dem Verhältnis von Wassermenge im Becken, Wasserspeicher und Anlagesystem zur Anzahl der badenden Personen je Stunde. Hier besteht großenteils ein Mißverhältnis von Systeminhalt und eingebrachten Belastungsstoffen sowie Chlorvorrat. In Abweichung von der Vornorm wird daher gefordert [65]:

> Der Betrieb muß vorerst bis zur Herausgabe einer endgültigen Norm bei 0,7 bis 1,0 mg/l freiem Chlor im Beckenwasser erfolgen.

Die bessere Lösung liegt hier bei einer gemeinsamen Aufbereitungsanlage für Warmsprudelbecken und Bade- bzw. Schwimmbecken [28]. Bild 10 zeigt das Beispiel eines Badebeckens mit 100 qm Wasserfläche und zwei Warmsprudelbecken mit jeweils 6 Plätzen und gleicher Wassertemperatur, die an eine gemeinsame Aufbereitungsanlage angeschlossen sind. Damit wird nicht nur das Puffervermögen eines Systems mit großem Wasservolumen erreicht, sondern auch der Einbau einer Chlorgasanlage zur Wasserdesinfektion wirtschaftlicher. Eine solche Anlage kann dazu mit einer Ozon-Aufbereitung ausgestattet werden.

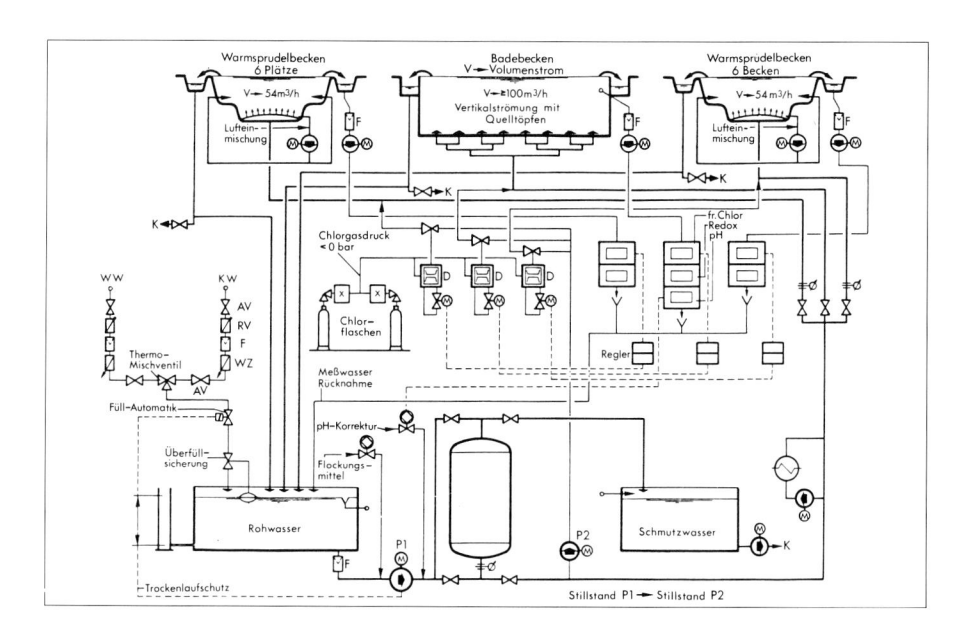

Bild 10 Fließschema der Aufbereitung und Desinfektion für ein Warmwasser-Badebecken und 2 Wassersprudelbecken in Freizeitbädern mit 32 bis 37°C Wassertemperatur [28]
x Flaschenanschlußgerät mit automatischem Umschalter, D Chlorgasdosiergerät DIN 19606, F Fasernfang, K Kanalisation.

Desinfektionsmaßnahmen

Bei Verdacht auf Erregerübertragung durch ein System muß dieses sofort außer Betrieb gesetzt und desinfiziert werden [65]. Bei Warmwasserversorgungsanlagen ist die thermische Desinfektion bei Wassertemperaturen von mindestens 70°C und geöffneten Entnahmearmaturen angebracht. Bei Warmsprudelbecken ist der Betrieb mit erhöhter Chlorkonzentration größer als 1 mg/l durchzuführen.

1.6.4 Staphylokokken und Streptokokken

Staphylokokken sind kugelförmige, grampositive Bakterien, die in vielen Arten ständig in der näheren Umgebung des Menschen vorhanden sind. Man findet sie im Boden, in der Luft und im Staub. Verbreitet sind sie bei Neugeborenen auf der Haut und in der Nasen-Rachenschleimhaut. Ebenso bei vielen Erwachsenen, wobei aber nur ein kleiner Teil davon erkrankt. Als Keimträger bedeuten sie eine Infektionsgefährdung für andere Menschen. Dies ist im Krankenhaus, mit einem Anteil von 80 bis 100% unter dem Pflegepersonal [57], häufig der Fall und Ursache des Staphylokokken-Hospitalismus. Die Übertragung geschieht von Mensch zu Mensch durch Berühren oder durch Gebrauchsgegenstände wie Handtücher, Geschirr, Wolldecken, Matratzen und Instrumente sowie durch Genuß von staphylokokkenhaltigen Nahrungs- und Genußmitteln. Bei Eintritt in Verletzungen der Haut führen die Erkrankungen zu entzündlichen Prozessen, Furunkulose, Karbunkel, Schweißdrüsenabszessen und auf dem Blutwege zu Organerkrankungen.

Streptokokken sind ebenfalls außerordentlich weitverbreitet und kommen in verschiedenen Arten auf der Rachenschleimhaut, im Darm und in der Vagina vor. Häufigste Erkrankungen treten als eitrigentzündliche Prozesse sowie toxische und allergische Folgekrankheiten auf. Die Übertragung geschieht wie bei den Staphylokokken durch Kontakt.

Für den Sanitärbereich werden beide Krankheitskeime vorwiegend beim Abtrocknen übertragen. Zur Vermeidung sogenannter Schmierinfektionen ist ein eigenes Handtuch oder ein Einmalhandtuch zu verwenden. Die gemeinsame Benutzung eines Handtuchs oder anderen Waschzeugs (Seiftuch, Seife) durch mehrere Personen ist auszuschließen.

Die Erkenntnis, durch Händewaschen möglichen Infektionen vorzubeugen, ist dabei keineswegs neu. Im alten Babylonien gehörte tägliches Händewaschen zu den unbedingt zu beachtenden religiösen Gesetzen. Auch im Alten Testament heißt es:

> *„Wer am Morgen erwacht, hat sofort die Hände und das Gesicht zu waschen. Händewaschen ist Pflicht vor jeder Mahlzeit. Waschung ist ferner obligatorisch nach der Benutzung des Abortes."*

Heute haben die uralten Vorsichtsmaßregeln ihre wissenschaftliche Rechtfertigung erhalten. Die Professoren **L. Grün** und **W. Kikuth** (Hygiene-Institut Düsseldorf) untersuchten das Infektionsrisiko, das von gemeinschaftlich benutzten Handtüchern in Gaststätten ausgeht. Sie fanden in jedem zweiten Handtuch Eitererreger (Staphylokokken), die auch Durchfall hervorrufen können, und in jedem dritten Handtuch Keime der Darmflora. Daher die Empfehlung der Hygieniker:

„Das Handtuch nur einmal benutzen".

Zu verweisen ist auf die nachstehend wiedergegebenen Angaben in Vorschriften und Verordnungen.

Wichtigstes Vorschriftenwerk für die Einrichtung von Arbeitsstätten – und damit auch für die hygienische Ausstattung von Waschstellen und -räumen – ist die Arbeitsstätten-Verordnung vom 20. März 1975 (Abschnitt **3.1.17**). Die hierzu erlassenen Arbeitsstätten-Richtlinien (ASR) enthalten die wichtigsten allgemein anerkannten sicherheitstechnischen, arbeitsmedizinischen und hygienischen Regeln und gesicherten arbeitswissenschaftlichen Erkenntnisse. Zu beachten sind vor allem:

§ 35: Waschräume, Waschgelegenheiten
§ 37: Toilettenräume.

Weitere Vorschriften finden sich in §§ 46, 47 und 48.

„3.3 Als hygienische Mittel zum Abtrocknen der Hände sind nur Handtücher zulässig, die zur einmaligen Benutzung bestimmt sind (Einmal-Handtücher).

Es kommen z. B. in Frage:

◆ Papierhandtücher, die aus einem Handtuchspender, von einer Rolle oder einer Ablage entnommen werden können,

◆ Textilhandtuchautomaten (Stoffhandtuchspender), die im Abstand von höchstens 5 Sekunden ein mindestens 20 cm langes, sauberes Handtuchstück freigeben und im Automaten das benutzte Handtuch vollständig getrennt von der Rolle mit der noch nicht benutzten Handtuchlänge aufwickeln."

Im Vergleich der Möglichkeiten beim Abtrocknen ist das *Textilhandtuch* am angenehmsten und hygienisch am vorteilhaftesten. Es stellt ein riesiges kappilares System dar, welches auf die Haut gebracht saugt und schnell trocknet. Die Frottierung bewirkt eine mechanische Reinigung der Haut ohne Verletzungen. Sie nimmt die schädlichen alkalischen Rückstände der Seife ab und entfernt auch Fettrückstände, Pigmente und gelöste Hautreste. *Papierhandtücher* erfüllen die hygienischen Anforderungen bei hochwertigen Papiersorten mit genügender Kapillarwirkung und entsprechender Reißfestigkeit. Es fehlt allerdings die zufriedenstellende Frottierwirkung des Textilhandtuchs. *Heißlufttrockner* sind hygienisch geeignet. Nachteile bestehen allerdings in verhältnismäßig langen Trocknungszeiten und in der Schädigung der Hautflora durch Eintrocknen der alkalischen Seifenrückstände.

Hygienevorschriften sind u. a. auch enthalten in:

- ◆ Richtlinie für die Erkennung, Verhütung und Bekämpfung von Krankenhausinfektionen (§ 6.3)
- ◆ Länderverordnungen (weitgehend gleichlautend von den Bundesländern erlassen)
- ◆ Gaststättenverordnungen (Abschnitt **3.2.7**)
- ◆ Verordnung über die hygienischen Anforderungen und amtlichen Untersuchungen beim Verkehr mit Fleisch (Fleischhygiene-VO) (Abschnitt **3.1.19**)
- Verordnung über die hygienische Ausübung des Friseurhandwerks
- ◆ Campingplatzverordnung (Abschnitt **3.2.9**)
- ◆ Verordnung über bauliche Mindestanforderungen für Altersheime, Altenwohnheime und Pflegeheime für Volljährige – HeimMindBauV – (Abschnitt **3.1.20**).

1.7 Sauberkeit

Im Sinne der körperlichen Sauberkeit beinhaltet der Begriff Sauberkeit folgende Gruppen [55]:

- ◆ Körperwasch-Verhalten,
- ◆ Wäschewechsel-Verhalten,
- ◆ Kosmetisches und Körperpflege-Verhalten.

Hervorzuheben ist, daß die Körperpflege, zu der die Hautpflege durch Waschen, Baden und Kosmetik, die Zahn- und Mundpflege, die Haar- und Bartpflege gehören, wesentlich zum allgemeinen Wohlbefinden, zur Gesunderhaltung sowie zur Gesundung des Menschen beiträgt. Die auf bestimmte Körperteile ausgerichtete Anwendung bedingt dabei funktionell und konstruktiv angepaßte Sanitärgegenstände und hat Einfluß auf deren Anordnung und Montagemaße. Bei Kranken und Behinderten besteht darüber hinaus ein Bezug zum Krankheitsbild bzw. zur Behinderung.

1.7.1 Waschen und Baden

Allgemein gebräuchlich ist für die Beseitigung des aus Umweltschmutz und Hautabsonderungen bestehenden Hautschmutzes der Begriff Waschen. Der Begriff Baden zum Zweck der Reinigung des Körpers ist als Waschen bei gleichzeitigem Eintauchen des Körpers oder einzelner Körperteile in ruhendes oder fließendes Wasser zu definieren. Der daraus abgeleitete Sammelbegriff Reinigungsbad betrifft nach der Anwendungsart des Wassers das Wannen-Reinigungsbad und das Dusch-Reinigungsbad.

Die Waschvorgänge werden nach ihrem Anwendungsbereich in Hände-, Unterarm-, Gesicht-, Kopf- und Oberkörperwaschen sowie Unterkörper-, Fuß- und Beinwaschen unterteilt. *Die hygienischen Anforderungen bestehen grundsätzlich in ihrer Durchführung unter fließendem Wasser.*

Für das Händewaschen, das nach Häufigkeit und Dringlichkeit als vorbeugende Hygienemaßnahme an erster Stelle steht, sollte nach der Klosett-Benutzung Kaltwasser ausreichend sein. Danach können alle Klosett-Räume, in Krankenanstalten auch für die Patienten, mit Waschbeckenanlagen nur für Kaltwasserentnahme ausgestattet werden. Als wassersparende Entnahmearmatur ist ein Selbstschluß-Wandauslaufventil zu empfehlen. Das bedeutet eine Einschränkung für die Ausbreitung des Abwasserkeimes Pseudomonas aeruginosa, und eine Verringerung der Baukosten. Grundsätzlich sollten Waschbecken innerhalb von Klosett-Kabinen angeordnet werden, um eine Verschmutzung des Türgriffes weitgehendst auszuschließen.

Den Anforderungen des Händewaschens nach der Klosett- oder Urinalbenutzung genügen Handwaschbecken mit einer Außenbreite von mindestens 450 mm.

Bild 11 Grundrißbeispiele für Klosett-Kabinen
a) und b)
   mit Klosett bei nach außen bzw. nach innen aufschlagender Tür,
c) bis f)
   mit Klosett und Handwaschbecken ohne bzw. mit Handtuchspender,
g) mit Klosett, Bidet und Waschtisch.

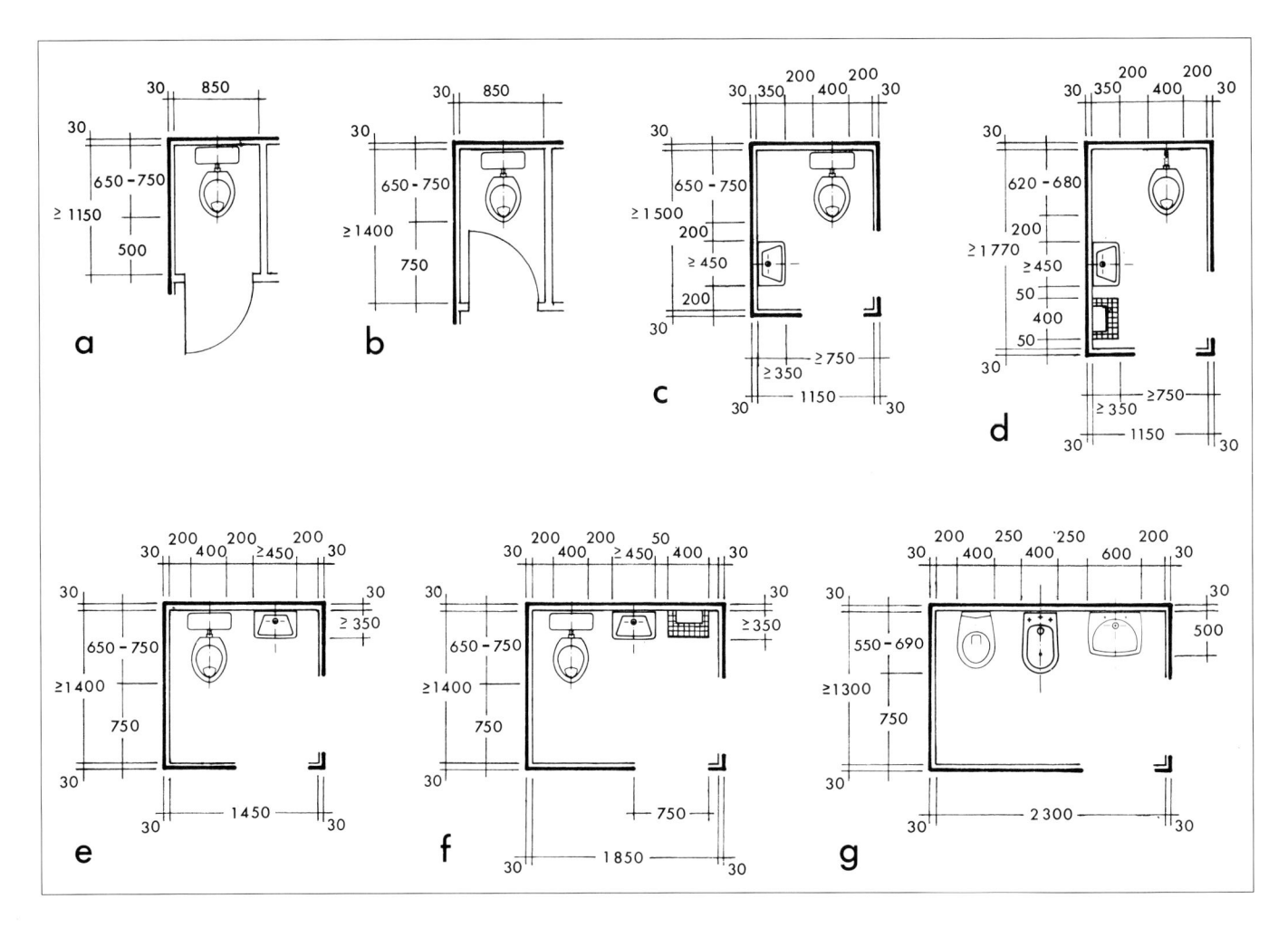

Bild 12 Grundrißbeispiele für Klosett-Kabinen
a) Klosett mit gegenüberliegend angeordnetem Handwaschbecken,
b) bis d)
für Rollstuhlbenutzer mit Klosett, Waschtisch und Handtuchspender – DS = Deckenschiene für Strickleiter.

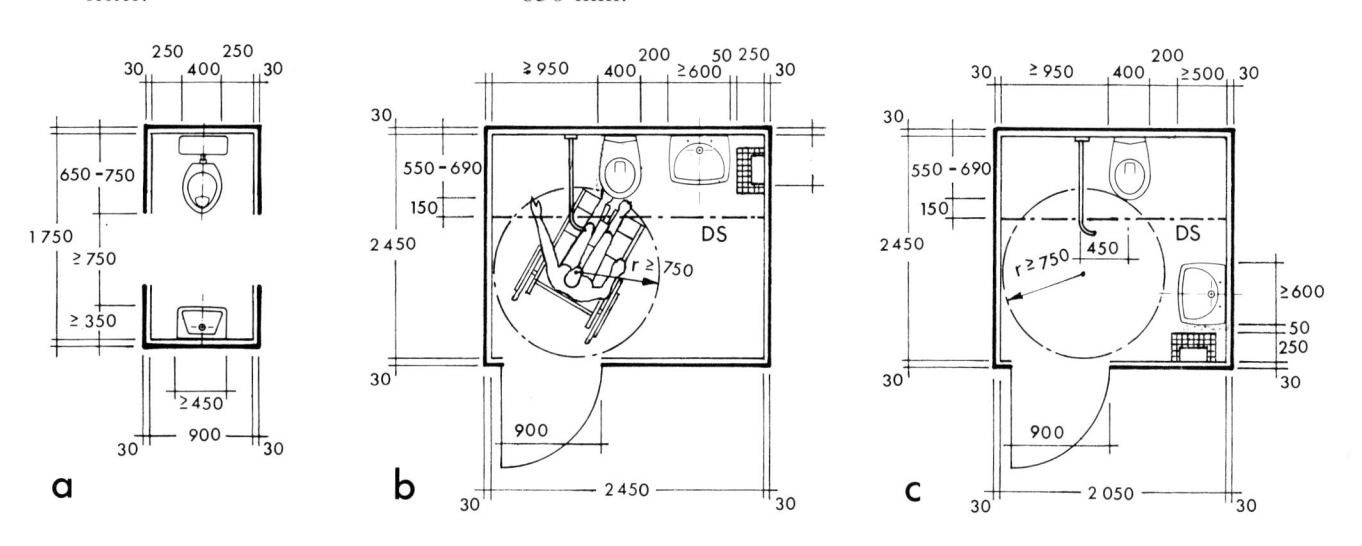

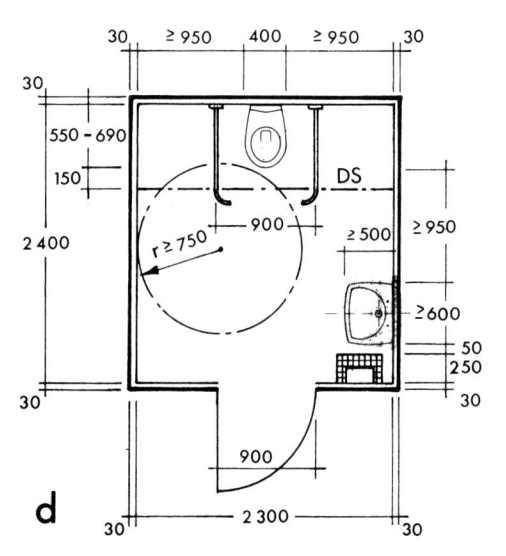

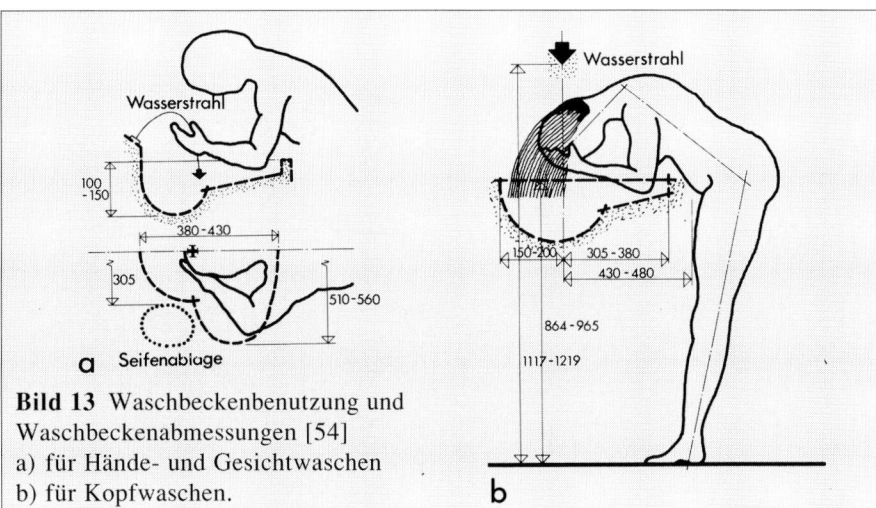

Das Waschen des Gesichtes gehört neben dem Händewaschen zur üblichen „Morgenwäsche". Gesicht, Hals und Ohren werden gewöhnlich vor dem Herrichten der Frisur, vor kosmetischen Anwendungen und vor dem Rasieren gewaschen. Die Kopfwäsche findet in der Regel nicht täglich statt, während beim Waschen des Oberkörpers die schwitzenden Partien, wie Achselhöhlen, Brust und Nacken täglich zu berücksichtigen sind. Die Anforderungen an die Abmessungen des Waschtisches ergeben sich für die Beckenmulde aus der Ellenbogenhaltung beim Gesicht-, Kopf- und Oberkörperwaschen.

Die lichte Breite der Beckenmulde soll so bemessen sein, daß der ausgestreckte Unterarm des Benutzers Platz findet. Abzuleiten ist eine lichte Breite, die zweckmäßigerweise 50 bis 80 mm größer als die Unterarmlänge ist.

Für Erwachsene ergibt sich so ein Maß von 510 bis 570 mm. Die Tiefe (Ausladung) der Beckenmulde soll etwa ein Maß von 0,75 x Breite besitzen. Zu empfehlen ist eine lichte Tiefe von etwa 380 bis 430 mm. Die kleinste Waschtischgröße für Erwachsene hat eine Außenbreite von mindestens 550 mm; vorteilhaft ist eine solche von 600 bis 650 mm.

Bild 13 Waschbeckenbenutzung und Waschbeckenabmessungen [54]
a) für Hände- und Gesichtwaschen
b) für Kopfwaschen.

Tabelle 1 Abmessungen der Beckenmulde von Waschtischen [28].

Körpergröße	Unterarmlänge	Beckenmulde[1,2]	
		Breite	Tiefe
cm	cm	cm	cm
100	27,0	32–35	24–26
110	30,0	35–38	26–29
120	32,5	38–41	28–31
130	35,0	40–43	30–32
140	38,0	43–46	32–35
150	40,5	46–49	35–37
160	43,0	48–51	36–38
170	46,0	51–54	38–41
180	49,0	54–57	41–43

[1] Lichte Breite der Beckenmulde = Unterarmlänge + 5–8 cm
[2] Lichte Tiefe (Ausladung) der Beckenmulde = 0,75 × Breite

Für alle hygienischen Problembereiche besteht die Forderung nach Verwendung von Sanitärarmaturen *ohne Handbetätigung*. Dafür gelten folgende Vorschriften:

> Für Unternehmen und Teile von Unternehmen, in denen bestimmmungsgemäß beispielsweise Menschen stationär medizinisch untersucht, behandelt und gepflegt werden, Körpergewebe, -flüssigkeiten und -ausscheidungen von Menschen und Tieren untersucht werden, gilt die Unfallverhütungsvorschrift Gesundheitsdienst (VBG 103) mit Bestimmungen über persönliche Hygiene, Verhalten bei Infektionsgefährdung und Maßnahmen zur Desinfektion und Sterilisation.

§ 21 schreibt vor:

> *Zu Arbeitsbereichen mit erhöhter Infektionsgefährdung müssen an Händewaschplätzen für die Beschäftigten Wasserarmaturen installiert sein, die ohne Berührung mit der Hand benutzt werden können.*

In den Krankenhausbetriebs-Verordnungen der Länder (Abschnitt **3.2.6** für Berlin als Beispiel) sind für den besonderen Pflegebereich der Intensivmedizin, den Untersuchungs- und Behandlungsbereich folgende Bestimmungen einzuhalten:

§ 8 Intensivmedizin (5):

> *Die Armaturen der Waschgelegenheiten müssen ohne Handberührung zu bedienen sein.*

§ 14 Operation (3):

> *In Waschräumen müssen die Armaturen der Waschgelegenheiten ohne Handberührung zu bedienen sein.*

§ 28 Hygienemaßnahmen (3) und (4):

(3) Waschbecken sollen keinen Verschluß und Überlauf haben und sind mit Mischbatterie für Kalt- und Warmwasser auszustatten. Handwaschbecken in den Dienstzimmern, Untersuchungs- und Behandlungsräumen, Toiletten, Pflegearbeits- und Entsorgungsräumen sowie Schleusen sind mit Seifenspendern und hygienisch einwandfreien Vorrichtungen zum Händetrocknen auszustatten. Es dürfen keine Gemeinschaftshandtücher verwendet werden.

(4) Für Händedesinfektionsmittel sind Spender in allen Krankenzimmern, Dienstzimmern, Untersuchungs- und Behandlungsräumen, Personaltoiletten, unreinen Pflegearbeitsräumen und Schleusen anzubringen.

Entsprechende Anforderungen sind in der Fleischhygiene-Verordnung für Schlacht-, Zerlege- und Verarbeitungsbetriebe enthalten (Abschnitt **3.1.19**)

- ◆ Reinigungs- und Desinfektionseinrichtungen für Hände mit handwarmem, fließendem Wasser, Reinigungs- und Desinfektionsmitteln sowie Wegwerfhandtüchern sind in größtmöglicher Nähe des Arbeitsplatzes in ausreichender Anzahl anzubringen. Ventile der Reinigungseinrichtungen für Hände *dürfen nicht von Hand zu betätigen sein*.

- ◆ In den Toilettenanlagen müssen Handwaschgelegenheiten, bei denen die *Ventile nicht von Hand zu betätigen sein dürfen*, vorhanden sein.

- ◆ Wascheinrichtungen aus Sanitärporzellan oder Edelstahl sind für die hier angesprochenen Anwendungsbereiche mit Thermostat-Mischbatterien mit Armhebelbetätigung oder mit berührungslos elektronisch gesteuerter Wasserabgabe einzusetzen.

1.7.1.1 Unterarm- und Händewaschen für Ärzte

Jede Operation erfordert in der Nähe des Operationsfeldes zur Vermeidung von Infektionen eine weitgehende Keimfreiheit. Dabei bedarf die Arzthand, die in allernächster Nähe des Operationsfeldes tätig sein muß, einer sorgfältigen Vorbereitung. Dazu gehören eine ständige Hautpflege, das Waschen der Hände und Unterarme und die Behandlung mit einer antiseptischen Flüssigkeit (die sogenannte chirurgische Händedesinfektion) und ein Schutz gegen Berührung mit infektiösem Material.

Die Zulaufarmatur der Waschanlage soll entsprechend der Darstellung in *Bild 14* zwischen Auslaufunterkante und Oberkante Waschanlage (Waschtisch oder Waschreihe) einen Abstand von etwa 300 mm erhalten, damit das über die Hände zu den Ellenbogen abfließende Wasser in die Beckenmulde abtropft.

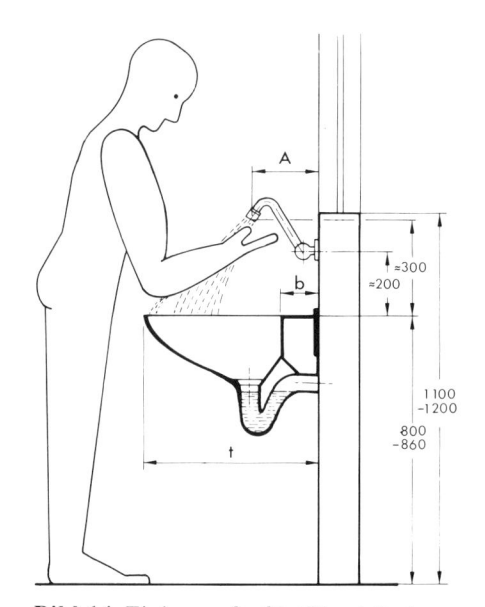

Bild 14 Einbaumaße für Waschtische in Operations-Waschräumen vor einem Durchblickfenster zum Vorbereitungsraum [28] A = b + 30 mm.

1.7.1.2 Unterkörper-, Fuß- und Beinwaschen

Das Waschen des Unterkörpers, der Füße und Beine erfolgt im allgemeinen nur ungenügend, da eine entsprechend zugeordnete Sanitäreinrichtung, das Bidet, fehlt. Dabei müßte hierfür zumindest das gleiche Bedürfnis und folglich die gleichen Voraussetzungen wie für das Waschen der oberen Körperpartien bestehen. Den verschiedenen Körperpartien und ihrer unterschiedlichen Verschmutzung wird in der Regel nur mit zwei Waschlappen und zwei Handtüchern je Person und Aufhängehaken am Waschplatz Rechnung getragen. Der Benutzung des Waschtisches sind jedoch mit einer auf das Hände-, Gesicht-, Kopf- und Oberkörperwaschen abgestimmten Anbringungshöhe, Form und Armaturenausstattung Grenzen gesetzt. Diese Waschvorgänge können hier nur erschwert und behelfsmäßig, von behinderten und älteren Menschen gar nicht vorgenommen werden. Die geeignete Sanitäreinrichtung ist das Bidet als Bestandteil des Waschplatzes.

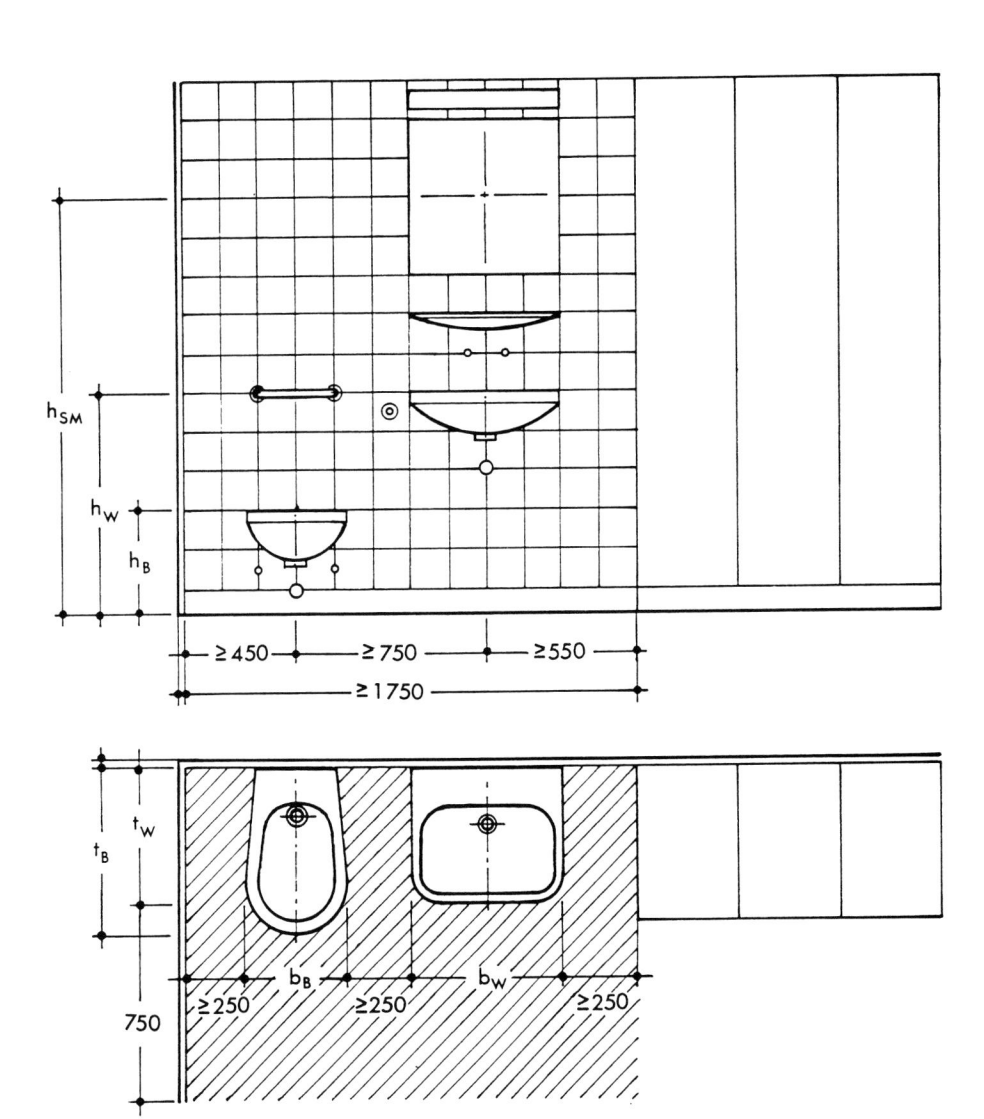

Bild 15 Waschplatz mit Bidet und Waschtisch [28]
b_B = 360 bis 400 mm,
t_B = 590 bis 670 mm,
h_B = 400 bis 500 mm,
b_W = 560 bis 650 mm,
t_W = 500 bis 550 mm,
h_W = 820 bis 860 mm.

1.7.1.3 Baden

Baden oder Bad bezeichnet das Eintauchen des Körpers (Ganz- oder Vollbad) oder einzelner Körperteile (Teilbad, z.B. Armbad) in Wasser mit oder ohne Zusätze. Zu unterscheiden ist zwischen Bädern in stehendem oder bewegtem Wasser, z.B. Wannenbädern, und unter fließendem Wasser (Duschbäder). Wassertemperatur, Anwendungsdauer und Badezusätze gestatten zahlreiche Variationen des Bades von beruhigender bis erfrischender Wirkung.

Duschbäder haben im Vergleich mit dem Wannenbad hygienische Vorzüge, da das Abspülen mit frischem, sauberem Wasser eine Keimgefährdung weitgehend ausschließt. Sie sind aus medizinischer Sicht in bestimmten Fällen besser verträglich, z.B. infolge einer geringeren Kreislaufbelastung. Dennoch ist darauf hinzuweisen, daß bei Gemeinschaftsanlagen mit zentralen Trinkwasser-Erwärmungsanlagen vorbeugende Maßnahmen gegen Infektionen durch Legionärsbakterien zu treffen sind (Abschnitt **1.6.3**). Das gilt auch bei Hautpilzerkrankungen, die in erster Linie zwischen den Zehen auftreten [40, 60]. Das Duschbad ist die wirtschaftlichere Lösung, da es vergleichsweise den geringsten Zeit-, Wasser- und Energieaufwand, den kleinsten Raumbedarf und den niedrigsten Investitions- und Betriebskostenaufwand erfordert.

Das Duschbad wird unter fließendem Wasser genommen. In einer besonderen Armatur, dem Duschkopf, wird der geschlossene Wasserstrahl aus der Rohrleitung in mehr oder weniger feine Strahlen aufgeteilt und zum Ausströmen gebracht. Die Wasserstrahlen üben abhängig vom Wasserdruck und von der Strahlendicke einen mechanischen und abhängig von der Wassertemperatur einen thermischen Reiz auf die Haut der getroffenen Körperteile aus. Die Wirkung auf die Haut besteht dabei einerseits in der reinigenden Eigenschaft und dem Druck des Wassers, und andererseits indirekt in der temperaturgebundenen Wärmewirkung, indem durch Erweiterung bzw. Zusammenziehung der Blutgefäße eine damit vermehrte oder verminderte Blutzufuhr für verstärkte Wärmeabgabe bzw. Wärmeaufnahme sorgt.

Ein direktes Auftreffen der Wasserstrahlen auf den Kopf sollte bei allen Duschen vermieden werden, um an dieser empfindlichen Stelle eine dadurch hervorgerufene Blutüberfüllung zu vermeiden. Ein anderer Grund besteht in dem Verhindern eines ungewollten Naßwerdens der Haare. Die geneigte Körperdusche ist daher der Kopfdusche vorzuziehen.

Von der Empfindlichkeit des Badenden wird der zulässige Temperaturbereich der Wasseranwendung beim Duschbad bestimmt. Derselbe liegt nach der durch Versuche festgestellten Empfindlichkeits-Skala zwischen 10 und 40 °C. Die Grenzen sind dadurch gegeben, daß Temperaturen bis 7 °C ein mit Schmerz verbundenes Kältegefühl und ab 40 °C ein mit Schmerz verbundenes Wärmegefühl verursachen. Darüber hinaus besteht bei Temperaturen über 50 bis 60 °C Verbrühungsgefahr. Deshalb ist in verschiedenen Vorschriften für öffentliche Einrichtungen gefordert, daß die Temperatur am Auslauf 42 °C nicht übersteigen darf.

Der Strahldruck einer Dusche kann allgemein bis 2 bar Überdruck betragen. Ein Höchstdruck von 4 bar soll nicht überschritten werden.

Da der Körper beim Duschen mit der Verdunstungswärme des Wassers einen größeren Wärmeverlust erfährt, ist auf eine gute Raumbeheizung zu achten. Die Raumtemperatur soll 22 bis 24°C, in Verbindung mit medizinischen Bädern 28 bis 32°C betragen. Wichtig ist auch eine gute Durchwärmung der Raumbegrenzungsflächen, da eine niedrige Oberflächentemperatur die Wärmeabgabe des menschlichen Körpers durch Strahlung erhöht. Kalte Wände wirken deshalb unangenehm und können gesundheitliche Schäden verursachen. Das tritt ein, wenn der Duschraum nur kurzzeitig während des Badens beheizt wird und die Wände keine Wärme durch längeres Aufheizen gespeichert haben. Eine Nebenerscheinung bei kalten Wänden ist die starke Tauwasserbildung. Lüftungstechnisch wird je Duschstand, einschließlich des damit verbundenen Vorraumes, ein Rauminhalt von etwa 8 bis 10 m^3 benötigt. Die Werte ergeben sich aus einem spezifischen Lüftungsbedarf von 250 bis 300 m^3 Luft/h und einer Luftwechselzahl nicht größer als 30. Ganz besonders sind diese Werte bei Reihen- oder Massenduschen zu beachten. Tauwasserbildung wird durch Einblasen vorgewärmter Luft verhindert.

Wannenbäder in Kinderheimen, Hotels, Industriebauten, Badeanstalten sowie auf Krankenstationen dienen in erster Linie der Körperreinigung. Die Heilbehandlung mit physikalischen Mitteln unterscheidet kalte, heiße und temperaturansteigende Bäder, Wechselbäder und Spezialbäder wie Tauch-, Dauer- und Überwärmungsbäder, hydroelektrische Bäder, Schlammbäder u.a., sowie medizinische Wannenbäder (Arzneibäder) mit einer Reihe von Zusätzen.

Die Wirkungen des Wannenbades bestehen in thermischen, mechanischen und chemischen Reizen auf den Körper. Thermische Reize gehen von der Wassertemperatur aus. Sie sind um so größer, je weiter die Wassertemperatur von der Hauttemperatur des Menschen, die individuell verschieden bei 34 bis 36°C liegt und mit Indifferenztemperatur bezeichnet wird, nach unten oder oben abweicht. Wassertemperaturen unterhalb der Hauttemperatur liegen im kalten, Wassertemperaturen oberhalb derselben im warmen Bereich. Mechanische Reize entstehen durch den Wasserdruck auf die Haut, mit der Auftriebswirkung des Wassers und einer damit verbundenen Entlastung der Muskulatur (Entspannungswirkung). Die chemische Wirkung ist durch im Wasser gelöste Stoffe, durch organische und aromatische Badezusätze gegeben. Die Einwirkungsdauer verstärkt die verschiedenen Effekte.

Das Wannenbad wird als Reinigungsbad bei einer Wassertemperatur von 35 bis 36°C genommen. Badezusätze und Seife vermindern die Oberflächenspannung des Wassers, erleichtern das Lösen und Abschwemmen von Schmutz und Bakterien. Badebürste und Waschlappen sind dabei von unterstützender Wirkung.

Das Morgen- oder Aufwachbad, lauwarm bei einer Wassertemperatur von 28 bis 33°C, fördert die Blutzirkulation und ist ein wirksames

Erfrischungsmittel. Es wird mit einer kalten Dusche (19 bis 28 °C) von kurzer Anwendungsdauer beendet.

Nach der Arbeit oder bei natürlicher Müdigkeit bringt ein geruhsam genommenes Erfrischungsbad, Wassertemperatur 37 bis 38 °C, Erholung. Den Abschluß bildet eine wenige Sekunden dauernde kalte Dusche. Der Körper ist mit einem Frottiertuch kräftig abzurubbeln. Gegen körperliche Müdigkeit hilft ein heißes Bad (38 bis 40 °C) von etwa 10 Minuten Dauer, sofern keine ärztlichen Beschränkungen vorliegen. Vor dem Bade sind zur Steigerung des Stoffwechsels ein oder zwei Glas Wasser zu trinken. Abschließend wird eine warme bis heiße Dusche (38 bis 40 °C) genommen und der Körper kräftig abfrottiert.

Das Bad als Schlafmittel wird mit der Indifferenztemperatur von etwa 36 °C angewandt. Es schließt ohne Dusche. Die Feuchtigkeit ist mit einem Badetuch nur leicht abzutupfen.

Eine obere Temperaturgrenze liegt für Wannenbäder bei etwa 48 bis 50 °C, die kurzzeitig gerade noch ausgehalten werden. Das Einlaufwasser muß zur Deckung von Wärmeverlusten für das Aufheizen der Wannenwandung und wegen der Wärmeabgabe an den Raum etwa 3 bis 5 K über der gewünschten Badewassertemperatur liegen.

1.7.2 Wasser- und Wärmeverbrauch

Der Vorgang des Waschens und Badens ist ein Prozeß, der aus mehreren Aktivitäten besteht. In der Ablauffolge betrifft er das Entkleiden, das Öffnen (manuell oder berührungslos) und Einregulieren (manuell oder selbsttätig) der Entnahmearmatur, den Zugang oder das Einsteigen. Die Aktivitäten des eigentlichen Waschens bestehen aus dem Naßmachen, Einseifen, Bürsten, Abreiben und Abspülen, dem Schließen (manuell, selbsttätig oder berührungslos) der Entnahmearmatur, dem Abgang oder dem Aussteigen, dem Abtrocknen und dem Ankleiden sowie der als Subaktivität zu bezeichnenden Vorgänge des Erwärmens und Entspannens. Unterschiede ergeben sich aus der Anwendungsart des Wassers beim Dusch- oder Wannenbad, durch das Funktionssystem der Armaturenausstattung, aus der Nutzungsart und individuellen Gepflogenheiten.

1.7.2.1 Duschbad

Das Duschbad unter fließendem Wasser ergibt einen proportional zur Benutzungsdauer verlaufenden Wasserverbrauch. Der Wasserverbrauch wird dabei von der Bedienungsfunktion, von der Handhabung einer Duscharmatur und von der Armaturenausstattung mehr oder weniger stark beeinflußt. Die in Bild 16 und 17 gezeigten Gebrauchssituationen geben dafür Beispiele. Sie machen auch deutlich, worauf es bei der Wasseranwendung eines Duschbades ankommt.

Beim Duschen des ganzen Körpers sollen mit Ausnahme des Kopfes möglichst alle Körperteile vom Duschstrahl erfaßt oder getroffen werden. Das wird einmal durch einen genügend großen Streukreis des

Bild 16 Ecklösung eines Duschstandes mit Arena-Rundduschwanne und passender Duschabtrennung in Kunststoff-Sicherheitsglas (Hüppe).

Bild 17 Gebrauchssituation einer Eck- bzw. Nischendusche mit Thermostatbatterie, Schlauch-, Seiten- und Kopfduschen (Friedrich Grohe).

Bild 18 Duschstrahl-Fallkurven und Streukreisdurchmesser einer Handdusche in Aufsteckstellung, Neigung 30°, mit regulierbarem Duschstrahl
a) zylindrischer Strahl bei 1 bar Fließdruck
b) weiter Strahl bei 1 bar Fließdruck
c) pulsierender Strahl bei 1 bar Fließdruck
d) Durchflußschaubild (Friedrich Grohe).

Duschstrahls und durch Anordnung des Duschkopfes mit Abstand zum Duschenden erreicht. Der Streukreisdurchmesser in Schulterhöhe bei geneigter Duschkopfanordnung sowie die Wurfweite des Duschstrahls sind die herstellerseitig durch Versuche zu ermittelnden Bezugsgrößen.

Bild 18 zeigt mit der Darstellung der Fallkurven einer aufgesteckten Handdusche in Normalstellung (Neigungswinkel 30 °C), bei veränderlicher Strahlart, den in Abständen von 250 mm, 500 mm und 1000 mm bis Unterkante Duschkopf vom Duschstrahl erfaßten Bereich. Eine Abhängigkeit besteht dabei vom Fließdruck vor der Dusche und damit vom Durchfluß (Bild 18 d).

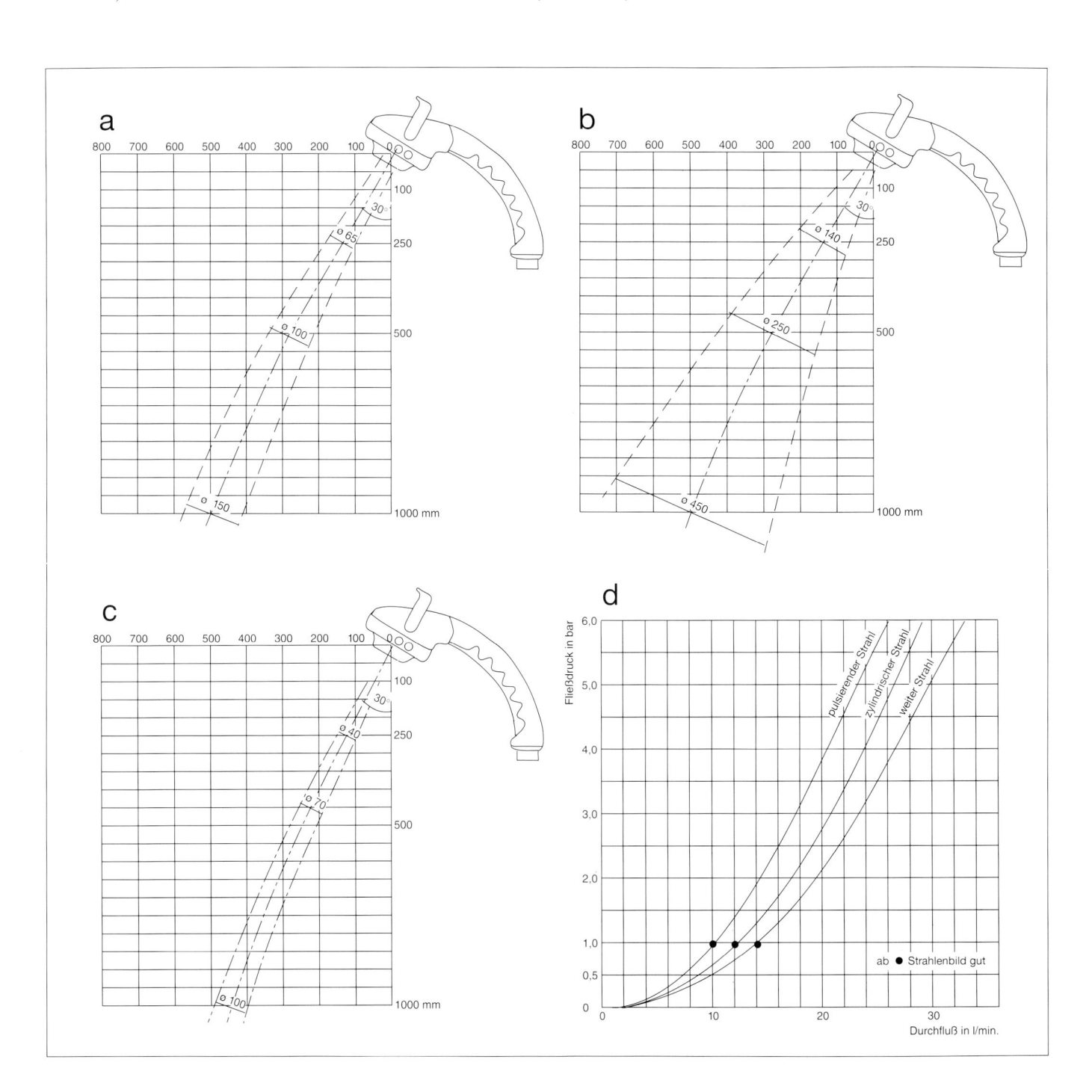

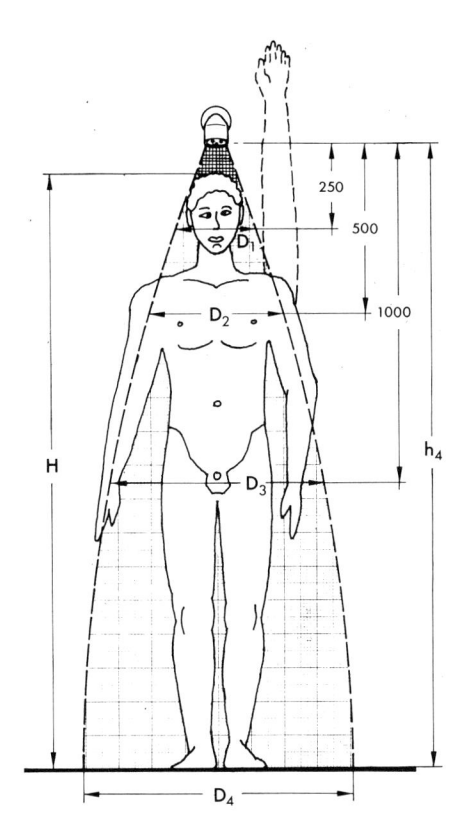

Eine Beziehung besteht bei einer Körperdusche nach Bild 19 zwischen der Anordnung des Duschkopfes, d.h. Neigungswinkel α, Ausladung A und Einbauhöhe h_4 über der Standfläche, der Körpergröße H des Duschenden, dem Streukreisdurchmesser D_4 bzw. der Strahlweite D_8 in Höhe der Standfläche. Bei der geneigten festen Körperdusche in Bild 19 b können Duschende beliebige Größe haben, durch die Aufstellung mit Abstand zum Duschkopf können sie ihren Kopf außerhalb des Duschstrahls halten. Der Streukreisdurchmesser D_4 und die Strahlweite D_8 sind bei einem offenen Duschstand für die Bemessung der Stell- und Bewegungsfläche maßgebend. Bei einem geschlossenen Duschstand muß die Duschabtrennung für eine Begrenzung sorgen und den Strahldruck abfangen können.

Einen Sonderfall stellen Notduschen dar. Sie müssen in Laboratorien über jeder Fluchttür angebracht werden, um notfalls brennende Kleidungsstücke abbrausen zu können.

Bei der in Bild 20 mit zwei Anbringungshöhen dargestellten Notbrause, die einer Kopfdusche mit senkrechtem Neigungswinkel entspricht, sind Streukreisdurchmesser und Strahlweite identisch. Hier kommt es darauf an, daß die zu schützende Person vom Duschstrahl ganz eingeschlossen wird.

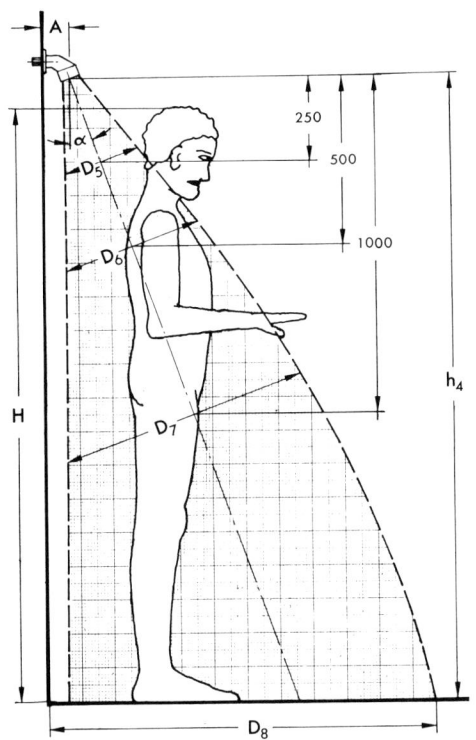

Bild 19 Funktionsdarstellung einer Körperdusche mit den Bezugsmaßen für die Anbringung H Körpergröße, h_4 Unterkante Duschkopf über der Standfläche, A Wandabstand Mitte Duschkopf, α Neigungswinkel Duschkopf, D Streukreisdurchmesser bzw. Wurfweite.

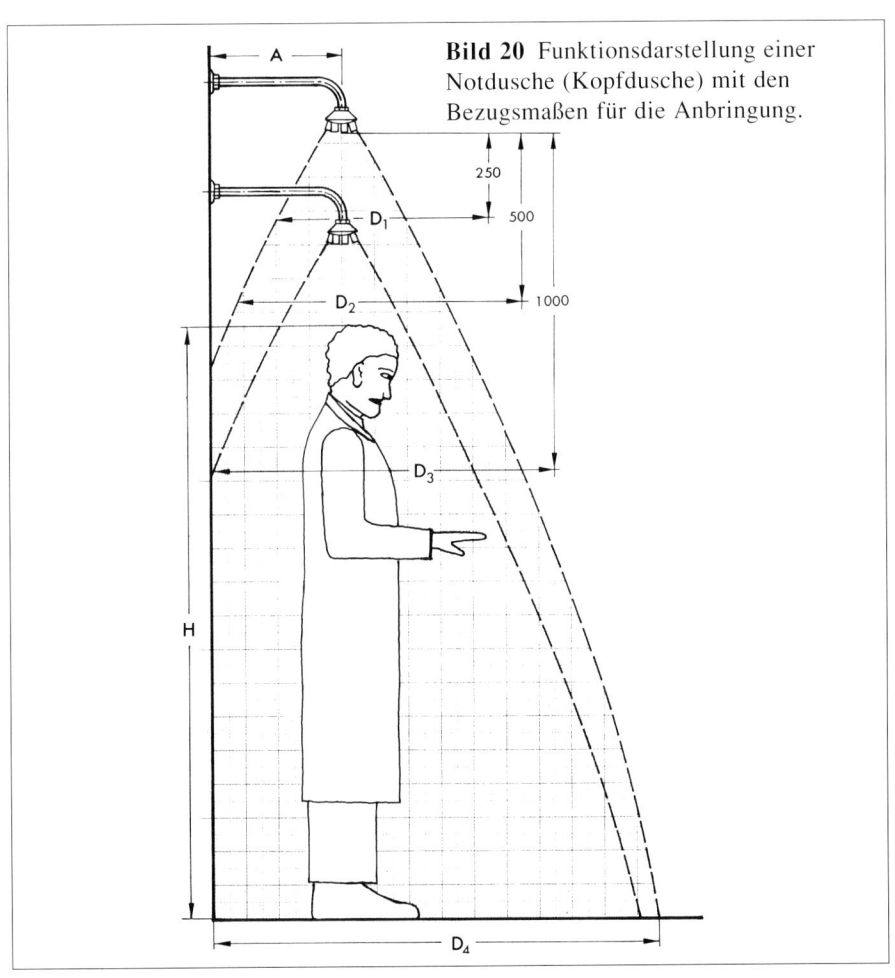

Bild 20 Funktionsdarstellung einer Notdusche (Kopfdusche) mit den Bezugsmaßen für die Anbringung.

Der Wasserverbrauch eines Duschbades, der in Tabelle 3 für ein Reinigungsbad mit Handdusche zusammengestellt ist, ergibt sich aus dem Benutzungs- und Verbrauchsablauf. Dieser umfaßt die Zeit vom Öffnen der Entnahmearmatur bis zum Schließen nach dem letzten Duschvorgang für eine Anwendung. Das Duschbad wird zum Naßmachen und zum Erwärmen mit einer Temperatur im Bereich der Indifferenztemperatur des menschlichen Körpers von 34 bis 36°C begonnen und auf eine als angenehm empfundene Temperatur von 38 bis 40°C gesteigert. Beim Einregulieren dieser Wassertemperatur muß zunächst das in der Warmwasserleitung stagnierende und dadurch abgekühlte Wasser ausgestoßen werden. Es geht beim Duschbad ungenutzt verloren. Das Einregulieren der gewünschten Wassertemperatur erfordert dabei einen vom Funktionssystem der Entnahmearmatur abhängigen Zeitaufwand, der entsprechend der Darstellung in Bild 21 für Zweigriffbatterien mit 18 s, für Eingriffbatterien mit 14 s und für Thermostatbatterien mit 2 s anzunehmen ist.

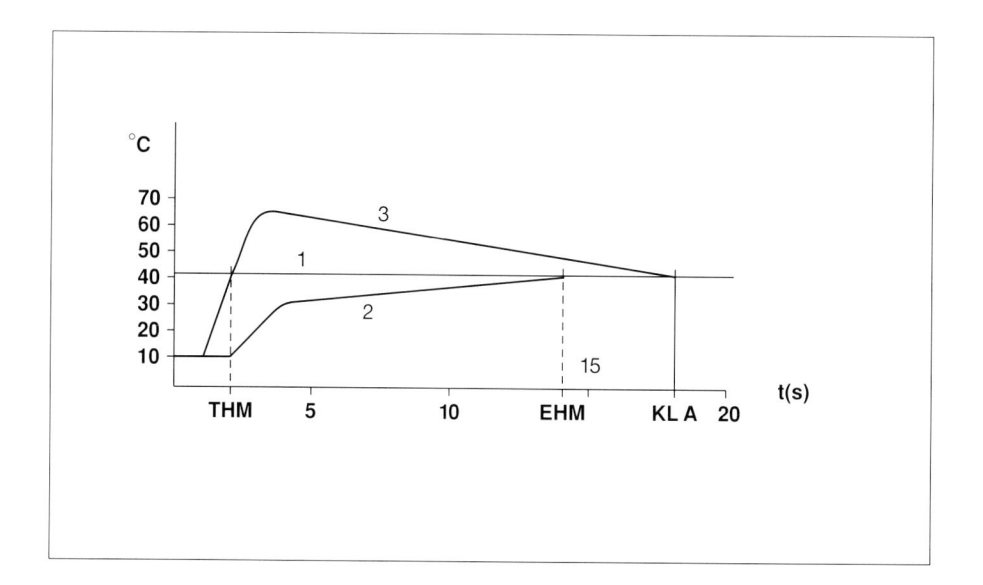

Bild 21 Zeitdauer für das Einregulieren der gewünschten Wassertemperatur bei Zweigriff- (3), Eingriff- (2), und Thermostatbatterien (1) (Friedrich Grohe).

Der Vorgang des Duschbades selbst ist nach der Nutzungsart zu unterteilen in:

- Das Warmduschen, es erfolgt zur Erwärmung des Körpers und zum Naßmachen. Es ist eine reine Wasseranwendung.

- Das Waschen der Körperteile, es ist in der Reihenfolge der Handhabung in das Kopfwaschen – bestehend aus Vor- und Hauptwäsche –, das Oberkörperwaschen, das Unterkörperwaschen, das Bein- und Fußwaschen einzuteilen. Jeder Waschvorgang setzt sich dabei aus dem Einseifen und dem Abspülen zusammen.

- Das abschließende Warm-Kaltduschen, es dient der Erfrischung.

Unter dem Gesichtspunkt der Energieeinsparung ist beim Duschbad die ungenutzte Wasserentnahme ein Problem, das den Wasser- und Wärmeverbrauch betrifft. Eine ungenutzte Wasserentnahme entsteht zwangsläufig durch das Ausstoßen des in Warmwasser-Einzelzuleitungen ohne Zirkulation und ohne Begleitheizung abgekühlten Wassers sowie während des Öffnens und Schließens der Entnahmearmatur. Richtwerte für Ausstoßzeiten und Länge von Warmwasser-Einzelzuleitungen sind abhängig von der zu versorgenden Entnahmestelle und der Rohrweite, sie sind in Tabelle 2 zusammengestellt. Die zeitbezogene Darstellung der Wasserentnahme in Bild 22 macht diese Problemstellung an dem Beispiel eines Duschbades mit durchgehend geöffneter Zweigriffbatterie und Handdusche deutlich.

Tabelle 2 Richtwerte für Ausstoßzeit und Länge von Warmwasser-Einzelzuleitungen ohne Zirkulation.

Entnahmestelle	max. zulässige Ausstoßzeit T_{max} s	Stahlrohr DIN 2440 DN Zoll/mm	Leitungslänge l_{max}[1]) m	Kupferrohr DIN 1786 DN mm x mm	Leitungslänge l_{max}[1]) m
Ausguß $\dot{V}_{RW}$ = 0,15 l/s	5–8	3/8"/10	6–10	12 x 1	10–15
				15 x 1	6–9
		1/2"/15	4–6	18 x 1	4–6
Badewanne $\dot{V}_{RW}$ = 0,15 l/s	15–25	1/2"/15	11–19	18 x 1	11–19
		3/4"/20	6–10	22 x 1	8–13
Dusche $\dot{V}_{RW}$ = 0,15 l/s	10–15	3/8"/10	12–18	15 x 1	11–17
		1/2"/15	8–11	18 x 1	8–11
Sitzwaschbecken $\dot{V}_{RW}$ = 0,07 l/s	8–10	3/8"/10	5–6	12 x 1	7–9
				15 x 1	4 bis 5
		1/2"/15	3–4	18 x 1	3–4
Spülbecken $\dot{V}_{RW}$ = 0,07 l/s	5–10	3/8"/10	3–6	12 x 1	5–9
				15 x 1	3–5
		1/2"/15	2–4	18 x 1	2–4
Waschbecken $\dot{V}_{RW}$ = 0,07 l/s	8–10	3/8"/10	5–6	12 x 1	7–9
				15 x 1	4–5
		1/2"/15	3–4	18 x 1	3–4

[1]) $l_{max} = \dfrac{\dot{V}_{RW} \cdot T_{max}}{V}$ in s

V = Wasserinhalt des Rohres in Liter/m

Bild 22 Durchflußschaubild für ein Duschbad mit Zweigriffbatterie DN 15 und Handdusche bei während der ganzen Benutzungsdauer geöffneter Entnahmearmatur
Kaltwassertemperatur ϑ_K = 10 °C,
Warmwassertemperatur ϑ_W = 60 °C,
Durchfluß V = 0,15 l/s,
Wasserentnahme
V = 35,9 + 18 = 53,9 l/Bad,
Wärmeverbrauch
W = 3874 + 1956 = 5830 kJ/Bad,
Benutzungsdauer t = 357 s/Bad.

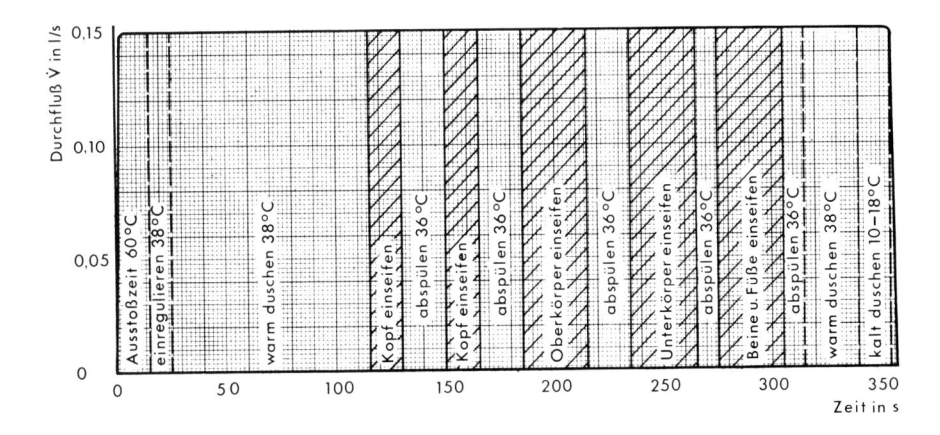

Die schraffiert gekennzeichneten Felder für das Einseifen ergeben mit 120 s einen ungenutzten Warmwasserverbrauch von 18 l gegenüber dem in Tabelle 3 ermittelten Nutzwasserverbrauch von 35,85 bis 36,6 l.

Der ungenutzte Wärmeverbrauch beträgt dann bei einer Entnahmearmatur von 36 °C für ein Duschbad 1956 kJ gegenüber dem in Tabelle 3 ermittelten Nutzwärmeverbrauch von 3874 bis 4111 kJ.

Tabelle 3 Verbrauchswerte für ein Dusch-Reinigungsbad mit Handdusche, Durchfluß V = 0,15 l/s, $\vartheta_K = 10\,°C$, $\vartheta_W = 60\,°C$ (Bilder 22 und 23).

Art der Betätigung	Dauer s	Temperatur °C	Wasserentnahme l	Wärmeverbrauch kJ
Mischbatterie öffnen – Ausstoßzeit (max.)	10–15	60	1,50–2,25	314–471
Temperatur einregulieren – Zweigriffbatterie – Eingriffbatterie – Thermostatbatterie	18 14 2	10–38 10–38 10–38	2,70 2,10 0,30	229 159 18
Warm duschen	90	38	13,50	1584

Kopf waschen
– Vorwäsche
  – einseifen
  – abspülen
– Hauptwäsche
  – einseifen
  – abspülen
	
	15
	20
	
	15
	20
		
		36
		
		36
			
			3,00
			
			3,00
				
				327
				
				327

Oberkörper waschen – einseifen – abspülen	30 20	 36	 3,00	 327
Unterkörper waschen – einseifen – abspülen	30 10	 36	 1,50	 163
Beine und Füße waschen – einseifen – abspülen	30 10	 36	 1,50	 163
Warm duschen Kalt duschen	25 15	38 10–18	3,75 2,25	440 0–75
Mischbatterie schließen	2	10–18	0,15	0–5
Summe – Zweigriffbatterie – Eingriffbatterie – Thermostatbatterie	 360–365 356–361 344–349	 – – –	 35,85–36,60 35,25–36,00 33,45–34,20	 3874–4111 3800–4041 3663–3900

Die Möglichkeit der Energieeinsparung zeigt Bild 23 an dem Beispiel eines Duschbades mit Thermostatbatterie und Elektronikarmatur für berührungslos auszulösende Wasserabgabe.

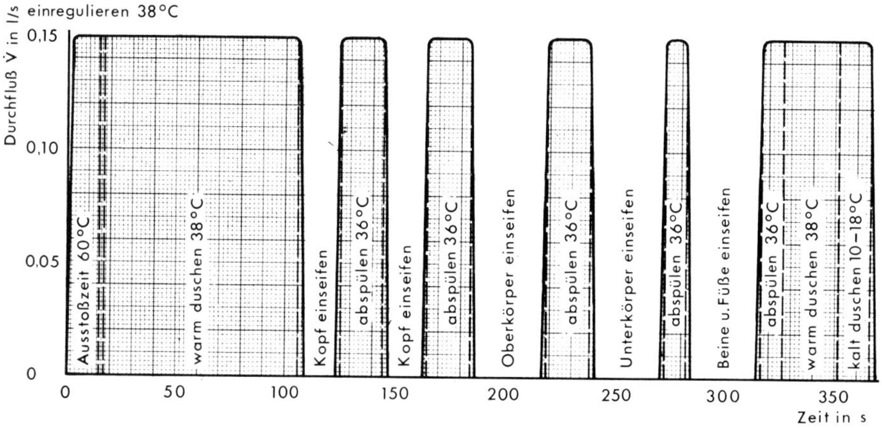

Bild 23 Durchflußschaubild für ein Duschbad mit berührungslos elektronisch gesteuerter Duscharmatur mit Thermostat DN 15 und Handdusche, bei während des Einseifens unterbrochener Wasserentnahme. Kaltwassertemperatur $\vartheta_K = 10\,°C$, Warmwassertemperatur $\vartheta_W = 60\,°C$, Durchfluß V = 0,15 l/s, Wasserentnahme V = 34,7 l/Bad, Wärmeverbrauch W = 3977 kJ/Bad, Benutzungsdauer t = 369 s/Bad.

Das Öffnen und Schließen der Armatur wurde dabei für den Waschvorgang mit jeweils 2 x 2 s berücksichtigt. Das ergibt eine etwas längere Benutzungsdauer von 369 s gegenüber einer solchen von 357 s in Bild 22. Der Gesamtwasserverbrauch liegt bei 34,65 bis 35,4 l, der Wärmeverbrauch bei 3977 bis 4059 kJ. Das bedeutet eine Wasserersparnis von 18,0 l und eine Energieersparnis von 1956 kJ je Duschbad gegenüber dem Beispiel in Bild 22.

Eine Einflußnahme auf den Wasser- und Wärmeverbrauch von Duschanlagen ist durch folgende Maßnahmen möglich:

- ◆ Der Ausstoßverlust, der beim erstmaligen Öffnen der Entnahmearmatur nach längerer Stillstandszeit entsteht, kann durch Anschluß der Zirkulationsleitung kurz vor der Entnahmearmatur reduziert werden. Derselbe beträgt nach Tabelle 2 abhängig von der Länge der nichtzirkulierenden Verbrauchsleitung etwa 1,5 bis 2,25 l (3,9 bis 5,8%*) bei einem Wärmeverbrauch von 314 bis 471 kJ (7,7 bis 11,0%*). Dafür muß jedoch ein größerer Wärmeverlust in der zirkulierenden Leitung in Kauf genommen werden, der je Tag etwa bei 110 bis 160 kJ liegt [28].

- ◆ Die ungenutzte Wasserentnahme während des Einseifens kann durch bewußte Einflußnahme des Badenden, d.h. durch manuelles Schließen und Öffnen der Entnahmearmatur nach jedem Waschvorgang, eingeschränkt werden. Hierfür sind jedoch entsprechend geeignete Armaturen notwendig. Je Duschbad könnte der Wasserverbrauch auf diese Weise um etwa 11,5 l (22%*) und der Wärmeverbrauch um etwa 1198 kJ (20%*) herabgesetzt werden.

- ◆ Die ungenutzte Wasserentnahme während des Einseifens kann durch eine entsprechende Armaturenausstattung, die eine willkürliche Einflußnahme des Badenden weitgehend ausschließt, beeinflußt werden. Zur Auswahl stehen dafür folgende Armaturen-Kombinationen:

1. Selbstschlußventile für vorgemischtes Wasser oder in Kombination mit Zweigriff-, Eingriff- und Thermostatbatterien. Das Selbstschlußventil wird durch manuellen Druck auf den Betätigungsknopf geöffnet, während das Schließen nach voreingestellter Zeit (Laufzeit ca. 20 bis 60 s) selbsttätig ohne Zutun des Badenden erfolgt. Im Vergleich zum Beispiel in Bild 22 ergibt sich bei einer Laufzeit des Selbstschlußventils von 20 s für das Duschbad eine um etwa 15 bis 35 s längere Benutzungsdauer. Der Wasserverbrauch je Duschbad verringert sich jedoch um etwa 13 bis 16 l (24 bis 29,2%*), der Wärmeverbrauch um etwa 1305 bis 1622 kJ (22 bis 27,3%*). Voraussetzung ist eine in Abhängigkeit vom Duschkopf vorzunehmende Laufzeiteinstellung, die eine für das Abspülen ausreichende Wasserabgabe ergibt. Eine Schwierigkeit besteht außerdem in einer bewußt energiesparenden Handhabung der manuellen Betätigung.

* Prozentanteil bezogen auf die Wasserentnahme bzw. auf den Wärmeverbrauch

Bei öffentlichen und gewerblichen Duschanlagen wird durch selbstschließende Duscharmaturen in jedem Fall der Wasser- und Energieverbrauch eingeschränkt, da ein Offenlassen der Armaturen nicht möglich ist. Für Duschanlagen in öffentlichen und gewerblichen Badebetrieben, die mit Selbstschlußventilen ausgestattet sind, wird im Vergleich zu konventionellen Zweigriffarmaturen mit einer Wasserersparnis von etwa 31,5%, sowie mit einer entsprechenden Energieersparnis gerechnet [47, 60].

2. Elektronikarmaturen mit Magnetventil für Duschköpfe mit großem Durchfluß oder mit Magnet-Selbstschlußventil zum Anschluß an vorgemischtes Wasser oder in Kombination mit einer Thermostatbatterie. Der Körper des Badenden reflektiert einen ultravioletten Lichtstrahl der Abtasteinrichtung und löst damit den Wasserfluß aus. Verläßt der Badende den Bereich des Lichtstrahls, endet der Wasserfluß automatisch. Im Beispiel (Bild 23) ergibt sich bei dieser Armaturenausstattung eine Wasserersparnis von 18,0 l (32%*) und eine Energieersparnis von 2190 kJ (35%*) je Duschbad.

Berechnungsbeispiel:

In der Krankenstation einer Rheumaklinik mit 225 Betten werden je Station in der den Krankenzimmern vorgeschalteten Sanitärzone 6 Duschkabinen mit Klosett und Waschtisch sowie 1 Duschkabine für Rollstuhlbenutzer eingerichtet. Die Ermittlung der möglichen Wassereinsparung in Abhängigkeit von der Armaturenausstattung mit Zweigriff-, Thermostat-, Thermostat-Selbstschluß- und Thermostat-Elektronikbatterien kommt nach den vorstehenden Ausführungen zu folgendem Ergebnis:

225 Krankenbetten

85% Belegung nach statistischen Angaben,
40% davon bettlägerig

gehfähige Patienten: Anteil 60%, 1 Duschbad/Wo
bettlägerige Patienten: Anteil 40%, 2 Duschbäder/Wo

Anzahl der Duschbäder:

225 · 0,85 · 0,60 · 1,0 · 52 = 5967 Duschbäder/a
225 · 0,85 · 0,40 · 2,0 · 52 = 7956 Duschbäder/a
Summe   = 13923 Duschbäder/a

Wassereinsparung bei einer Wassertemperatur von 36 °C:

Zweigriff-Mischbatterie   0,00 l/Bad –   0 l/a
Thermostatbatterie   0,97 l/Bad – 13505 l/a
Thermostat-Selbstschlußbatterie   14,25 l/Bad – 198403 l/a
Thermostat-Elektronikbatterie   17,85 l/Bad – 248526 l/a

* Prozentanteil bezogen auf die Wasserentnahme bzw. auf den Wärmeverbrauch

1.7.2.2 Wannenbad

Der Wasserverbrauch ist für ein Wannenreinigungsbad in einer Körperformwanne der Größe 1750 x 750 mm mit Handdusche-Benutzung nach dem Benutzungs- und Verbrauchsablauf in Bild 24, Tabelle 4 und 5 dargestellt.

Bei einer Badewassertemperatur von 36 °C werden mit der Einlauftemperatur von 40 °C die beim Füllvorgang entstehenden Wärmeverluste berücksichtigt. Die Wassermenge für das Füllen der Wanne entspricht deren Nutzwasserinhalt. Das ist die Wassermenge, die ein Mensch von 175 cm Körperlänge für ein Vollbad benötigt, bei einer angenommenen Wasserverdrängung von 70 Litern und Füllung bis Unterkante Überlauf.

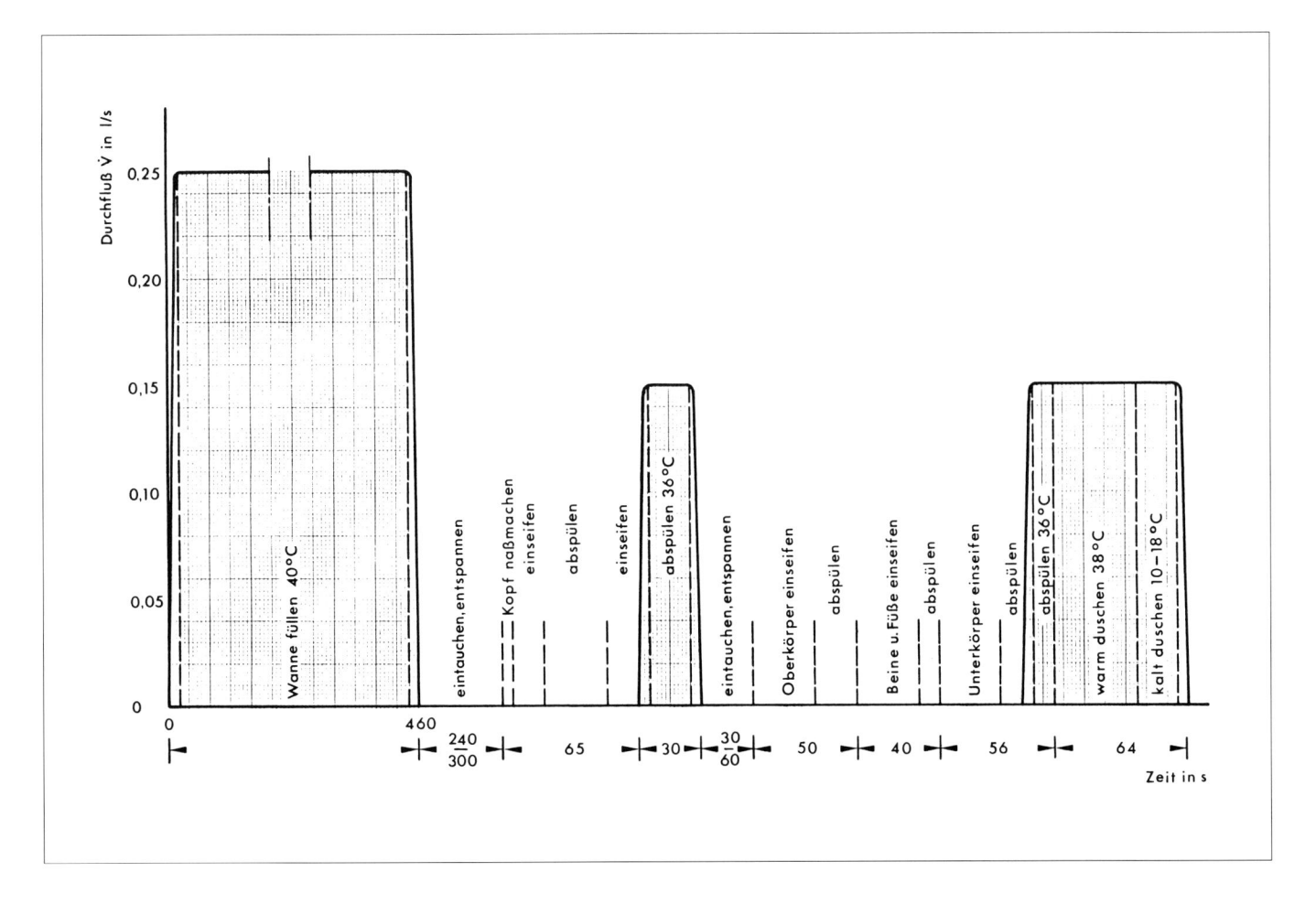

Bild 24 Durchflußschaubild für ein Wannen-Reinigungsbad mit Körperformwanne 1750 x 750 mm, Wannenfüll- und Duschbatterie DN 15 (auch Tabelle 3)
Nutzwasserinhalt 115 l,
Kaltwassertemperatur ϑ_K = 10 °C,
Warmwassertemperatur ϑ_W = 60 °C,
Durchfluß Wannenauslauf
V = 0,25 l/s,
Durchfluß Handdusche V = 0,15 l/s,
Wasserentnahme V = 130,9 l je Bad,
Wärmeverbrauch
W = 15 863 bis 15 979 kJ je Bad,
Benutzungsdauer
t = 575 bis 665 s je Bad
(ohne Füllldauer).

Tabelle 4 Verbrauchswerte für ein Wannen-Reinigungsbad mit Körperformwanne 175 x 75 cm mit Handdusche, Nutzwasserinhalt V = 115 l, Durchfluß Wannenbatt. V = 0,25 l/s, Durchfluß Handdusche V = 0,15 l/s, $\vartheta_K = 10\,°C$.

Art der Betätigung	Dauer s	Temperatur °C	Wasserentnahme l	Wärmeverbrauch kJ
Füllen der Wanne	460	40	115,00	14 456
Eintauchen, entspannen	240–300		–	–

Kopf waschen
– Vorwäsche
  – naßmachen[1]
  – einseifen
  – abspülen[1]
– Hauptwäsche
  – einseifen
  – abspülen[2]
	
	5
	15
	30
	
	15
	20+10
		
		36
			
			–
			
			4,20
				
				–
				
				458

Eintauchen, entspannen	30–60		–	–
Oberkörper waschen – einseifen – abspülen[1]	 30 20		 –	 –
Beine und Füße waschen – einseifen – abspülen[1]	 30 10		 –	 –
Unterkörper waschen – einseifen – abspülen[1] – abspülen[2]	 30 10 10+ 6	 36	 – – 2,25	 – – 245
Körper duschen[2] – warm – kalt	 40 20	 38 10–18	 6,00 3,00	 704 0–101
Mischbatterie schließen	4	10–18	0,45	0– 15
Summe	1035–1125		130,90	15 863–15 979

[1] Mit Wannenwasser
[2] Mit Handdusche; einschließlich einregulieren (6 s) und schließen (4 s)

Tabelle 5 Wasser- und Wärmeeinsparung beim Wannenbad, abhängig vom Funktionssystem der Entnahmearmatur für 3 Waschvorgänge mit der Handdusche im Vergleich zur Zweigriffbatterie (Tabelle 4).

Zweigriffbatterie		Eingriffbatterie		Thermostatbatterie	
Liter	kJ	Liter	kJ	Liter	kJ
±0	±0	0,9–1,35	98–147	1,8–2,25	196–245

Der Vorgang des Wannenbades ist nach der Nutzungsart unterteilt in:

◆ Das Eintauchen, es erfolgt zur Temperierung des Körpers und zum Naßmachen. Der Auftrieb des Wassers führt gleichzeitig zu einer Entlastung der Muskulatur und damit zu einer Entspannung.

◆ Die Waschvorgänge, sie werden mit der Kopfwäsche in sitzender Stellung begonnen. Bei der Vorwäsche wird das noch saubere Wannenwasser zum Naßmachen und nach dem Einseifen zum Abspülen genommen. Die anschließende Hauptwäsche wird durch Abspülen mit der Handdusche, d.h. unter fließendem Wasser abgeschlossen. Nach erneutem Eintauchen des ganzen Körpers und Entspannung folgen das Oberkörperwaschen und das Bein- und Fußwaschen mit Wannenwasser. Daran schließt das Unterkörperwaschen mit zweimaligem Einseifen und Abspülen, einmal mit Wannenwasser und einmal mit der Handdusche an.

◆ Das Abduschen, es beendet das Wannenbad. Hierbei wird der ganze Körper mit der Handdusche, von „warm" auf „kalt" übergehend, abgeduscht.

Der Wasser- und Wärmeverbrauch des Wannenbades hat mit der Füllwassermenge eine feststehende Größe, die nicht wie beim Duschbad von der Benutzungsdauer beeinflußt wird. Der Wasserverbrauch wird auch nicht vom Ausstoßverlust beeinflußt, da das in der Warmwasser-Verbrauchsleitung abgekühlte Wasser als Füllwasser genutzt wird. Eine ungenutzte Wasserentnahme während des Einseifens ist auszuschließen, da das Naßmachen mit dem Füllwasser der Wanne erfolgt. Eine benutzungsabhängige Größe besteht nur für den Vorgang des Abspülens mit der Handdusche. In dem Beispiel der Tabelle 4 wurden die dafür erforderliche Wasserentnahme mit 15,9 l und der Wärmeverbrauch mit 1407 bis 1523 kJ für ein Wannenreinigungsbad ermittelt. Der Anteil an der Gesamtwasserentnahme beträgt 12,1%, der Anteil am Gesamtwärmeverbrauch 9,5%. Die Möglichkeit der Energieeinsparung ist daher auf den Anwendungsbereich der Handdusche zu beschränken. Durch Verwendung einer Thermostatbatterie kann der Zeitaufwand für das Einregulieren der gewünschten Wassertemperatur im Vergleich zu einer Zweigriffbatterie um etwa 4 bis 5 s, im Vergleich zu einer Eingriffbatterie um etwa 2 bis 3 s kleiner gehalten werden. Damit erhält man für drei Waschvorgänge mit der Handdusche, die bei einem Wannenreinigungsbad vorkommen, die in Tabelle 5 zusammengestellten Werte der Wasser- und Wärmeersparnis. Die Größenordnung ist mit einem Anteil von 0,7 bis 1,7% beim Wasserverbrauch und mit 0,6 bis 1,5% beim Wärmeverbrauch verhältnismäßig klein. Die Wärmeverluste infolge Abkühlung des Badewassers, die in Abhängigkeit vom Wannenmaterial und einer Wärmedämmung innerhalb von 30 Minuten etwa 1,5 bis 3,0 K beträgt, wurden dabei nicht berücksichtigt.

1.7.3 Ausscheidungen

Körperausscheidungen in Form von Kot (Fäkalien) und Harn betreffen die vom menschlichen Körper nicht weiter verwertbaren Abfallstoffe und Schlacken aus dem mit der Nahrungsaufnahme verbundenen Stoffwechsel. Die Ausscheidungen werden dabei durch wurmartige, fortschreitende Muskelbewegung von Magen, Darm und Harnleiter – der sogenannten Peristaltik – zum Austritt bewegt. Die Problemstellung besteht in diesem Zusammenhang in einer Geruchsausbreitung, einer körperlichen und räumlichen Verschmutzung und einer davon ausgehenden Infektionsgefährdung.

1.7.3.1 Stuhlgang

Stuhl oder Kot besteht aus unverdauten Speiseresten, aus Zellen und Schleim, die von der Darmhaut abgesondert werden, aus Wasser und Bakterien. Normalerweise kommt es innerhalb von 24 Stunden zu einer Darmentleerung. Pro Person werden etwa 34 kg Kot im Jahr ausgeschieden [54].

Das Kriterium des Stuhlgangs bei der Klosettbenutzung ist die Art der Afterreinigung, die üblicherweise mit Klosettpapier durch Abwischen vorgenommen wird. Damit verbunden ist eine Verschmutzung des Afters, die je nach Art des Stuhlgangs und der Darmentleerung mehr oder weniger durch Verwischen der Exkremente und Verkleben derselben in der Behaarung entsteht. Hygienisch einwandfrei ist die Afterreinigung nur durch Waschen und anschließendes Abtrocknen zu lösen. Bei Hämorrhoiden, das sind sackartige Erweiterungen der leicht blutenden Mastdarmvenen, ist dazu absolute Sauberkeit in der Analregion eine wichtige Voraussetzung zur Vermeidung von Beschwerden und für die Heilung. Die Afterreinigung soll dann grundsätzlich durch Waschen und Spülen erfolgen.

Eine verhältnismäßig einfache, zur Verbesserung der Unterkörperreinigung selbst anzuwendende Maßnahme ist die Benutzung der Analdusche. Der Durchfluß einer solchen Dusche sollte im Bereich von etwa 4 bis 14 l/min und die Wassertemperatur von etwa 18 bis 42 °C regulierbar sein. Mit der Veränderung des Durchflusses muß gleichzeitig der Druck des Wasserstrahls, d.h. die Strahlhöhe einstellbar sein. Die Anwendung ist mit der Indifferenztemperatur von etwa 36 °C zu beginnen und bei individueller Durchfluß- und Temperaturregulierung weiterzuführen. Abschließend ist eine kalte bis kühle Dusche von etwa 18 bis 28 °C anzuwenden.

1.7.3.2 Harnentleerung

Harn, das Exkret der Nieren, enthält die Endprodukte des Eiweißstoffwechsels Wasser und Mineralsalze. Die Harnentleerung wird täglich etwa 4- bis 6mal vorgenommen. Die Harnmenge beträgt etwa 1000 bis 1500 cm^3 pro Person in 24 Stunden und etwa 430 kg pro Person und Jahr [54].

Die Harnentleerung erfolgt aus anatomischen Gründen bei den Frauen allgemein in sitzender Stellung auf dem Klosett, bei den Männern gewöhnlich in stehender Stellung vor einem Urinal-Becken oder -Stand und vor dem Klosett.

Beim Harnlassen der Männer aus stehender Stellung in ein Klosett führt die Streu- und Spritz-Charakteristik des Urinalstrahls bei nicht hochgeklapptem Sitz zu dessen Verschmutzung. Eine solche ist allerdings auch bei hochgeklapptem Sitz nicht auszuschließen. Interessant

Bild 25 Toilette mit Sitzrosette
Die Sitzrosetten sind im Klosett-Deckel „gespeichert". Beim Anheben des Deckels bleibt jeweils eine Rosette auf dem Sitz liegen. Sie wird beim Spülen mit in den Abluß gezogen.
a) Das Klosett mit Sitz und Deckel, in dem die Rosetten liegen.
b) Eine Rosette liegt auf dem Klosett-Sitz. Durch die in das Sperrwasser hängende Lasche wird die gesamte Rosette beim Spülen mit in das ablaufende Spülwasser gezogen.
c) Spülvorgang: Die Rosette wird von vorn beginnend nach unten weggezogen (Fotos Wagner).

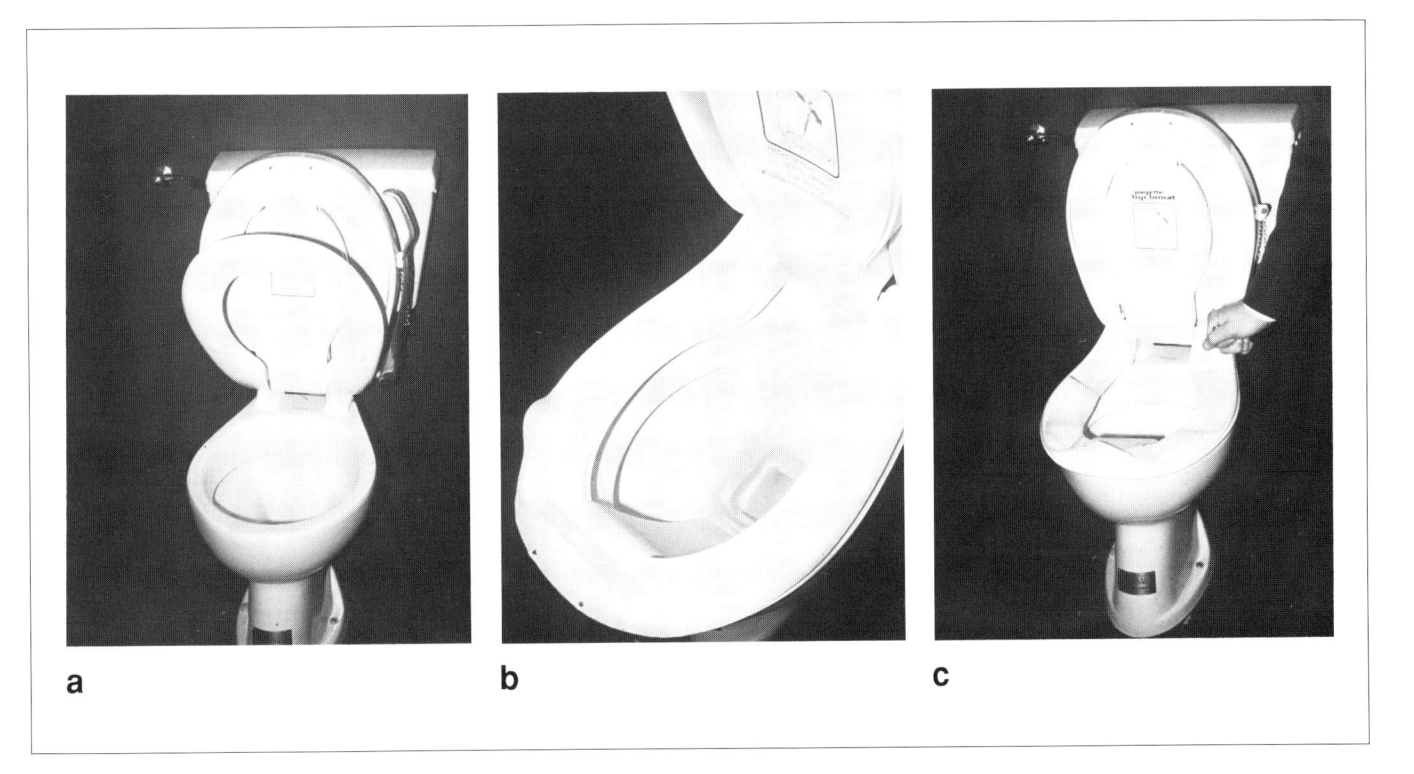

ist in diesem Zusammenhang eine Untersuchung aus Großbritannien, bei der 96% der befragten Frauen angaben, sich in einer öffentlichen Einrichtung niemals auf die Toilette zu setzen und die Harnentleerung in hockender Schwebestellung vorzunehmen [42]. Der Klosett-Sitz wird nicht berührt. Die Folge ist – besonders wenn man in Eile ist –, Urin tropft auf den Sitz und auf den Fußboden. Das Problem der Verschmutzung besteht also für beide Geschlechter. Hier kommt es darauf an, die Einsicht zu vermitteln, daß eine Harnentleerung in sitzender Stellung gründlicher als in stehender Stellung erfolgt und gesundheitlich vorteilhafter ist, und daß der Körperkontakt mit dem Klosett-Sitz keine oder nur in Ausnahmefällen eine Gesundheitsgefährdung bedeutet. Auch sei der Hinweis angebracht, daß die Klosett-Hygiene durch Verwendung von Papier-Sitzrosetten aus automatischen Spendern, die mit dem Spülvorgang in die Kanalisation abgezogen werden, verbessert werden kann.

Die Reinigung der Geschlechtsteile bzw. das Entfernen der letzten Urintropfen nach einer Harnentleerung ist bei der sitzenden Klosett-Benutzung durch Abwischen mit Toilettenpapier für Frauen eine verhältnismäßig einfache Handhabung, die auch praktiziert wird. Dagegen ist das Schütteln und Abstreifen des Penis bei den Männern mit der Hand aus Gründen einer in die Unterwäsche gelangenden Restfeuchte als unzureichend zu bewerten. Auch hier kommt es darauf an, einen Kenntnisstand zu vermitteln, der die Problemstellung aufzeigt und auf praktische Lösungen des Abwischens mit Toilettenpapier oder des Waschens in einem Bidet hinweist.

a   b   c

1.7.3.3 Körperreinigung im Anal- und Genitalbereich

Für die Körperreinigung im Anal- und Genitalbereich besteht infolge einer relativ häufigen und starken Verschmutzung durch Hautabsonderungen und Ausscheidungen ein spezielles Bedürfnis. Das gilt vor allem dann, wenn nicht in ausreichendem Maße gebadet oder geduscht werden kann.

Hygienisch einwandfrei ist die Körperreinigung im Anal- und Genitalbereich nur durch Waschen oder Duschen unter fließendem Wasser zu lösen. Für das Abtrocknen ist zur Vermeidung von Schmierinfektionen ein eigenes Handtuch oder ein Einmalhandtuch, das also nur einmal benutzt wird, zu verwenden. Die gemeinsame Benutzung eines Handtuchs oder anderen Waschzeugs (Waschlappen, Stückseife) ist auszuschließen. Im Vergleich der Möglichkeiten des Abtrocknens – Stoffhandtuch, Papierhandtuch, Warmluft – ist das Textilhandtuch am angenehmsten, hautfreundlich und hygienisch am besten geeignet.

1.7.3.4 Funktionsanforderungen an die Sanitäreinrichtung

Die Problemstellung der Körperreinigung im Anal- und Genitalbereich nach der Klosett-Benutzung mit einem geeigneten Sanitärgegenstand zu lösen ist nicht neu, wie die überlieferten Entwicklungen von Waschkommoden mit Waschtisch, Bidet und Nachttopf aus dem Mittelalter zeigen. So baute ein Herr Hoffmann aus Leipzig 1588 für den Kurfürsten von Sachsen einen entsprechenden mobilen Universal-Nachtstuhl, der als Schrank ausgebildet war.

Das Bidet als Sanitärgegenstand, der insbesondere für Waschungen und Spülungen des Unterkörpers verwendet wird, soll Mitte des 16. Jahrhunderts in Frankreich, nach anderen Quellen in England, aufgekommen sein. Bidets der Neuzeit aus Sanitärkeramik ohne oder mit fest eingebauter Unterdusche und kombiniert mit Irrigator verbreiteten sich

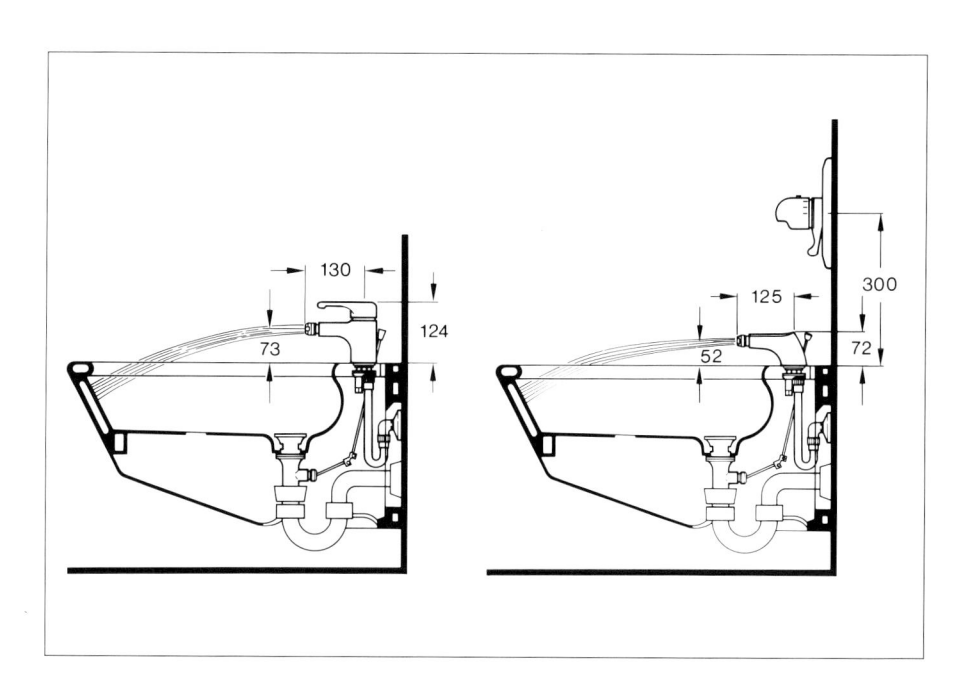

Bild 26 Bidet-Armaturen; Einlochbatterie bzw. Standauslauf mit Unterputz-Thermostat (Hansa Metallwerke).

Anfang des 20. Jahrhunderts. Nach dem heutigen Stand der Hygiene sind bestimmte Anforderungen an die Bidet-Funktion zu stellen, die nicht unbedingt den Anforderungen der Nutzung genügen.

Das heutige Bidet wird als Stand- oder Wandmodell mit wandseitig oder frontal angeordneter Zuflußarmatur, sowie mit Zugstangen-Ablaufgarnitur geliefert. Bild 26 zeigt verschiedene Bidet-Armaturen-Kombinationen. Bei der Armaturenauswahl und Handhabung ist zu beachten, daß das Waschen des Unterkörpers in stehendem Wasser die Gefahr der Keimübertragung durch vom Vorbenutzer eingebrachte bzw. angesiedelte Krankheitskeime in sich birgt. Das Waschen am fließenden Wasserstrahl ist dagegen hygienisch unbedenklich, da das Wasser direkt und damit praktisch keimfrei der Trinkwasserleitung entnommen wird. Gleichzeitig muß auf einen Ablaufverschluß verzichtet werden. Hygienisch bedenklich ist die in der Beckenmulde festeingebaute Unterdusche, da sie innerhalb stehenden oder abfließenden Schmutzwassers liegt (Abschnitt **2.3.7**). Als Einzelsicherung gegen ein Rückfließen von Schmutzwasser in die Trinkwasseranlage kann zwar nach DIN 1988 Teil 2 und 4 ein Rohrunterbrecher vor der Unterdusche 150 mm über Oberkante Bidet eingebaut werden, jedoch wird damit eine Infektionsgefährdung für den Nachbenutzer nicht ausgeschlossen.

Für das Duschen des Anal- und Genitalbereiches ist die Handhabung der fest eingebauten Unterdusche am günstigsten zu beurteilen. Der Verwendung im öffentlichen Bereich stehen jedoch die vorgenannten Hygieneanforderungen entgegen. Freie Ausläufe (Bild 26) mit einer ballistischen Strahlführung erfordern die Handhabung des Waschvorganges mit der Hand bei Verwendung von Seife. Bei einseitigem Zulauf kann der Waschvorgang durch eine entsprechende Sitzrichtung (Reit- oder Hocksitz) dem betreffenden Körperteil angepaßt werden. Bidets mit zweiseitigem Zulauf ermöglichen eine universelle Handhabung. Die bewegliche Schlauchdusche kommt bei einer möglichen Strahlführung von unten in der Anwendung der fest eingebauten Unterdusche am nächsten, jedoch wird eine Hand für die Benutzung benötigt. Es gehört auch etwas Geschicklichkeit dazu, die Strahlführung auf die Bidetmulde zu begrenzen. Die hygienischen Vorbehalte bestehen wie bei der fest eingebauten Unterdusche.

Klosett-Bidet-Kombinationen sollen einerseits die Klosettfunktion voll erfüllen und andererseits mit der Körperreinigung im Anal- und Genitalbereich einer Teilfunktion des Bidets entsprechen. Darüber hinaus kann die Trocknungsfunktion durch Kombination mit einem Warmluftgebläse in Frage kommen. Bild 27 zeigt den Design-Entwurf einer solchen Kombinationseinrichtung von Kira [41].

Die handelsüblichen Klosettkombinationen erfüllen die Klosett-Funktion ohne Einschränkung, die Waschfunktion jedoch nur bedingt. Die Spülfunktion der Unterdusche wird mit einem Durchfluß im Bereich von 0,2 l/min den Anforderungen einer Körperreinigung nicht gerecht. Ein Durchfluß von 2 l/min erscheint gerade noch annehmbar. Dabei besteht ein Zusammenwirken mit der Wassertemperatur und der Dauer ihrer Verfügbarkeit für eine Anwendung. Die elektrischen

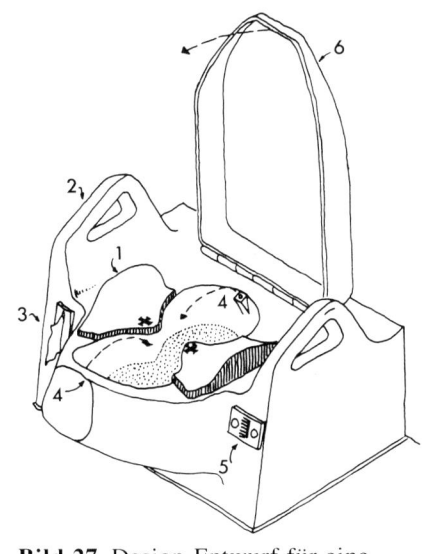

Bild 27 Design-Entwurf für eine Klosett-Bidet-Kombination von Kira [41]
1 Sitz, 2 Griff, 3 Papierhalter, 4 Waschdusche, 5 Elektro-Schalter, 6 Klappdeckel.

Anschlußwerte der handelsüblichen Modelle mit 860 W, 1200 W und 1400 W schränken die zu stellenden Anforderungen an eine größere Wassermenge mit weicher Druckwirkung zu sehr ein. Das gilt auch für eine individuelle Regulierfähigkeit. Die Lösung ist hier durch Anschlüsse an die Kalt- und Warmwasserleitung – wie beim Bidet – anstelle eines eingebauten elektrischen Wassererwärmers zu suchen.

Eine wünschenswerte therapeutische Funktion für eine bessere Darmentleerung wird mit den Durchflußwerten der handelsüblichen Modelle nicht oder nur unzureichend bewirkt. Auch hier liegt die Lösung bei direkten Anschlüssen an die Kalt- und Warmwasserleitung.

Die Warmlufttrocknung des After- und Genitalbereiches ist einerseits zu zeitaufwendig und in ihrer Wirkung und Nebenwirkung mehr oder weniger unbefriedigend. Auf die zweckmäßige Verwendung von Stoffhandtüchern im privaten Anwendungsbereich, von Papierhandtüchern im Klinik- und Pflegebereich ist hinzuweisen.

1.7.4 Sauberkeit des Raumes und der Einrichtung

Hygieneanforderungen für Sanitärräume und Sanitäreinrichtung bestehen darin, daß Schmutzfugen und schlecht zugängliche Schmutzecken vermieden werden und die Oberflächen leicht zu reinigen und erforderlichenfalls zu desinfizieren sind. Dies gilt vor allem für öffentliche und gewerbliche gemeinschaftliche Einrichtungen, unbedingt bei Krankenhäusern und Pflegeheimen. Die Ursache liegt in dem recht unterschiedlichen Benutzungsverhalten der Menschen im Eigentums- und im Öffentlichkeitsbereich. Eine Untersuchung der „ash-Arbeitsgemeinschaft Sanitär-Hygiene" über den Zustand öffentlicher Sanitäranlagen in Rathäusern führte beispielsweise zu dem Ergebnis [3]:

- ◆ Damentoiletten sind deutlich sauberer als Herrentoiletten;
- ◆ das Prädikat „abstoßend schmutzig" wurde bei sechs Herren- und zwei Damentoiletten vergeben;
- ◆ die Hälfte der Damentoiletten und etwa 40 % der Herrentoiletten wurden als „sauber" bezeichnet.

Eine Untersuchung zur Bemessung und Ausstattung sanitärer Anlagen in Gaststätten [31] kommt zu dem Ergebnis, daß bauliche Mängel (unzureichende Raumgrößen, Aufputz-Installation, defekte Sanitärobjekte, undichte Armaturen, fehlendes Zubehör, Gemeinschafts-Handtücher, unzureichende Raumbeleuchtung) bei den Sanitärräumen für Gäste im Urinalbereich durchschnittlich bei 40,9 %, im Waschtischbereich bei 50 % und in den Klosett-Kabinen bei 59,1 % angetroffen wurden. Extrem hoch mit 100 % wurden die Mängel bei den Personalduschen festgestellt. Hingewiesen wird aber gleichzeitig darauf, daß eine Infektionsgefährdung auch bei niedrigen Keimkonzentrationen bestehen kann und daß für den hygienischen Zustand einer sanitären Anlage letztlich eine regelmäßige Reinigung mit geeigneten Reinigungsmitteln und die Wartung entscheidend sind.

In der hygienischen Bewertung von Klosettanlagen kann nach der Vermeidung von Schmutzecken und der Zugänglichkeit verdeckter Zwischenräume beim Reinigen, unter Einhaltung üblicher Montagemaße (Bild 28), folgende Rangfolge getroffen werden:

◆ Wandklosett mit Unterputzspüleinrichtung,

◆ Wandklosett mit aufgesetztem Spülkasten,

◆ Standklosett mit Abgang innen senkrecht und Unterputzspüleinrichtung,

◆ Standklosett mit Abgang innen senkrecht und Aufputzspüleinrichtung,

◆ Standklosett mit freiliegendem Abgang und Aufputzspüleinrichtung.

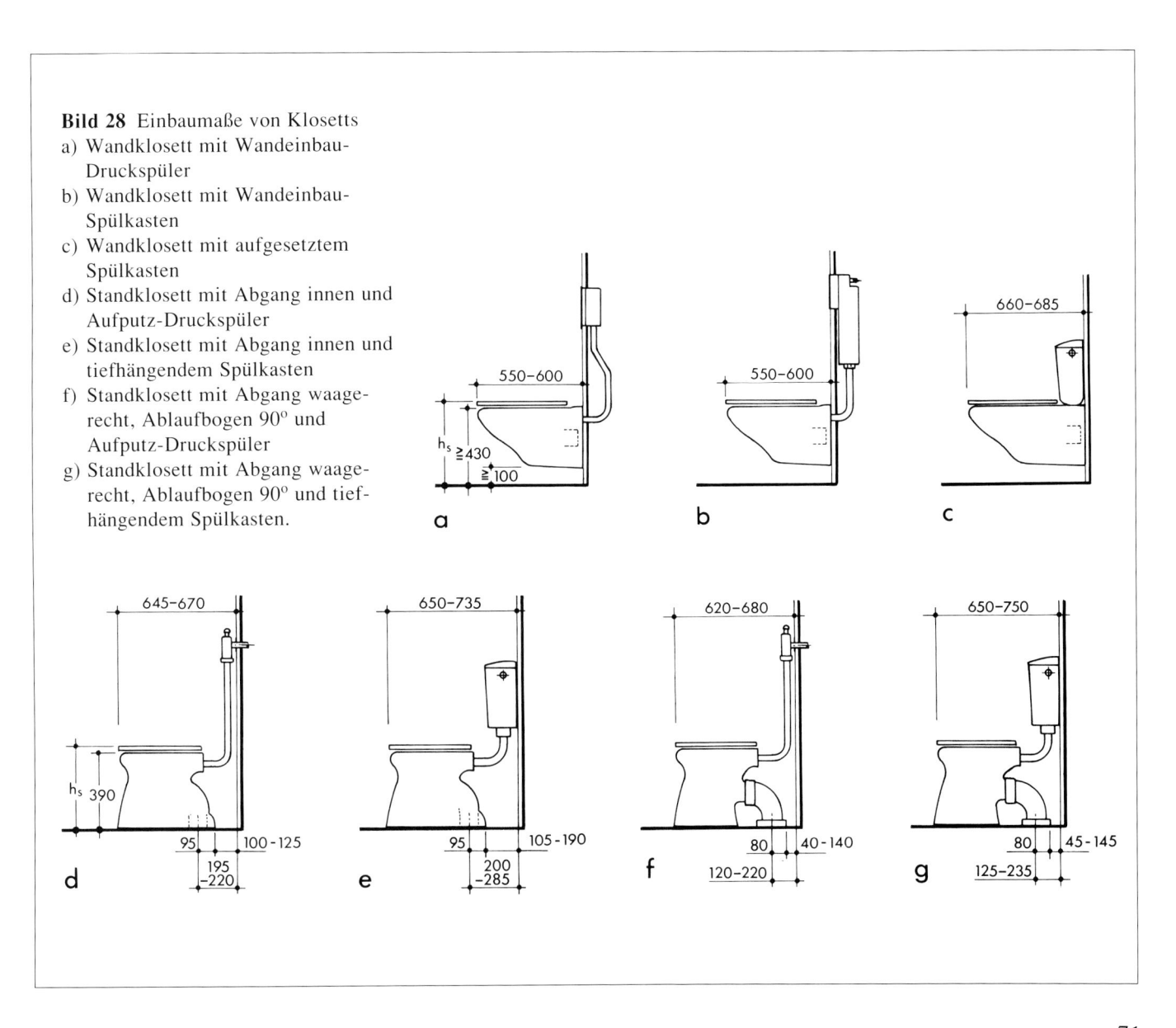

Bild 28 Einbaumaße von Klosetts
a) Wandklosett mit Wandeinbau-Druckspüler
b) Wandklosett mit Wandeinbau-Spülkasten
c) Wandklosett mit aufgesetztem Spülkasten
d) Standklosett mit Abgang innen und Aufputz-Druckspüler
e) Standklosett mit Abgang innen und tiefhängendem Spülkasten
f) Standklosett mit Abgang waagerecht, Ablaufbogen 90° und Aufputz-Druckspüler
g) Standklosett mit Abgang waagerecht, Ablaufbogen 90° und tiefhängendem Spülkasten.

Voraussetzung einer leichten Sauberhaltung ist bei Wandklosetts ein Bodenabstand von mindestens 50 mm, bei Standklosetts ein Wandabstand des Keramikkörpers bzw. des Abgangsbogens von mindestens 50 mm. Wichtig ist außerdem für den Wand- bzw. Bodenanschluß des Klosettkörpers eine Hinterfüllung der anliegenden Flächen zum Ausgleich von Unebenheiten, z.B. mit Portlandzement, und bei Wandobjekten eine dauerelastische Verfugung. Die Forderung nach einer Hinterfüllung mit grauem oder weißem Portlandzement und einem abschließenden Verfugen der umlaufenden Fuge mit dauerelastischem Kitt gilt auch für den Wandanschluß anderer Sanitärobjekte.

2 Elemente der Sanitärplanung

2.0 Allgemeines

Die Sanitärplanung betrifft einerseits die Sanitäreinrichtung und das Ausstattungszubehör von Sanitärräumen, andererseits die für den Betrieb notwendige Ver- und Entsorgungsinstallation für Wasser, Abwasser, Gas und Abgas, sowie gegebenenfalls Abluft. Fachbezogene Installationstechniken bestehen für die Wasser- und Abwasserbehandlung, die Wasseraufbereitung sowie verwandte Bereiche für Getränke, flüssige und gasförmige Betriebsstoffe, für Druckluft, Vakuum und medizinische Gase, für Laboratorien und Feuerlöscheinrichtungen.

Der Umfang der Sanitäreinrichtung und damit die Raumgröße von Sanitärräumen wird vorrangig von der Anzahl der benutzenden Personen, von der Benutzungs- und Betriebsart sowie von den Nutzungs- und Arbeitsbedingungen bestimmt. Spezielle Nutzungsanforderungen sind für Kinder, für Behinderte und alte Menschen zu beachten.

2.1 Leitungsinstallation

Die zur Ver- und Entsorgung sanitärer Einrichtungen notwendigen Leitungen – vor allem Trinkwasserleitungen und Abwasserleitungen – sind so zu führen, daß:

- ◆ möglichst kurze Leitungswege entstehen
- ◆ möglichst geringe Schallübertragungen auf andere Bauteile und Räume eintreten
- ◆ möglichst gute Montage- und Reparaturmöglichkeiten gegeben sind
- ◆ keine Verunreinigung des Trinkwassers im Leitungssystem eintreten kann
- ◆ die notwendigen hydraulischen Eigenschaften gemäß DIN 1986 bei Abflußrohren eingehalten werden
- ◆ geforderte Abstände zu anderen Leitungen oder zu Bauteilen berücksichtigt werden
- ◆ die Standfestigkeit von Wänden und Decken, an denen die Leitungen befestigt werden, nicht beeinträchtigt wird.

Kurze Leitungswege

Kurze Leitungswege bedeuten geringen Material- und Arbeitszeiteinsatz, dadurch niedrige Installationskosten und verringerten Instandhaltungsaufwand.

Um kurze Leitungswege zu ermöglichen, müssen die Sanitäreinrichtungen, die durch Leitungen zu ver- oder entsorgen sind, konzentriert angeordnet werden. Gegebenenfalls sollte der Sanitärplaner den Architekten auf diesen Zusammenhang hin ansprechen [71].

Konzentration sanitärer Einrichtungen findet allerdings dort Grenzen, wo funktionelle Zusammenhänge dagegen sprechen. Dies gilt auch im Hinblick auf die ergonomisch notwendigen Abstandsmaße, die unter allen Umständen eingehalten werden müssen (vgl. DIN 18022, Tabelle 3), um eine störungsfreie Nutzung der sanitären Einrichtungen zu gewährleisten. Größere Abstände verbessern dagegen in der Regel die Nutzungsqualitäten nicht, sie führen nur zu höherem Installationsaufwand.

Geringe Schallübertragung

Werden Sanitärobjekte an Wänden zu Wohn-, Schlaf- und Arbeitsräumen vorgesehen, ist es sehr schwer zu verhindern, daß Installationsgeräusche störend wirken. Auch hier sollte vom Architekten geprüft werden, ob andere Möglichkeiten bestehen.

Schallenergie, einmal entstanden, ist nur durch Dämmung (z.B. schwere Massen) oder Dämpfung (z.B. durch faserige Dämmstoffe) zu mindern. DIN 4109 legt deshalb für einschalige Wände, an denen Armaturen und/oder Wasserleitungen befestigt sind, eine flächenbezogene Masse von 220 kg/m^2 fest. Die Umhüllung von Leitungen mit geeigneten Dämmstoffen kann sowohl den direkten Energieübergang Leitung/Wand als auch insgesamt Schallenergie mindern.

DIN 4109 legt für Wohn-, Schlaf-, Unterrichts- und Arbeitsräume für Wasserversorgungsanlagen einen maximalen kennzeichnenden Schallpegel von 35 dB(A) fest. Kurzzeitige einzelne Spitzen können dabei unberücksichtigt bleiben.

Gute Montage- und Reparaturmöglichkeiten

Leitungen können

- im Erdreich
- in Decken
- über Decken
- unter Decken
- in Wänden
- an Wänden

geführt werden.

Leitungen, die in Decken geführt werden – eine Ausführungsart, die vor allem in der Großtafelbauweise systembedingt ist – unterliegen herstellerseitiger Überwachung (Abschnitt **3.2.4**). Da sie im eingebauten Zustand nur mit unangemessen hohem Aufwand repariert werden können (am besten durch Umgehung), sollte diese Ausführungsart auf die wenigen systembedingten Fälle beschränkt bleiben.

Leitungsführungen über Decken erfordern im allgemeinen eine Doppelbodenkonstruktion oder einen besonders hohen Fußbodenaufbau. Beide Ausführungen sind kostenintensiv, Doppelböden ganz besonders.

Durch die Leitungsführung über der Geschoßdecke entstehen jedoch bei Wartungs- und Reparaturarbeiten keine Beeinträchtigungen in fremden Bereichen, alle Arbeiten können direkt von oben durchgeführt werden. Die Führung von Leitungen direkt unter den Geschoßdecken im Bereich abgehängter Decken (oder auch sichtbar) ist weitverbreitet. Im Bereich der Trasse von Leitungen sollten die abgehängten Decken demontabel sein, um jederzeit die Kontrolle und die Zugängigkeit der Leitungen zu gewährleisten.

Unter den Decken verzogene liegende Leitungen benötigen als Abwasserleitungen Gefälle, das bei der Bemessung der Höhe des Installationszwischenraumes berücksichtigt werden muß. Auch bei Konstruktionsteilen mit Regeldurchbrüchen ist zu bedenken, daß Abwasserleitungen mit Gefälle verlegt werden müssen. Regeldurchbrüche mit geringem Durchmesser berücksichtigen dies oftmals nicht.

Abgehängte Decken leiten, sofern nicht geeignete Abschottungen vorgesehen werden, oftmals Schallenergie in gefährlicher Weise weiter.

Ist einerseits auf ausreichende Höhe des Installationszwischenraumes über abgehängten Decken zu achten, so sind überzogen hohe Installationszwischenräume geeignet, die Gesamtbaukosten durch die Vergrößerung des umbauten Raumes ungünstig zu beeinflussen. Ein sechsgeschossiger Bau mit jeweils unnötigen 50 cm im Installationszwischenraum unter den Geschoßdecken vergibt auf diese Weise ein Nutzgeschoß.

Leitungen sind in der Regel nicht leicht. Auf die Befestigungsvorschriften gemäß DIN 1988 Teil 2 ist deshalb unbedingt zu achten, das gilt auch für die Maximalabstände für Befestigungen, um Durchbiegungen der Leitungen mit ihren vielfältigen Gefährdungen zu vermeiden.

Leitungen in Wänden

Leitungen werden in Wänden geführt, um sie später nicht störend sichtbar zu haben. Dabei spielen störender optischer Eindruck und die aufwendigen Reinigungsarbeiten die entscheidende Rolle.

Leitungen in Wänden werden auch als „Leitungen unter Putz" bezeichnet. Den Vorteilen dieser Art der Leitungsführung stehen Nachteile gegenüber. Hier sind insbesondere zu nennen:

- ◆ Herstellen und Schließen eines Wandschlitzes.
- ◆ schwierige Erkennung von Schadenstellen
- ◆ aufwendige Instandsetzung mit hohen Begleitkosten.

Die Herstellung des erforderlichen Wandschlitzes sollte bei Abmessungen von 13,5/12,5 an möglichst beim Erstellen des Mauerwerkes, bei Betonwänden durch entsprechende Schalungselemente, berücksichtigt werden. Das sagt sich leicht, in der Praxis ist aber die Ausbauplanung zum Zeitpunkt der Errichtung des Rohbaues noch nicht weit genug fortgeschritten, so daß eine entsprechende von Wandschlitzen zu diesem Zeitpunkt nicht möglich ist.

Früher wurden Schlitze nachträglich eingestemmt. Seit Erscheinen der DIN 1053 „Mauerwerk; Berechnung und Ausführung" im November 1974 ist das nachträgliche Stemmen von Schlitzen und Aussparungen in Mauerwerk nicht mehr zulässig. Schlitze und Aussparungen sind zu fräsen, soweit dadurch die Standfestigkeit der Wände nicht beeinträchtigt wird. Für tragende bzw. aussteifende Wände werden unter diesem Aspekt zulässige Schlitztiefen in Abhängigkeit der Wanddicke festgelegt, die im allgemeinen zwischen 2 und 6 cm bei 11,5 bzw. 36,5 cm dicken Wänden liegen. Derartige Schlitze sind jedoch für die meisten sanitären Leitungen nicht tief genug.

Diese restriktiven Vorschriften der DIN 1053 verlangten deshalb für die Baupraxis ein völlig neues Denken. Das Ergebnis war die sogenannte Vorwandinstallation. **Dr. Ing. Mengeringhausen** hatte dieses Prinzip bereits Jahrzehnte früher unter der Bezeichnung „Prästallation" empfohlen.

Bei der Vorwandinstallation werden die Leitungen wieder vor der Wand geführt (Aufputzinstallation) und in der Regel nachträglich verkleidet. Dieses Prinzip kann vielfältig variiert werden. Es können z.B. vorfabrizierte Elemente, wie Installationsbausteine, Installationsblöcke oder Installationsregister versetzt werden, auf deren fliesengerechten Oberflächen im Dünnbettverfahren gefliest werden kann.

Vorwandinstallation ist aber auch rein handwerklich möglich. Der Vorteil der Vorwandinstallation ist, daß keinerlei Probleme durch Stemmen (verboten!) und Fräsen entstehen und nach entsprechender Verkleidung der optische Eindruck und der praktische Nutzen einer „Unterputzinstallation" gegeben ist.

◆ Anmerkung: Die Neufassung der DIN 1053 vom März 1988 regelt die Zulässigkeit von Schlitzen in Mauerwerk differenzierter, doch ist diese Fassung z.Zt. noch nicht bauaufsichtlich eingeführt.

Leitungen an Wänden

Die offene Leitungsführung an Wänden war die vorherrschende Installationsmethode bis in die Zeit nach dem 1.Weltkrieg. Ihre Nachteile – Verschmutzung und schlechter optischer Eindruck – wurden ebenso wie ihre Vorteile – leichte Montage und Reparaturfreundlichkeit – bereits erwähnt.

Vorteilhaft wäre eine offene Leitungsführung an Wänden in untergeordneten Räumen wie Abstell-, Putz- oder Installationsräumen [7]. Hier würden die Nachteile der offenen Leitungsführung an Wänden nicht störend wirken, und die Vorteile könnten voll genutzt werden.

Dies setzt eine entsprechende Grundrißplanung voraus, womit in erster Linie der Architekt, gegenbenenfalls beraten durch den Sanitärplaner, angesprochen ist.

Sehr selten, aber in besonderen Fällen doch, wird die offene Leitungsführung an Wänden und Decken aus pädagogischen Gründen oder aus gestalterischer Absicht durchgeführt. Pädagogisch, um ein Verständnis für die notwendige Technik zu wecken – so etwa in allgemeinbildenden Schulen und Berufsschulen –, mit gestalterischer Absicht, um in einem Gebäude die technischen Strukturen in gleicher Weise zu zeigen, wie etwa auch die konstruktiven Strukturen sichtbar gelassen werden.

Das Thema „Integration technischer Einrichtungen in Gebäuden" ist ein weites Feld, in dem sich Architekten und Sanitärplaner mit Phantasie und Realitätssinn vielfältig tummeln können. Ziel wird dabei immer sein, eine optimale Lösung für die gestalterischen, nutzungsfunktionalen und technischen Forderungen zu finden.

Vorwandinstallation

Vorwandinstallation bedeutet heute: Installation an – und nicht in – Wänden mit entsprechender Verkleidung [1].

Sie begründet sich aus der Notwendigkeit, Rohbau und Installationssysteme weitgehend zu trennen, um die vielfältigen Problembereiche bei einer bautechnischen Integration – wie konstruktive Wandschwächung mit Gefahr von Rißbildungen und Mauerausbrüchen, erhöhter Schallübertragung, hoher Reparaturaufwand – zu vermeiden.

Wenn aber schon die Trennung von Rohbau und Installationssystem sinnvoll ist, dann bietet sich die weitgehende Vorfertigung bei Installationssystemen an. Auf diese Weise lassen sich am Bau die Montagezeiten erheblich reduzieren. Gerade diese Zeiten sind wegen der Witterungsabhängigkeit, der Überschneidungen mit anderen Gewerken auf der Baustelle und den dortigen vielfältigen Behinderungen des Arbeitsablaufes, besonders kritisch. Vorfertigung einzelner Komponenten bietet somit die Chance der Montagezeitverkürzung [70].

Vorfertigung ermöglicht eine Ausführungsqualität, wie sie auf der Baustelle oft gar nicht erreicht werden kann. Maschinelle Einrichtungen im Herstellerwerk gewährleisten Präzision und überwachte Qualität.

Vorfertigung bietet integrierte Gesamtlösungen, z. B. bei Verwendung elektronischer Bauteile, und befreit damit von komplizierten Installationsmaßnahmen am Bau, die allein schon zu großen Problemen führen würden, da sie fachgebietsübergreifende Lösungen erfordern.

Somit bieten vorgefertigte Sanitärkomponenten der Vorwandinstallation erhebliche Vorteile bei der Installation am Bau. Diese Vorteile gelten für den Neubaubereich wie für die Altbaumodernisierung, bei letzterer in besonderem Maße.

Altbaumodernisierung erfordert kurze Bauzeiten gerade bei den sanitären Installationen, verlangt weitgehend belästigungsfreie Arbeitsweisen für die Bewohner und eine schonende Bauweise für das Gebäude.

Fräsen von Schlitzen belästigt die Menschen und schont nicht das Bauwerk. Trockene Bauweisen sind bauwerksschonend. All dies spricht für vorgefertigte Komponenten der Vorwandinstallation gerade im Rahmen der Altbaumodernisierung. Vorgefertigte Komponenten sind nicht umsonst. Daher kann ein Kostenanschlag mit vorgefertigten Komponenten durchaus auch teurer ausfallen als ein konkurrierendes Angebot mit rein handwerklichen Leistungen. Ein solch einfacher Vergleich der Angebots-Endsummen wäre jedoch weder sach- noch fachgerecht.

Durch vorgefertigte Komponenten entfallen Leistungen, die nicht Aufgaben der Sanitärinstallateure sind, dort also auch nicht auftauchen. So z.B. das Fräsen von Schlitzen, das nachträgliche Abmauern von Installationen, besondere Schallschutzmaßnahmen usw. Andererseits enthält ein Angebot auf rein handwerklicher Basis wesentlich höhere kalkulatorische Risiken als ein Angebot auf der Basis vorgefertigter Komponenten. Deren Preis ist fix, ein Gewährleistungsrisiko besteht in der Regel nicht für den Installateur. Eine differenzierte Kostenbetrachtung ist deshalb ebenso notwendig wie die Berücksichtigung von Bauzeit, Ausführungsqualität und bauwerksverträglicher Ausführung.

2.2 Flächenbedarf der Sanitärräume

Ausgangspunkt der Grundriß- und Raumgestaltung von Sanitärräumen sind die Sanitärobjekte mit ihrem Ausstattungszubehör. Für den nach den Nutzungsanforderungen der Körper- und Hautpflege und der Beseitigung von Ausscheidungen zu gestaltenden Sanitärraum sind folgende Funktionsbereiche mit den zugeordneten Sanitärobjekten zu unterscheiden:

Funktionsbereich	Sanitärobjekt
1.0 Waschen	
1.1 Händewaschen	Handwaschbecken, Waschtisch
1.2 Hände-, Gesicht-, Kopf-, und Oberkörperwaschen	Waschtisch
1.3 Zahn- und Mundpflege	Mundspülbecken, Waschtisch
1.4 Haar- und Bartpflege	Waschtisch
1.5 Kosmetik	Waschtisch
1.6 Unterkörperwaschen	Bidet
1.7 Fuß- und Beinwaschen	Fußwanne, Bidet
2.0 Baden	
2.1 Duschbad	Duschwanne, Duschstand
2.2 Wannenbad	Badewanne
3.0 Ausscheidungen	
3.1 Stuhlgang, Harnlassen	Klosett
3.2 Harnlassen (Männer)	Urinalbecken, Urinalstand, Klosett

Der Raumbedarf für Sanitärräume ergibt sich aus den Stellflächen der Sanitärobjekte, dem Ausstattungszubehör und den anderen Einrichtungsteilen, aus den für die Benutzung und Bedienung erforderlichen Bewegungsflächen und aus den Abständen zu anderen Einrichtungs- und Ausstattungsteilen, zu Wänden und Wandöffnungen. Wichtig ist, daß neben dem Raumbedarf der Sanitärobjekte auch der Raumbedarf des Ausstattungszubehörs, des Raumheizkörpers und von Sicherheitseinrichtungen berücksichtigt wird.

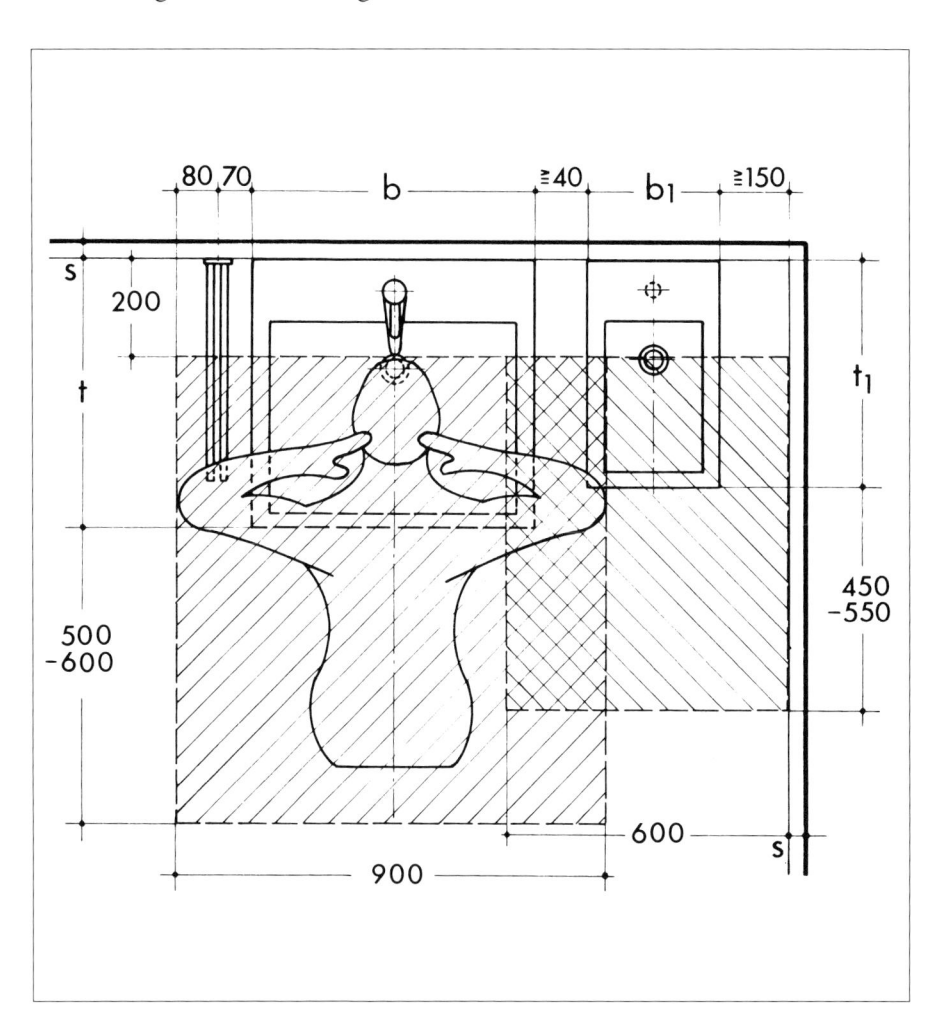

Bild 29 Stell- und Bewegungsflächen eines Waschplatzes mit Waschtisch, doppeltem Handtuchhalter und Mundspülbecken.

Für Behinderte ist in Abhängigkeit von ihrer Behinderung allgemein eine größere Bewegungsfläche erforderlich. Für Rollstuhlbenutzer muß nach DIN 18025 Teil 1 [19] eine dem Wendekreisdurchmesser entsprechende, mindestens 1400 mm tiefe Bewegungsfläche* vorhanden sein (Bilder 30 und 31). Dabei kann die Unterfahrbarkeit wandhängender Objekte berücksicht werden.

Für Menschen mit sensorischen und anderen Behinderungen, zu diesem Personenkreis gehören Blinde und wesentlich Sehbehinderte, Gehörlose und wesentlich Hörgeschädigte sowie Menschen aller Altersgruppen mit Behinderungen, müssen nach DIN 18025 Teil 2 [19] die Bewegungsflächen 1200 mm breit sein. Dabei gilt diese Bewegungsfläche als Nutzungsraum und ist in Verbindung mit dem Nutzungsobjekt auch 1200 mm tief anzulegen.

* Nach E DIN 18025 Ausgabe 08. 89 werden 1500 mm gefordert.

Einrichtung	Stellfläche[1,2]		Bewegungsfläche[1,2]		Seitenabstände Außenkante–Außenkante[1]	
	Breite b cm	Tiefe t cm	Breite cm	Tiefe cm		cm
Waschtisch	≥ 60	≥ 55	90	50–60	– Waschtisch, Dusch- u. Badewanne[3], Klosett Urinal, Wäschepflegegeräte, Wände, Duschabtrennungen – Bidet – Badmöbel – Mundspülbecken – Handtuchhalter	20 25 5 4[2] 5–8[2]
Einbauwaschtisch	≥ 70	≥ 60	90	50–60	– Einbauwaschtisch, Badmöbel, Wände, Duschabtrennungen – Klosett, Urinal – Bidet – Dusch- u. Badewanne[3], Wäschepflegegeräte	0 20 25 15
Doppelwaschtisch	≥ 120	≥ 55	160	50–60	– wie beim Waschtisch	
Einbau-Doppel-waschtisch	≥ 140	≥ 60	160	50–60	– wie beim Einbauwaschtisch	
Handwaschbecken	≥ 45	≥ 35	70	45	– Handwaschbecken, Dusch- u. Badewanne, Klosett, Urinal, Wäschepflegegerät, Badmöbel, Wände, Duschabtrennungen – Bidet	20 25
Bidet	40	60	80	40–50	– Waschtisch, Einbauwaschtisch, Handwasch-becken, Dusch- u. Badewanne, Klosett, Urinal, Wäschepflegegeräte, Badmöbel, Wände, Duschabtrennungen	25
Duschwanne	≥ 80	≥ 80 75[4]	80–90	75	– Waschtisch, Handwaschbecken, Klosett, Urinal – Einbauwaschtisch[3] – Badewanne[5]	20 15 0
Badewanne	≥ 170	≥ 75	≥ 90	≥ 75	– Waschtisch[3], Handwaschbecken, Klosett, Urinal – Einbauwaschtisch[3] – Duschwanne[5]	20 15 0
Wandklosett mit Spül-kasten oder Druck-spüler für Wandeinbau	40	55–60[2]	80	50	– Waschtisch, Einbauwaschtisch, Handwasch-becken, Dusch- u. Badewanne, Urinal, Wäschepflegegeräte, Badmöbel, Wände – Bidet	20[6] 25
Wandklosett mit auf-gesetztem Spülkasten	40	66–70[2]	80	50	– wie vor	
Standklosett mit Aufputz-Spülkasten	40	65–75[2]	80	50	– wie vor	
Standklosett mit Aufputz-Druckspüler	40	62–68[2]	80	50	– wie vor	
Urinalbecken	40	40	60	35	– wie vor	
Waschgeräte	60	60	60	≥ 90	– Waschtisch, Handwaschbecken, Klosett, Urinal – Einbauwaschtisch – Bidet – Dusch- u. Badewanne, Wäschetrockner, Badmöbel – Wände, Duschabtrennungen	20 15 25 0 3
Hochschrank (Unter- u. Oberschrank)	≥ 30	≥ 40	60	50	– Waschtisch – Einbauwaschtisch, Dusch- u. Badewanne, Wäschepflegegeräte, Badmöbel – Handwaschbecken, Klosett, Urinal – Wände, Duschabtrennungen	5 0 20 3

[1] Nach DIN 18 022.
[2] Feurich, Sanitärtechnik [28].
[3] Der Abstand zu Dusch- und Badewannen kann bis auf 0 verringert werden.
[4] Nur in Verbindung mit b ≥ 90 cm.
[5] Bei Anordnung der Versorgungsarmaturen in der Trennwand zwischen Dusch- und Badewanne sind 15 cm erforderlich.
[6] Bei Wänden auf beiden Seiten 25 cm.

Tabelle 6 Stell- und Bewegungsflächen sowie seitliche Abstände von Stellflächen in Bädern und Toiletten.

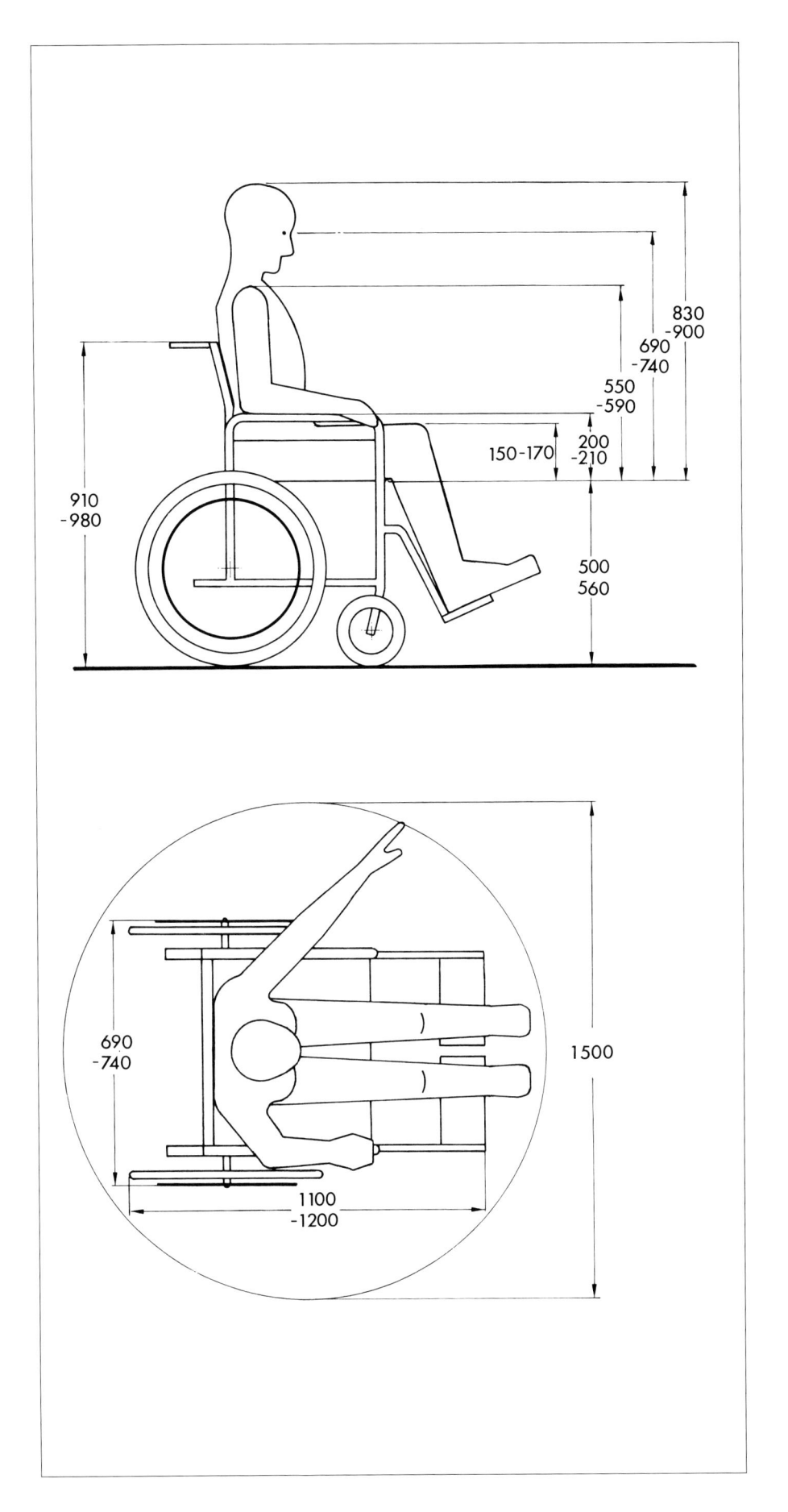

Bild 30 Richtmaße für Rollstühle und Rollstuhlbenutzung; Körpergröße 1700 mm.

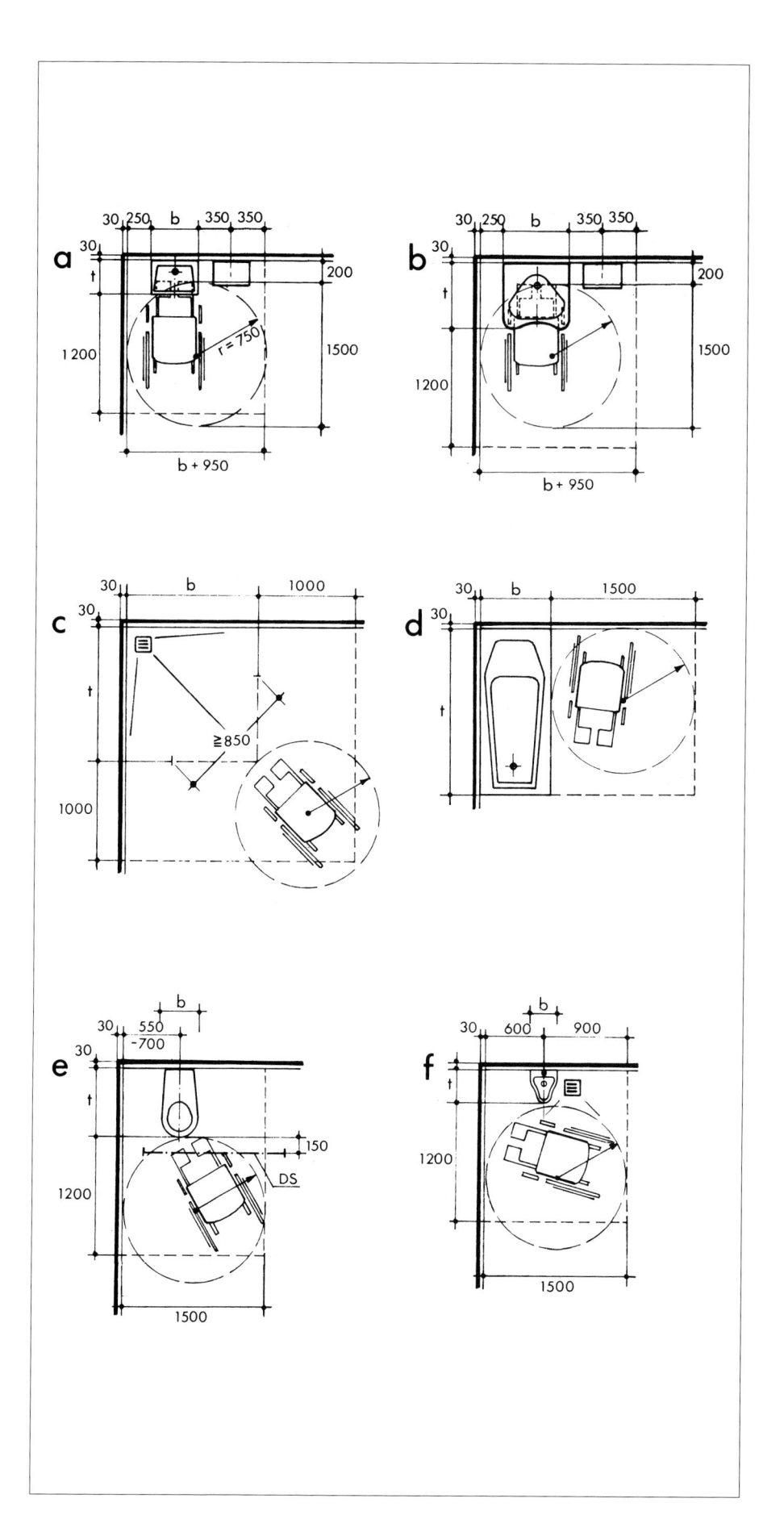

Bild 31 Stell-, Bewegungs- und Wendekreisflächen für Sanitärobjekte bei Benutzung im Rollstuhl
a) Handwaschbecken (b = 500 mm, t = 350 mm) mit Stoff- oder Papierhandtuchspender
b) Waschtisch (b = 600 mm, t = 500 mm) mit Stoff- oder Papierhandtuchspender
c) Duschstand mit Fußbodenablauf und Duschabtrennung (b = t ≥ 1500 mm)
d) Einbau-Badewanne (b = 750 mm, t = 1700 mm) mit Fußbodenablauf
e) Wand-Klosett (b = 360 mm bis 400 mm, t = 600 mm) mit Wandeinbau-Spüleinrichtung (Spülkasten oder Druckspüler) und Deckenschiene für Strickleiter
f) Wandurinal (b = 300 bis 370 mm, t = 285 bis 370 mm) mit Fußbodenablauf.

2.2.1 Waschplatz

Am Waschplatz erfordert das Händewaschen mit etwa 700 mm die kleinste, das Gesicht-, Kopf- und Oberkörperwaschen mit 900 bis 1000 mm die größte Bewegungsbreite. Die Bewegungstiefe ist vor Handwaschbecken mit 450 bis 550 mm, vor Waschtischen mit 500 bis 600 mm bei Benutzung in stehender Stellung anzunehmen.

Die Abstände der Waschbecken zu Wandecken, zu einzelnen Mundspülbecken, zu Desinfektionsbecken und zu Badewannen sind den Bildern 32 und 33 zu entnehmen. Der seitliche Abstand von Außenkante Waschbecken zu Wänden oder Hochschränken soll ≥ 200 bis 250 mm betragen. Größere Waschtische mit einer Breite ≥ 650 mm können seitlich bis zu 100 mm über den Rand einer Badewanne reichen.

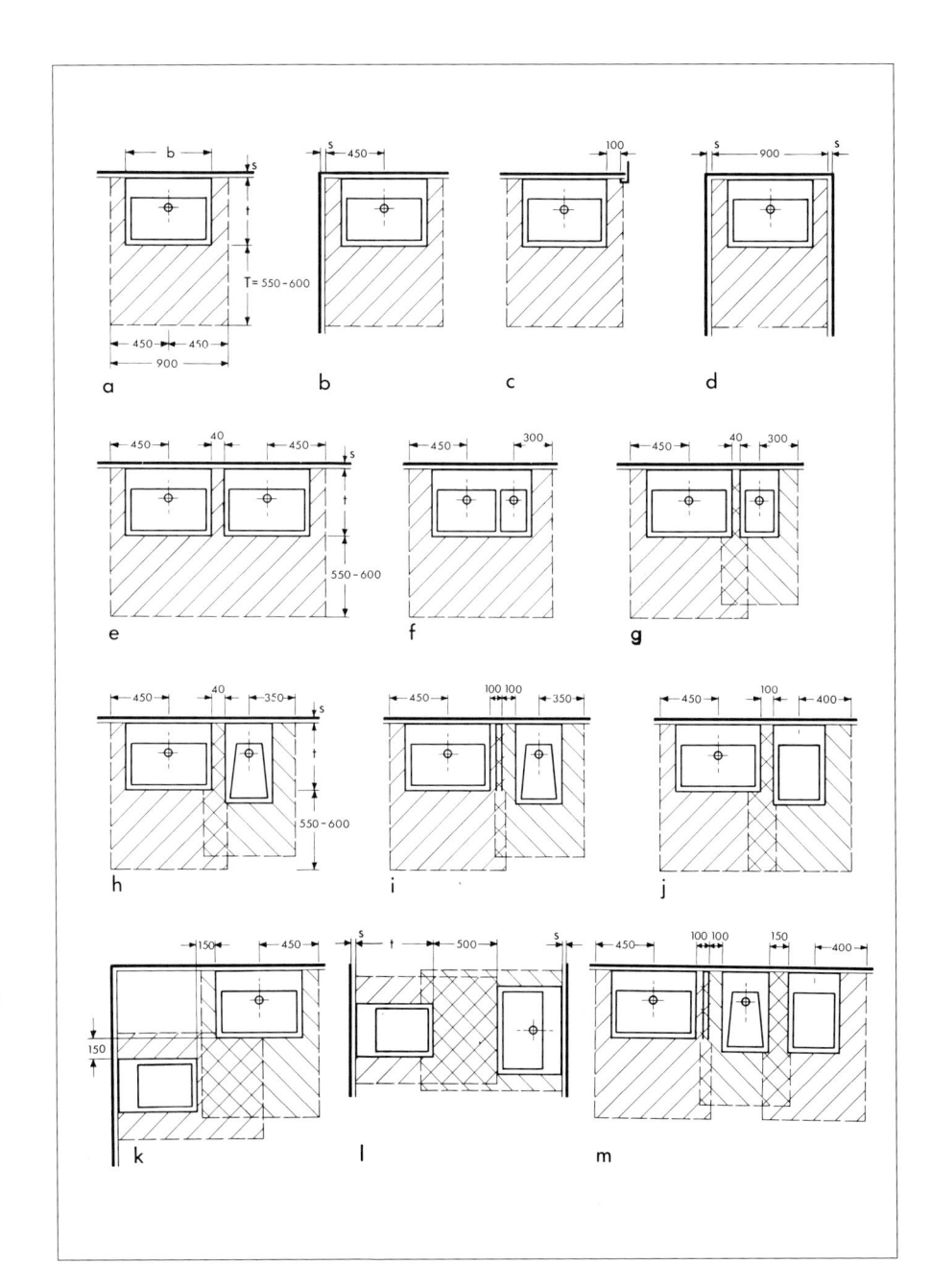

Bild 32 Stell- und Bewegungsflächen für Waschplätze
a) Waschtisch auf durchgehender Wand,
b) in Wandecke,
c) neben Tür- oder Fensterzarge,
d) in Nische,
e) zwei Waschtische nebeneinander,
f) mit angeformtem Mundspülbecken,
g) und Mundspülbecken,
h) und Bidet,
i) mit Handtuchhalter und Bidet,
j) und Klosett,
k) und Klosett rechtwinklig angeordnet,
l) und Klosett gegenüberliegend,
m) mit Handtuchhalter, Bidet und Klosett.

Bei Friseur-Waschtischen soll der Mittenabstand mindestens 1200 mm, bei Inhalationstischen mindestens 900 mm betragen.

Der Raumbedarf des Waschplatzes wird außerdem von dem Ausstattungszubehör, das der Bereitstellung von Seife und der Händetrocknung sowie bei Behinderten zur Sicherung bei der Benutzung dient, beeinflußt. Das gilt auch bei Einbau von Bodenabläufen mit einem darüberliegenden Auslaufventil für die Raumreinigung, z.B. in Aborträumen. Beispiele für den Raumbedarf verschiedener Einrichtungslösun-

Bild 33 Waschtischanordnung neben Badewannen
a) und b)
   am Wannenfußende
c) und d)
   am Wannenkopfende.

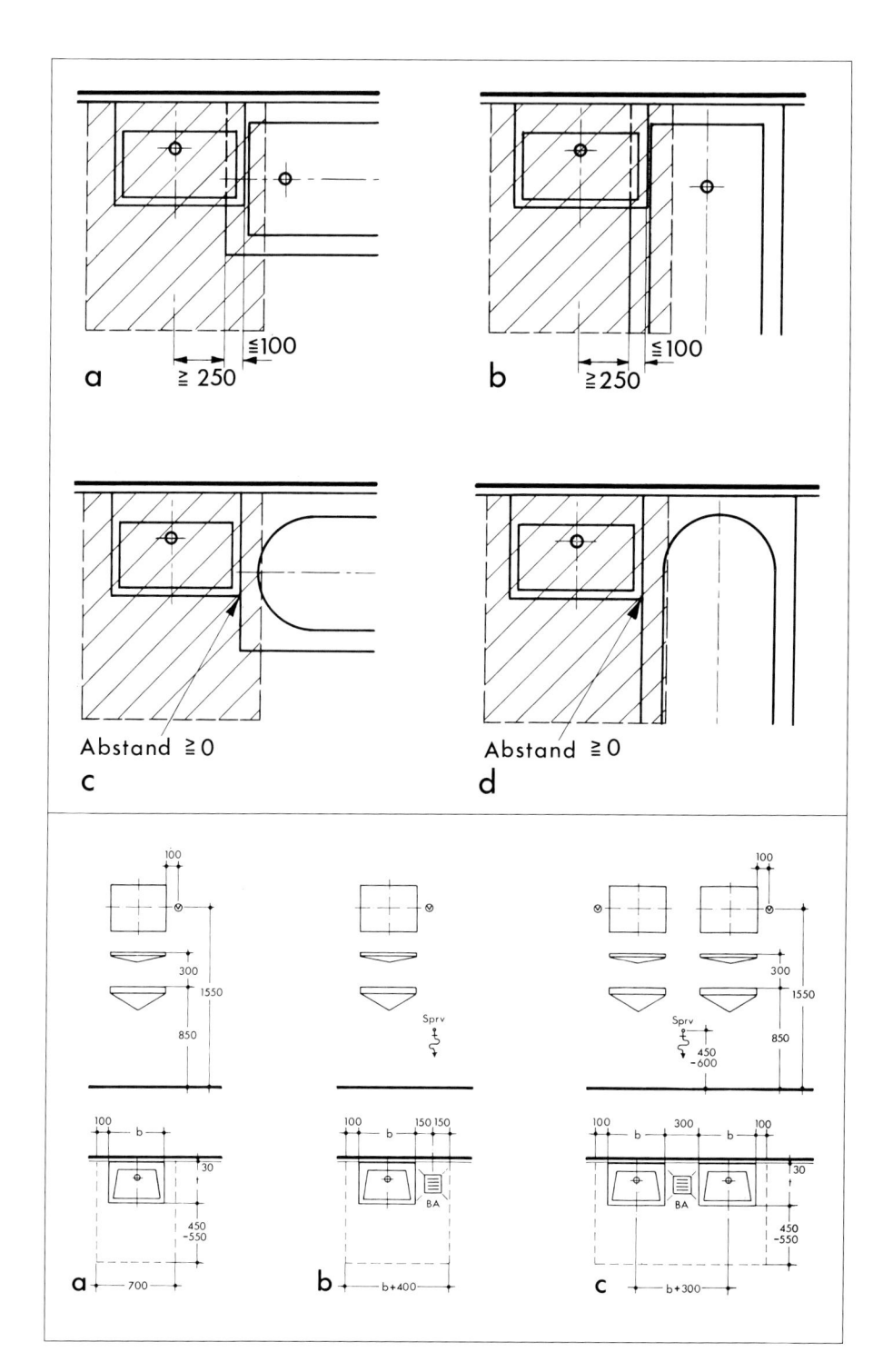

Bild 34 Raumbedarf für Waschplätze mit Handwaschbecken (b = 500 bis 600 mm, t = 350 bis 400 mm), mit Handtuchhaken für Stoffhandtücher, BA Bodenablauf, Sprv Spritzventil.

gen des Waschplatzes sind in den Bildern 34 und 35 dargestellt. Die Bereitstellung von Seifenstücken sowie von Stoffhandtüchern an Handtuchhaken benötigt den geringsten Raumbedarf.

Seifencremespender und Stoffhandtuchspender oder Papierhandtuchspender in Verbindung mit Papierkörben sind im Raumbedarf gleich.

Bei Anordnung eines Bodenablaufs zwischen zwei Waschbecken und eines Auslaufventils darüber darf ein Papierkorb nicht an gleicher Stelle liegen.

Der Raumbedarf einer Waschtischanlage ist für die normale Benutzung in stehender Stellung und für Rollstuhlbenutzer bei unterschiedlichem Ausstattungszubehör in Bild 36 dargestellt.

In Bild 36a ist die „nasse" Ablegefläche des Waschtisches für die Bereitstellung von Stückenseife oder für mit nassen Händen abzulegende Toilettenartikel – Rasierzeug, Kosmetika und dergleichen – zu benutzen. Die Ablegeplatte über dem Waschtisch dient dem Ablegen trockenzuhaltender oder nach der Benutzung abgetrockneter Toilettenartikel – Kamm, Bürste und dergleichen. Der doppelte Handtuchhalter ist für das Ablegen von zwei Stoffhandtüchern zu benutzen.

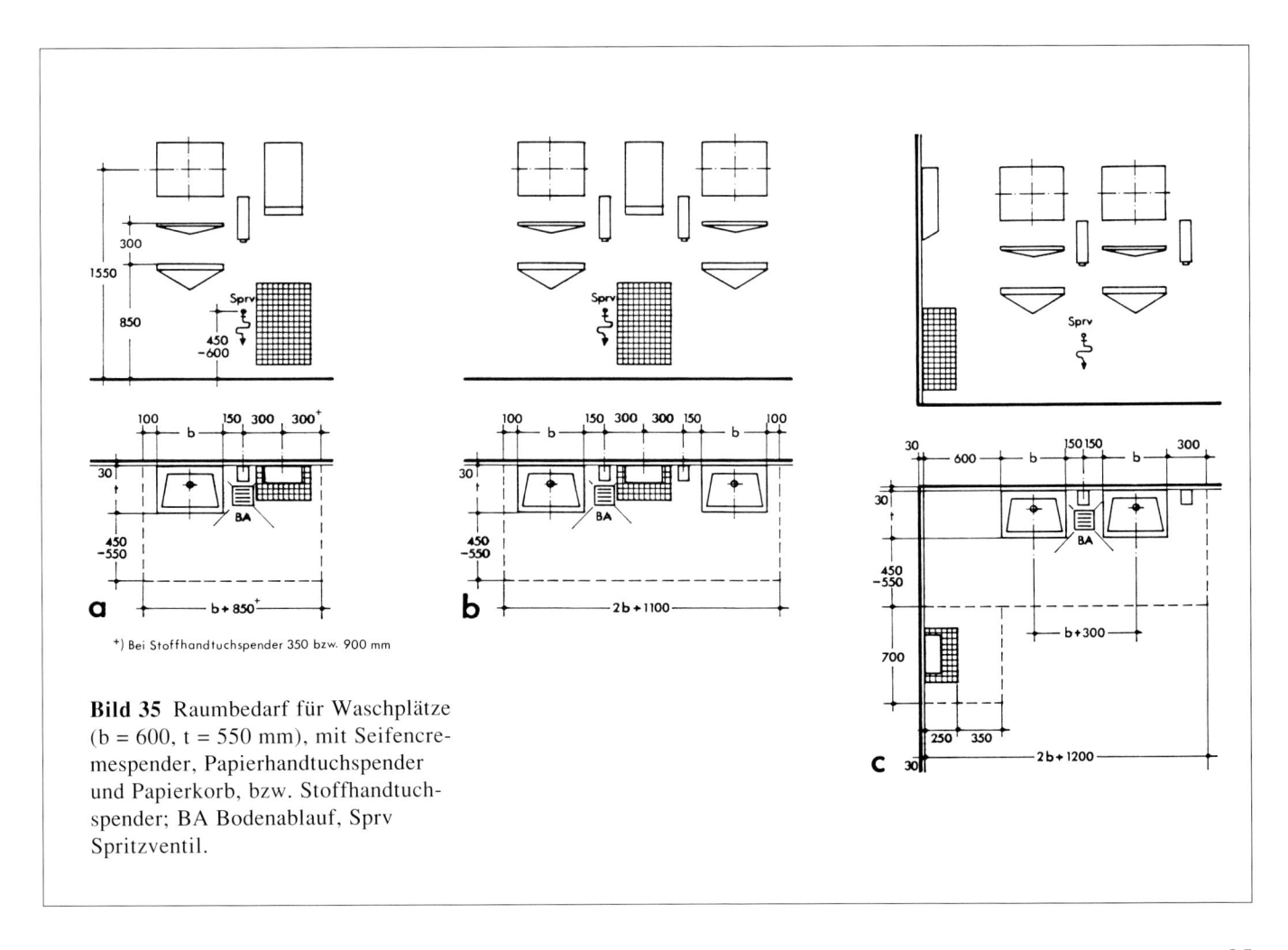

Bild 35 Raumbedarf für Waschplätze (b = 600, t = 550 mm), mit Seifencremespender, Papierhandtuchspender und Papierkorb, bzw. Stoffhandtuchspender; BA Bodenablauf, Sprv Spritzventil.

+) Bei Stoffhandtuchspender 350 bzw. 900 mm

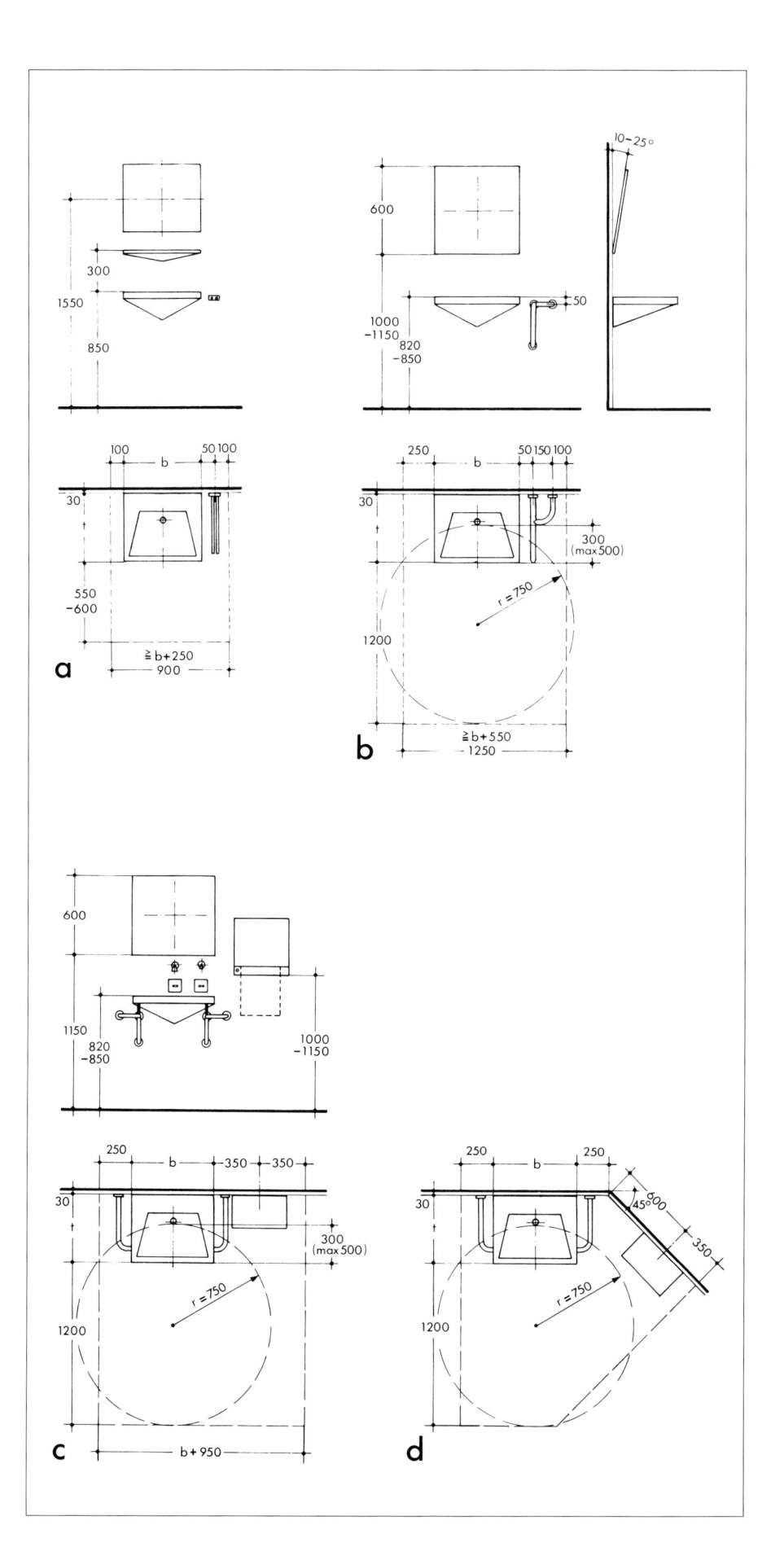

Bild 36 Raumbedarf für Waschplätze mit Waschtisch (b = 600 bis 1000 mm, t = 400 bis 590 mm)
a) Waschtisch mit doppeltem Handtuchhalter (Normalausstattung)
b) Waschtisch mit Wandstützgriff rechts, der gleichzeitig als Handtuchhalter zu benutzen ist; Bewegungsraum und Montagemaße für Rollstuhlbenutzer
c) Waschtisch beidseitig mit Wandstützgriffen und mit Stoffhandtuchspender; Bewegungsraum und Montagemaße für Rollstuhlbenutzer
d) wie c) als 135°-Ecklösung.

Für Rollstuhlbenutzer, d.h. bei Benutzung in sitzender Stellung, ist ein in seiner Neigung verstellbarer Kippspiegel (Bild 36b), ein oder zwei seitlich angeordnete Wandstützgriffe – die auch der Handtuchablage dienen können – oder zusätzlich ein Stoffhandtuchspender vorzusehen (Bilder 36c und 36d). Für die Benutzung des Stoffhandtuchspenders ist das Grundrißbeispiel in Bild 36d mit einer unter 45° eingestellten Wand besonders griffgünstig und erspart dem Rollstuhlbenutzer kraftaufwendige Rangierarbeit. Die Bewegungstiefe vor dem Waschtisch wurde für Rollstuhlbenutzer mit 1200 mm unter Berücksichtigung einer Unterfahrbarkeit von 300 mm angenommen. Die Unterfahrtiefe des Waschtisches kann im günstigsten Fall bis zu 500 mm genutzt werden, so daß eine kleinste Bewegungstiefe von 1000 mm vor dem Waschtisch ausreichend sein kann.

Wenngleich für Rollstuhlbenutzer im allgemeinen eine Waschtischhöhe von 825 mm günstig ist (Bild 37), sind in Abhängigkeit von Roll-

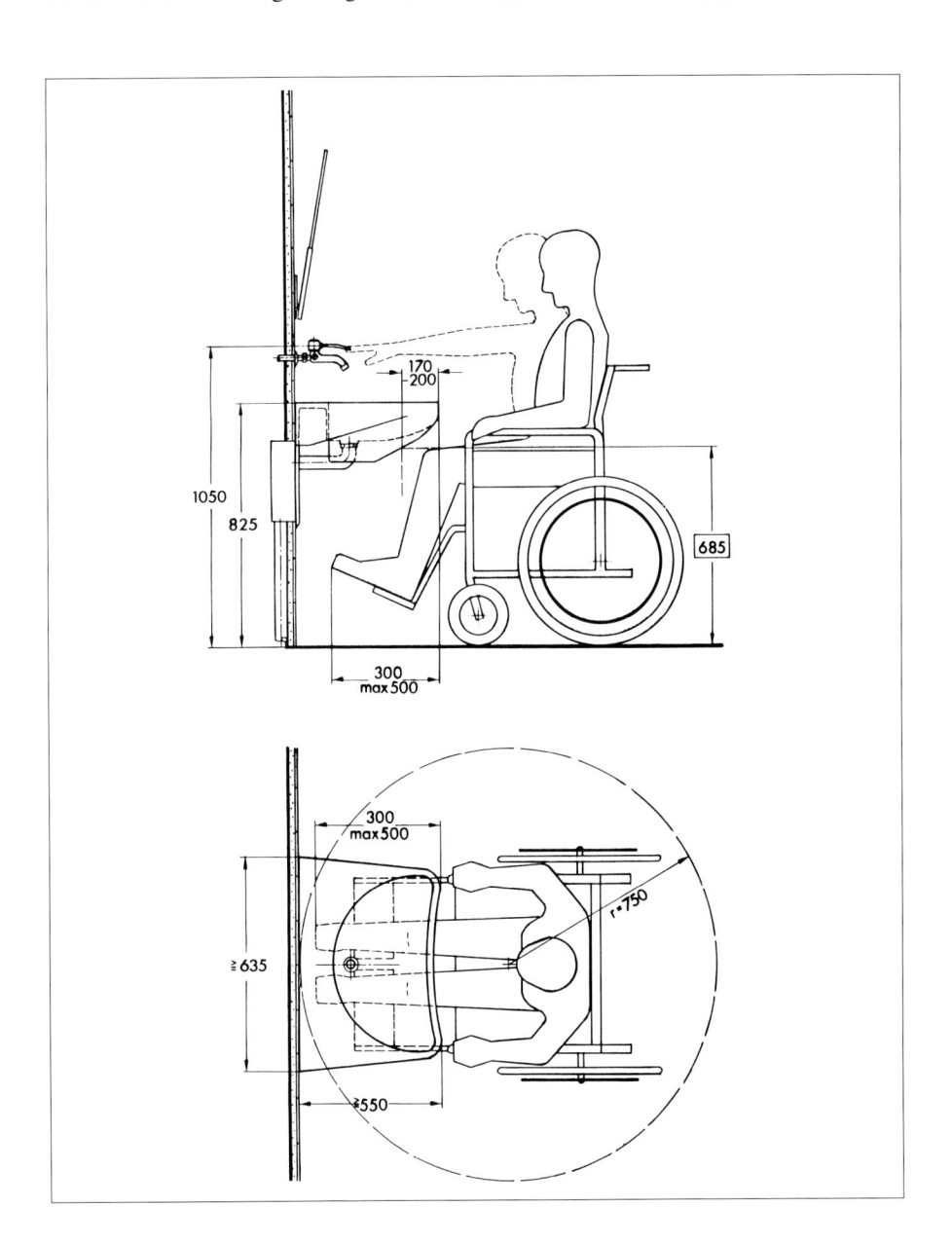

Bild 37 Funktionsdarstellung einer Waschtischanlage für Rollstuhlbenutzer mit Wandeinbau-Geruchverschluß und Einhebel-Wandbatterie.

stuhlmodell und Größe der Person andere Höhen wünschenswert. In öffentlichen Einrichtungen mit Pflegepersonal kann die jeweils günstigste Höhe mit Hilfe von höhenverstellbaren Waschtischen erreicht werden.

Die Problemlösung der Unterfahrbarkeit des Waschtisches besteht in der Auswahl möglichst flacher Becken und in der Verwendung eines Wandeinbau-Geruchverschlusses.

Der Raumbedarf für Waschanlagen in Industriebauten ist nach DIN 18 228 Teil 3 [20]* unter Beachtung der Arbeitsstätten-Richtlinien [2] den Darstellungen in den Bildern 38 bis 40 zu entnehmen. Vor der Waschgelegenheit muß die freie Bodenfläche mindestens 700 x 700 mm groß sein.

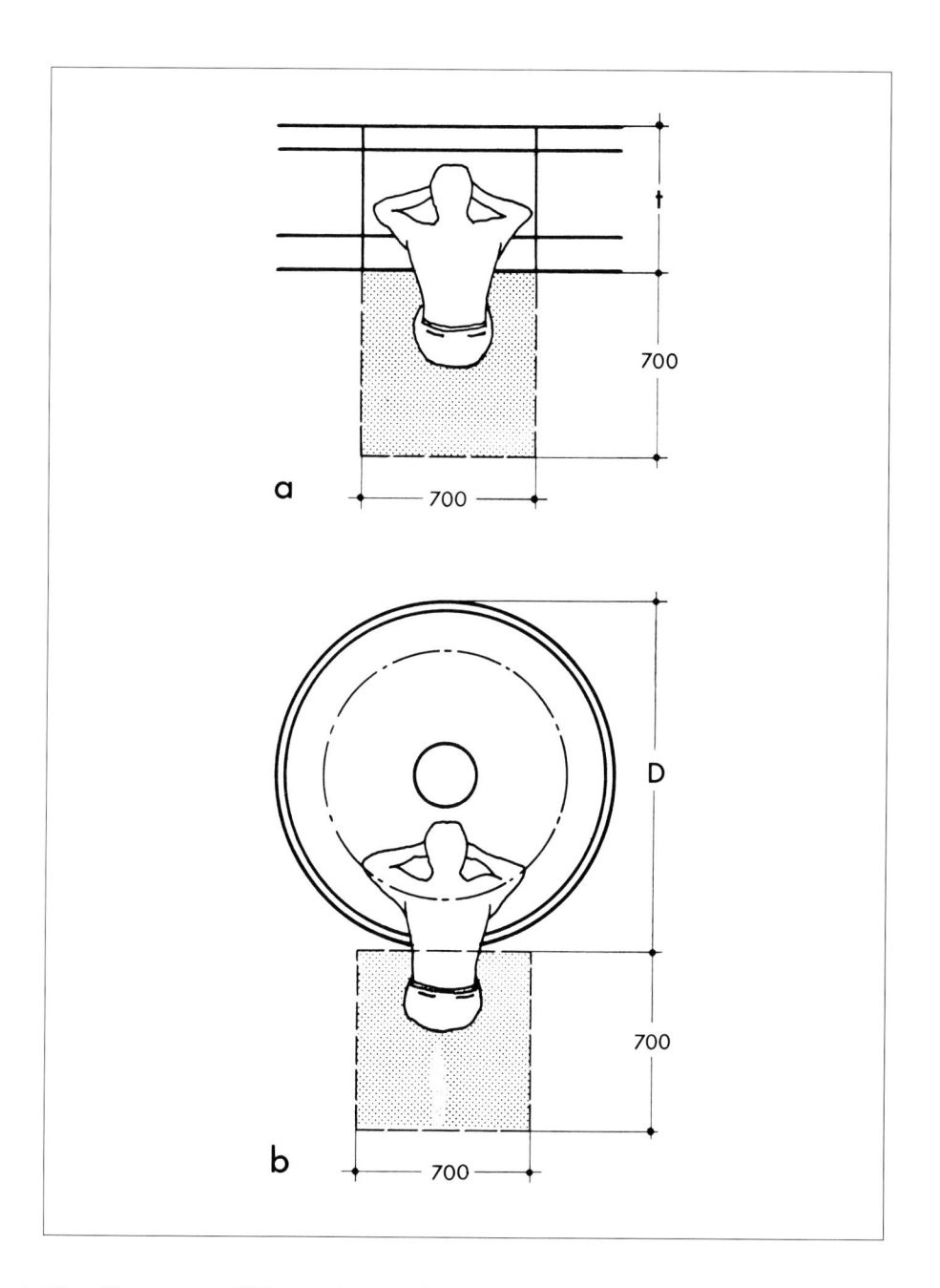

Bild 38 Waschplatzbreite und Standfläche bei Waschanlagen nach den Arbeitsstätten-Richtlinien [2]
a) Waschreihe,
b) Waschbrunnen.

* Diese Norm wurde 1989 ersatzlos zurückgezogen; ihre Angaben sind dennoch hilfreich.

Bild 39 Anordnung und Raumbedarf für Waschanlagen
a) einzelne Waschstellen, einreihig
b) Fußwaschanlagen, einreihig
c) Fußwaschanlagen, ein- und doppelreihig
d) Waschrinnen, ein- und doppelreihig
e) Waschrinnen, ein- und doppelreihig kombiniert mit Duschständen V Verkehrsfläche nach DIN 18255 bemessen, S Standfläche.

Bild 40 Anordnung und Raumbedarf von Waschbrunnen
a) Waschbrunnen rund und halbrund
b) Waschbrunnen oval.

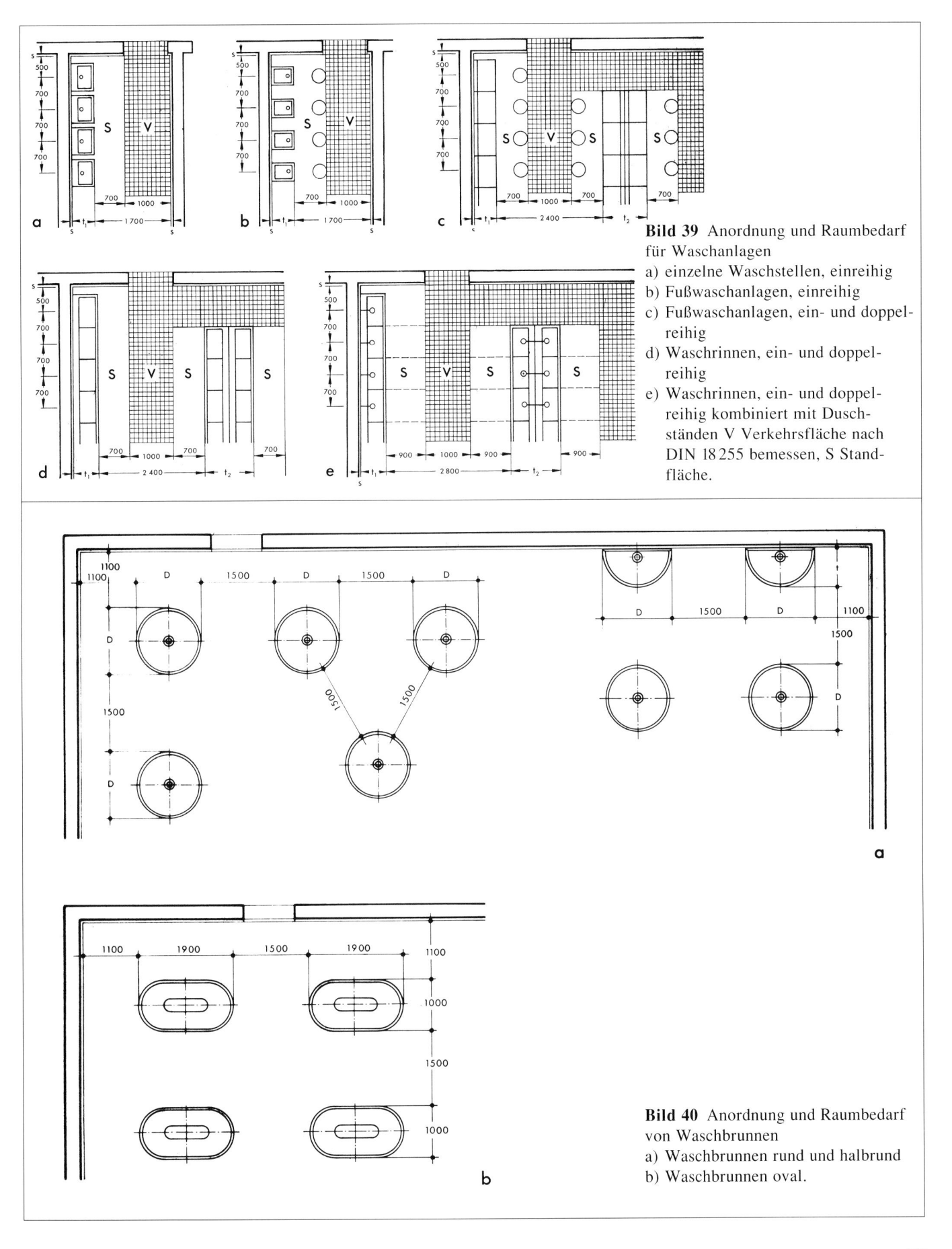

2.2.2 Duschplatz

Der Duschplatz dient dem Badenden als Stand- und Bewegungsfläche bei der Handhabung unterschiedlicher Waschvorgänge unter fließendem Wasser. Er soll gleichzeitig das niederfallende Duschwasser auffangen und in den Ablauf abfließen lassen. Seine Abmessungen sind abhängig von:

◆ den möglichen Körperstellungen bei den Waschvorgängen (Bild 41). Es muß möglich sein, sich in gebeugter oder sitzender Stellung die Füße zu waschen oder ein Stück heruntergefallene Seife aufzuheben.

◆ einer Körperstellung außerhalb des Wasserstreukreises zum Einregulieren der Wassertemperatur und zum Einseifen. Eine Rolle spielen dabei die Art, Anzahl und Anordnung der Duschköpfe und Bedienungsarmatur, der Streukreisdurchmesser und die Strahlweite. Einbaumaße sind den Darstellungen in Bild 42 und Tabelle 7 zu entnehmen.

◆ der Ausladung der in den Duschplatz hineinragenden Armaturen, Haltegriffe, Sitze und Fußstützen.

Die lichten Grundrißmaße der nassen Standfläche sollten nach Bild 43, bei rechtwinkliger Zuordnung von Körperdusche und Bedienungsarmatur, mindestens 760 x 1065 mm bis 915 x 1200 mm betragen. Bei einer Nischendusche mit der auf einer Seitenwand angeordneten Körperdusche und Bedienungsarmatur betragen die Grundrißmaße mindestens 760 x 760 mm bis 915 x 915 mm (Bild 44). Innerhalb der Mindestmaße von 760 x 760 mm ist ein Hinüberbeugen zum Füßewaschen oder um etwas aufzuheben nicht möglich. Als sogenannte trockene Standfläche ist eingangsseitig eine Tiefe von 300 mm erforderlich.

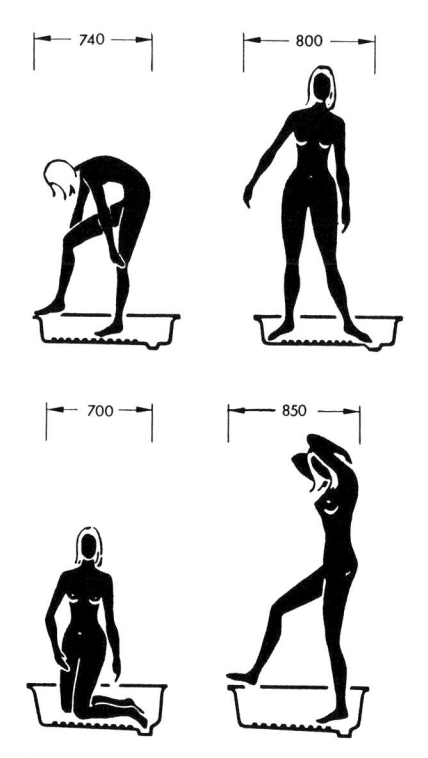

Bild 41 Körperstellung und Bewegungstiefe beim Duschen.

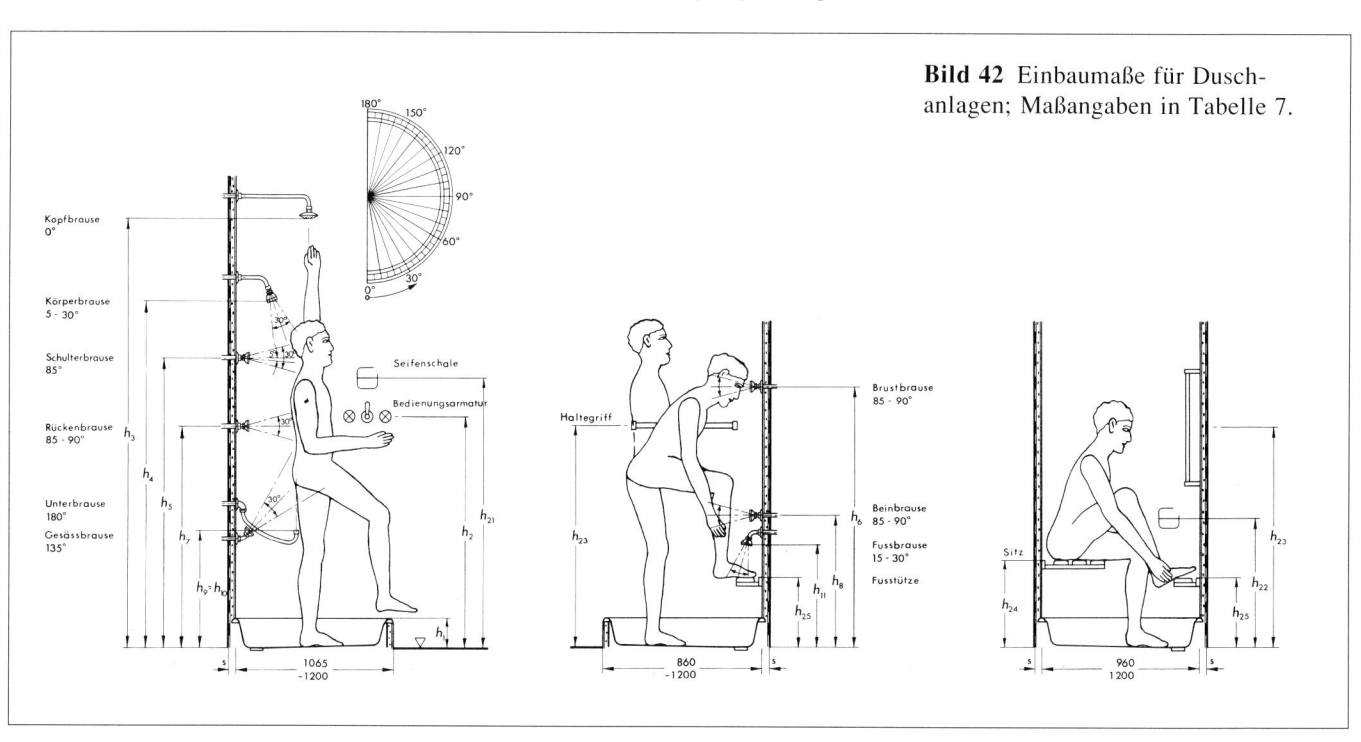

Bild 42 Einbaumaße für Duschanlagen; Maßangaben in Tabelle 7.

Nach der Anordnung sind entsprechend der Darstellung in Bild 45 Einzel- und Reihenduschen zu unterscheiden. Einzelduschen können auf der flachen Wand dreiseitig freistehend, in der Wandecke, oder in der Wandnische angeordnet werden. Reihenduschen führt man aus Gründen der Übersehbarkeit vielfach als offene Anlage ohne Trennwände oder als halboffene Anlage mit seitlichen Trennwänden und Einblick von vorn aus. Soll bei der Benutzung die Badehose oder der Badeanzug abgelegt werden, dann sind Kabinen mit halbhohen Trennwänden zu empfehlen. Der Grund liegt in der Beachtung des Schamgefühls der Menschen. So fordert man in Hallen- und Freibädern abgeteilte Duschkabinen für die Vorreinigung [44], damit ein Schutz gegen Spritzwasser vom Nachbarstand geschaffen wird. Der Badegast soll dadurch zum Ablegen der Schwimmkleidung und zur gründlichen Körperreinigung veranlaßt werden. Das geschieht zur Reinhaltung des Schwimmbeckenwassers. Die Übersichtlichkeit wird bei Männern mit 1500 mm und bei Frauen mit 1650 mm hohen Trennwänden gewahrt.

Tabelle 7 Einbaumaße für Duschwannen, Duscharmaturen und Zubehör[1]).

Bezeichnung			Montagehöhe[2])						
Körpergröße			1500	1550	1600	1650	1700	1750	1800
Duschwanne		h_1	-200 bis $+200$						
Bedienungsarmatur		$h_2 = H_0 + 150 \pm 150$	1077	1108	1139	1170	1201	1232	1262
Kopfdusche	0°	$h_3 = H_1 + 150 \pm 50$	2003	2064	2126	2188	2250	2311	2373
Körperdusche	5°	$h_4 = H + 175 \pm 50$	1675	1725	1775	1825	1875	1925	1975
	10°	$h_4 = H + 150 \pm 50$	1650	1700	1750	1800	1850	1900	1950
	15°	$h_4 = H + 125 \pm 50$	1625	1675	1725	1775	1825	1875	1925
	20°	$h_4 = H + 100 \pm 50$	1600	1650	1700	1750	1800	1850	1900
	25°	$h_4 = H + 75 \pm 50$	1575	1625	1675	1725	1775	1825	1875
	30°	$h_4 = H + 50 \pm 50$	1550	1600	1650	1700	1750	1800	1850
Schulterdusche	85°	$h_5 = H_2 + 50 \pm 25$	1331	1374	1416	1459	1502	1545	1587
Brustdusche	85–90°	$h_6 = H_3 + 50 \pm 50$	1196	1234	1272	1311	1349	1387	1425
Rückendusche	85–90°	$h_7 = H_0 + 100 \pm 50$	1027	1058	1089	1120	1151	1182	1212
Beindusche	85–90°	$h_8 = H_6 \pm 50$	573	592	611	630	649	669	688
Unterdusche	180°	$h_9 = H_6 - 200 \pm 50$	508	532	555	579	602	626	650
Gesäßdusche	135°	$h_{10} = H_6 - 200 \pm 50$	508	532	555	579	602	626	650
Fußdusche	15–30°	$h_{11} = H_{12} + 200 \pm 100$	515	526	536	547	557	568	578
Handdusche		$h_{12} = H_0 + 150 \pm 150$	1057	1108	1139	1170	1201	1232	1262
Seifenschale hoch		$h_{21} = H_0 + 300 \pm 150$	1227	1258	1289	1320	1351	1382	1412
Seifenschale tief		$h_{22} = H_{11} + 300 \pm 100$	654	666	678	689	701	713	725
Haltegriffmitte		$h_{23} = H_0 + 100 \pm 100$	1027	1058	1089	1120	1151	1182	1212
Sitz		$h_{24} = H_{11} + 50 \pm 25$	404	416	428	439	451	463	475
Fußstütze		$h_{25} = H_{12} \pm 50$	315	326	336	347	357	368	378
Vorhangstange		$h_{26} = h_1 + 1750 \pm 50$	–	–	–	–	–	–	–

[1]) Das Montagemaß h_1 bezieht sich auf OK Fußboden, die Montagemaße h_2 bis h_{25} beziehen sich auf die Standfläche des Duschstandes, das Montagemaß h_{26} bezieht sich auf OK Duschwanne. Die Maße h_2 bis H_{12} gelten bis Mitte Bedienungsarmatur bzw. Mitte Duschboden. Werden Roste in die Duschwanne eingelegt, dann ist deren OK die Standfläche.

[2]) Die Montagehöhe unterliegt für h_6 und h_{24} einer Toleranz von ± 25 mm; für h_3, h_4, h_6 bis h_{10} und h_{26} einer Toleranz von ± 50 mm; für h_{11}, h_{22} einer Toleranz von ± 100 mm; h_2, h_{12} und h_{21} einer Toleranz von ± 150 mm.
Bei Fliesenraster-Montage sollte die Montagehöhe der Duschen grundsätzlich mit einer Plus-Toleranz zum Fugenraster eines Plattenbelages ausgeführt werden.

In Industriebetrieben und Kasernen werden auch kombinierte Wasch-Duschanlagen nach Bild 46 eingerichtet. In der Benutzung kombinierter Wasch-Duschanlagen muß jeweils eine einheitliche Handhabung stattfinden, damit eine gegenseitige Beeinträchtigung bei unterschiedlicher Benutzung nebeneinanderliegender Waschstellen ausgeschlossen ist. Derartige Beeinträchtigungen können jedoch nicht völlig vermieden werden. Zu empfehlen ist daher bei doppelreihigen Anlagen die gegenüberliegende Anordnung von Wasch- und Duschplätzen nach Bild 46c.

Bei einer Standbreite von 700 mm soll die Tiefe des Wasch-Duschplatzes vor der Waschreihe 900 mm betragen. Die Duschköpfe müssen so angeordnet sein, daß der Duschstrahl im wesentlichen vor der Waschreihe bzw. Fußwaschbank den Fußboden erreicht und die Standplatztiefe von 900 mm nicht überschreitet. Abhängig von der Bautiefe der Waschreihe und der Ausladung des Duscharmes liegt die erforderli-

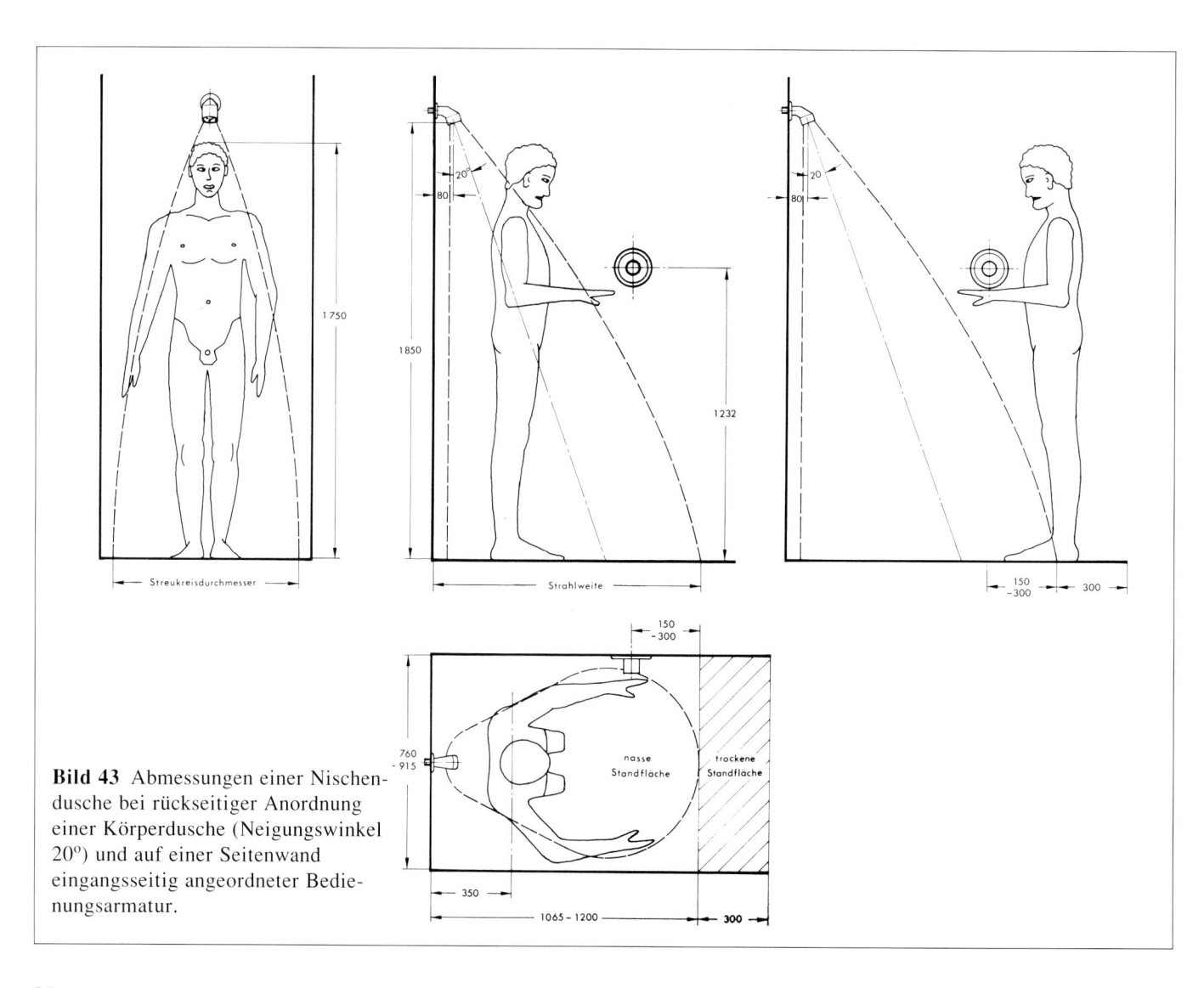

Bild 43 Abmessungen einer Nischendusche bei rückseitiger Anordnung einer Körperdusche (Neigungswinkel 20°) und auf einer Seitenwand eingangsseitig angeordneter Bedienungsarmatur.

che Duschkopfneigung etwa bei 20 bis 45 °C. Duschköpfe mit Kugelgelenk ermöglichen ein genaues Einstellen der gewünschten Strahlrichtung. In öffentlichen Einrichtungen mit Reihenduschen ist darauf zu achten, daß das abfließende Duschwasser nicht in benachbarte Duschstände fließen kann. In der Regel genügt ein ausreichendes Gefälle zur Rückwand, wo das Wasser gesammelt einem Ablauf zugeführt werden kann.

Grundrißbeispiele für Duschräume mit Duschwanne oder mit stufenlosem Duschplatz sind in den Bildern 47 und 48 dargestellt. Der Einrichtung sollte ein Klosett und ein Waschbecken zugeordnet werden.

Zur Nutzung der Sanitärobjekte durch Unbehinderte ist zwischen Vorderkante Duschstand und anderen Einrichtungsteilen bzw. Wänden ein Abstand von mindestens 750 mm einzuhalten. Türen mit lichten Durchgangsmaßen von 575, 700 und 825 mm werden in der Regel in den Raum aufschlagend ausgeführt.

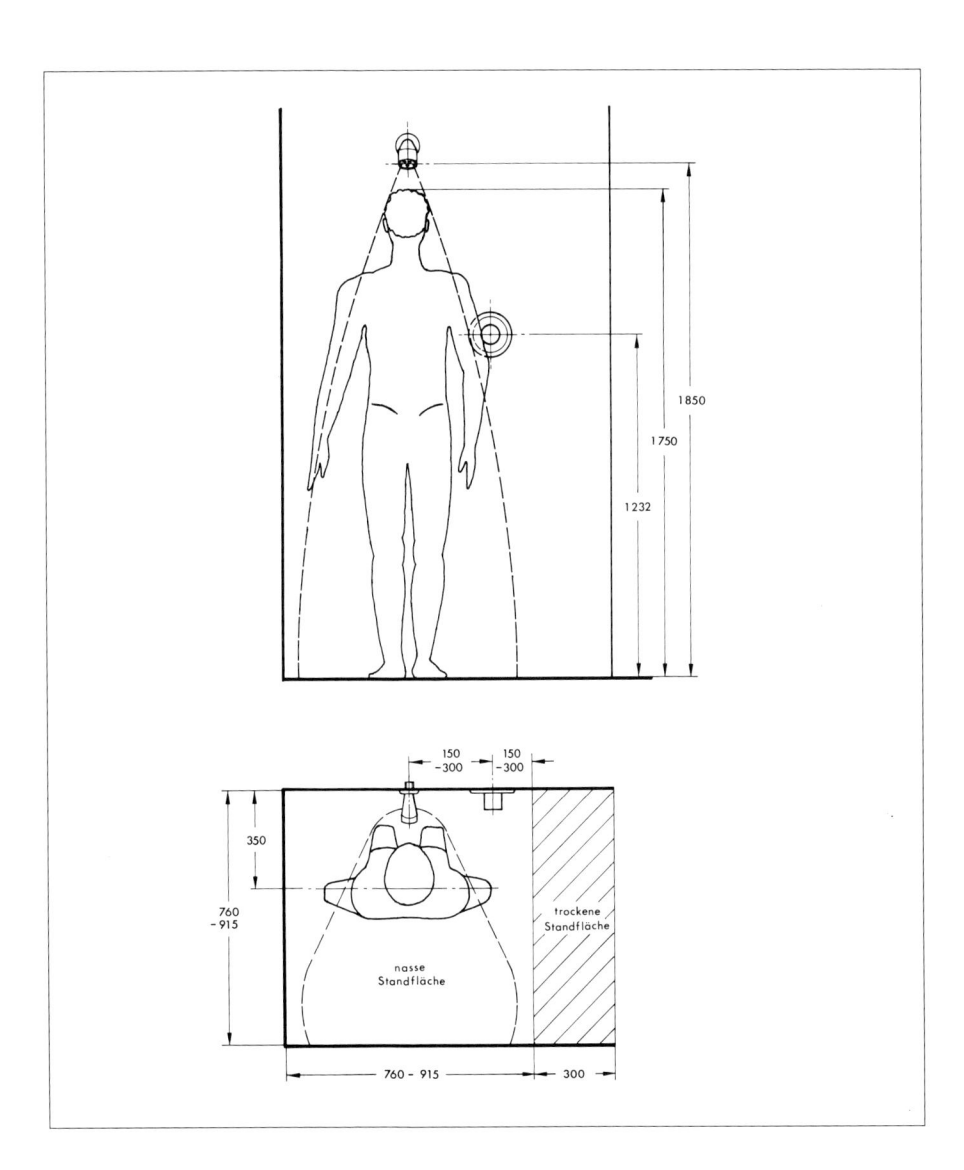

Bild 44 Abmessungen einer Nischendusche mit der auf einer Seitenwand angeordneten Körperdusche (Neigungswinkel 20°) und danebenliegender Bedienungsarmatur.

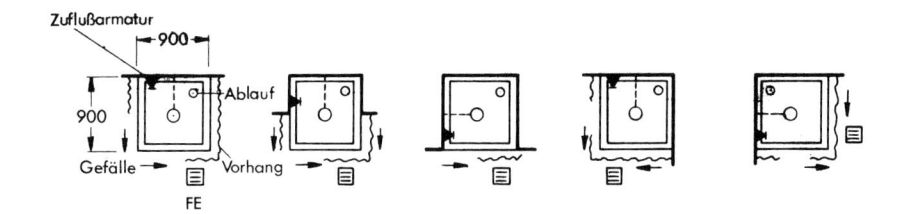

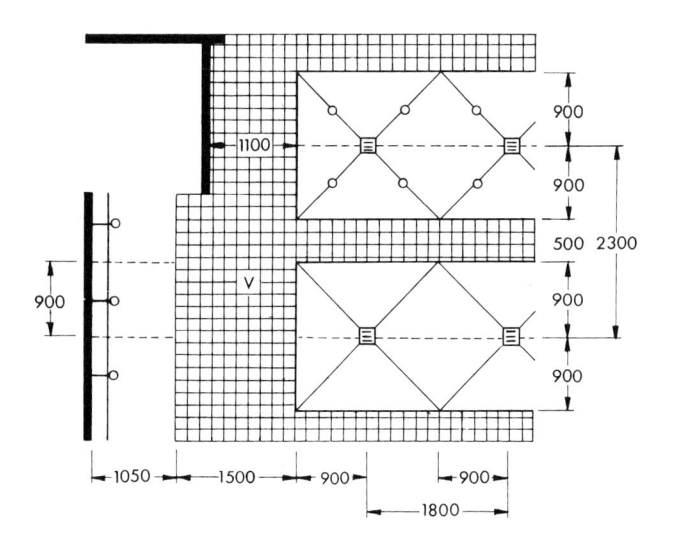

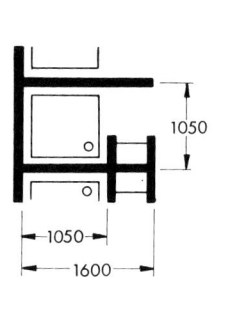

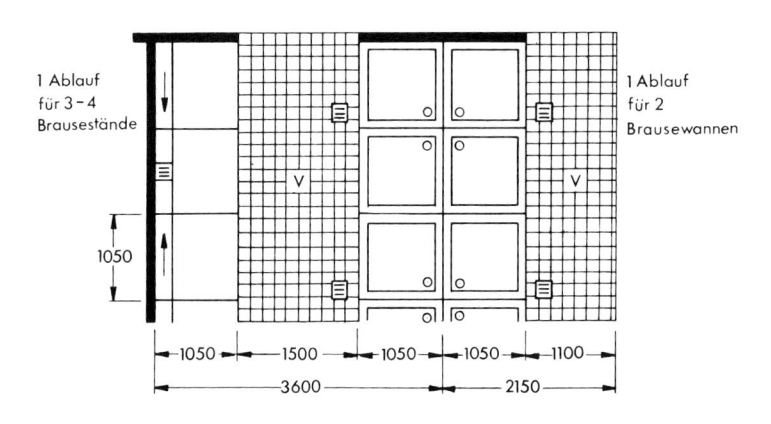

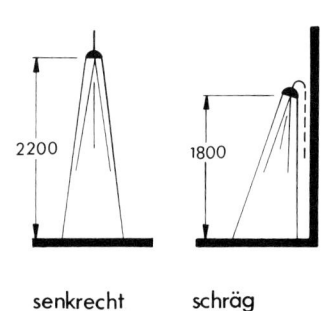

Bild 45 Anordnung und Flächenbedarf für Einzel- und Reihenduschen.

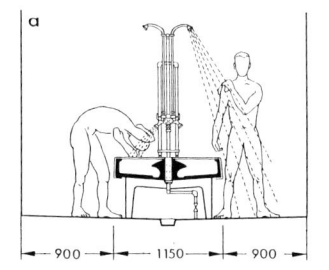

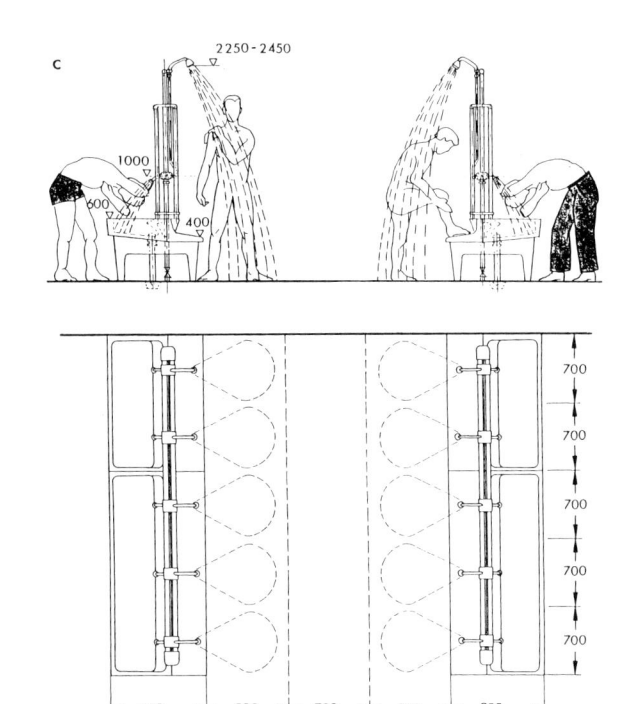

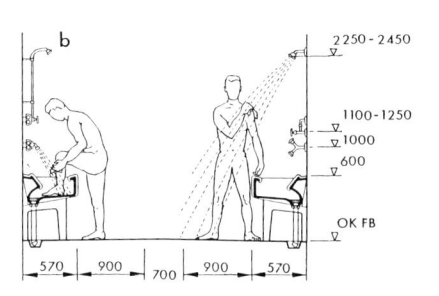

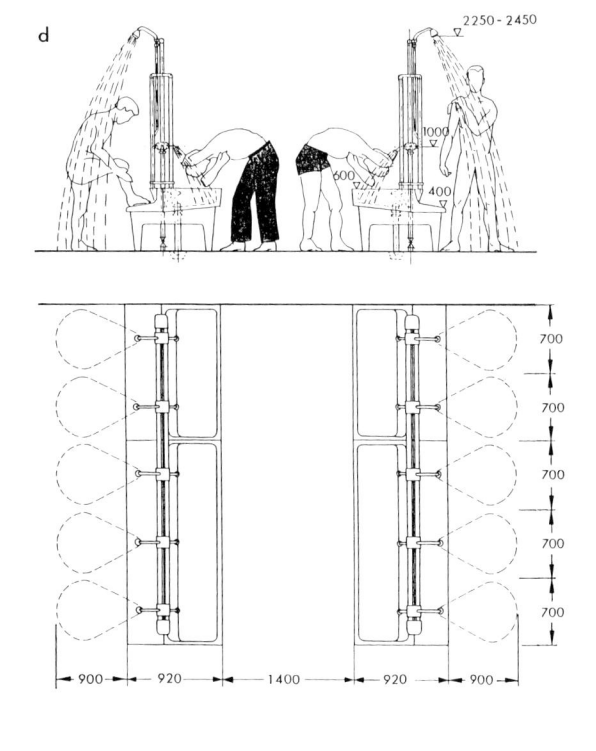

Bild 46 Einbaumaße und Flächenbedarf für kombinierte Wasch-Duschanlagen (Rotter),
a) paarige Anlage für beidseitige Benutzung zum Waschen oder Duschen,
b) -stellige Anlagen für Benutzung zum Waschen oder Duschen,
c) paarige Anlagen bei getrennter, gegenüberliegender Anordnung von Wasch- und Duschplätzen, Duschplätze innenliegend,
d) wie c), jedoch Duschplätze außenliegend.

Für Blinde und wesentlich Sehbehinderte muß die Bewegungsfläche nach DIN 18025 Teil 2 mindestens 1200 mm breit sein (Bild 48d). Die Türen müssen für diesen Personenkreis eine lichte Durchgangsbreite von mindestens 800 mm, für Rollstuhlbenutzer mindestens 850 mm (im Entwurf DIN 18025 Teil 1 vom August 1989 werden 900 mm vorgeschrieben), haben. Sie dürfen nicht in den Sanitärraum aufschlagen. Der Grund ist, daß die in den Raum aufschlagende Tür einen gestürzten, am Boden liegenden Menschen erheblich verletzen kann. Darüber hinaus engt die nach innen aufschlagende Tür die Bewegungsfläche ein.

Für Rollstuhlbenutzer muß der mit Gefälle von 2% auszubildende Duschplatz nach DIN 18025 Teil 1 befahrbar sein. Als Wendemöglichkeit muß eine Bewegungsfläche von mindestens 1500 x 1500 mm uneingeschränkt zur Verfügung stehen (Bild 48e). Vorzusehen ist ein Klappsitz in der Mindestgröße 400 x 450 mm mit mittlerer Öffnung. Die Armaturenbedienung soll seitlich vor dem Duschsitz liegen. Der Bodenablauf ist mit einem Mindestabstand von 300 mm aus der Ecke anzuordnen. Für den Rollstuhl muß zwischen der Sanitäreinrichtung eine Bewegungsfläche entsprechend dem Wendekreisdurchmesser von mindestens 1500 mm vorhanden sein. Die Unterfahrungstiefe wandhängender Sanitärobjekte bzw. die Überfahrtiefe des Duschplatzes bei geöffneter Duschabtrennung kann in dieses Maß einbezogen werden.

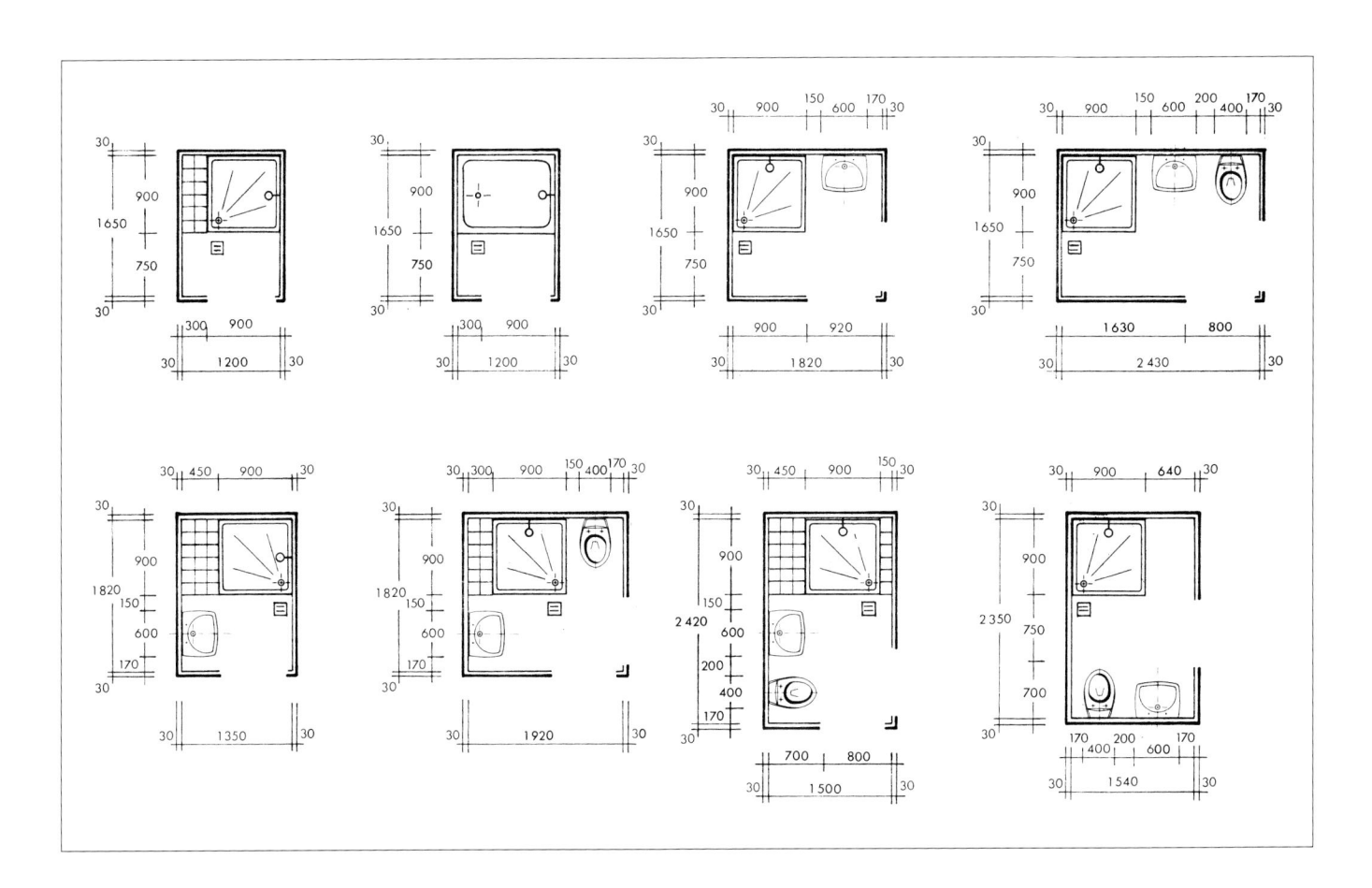

Bild 47 Grundrißbeispiele für Duschräume mit Duschwanne, ohne und mit Waschbecken und Klosett.

Bild 48 Grundrißbeispiele für Duschräume mit stufenlosem Duschplatz und Bodenablauf,
a) bis g)
  Normalausführung ohne und mit Waschbecken und Klosett,
h) für Rollstuhlbenutzer.

Neben dem Klosett wird links oder rechts eine mindestens 950 mm breite Bewegungsfläche gefordert. In öffentlichen und gewerblichen Anlagen ist es jedoch besser, sowohl links als auch rechts 950 mm Platz neben dem Klosett zu belassen, damit je nach Behinderung von rechts oder links auf das Klosett übergestiegen werden kann. Als Übersteighilfe ist eine Strickleiter oder dgl., in einer Deckenschiene geführt, hilfreich. Auf der anderen Seite des Klosetts muß ein Abstand zur Wand oder zu Einrichtungen von mindestens 300 mm eingehalten werden. Anstelle nach außen aufschlagenden Drehflügeltüren können vor allem Schiebetüren zu guten Lösungen führen, da der Rollstuhlfahrer für das Öffnen und Schließen weniger Bewegungsfläche benötigt.

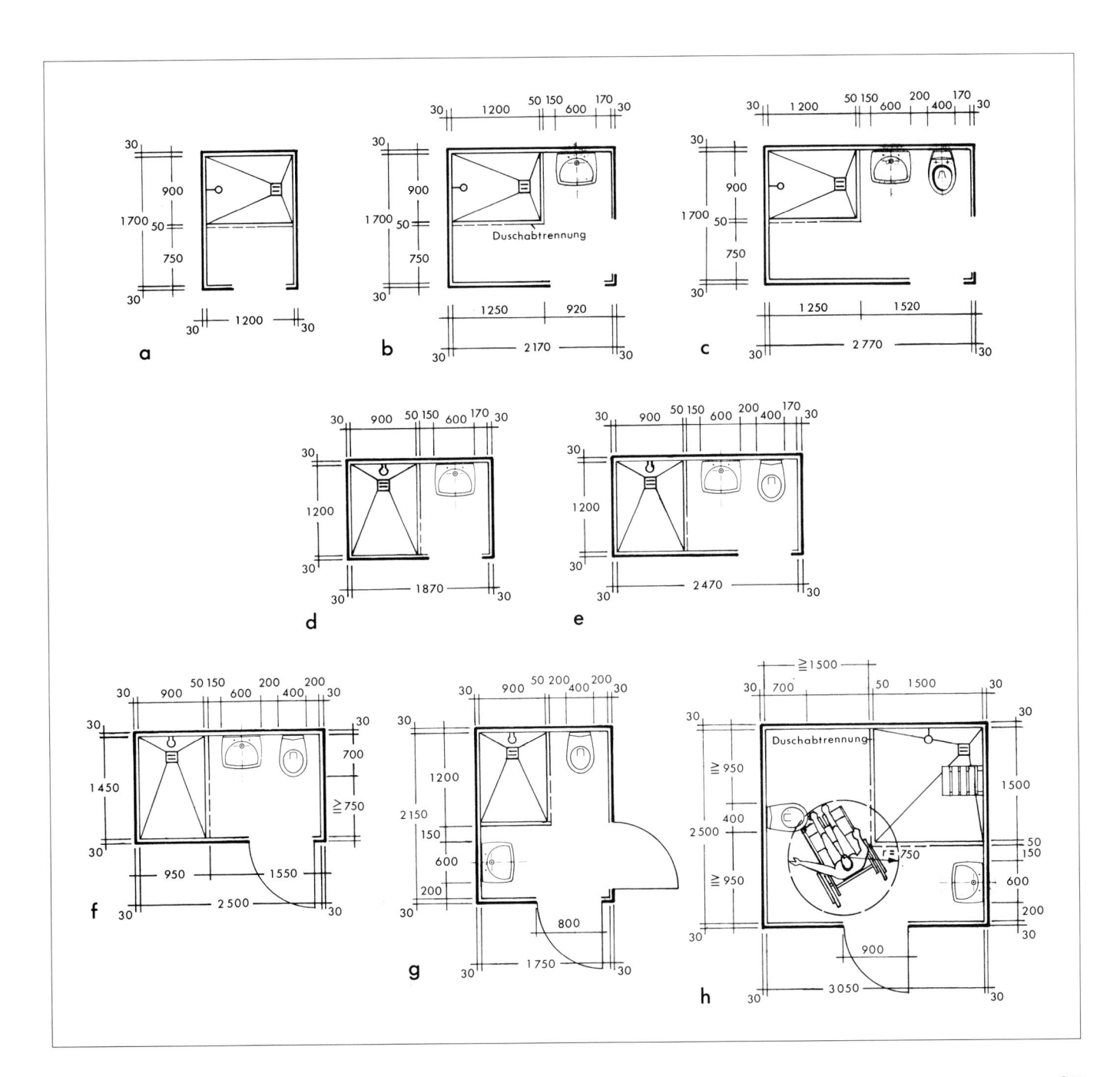

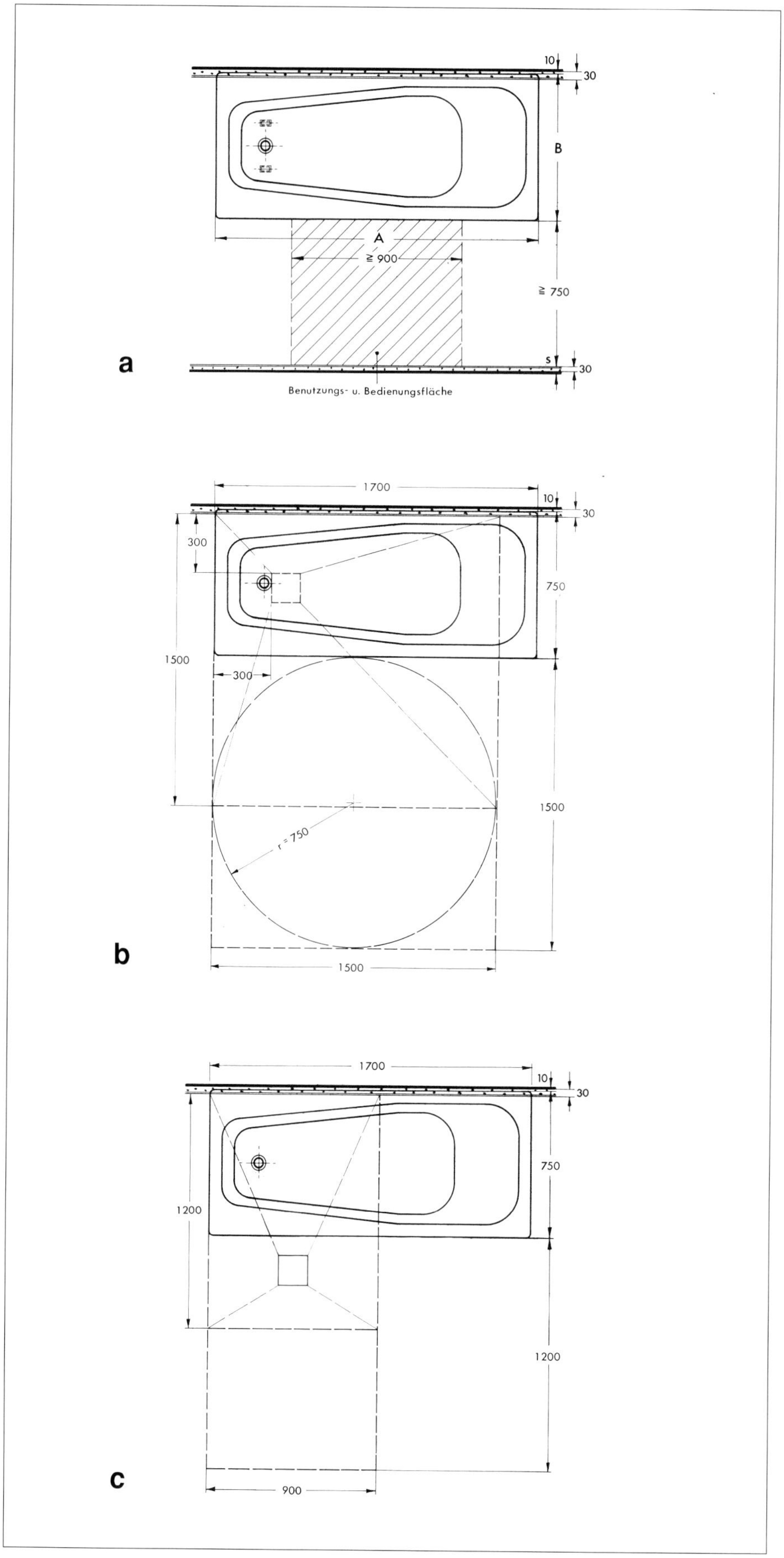

Bild 49 Stell- und Bewegungsfläche für Badewannen
a) nach DIN 18 022 im Wohnungsbau [16];
b) nach DIN 18 025 Teil 1 für Rollstuhlbenutzer, bei der die Umnutzung von Badewanne auf Dusche und umgekehrt möglich sein muß [19];
c) nach DIN 18 025 Teil 2 für Menschen mit sensorischen oder anderen Behinderungen, bei der die Umnutzung von Badewanne auf Dusche und umgekehrt möglich sein sollte [19].

2.2.3 Badewannenplatz

Badewannen sind allgemein mit dem Fuß- oder Kopfende in einer linken oder rechten Wandecke, längsseitig in einer Nische oder vor einer ebenen Wand anzuordnen. Eine dreiseitig oder allseitig zugängliche Aufstellung ist vorzusehen, wenn für den Badenden eine Bedienungshilfe durch Pflege- oder Behandlungspersonal erforderlich ist. Eine solche Anordnung ist auch angebracht, wenn der Badende mittels fahrbarer Liege herangebracht oder mittels Hebevorrichtung in die Wanne eingebettet werden muß.

Für das Wohnungsbad sollen die Außenmaße der Badewanne nach DIN 18022 [16] mindestens 1700 x 750 mm betragen. Diese Abmessungen gelten auch für Reinigungs-Wannenbäder in öffentlichen und gewerblichen Einrichtungen. Die Benutzungs- und Bedienungsfläche ist mit einem Abstand ≥ 750 mm zwischen Vorderkante Wanne (bei Badewannen gilt eine Längsseite als Vorderkante) und anderen Stellflächen von Einrichtungen sowie gegenüberliegenden Wänden in einer Breite ≥ 900 mm einzuhalten.

Für Rollstuhlbenutzer muß nach DIN 18025 Teil 1 vor der Badewanne eine 1500 mm tiefe Bewegungsfläche vorhanden sein (Bild 49b). Der Baderaum muß gleichzeitig so ausgelegt werden, daß sowohl eine Badewanne als auch ein Duschplatz vorgesehen werden können. Die Grundinstallation beider Einrichtungen muß gewährleisten, daß bei einem Nutzungswechsel eine kostengünstige Umrüstung vollzogen werden kann.

Für Menschen mit sensorischen und anderen Behinderungen muß die Bewegungsfläche nach DIN 18025 Teil 2 mindestens 1200 mm breit sein (Bild 49c). Auch hier ist der Baderaum so auszulegen, daß sowohl eine Badewanne als auch ein Duschplatz in den Abmessungen 1200 x 900 mm eingerichtet werden können.

Die Mindestmaße für Wannenreinigungsbäder in Industriebauten sind für Wannenzellen ohne und mit Umkleideteil in Bild 50 dargestellt.

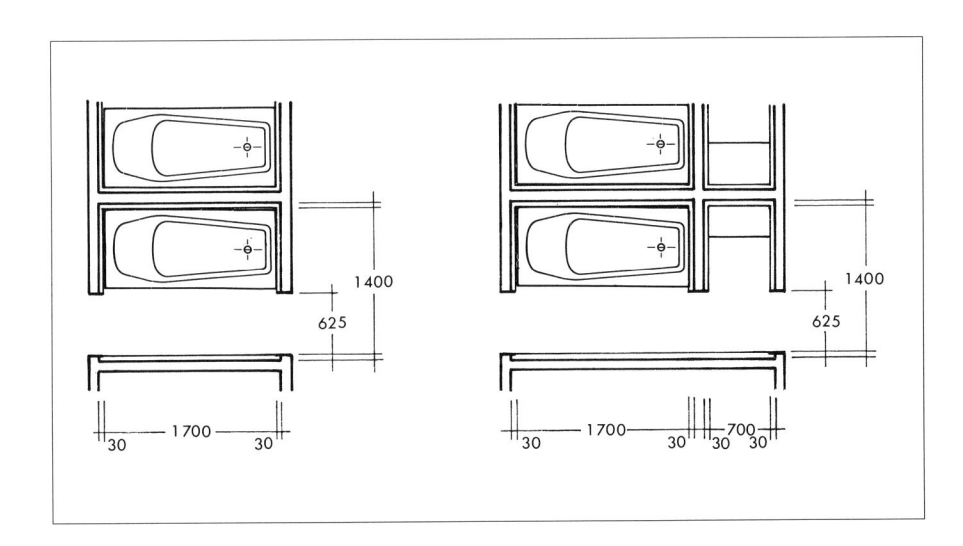

Bild 50 Mindestmaße für Badewannenzellen ohne und mit Umkleideteil in Industriebauten [20].

Der Flächenbedarf von Wannenkabinen in der physikalischen Therapie ist entsprechend den Darstellungen in den Bildern 51 bis 55 wesentlich von den unterschiedlichen Abmessungen der hier eingesetzten Wannen und den allseitig erforderlichen Bewegungsflächen für den Patiententransport und für eine Behandlung in der Wanne abhängig.

Für Stationsbäder in Krankenhäusern und für medizinische Wannenbäder sind Wannengrößen von 1850 x 850 mm, bei Kombination mit einem Armaturenpult am Fußende der Wanne von etwa 2000 x 850 mm zu verwenden, damit ein für die Behandlung bzw. Hilfestellung erforderlicher Bewegungsspielraum in der Wanne zur Verfügung steht. Großraumwannen in medizinischen Bäderabteilungen haben Außenmaße von etwa 2050 x 1000 mm bis 2500 x 1050 mm, Schmetterlingswannen von etwa 2270 x 2030 mm bis 2500 x 2120 mm.

Der Flächenbedarf für den Transport liegender Patienten geht aus der Darstellung in Bild 51 hervor. Bei der drei- oder allseitig zugänglichen Aufstellung der Wannen ist darauf zu achten, daß der auf einer fahrbaren Liege zugeführte Patient vom Bademeister mit der linken Hand am Kopf unterstützt bzw. getragen wird. Die Bedienungsseite in der Wanne ergibt sich aus dieser Stellung.

Bild 51 Anordnung von Badewannen und Flächenbedarf für den Transport liegender Patienten.

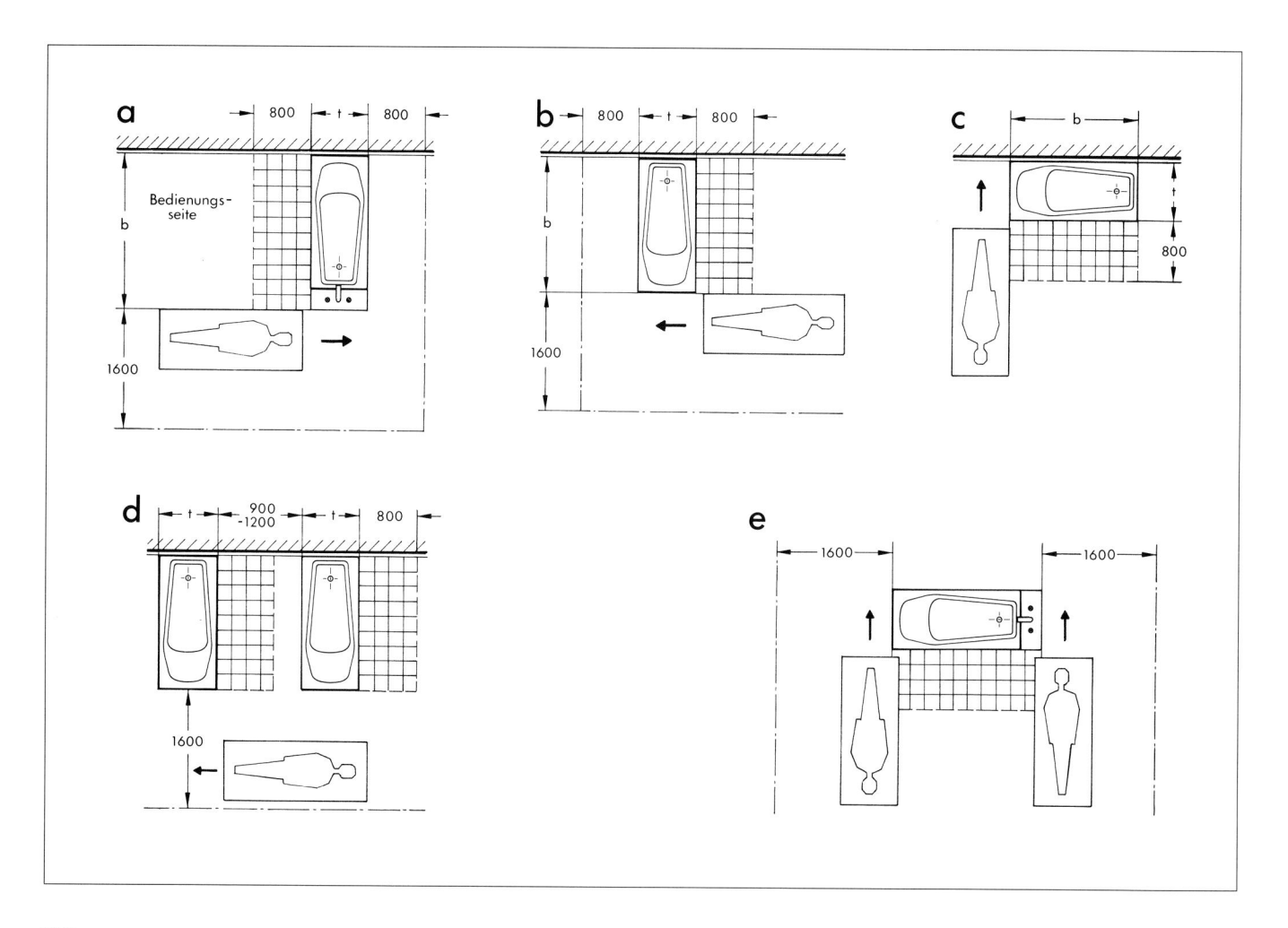

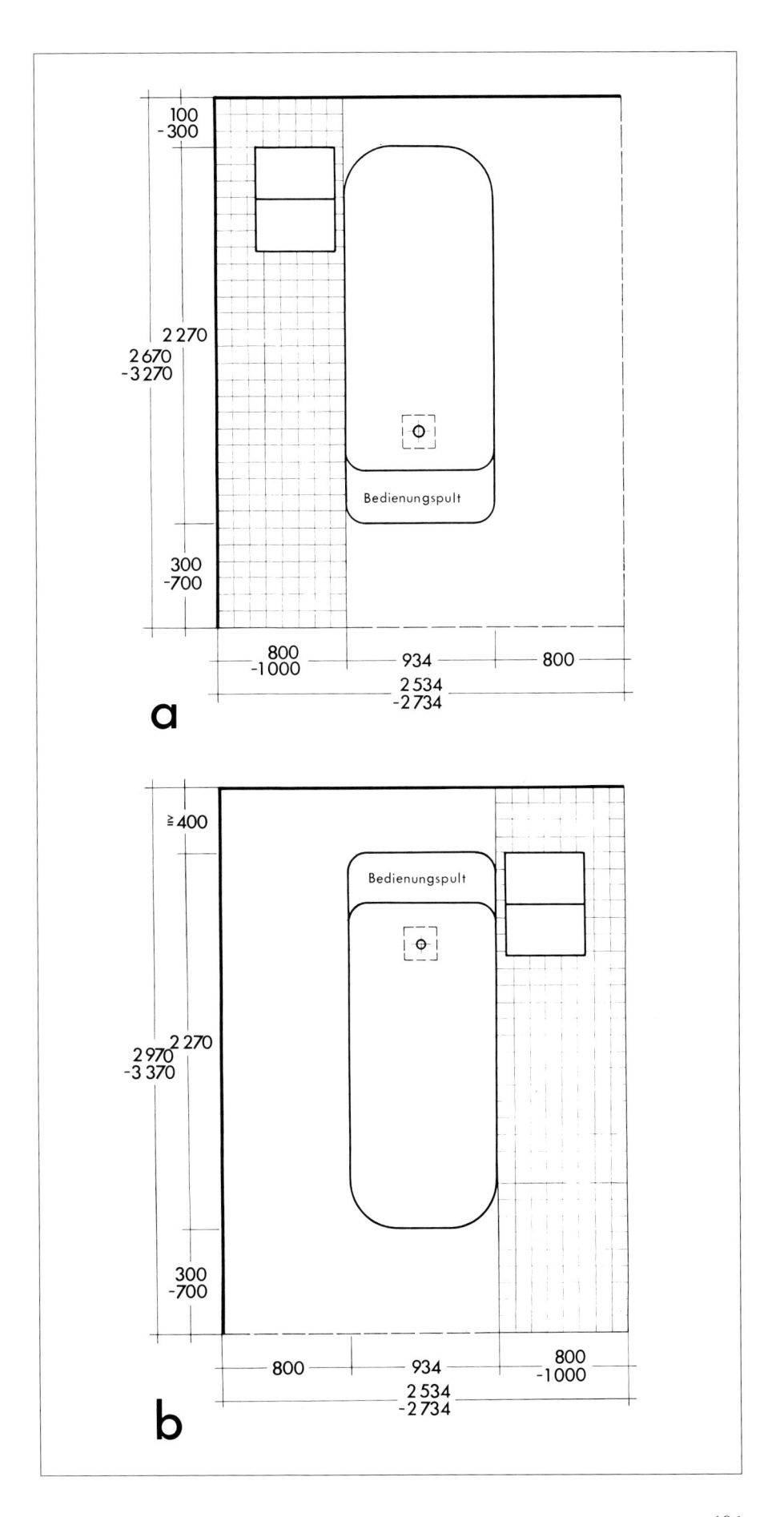

Bild 52 Anordnung von Großraumwannen für Unterwassermassage,
Überwärmungs- und Elektrobäder
a) Bedienungspult eingangsseitig,
b) wandseitig angeordnet.

Bild 53 Behandlungsgruppe für medizinische Wannenbäder mit freistehenden Wannen, kopfseitig zum Zugangsflur angeordnet, bei Patiententransport mit fahrbarem Badelift oder Spezialstuhl.

Bild 54 Behandlungsgruppe für medizinische Wannenbäder mit freistehenden Wannen, fußseitig zum Zugangsflur angeordnet, bei Patiententransport mit fahrbarem Badelift oder Badeliege.

Bild 55 Behandlungsgruppe für medizinische Wannenbäder mit freistehenden Wannen, kopfseitig zum Zugangsflur angeordnet, bei Patienteneinbringung mit stationärem Badelift oder Spezialstuhl.

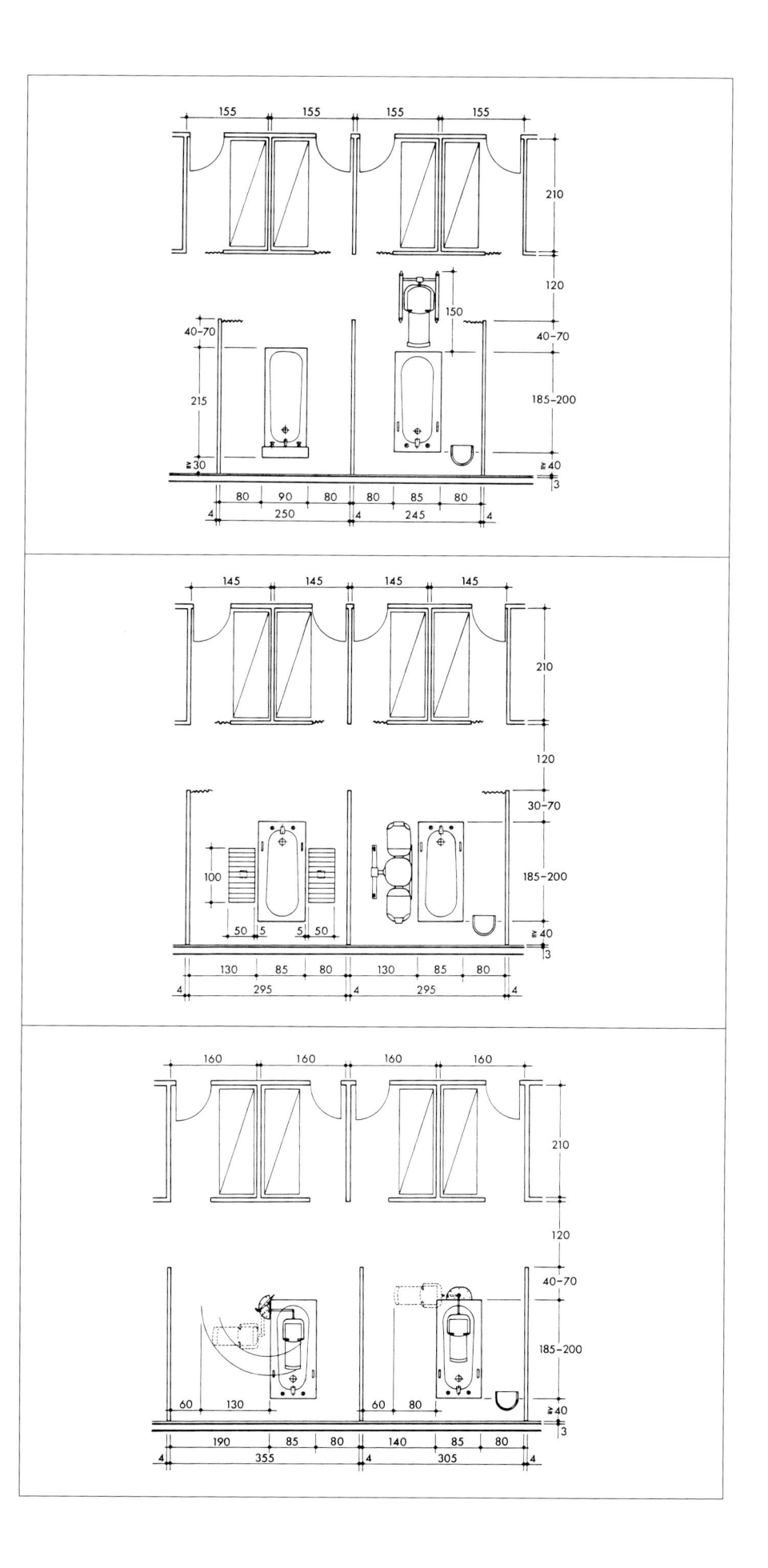

Bei der Anordnung der Badewannen soll nach Möglichkeit beachtet werden, daß der Eingang zum Raum im Blickfeld des Patienten liegt (Bilder 52a und 55), damit er nicht durch unbemerktes Herantreten von Personen erschreckt werden kann. Der Patient sollte auch nicht gegen ein Fenster blicken müssen, da der Lichteinfall blendet. Anordnungen des Wannenkopfendes direkt unter einem Fenster sind infolge möglicher Zugerscheinungen durch Kaltlufteinfall und wegen schlechter Zugänglichkeit des Fensters zu vermeiden.

Bei der Unterwassermassage, beim Bewegungs- und Bürstenbad ist die Stellung des Behandelnden mit Blick gegen ein Fenster zu vermeiden. Die Lichtspiegelung in der bewegten Wasseroberfläche wirkt auf die Dauer irritierend und kann Kopfschmerzen verursachen. Die Spiegelung ist auch nicht durch hochliegende Fenster oder Milchglasscheiben zu verhindern. Liegt die Bedienungsseite, die sich aus der Stellung des Behandelnden mit der linken Hand zur Kopfseite des Patienten ergibt, bei Parallelstellung einer Wannenlängsseite zur Fensterfront zwischen Wanne und Fenster, dann entfällt zwar der Nachteil der Lichtspiegelung, jedoch ist ein Arbeiten im eigenen Schatten störend. Für die richtige Anordnung künstlicher Lichtquellen gelten die gleichen Voraussetzungen. Die richtige Anordnung der Wanne erfolgt mit dem Kopfende zum Fenster bzw. zur Lichtquelle.

2.2.4 Platz für Klosetts

Die für die Stellfläche maßgebende Bautiefe handelsüblicher bodenstehender und wandhängender Klosetts beträgt nach den Darstellungen in Bild 28 etwa 620 bis 750 mm, bei Klosettkombinationen 600 bis 845 mm (Bilder 56 und 57).

Für Rollstuhlbenutzer wird nach DIN 18 025 Teil 1 die Tiefe des Klosetts mit 700 mm gefordert, um den seitlichen Umsteigeprozeß optimal zu ermöglichen. Eine Vormauerung in der Breite des Klosetts oder ein Klosett in Verbindung mit einem Aufputz-Spülkasten (Bild 28 Abschnitt **1.7.4**) sind technische Lösungen, um die Tiefe von 700 mm zu erreichen.

Die lichte Breite der Stellfläche errechnet sich aus der mit b = 400 mm einzusetzenden Breite des Klosetts und dem beidseitig einzuhaltenden Abstand von mindestens 200 mm zu anderen Stellflächen sowie zu Wänden (Bilder 56a und 56c). Bei Eckanordnung muß der Abstand zu einer Wand 200 mm, bei Nischenanordnung mit Wänden auf beiden Seiten jeweils 250 mm, betragen. Es ist zu beachten, daß die angegebenen Abstände sich auf fertige Wandoberflächen beziehen.

Die Tiefe des Bewegungsraumes vor dem Klosett kann für den privaten Nutzungsbereich mit einem Mindestmaß von 350 mm als vertretbar gelten. Nach vorliegenden Untersuchungen [4] ist jedoch eine Mindesttiefe von 450 mm zu empfehlen (Bild 57). Als normal kann eine Bewegungstiefe von 500 mm angesehen werden (Bild 56a). In den Planungsgrundlagen für den Wohnungsbau [16] ist der mit 750 mm angegebene Abstand zwischen gegenüberliegenden Stellflächen von Ein-

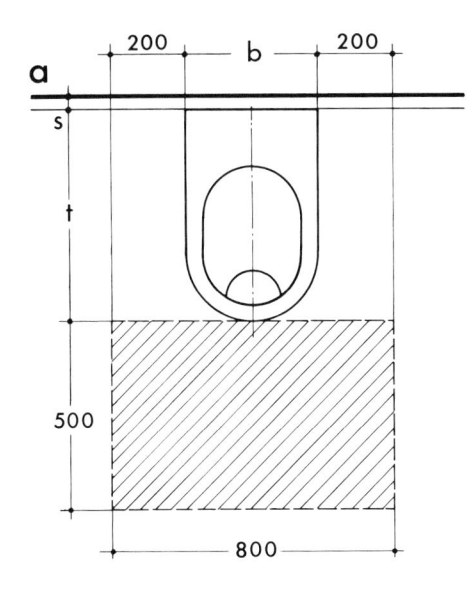

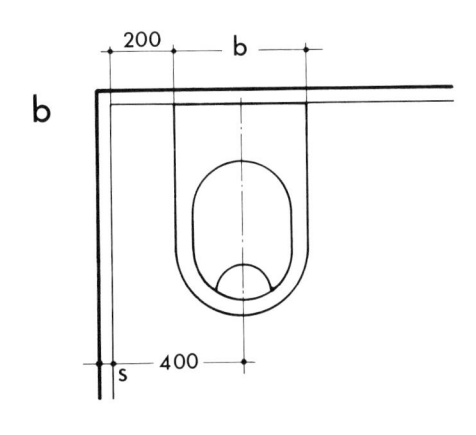

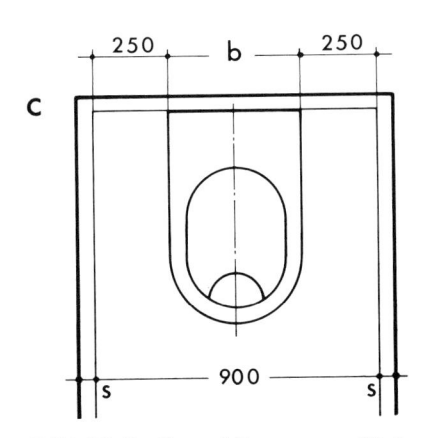

Bild 56 Stell- und Bewegungsfläche für Klosettanlagen
a) freistehend,
b) in der Wandecke,
c) in einer Nische.

Bild 57 Blick in einen Klosett-Versuchsraum mit Klosett und Waschbecken an gemeinsamer Installationswand und verschiebbaren Wänden zur Ermittlung der Mindest-Raumabmessungen (Geberit).

richtungen und zwischen Stellflächen und gegenüberliegenden Wänden für das Klosett reichlich bemessen, wenn die Tür nach außen aufschlägt.

Zu berücksichtigen sind Ausweichflächen bei nach innen aufschlagenden Türen. Das gilt besonders für Klosett-Anlagen in öffentlichen und gewerblichen Gebäuden. Ein ausreichend bemessener Bewegungsraum muß sicherstellen, daß die Tür nicht durch eine ohnmächtig gewordene Person blockiert werden kann. Wegen der damit verbundenen Verletzungsgefahr beim Öffnen der Tür sollte diese nach außen aufschlagen. Für behindertengerechte Anlagen ist dies gefordert.

Die Planungs- und Ausführungsgrundsätze für Gewerbebetriebe in DIN 18 228 forderten mindestens folgende Ausbaumaße:

- ◆ 850 x 1300 mm bei Türen nach außen aufschlagend,
- ◆ 850 x 1500 mm bei Türen nach innen aufschlagend.

In Abhängigkeit von der bis 750 mm betragenden Tiefe der Stellfläche bodenstehender Klosetts (Bild 28 Abschnitt **1.7.4**) beträgt die Tiefe der Bewegungsfläche bei nach außen aufschlagender Tür etwa 500 bis 680 mm.

Die recht unterschiedlichen Anforderungen in den Normen an den Flächenbedarf machen deutlich, daß eingehendere Untersuchungen zur Erfassung der spezifischen Nutzungsanforderungen angebracht sind. Zu berücksichtigen sind dabei die unterschiedlichen Bautiefen und damit Tiefen der Stellflächen für Klosettanlagen, die den Darstellungen in Bild 28 Abschnitt **1.7.4** für bodenstehende und wandhängende Klosetts mit verschiedenen Spüleinrichtungen für Aufputz- und Wandeinbaumontage zu entnehmen sind. Die Raumtiefen von Klosett-Zellen können dann bei nach außen aufschlagenden Türen mit einer Bewegungstiefe von 600 mm und bei nach innen aufschlagenden Türen mit einer Bewegungstiefe von 800 mm vor dem Klosett ermittelt werden.

Für Behinderte unterliegt der Raumbedarf nach Art der Behinderung zusätzlich individuellen Einflußgrößen. Für Rollstuhlbenutzer ist nach DIN 18 025 Teil 1 eine Bewegungsfläche von mindestens 1500 x 1500 mm vor dem Klosett einzuhalten (Bild 31e Abschnitt **2.2**). Bei wandhängenden Klosetts kann gegebenenfalls eine Unterfahrbarkeit von 100 mm berücksicht werden. Für Menschen mit sensorischen und anderen Behinderungen muß die Bewegungsfläche nach DIN 18 025 Teil 2 vor Klosett und Wandoberfläche oder anderen Einrichtungen mindestens 1200 mm breit sein.

Auf die Montage- und die Sitzhöhe wird in Abschnitt **2.3.5** eingegangen.

2.2.5 Platz für Urinale

Urinalanlagen sind möglichst an lichtgünstigen Wänden anzuordnen. Tageslicht soll seitlich zur Standachse oder von vorn oben einfallen. Bei künstlicher Beleuchtung darf zwischen dem Benutzer und dem Urinalstand kein Schatten entstehen. Die einzuhaltenden Raumbedarfsmaße sind den Bildern 58 und 59 zu entnehmen.

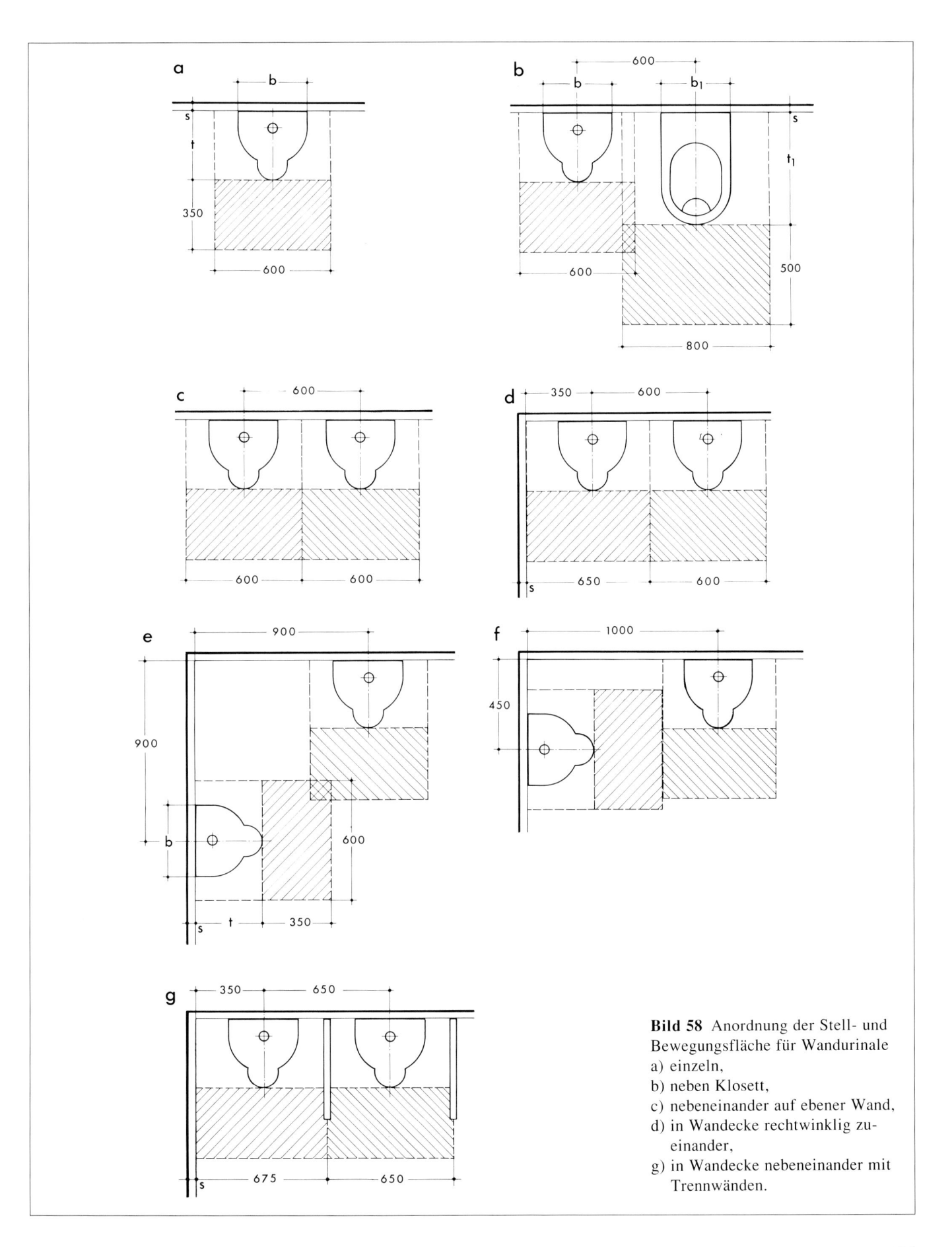

Bild 58 Anordnung der Stell- und Bewegungsfläche für Wandurinale
a) einzeln,
b) neben Klosett,
c) nebeneinander auf ebener Wand,
d) in Wandecke rechtwinklig zueinander,
g) in Wandecke nebeneinander mit Trennwänden.

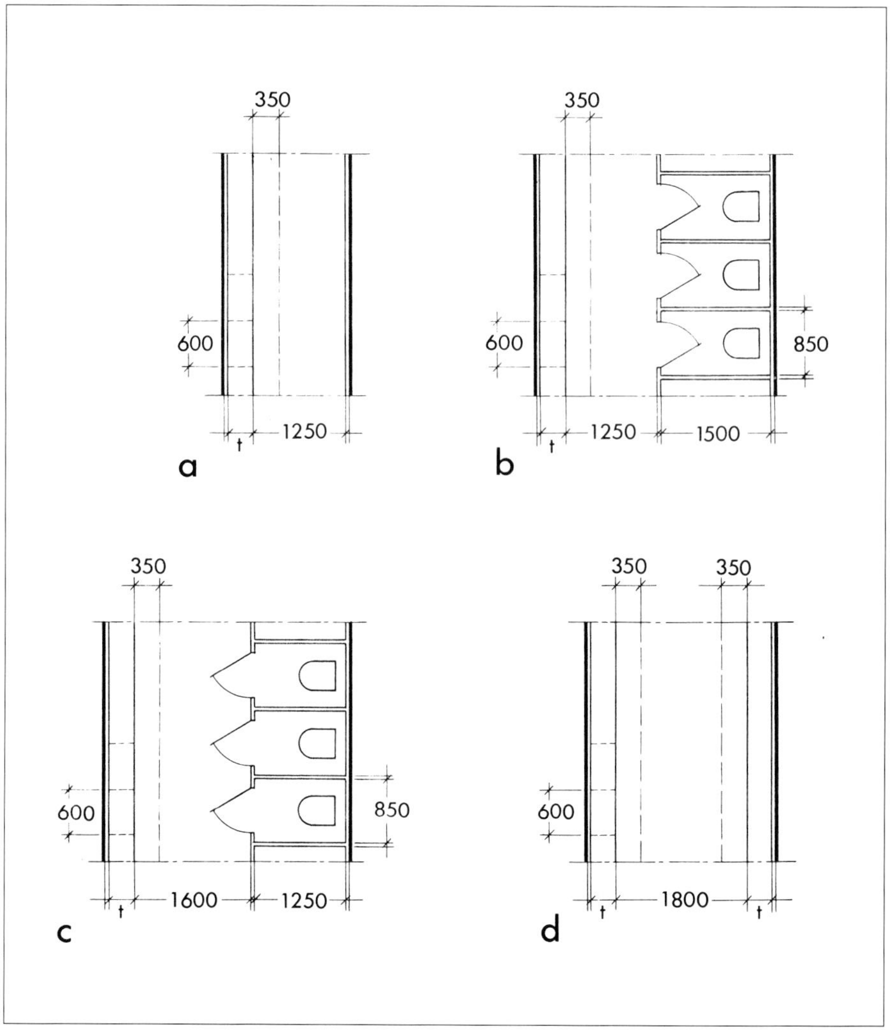

Bild 59 Raumbedarf bei Urinalanlagen
a) einbündige Urinalanlage,
b) einbündige Urinalanlage mit gegenüberliegenden Klosettanlagen, Türanschlag nach innen,
c) einbündige Urinalanlage mit gegenüberliegenden Klosettanlagen, Türanschlag nach außen,
d) zweibündige Urinalanlage.

Für gehfähige Behinderte und für Rollstuhlbenutzer kann der Urinalplatz auch zum Ausgießen und Reinigen von Urinbeuteln und Urinflaschen eingerichtet werden. Erforderlich ist für gehfähige Behinderte eine 1200 mm tiefe Bewegungsfläche, für Rollstuhlbenutzer eine Bewegungsfläche von 1500 x 1500 mm (Bild 31f Abschnitt **2.2**) vor dem Urinalstand. Da die Benutzung mit dem Rollstuhl durch Anfahren seitlich von vorn erfolgt, soll die Mittelachse des Urinalbeckens zur Wandecke einen Abstand von etwa 600 mm erhalten.

2.2.6 Platz für Bidets

Die gesundheitliche Forderung zur Reihenfolge des Waschens nach der Klosettbenutzung – Unterkörper- und Händewaschen – ergibt die Anordnungsfolge von Klosett, Bidet und Waschbecken. Gute Lichtverhältnisse bei Tages- und Kunstlicht sind für die Anordnung im Raum wichtig. Benutzung und Bedienung erfordern die in Bild 60 eingetragenen Stellflächen, Abstände und Bewegungsflächen. Eingetragen sind die Mindestabstände zu anderen Einrichtungen nach DIN 18022, die bei knappen Platzverhältnissen jedoch verringert werden können.

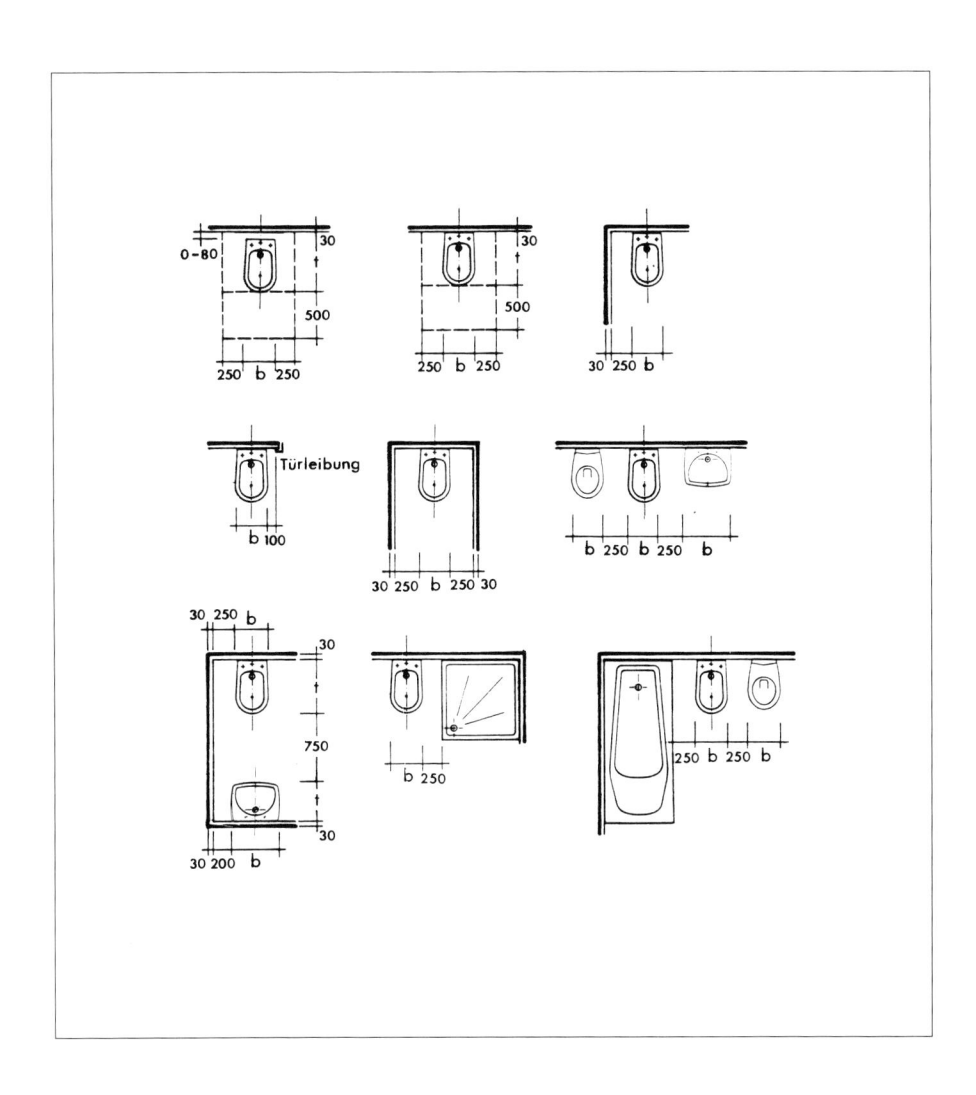

Bild 60 Stell- und Abstandsflächen für Bidets.

Die Stellfläche für Bidets beträgt nach DIN 18 022 b x t = 400 x 600 mm. Handelsübliche Bidets besitzen Stellflächen von etwa:

- b x t = 355 x 580 bis 400 x 690 mm – bodenstehende Bidets;
- b x t = 350 x 570 bis 400 x 660 mm – wandhängende Bidets.

Der Platzbedarf für das Anbringen des Ausstattungszubehörs, wie Handtuchhalter, Ablegeplatten, Seifenhalter, Haltegriffe, Seiftuchhaken und Schwammhalter, ist zu berücksichtigen. In der Regel genügen die einzuhaltenden Abstände diesen Anforderungen.

2.2.7 Planungsbeispiele

Die Ermittlung des Flächenbedarfs von Sanitärräumen nach Standardwerten in Normen und Richtlinien ist ein Näherungsverfahren, das im Rahmen der Grundlagenermittlung anzuwenden ist. Spezielle Anforderungen, die sich aus unterschiedlichen Abmessungen der Sanitärobjekte, des Ausstattungszubehörs und einer unterschiedlichen Handhabung der zur Auswahl stehenden Einrichtungen, einem größeren Bewegungsflächenbedarf für Behinderte und aus nicht zu vernachlässigenden Komfortansprüchen ergeben, sind mit einem Sicherheitszuschlag von etwa 20 % zu berücksichtigen. Die erforderliche genaue Erfassung setzt eine nutzungsbezogene Detailplanung voraus, die als besondere Planungsleistung bereits in der Phase der Vorplanung zu erbringen ist. Das wird nachstehend an mehreren Beispielen für Umkleide-, Ruhe-, Packungs-, Massage- und Wannenkabinen einer Bäderabteilung und an Sanitärräumen einer Krankenstation erläutert.

Die „Baurichtlinien für Medizinische Bäder" [6] enthalten für den Flächenbedarf der vorgenannten Räume folgende Richtwerte:

Ruhekabine	mind. 2,50 m²
Kombinierte Umkleide- und Ruhekabine	mind. 3,00 m²
Packungskabine mit Duschplatz	mind. 6,00 m²
Massagekabine	mind. 6,00 m²
Wannenkabine	rund 6,00 m²
Unterwassermassage-Wannenkabine	mind. 8,00 m²

Bild 61 zeigt Ruhekabinen mit einseitigem Zugang und mit Durchgang, die bei entsprechender Einrichtung mit Garderobenhaken, Spiegel und Ablage auch als kombinierte Umkleide- und Ruhekabine zu benutzen sind. Der Flächenbedarf ergibt sich aus den Abmessungen der Liege, der Bewegungs- und Durchgangsfläche vor der Liege und dem Flächenbedarf für Garderobenhaken, Ablage und Spiegel. Derselbe liegt mit 2,87 bis 3,60 m² um 15 bis 20 % über den vorgenannten Richtwerten. Für Rollstuhlbenutzer oder Patiententransport mit einem fahrbaren Überführungslifter muß eine lichte Durchfahrtsbreite von mindestens 1200 mm und für Türen von mindestens 900 mm vorhanden sein [19]. Es kommt damit das nächstliegende lichte Durchgangsmaß einer Normtür mit Stahlzarge von 940 mm in Frage, in gemauerten Wänden eine Stahlzarge für ein lichtes Rohbaumaß von 1010 mm.

Bei den in Bild 62 dargestellten Packungskabinen ohne und mit Duschplatz besteht ein ähnlicher Spielraum für den Flächenbedarf. Dieser wird vor allem von der Bemessung des Duschplatzes beeinflußt, der bei Ausstattung mit einer Duschabtrennung von 900 x 900 mm (Bild 62b) am kleinsten ausfällt, besser ist eine Abmessung von 900 x 1200 mm. Muß das Abduschen mit Hilfestellung durch das Badepersonal erfolgen, dann ist ein offener Duschplatz mit einer Tiefe von mindestens 1200 mm und einem Vorplatz von 600 mm Tiefe einzurichten. Damit wird einerseits der Strahlführung und Wasserverteilung einer Körperdusche (Bild 43 Abschnitt **2.2.2**) und andererseits der Handhabung des Abduschens mit einer Schlauchdusche durch das Badepersonal vom Vorplatz aus Rechnung getragen.

Eine flächensparende Lösung wurde bei der Raumgruppe für Packungen in Bild 63 mit der Zuordnung eines Duschplatzes für 5 Packungskabinen gefunden.

Der spezifische Flächenbedarf einer Packungskabine mit Duschplatzanteil liegt mit 3,5 m² erheblich unter dem Richtwert.

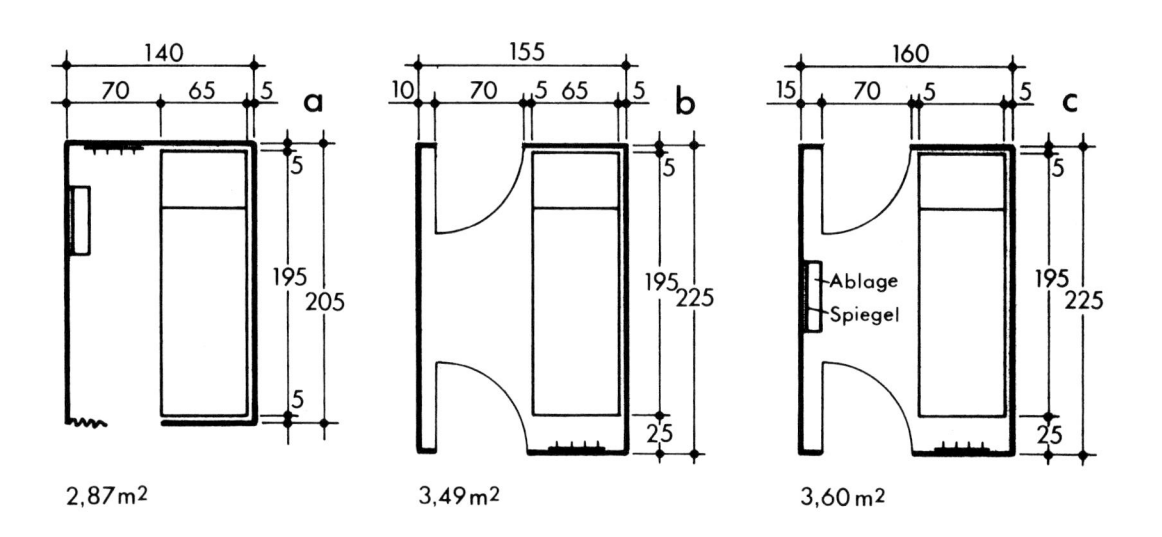

Bild 61 Umkleide- und Ruhekabinen
a) einseitiger Zugang,
b) und c) Durchgangskabinen.

Bild 62 Packungskabinen
a) mit Liege und Hocker,
b) mit Liege, Hocker und Duschplatz mit Duschabtrennung,
c) mit Liege, Hocker und offenem Duschplatz mit Vorplatz.

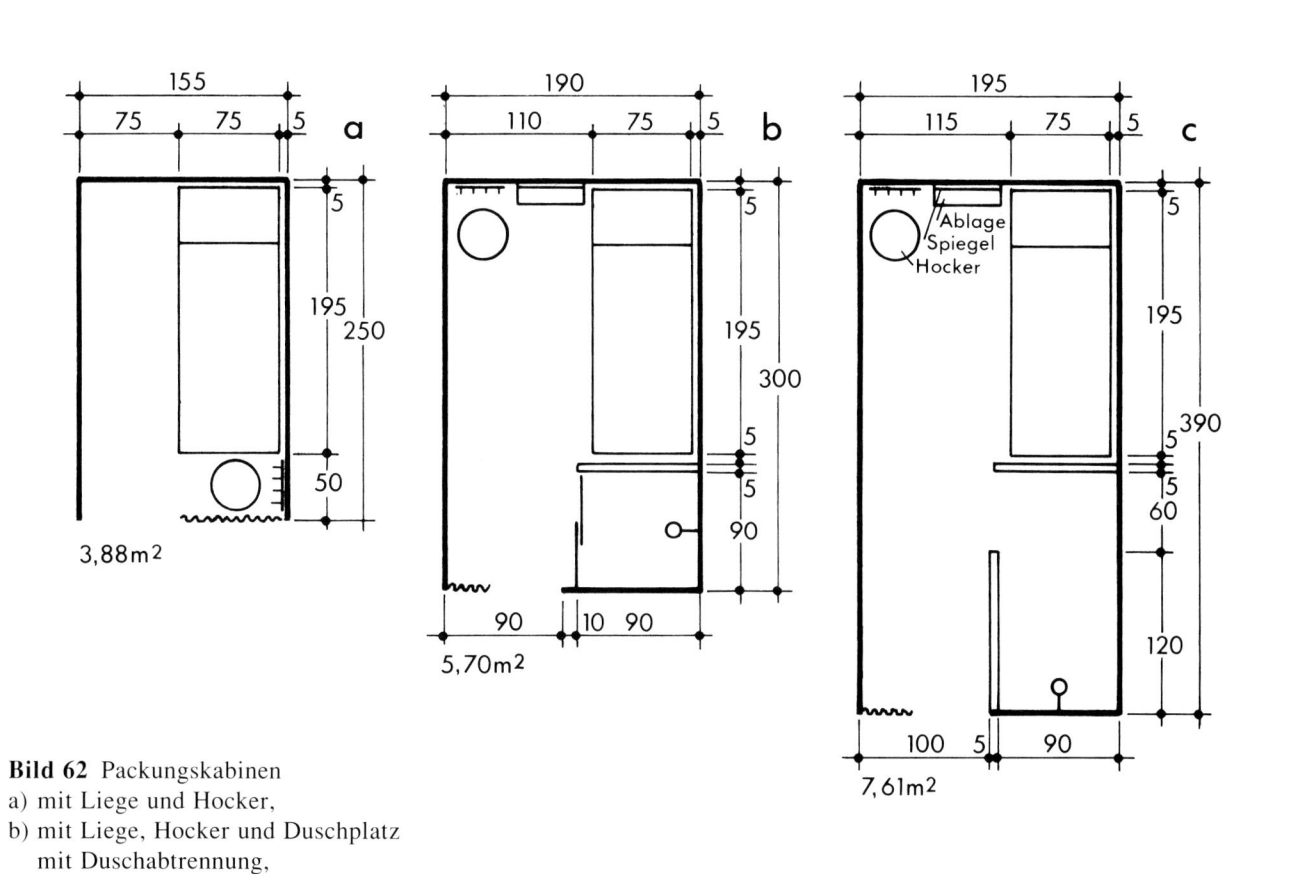

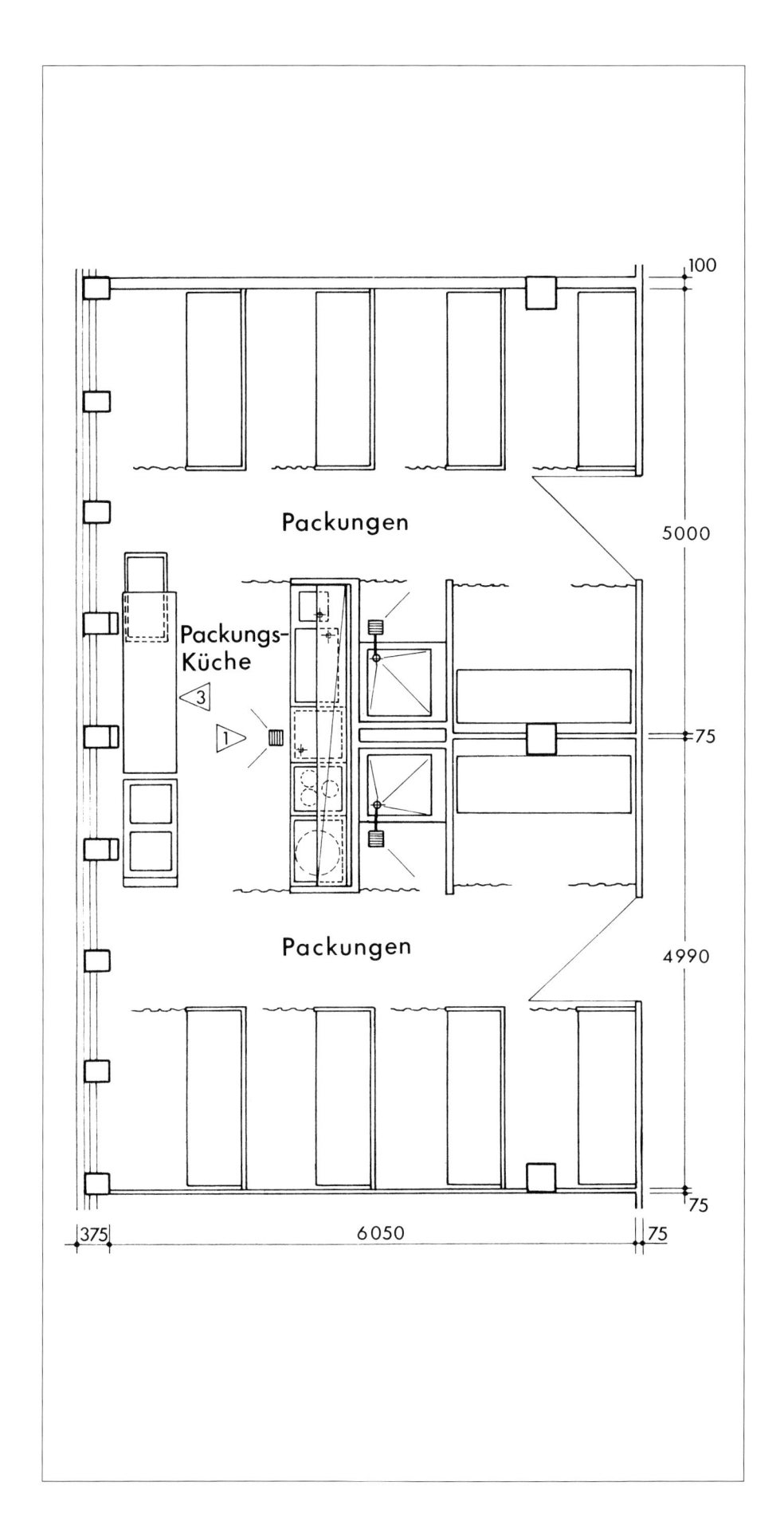

Bild 63 Abteilung für Packungen mit 10 Packungskabinen, 2 Duschkabinen und 1 Packungsküche 1 Packungskocher, 2 Spülbecken 850 x 250 mm mit Unterschrank und herausnehmbarem Papierkorb, 3 Packungswagen für Vorratspackungen, 4 Unterschrank, Wäschewagen.

Der durch einen Einbauschrank für Patientengarderobe und einen Vorhang als Sichtschutz abgeteilte Waschplatz eines Krankenzimmers ist mit einer lichten Grundfläche von 0,94 m² knapp bemessen. Das gilt insbesondere, wenn bei einer zu berücksichtigenden Ausstattung mit Handtuchhalter, Desinfektionsmittelspender, Papierhandtuchspender und Papierkorb (Bild 66a) – letztere zur Benutzung durch das Krankenhauspersonal – oder wenn für Rollstuhlbenutzer (Bild 66b) der hierfür notwendige Stell- und Bewegungsraum benötigt wird. Es ist dann eine lichte Grundfläche von etwa 1,81 m² bzw. von 2,75 m² erforderlich.

Bild 48 (Abschnitt **2.2.2**) zeigt den Klosett-Duschraum für Rollstuhlbenutzer in der Sanitärzone einer Krankenstation. Die Raumgröße gestattet mit einer lichten Grundfläche von 5,70 m² bei einer möglichen Unterfahrbarkeit von Waschtisch und Wandklosett das Einhalten eines Wendekreises von 1500 mm Durchmesser. Das Wandklosett ist mit einer berührungslos elektronisch gesteuerten Spüleinrichtung mit Magnet-Druckspüler ausgestattet. Als Halte-, Stütz- und Umsteigehilfen sind ein Seitenwandgriff, auf der freien Zufahrtseite ein Stützklappgriff und an einer vor dem Klosett zum Duschsitz verlaufenden Deckenschiene ein Stoppwagen mit Leiterelement vorgesehen. Der Waschplatz mit einem Waschtisch der Größe 640 x 490 mm und Ablauf mit Wandeinbau-Geruchverschluß ist bei einer Montagehöhe von 825 mm für die Bedürfnisse des Rollstuhlbenutzers ausgelegt. Die Zulaufarmatur der Dusche besteht aus einer Wandeinbau-Thermostatbatterie mit nachgeschaltetem Magnetventil, Wandauslauf und darunter angeordneter Abtasteinrichtung für berührungslos auslösende Wasserabgabe. Der über dem Waschtisch angeordnete Spiegel ist um 25° kippbar und ermöglicht so die Sichtkontrolle des Rollstuhlbenutzers. Bei der Auswahl geeigneter Kippspiegelkombinationen ist darauf zu achten, daß eine stufenlose Einstellung der Neigung vom Rollstuhlbenutzer vorgenommen werden kann.

Bild 64 Massagekabinen mit freistehender Liege
a) und b)
   mit Waschtisch,
c) mit Waschtisch und Duschplatz.

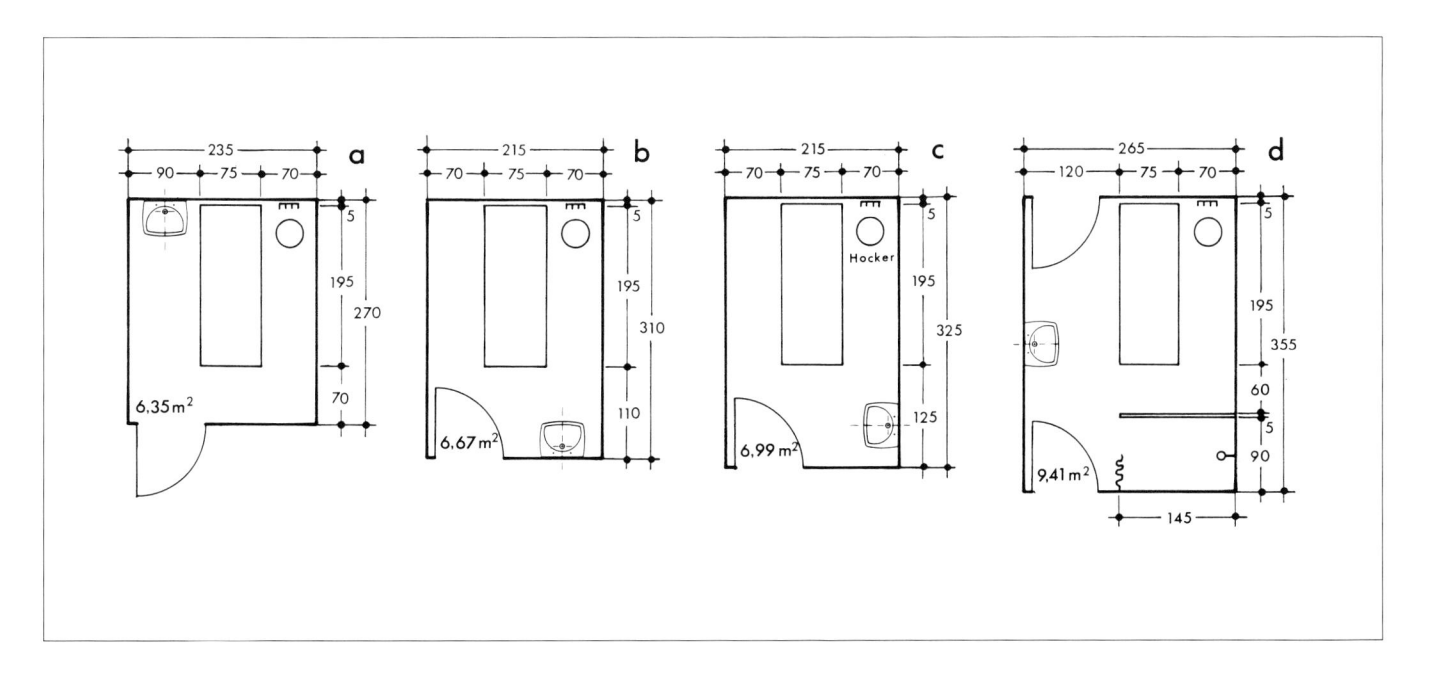

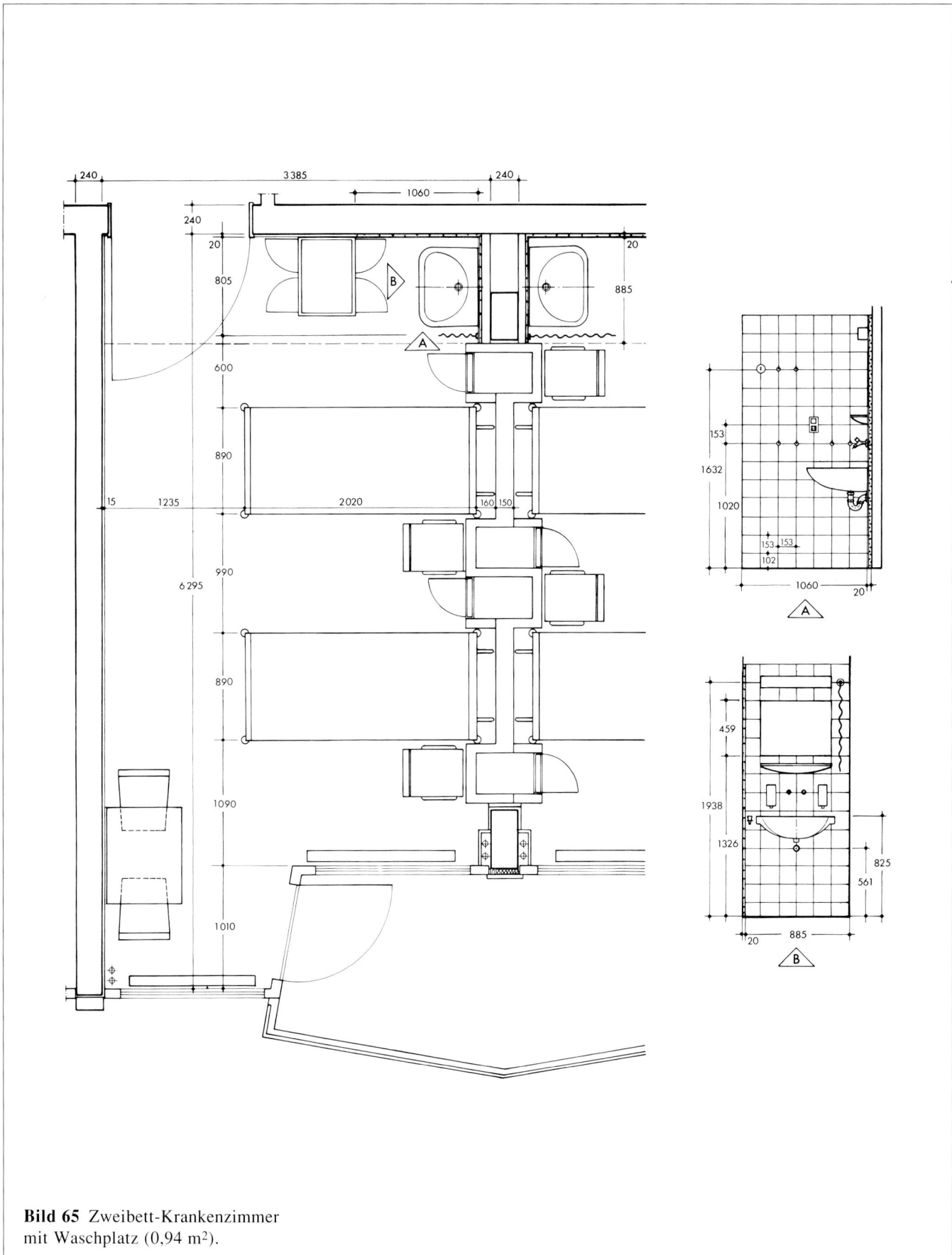

Bild 65 Zweibett-Krankenzimmer mit Waschplatz (0,94 m²).

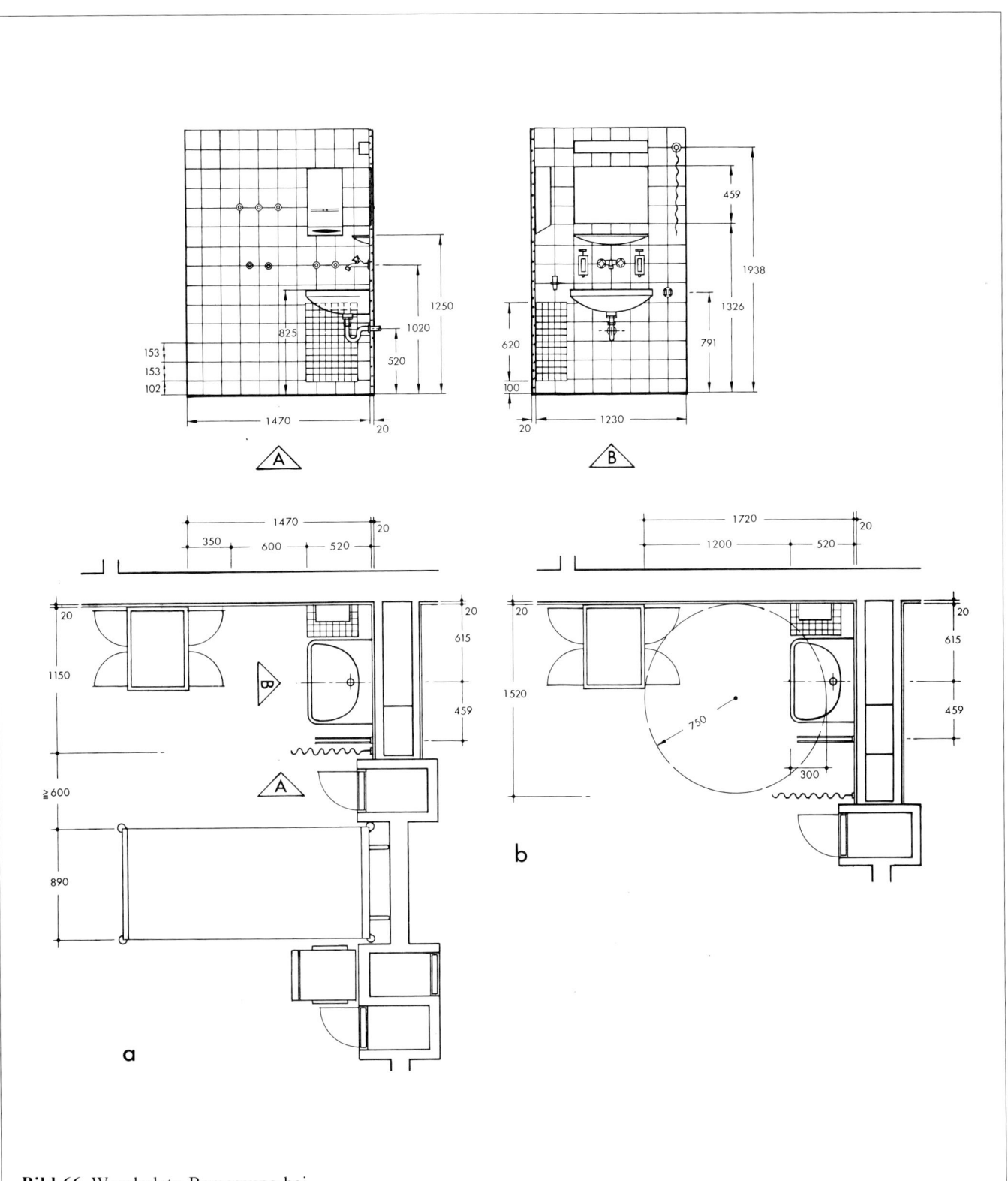

Bild 66 Waschplatz-Bemessung bei Ausstattung mit Waschtisch, Seifenspender, Desinfektionsmittelspender, Papierhandtuchspender, Papierkorb und Handtuchhalter
a) für gehfähige Benutzer (1,81 m²),
b) für Rollstuhlbenutzer (2,75 m²).

2.3 Sanitärobjekte

Sanitärobjekte, d.h. Waschbecken, Klosetts, Urinale, Bidets, Bade- und Brausewannen, Spülbecken usw., werden neben einer Vielfalt an Modellen mit unterschiedlichen Abmessungen in den Werkstoffen Keramik, Gußeisen und Stahl emailliert, Edelstahl und Kunststoff angeboten. Auswahlkriterien bestehen neben dem Design und der farblichen Gestaltung, die ins Auge fallen, vornehmlich in den Nutzungsanforderungen, der Oberflächenbeschaffenheit und Haltbarkeit, der Formstabilität bei Belastungen, dem Pflegeverhalten, der Unterhaltung und Gewährleistung sowie den Einbauvoraussetzungen mit dem zur Verfügung stehenden Platz für die Größe.

Sanitärobjekte sollen zur Vermeidung von Schmutzablagerungen, in denen sich Krankheitskeime ansiedeln, eine glatte, porenfreie und für die Reinigung gut zugängliche Oberflächenbeschaffenheit aufweisen. Schmutzwinkel oder Fugen für pathogene Mikroorganismen, seien es Spalten an Ab- und Überlaufventilen, Schlitze, Poren, Risse, Rauhigkeit, abblätternde Beschichtungen, abgestoßene Ecken, dürfen nicht vorhanden sein oder müssen auf das konstruktiv notwendige Minimum beschränkt werden. Die Oberfläche muß an allen zugänglichen Stellen glatt und geschlossen, gegen mechanische Einwirkungen (Abrieb, Stoß, Schlag) und chemische Einwirkungen (Fäkalstoffe, Reinigungs- und Desinfektionsmittel) beständig sein. Vertiefungen und Fugen, die eine Pfützenbildung ermöglichen, sind zu vermeiden. Füll- und Spritzwasser soll einwandfrei in den Ablauf gelangen.

Bei Sanitärobjekten wie Bade- und Duschwannen, die bei der Benutzung einer wechselnden Belastung ausgesetzt sind, muß die Verformungsstabilität das Sanitärkörpers gesichert sein.

Die Oberflächenbeschaffenheit des Neuzustandes ist durch Verwendung geeigneter Reinigungsmittel, auf die herstellerseitig hinzuweisen ist, sicherzustellen.

Weitere Beurteilungskriterien sind die Beständigkeit gegen Chemikalien, gegen mechanische Beanspruchung, die Haltbarkeit oder Lebensdauer, das Wärmeverhalten, die Schalldämmung und die Rutschfestigkeit.

Die Einbauvoraussetzungen betreffen das Befestigen, den Ab- und Zulaufanschluß und den Wand- bzw. Bodenanschluß. Wichtig sind dabei die Maßgenauigkeit der Gegenstände und der Anschlußmaße sowie das Einhalten ebener und fluchtgerechter Anschlußflächen.

2.3.1 Werkstoffe

Die maßgeblichen Stoffwerte der im Sanitärbereich eingesetzten Werkstoffe sind in Tabelle 8 zusammengestellt.

Sanitärkeramik ist wie Keramik allgemein ein Produkt aus dem „Scherben" und der „Glasur". Der Scherben ist die Masse aus tonmineralhaltigen Rohstoffen in rohem oder gebranntem Zustand, die die

Tabelle 8 Stoffwerte von Werkstoffen im Sanitärbereich.

Stoff	Dichte[1] kg/dm³	Wärmeleitzahl[2] W/mK	Spezifische Wärmekapazität[2] J/kgK	Längen-Ausdehnungskoeffizient[2] mm/mK	Oberflächen-Härte nach Mohs[3]
Acrylglas	1,180	0,19	1465,4	0,0700	3
Edelstahl Rostfrei Werkstoff Nr. 1.4301 Werkstoff Nr. 1.4436	7,900 7,980	15,00 15,00	500,0 500,0	0,0110 0,0110	6 6
Email	2,400	0,93 – 1,16	798,0	0,0090	6 – 7
Feuerton	2,000	1,05	800,0	0,0090	6
Glas	2,40 – 2,70	0,58 – 0,80	750,0	0,0081	7
Gußeisen	7,250	56 – 64	541,8	0,0104	5
Keramische Fliesen mit hoher Wasseraufnahme (Steingutfl. STG, Irdengutfl. IG)	2,000	1,05	750 – 840	≤ 0,0090	≥ 3
Keramische Fliesen mit niedriger Wasseraufnahme – Steinzeugfliesen unglasiert STZ-UGL – Steinzeugfliesen glasiert STZ-GL	2,000	1,00	750 – 840	≤ 0,0080	≥ 6 ≥ 5
Marmor	2,50 – 2,80	2,10 – 3,50	800,0	0,002 – 0,02	4 – 5
Porzellan	2,30 – 2,50	0,81 – 1,00	800,0	0,0030	7
Polyester	1,440		840,0	0,070	3
Polyvinylchlorid hart (PVC hart)	1,38 – 1,40	0,16 – 0,21	1000,0	0,0800	3
Polyäthylen hart (PE hart)	0,955	0,43	1507,2	0,2000	3
Keramische Spaltplatten – unglasiert – glasiert	2,00 – 2,10 2,00 – 2,10	1,05 1,05	750 – 840 750 – 840	≤ 0,0080 ≤ 0,0080	≥ 6 ≥ 5
Stahl	7,850	58,00	478,8	0,0120	6

[1] Bei 20 °C.
[2] Im Mittel zwischen 0 °C und 100 °C.
[3] Härte 1 und 2 = Strapazierfähigkeit sehr gering, 3 = gering, 4 = genügend, 5 und 6 = gut, 7 = sehr gut, 8 – 10 = außergewöhnlich gut.

Wandung bildet. Die Glasur ist eine dünne, glasartige Schicht, die den Scherben überzieht oder mit einer Unterschicht aus Porzellanmasse, der sogenannten Engobe, auf diesen aufgebracht wird. Sanitärkeramische Werkstoffe sind:

◆ Steinzeug
◆ Steingut
◆ Feuerton
◆ Sanitärporzellan.

Das *sanitäre Steinzeug* ist eine Tonware mit verglastem, dichtem Scherben, dessen Wasseraufnahme sehr gering ist. In der Struktur ist es dem Porzellan verwandt, jedoch nicht durchscheinend (ohne Transparenz) und hat infolge der weniger fein gemahlenen Bestandteile eine ungleichmäßige Oberfläche. Das sanitäre Steinzeug erfüllt alle Anforderungen der Hygiene, wird jedoch der Oberflächenbeschaffenheit wegen aus ästhetischen Gründen nur noch für säurebeständige Abflußrohre und Entwässerungsteile sowie für Ausguß- und Spülbecken in Laboratorien und dergleichen verwendet. Eine Auswahl besteht zwischen brauglasiertem und weißem sowie weißglasiertem Steinzeug.

Steingut ist eine Tonware mit nichtverglastem, durchscheinbarem, weißem Scherben. Die Masse wird aus plastischem Ton, Kaolin, Quarz und Feldspat oder Kalkspat aufbereitet. Das als Sanitärkeramik verwendete *Hartsteingut* wird bei höheren Temperaturen gebrannt, im Gegensatz zu dem bei niedrigen Temperaturen gebrannten und glasierten üblichen Steingut. Die Porosität des Steingutscherbens ist mit einer Wasseraufnahme von 5 bis 10% verhältnismäßig groß. Die Oberfläche wird daher mit einer nach außen abdichtenden, undurchsichtigen weißen Glasur überzogen, die vollkommen glatt ist. Ästhetisch genügt sie den Ansprüchen für feinere sanitärkeramische Gegenstände wie Waschbecken, Klosetts und dergleichen. Die Festigkeit des Steinguts ist geringer als diejenige des Porzellans, weshalb es gegen mechanische Beschädigung empfindlicher ist.

Feuerton ist, wie der Name sagt, gekennzeichnet durch die Verwendung feuerfester Tone, die durch feinkörnige Schamotte gemagert werden. Hohe Standfestigkeit während des Brandes, verbunden mit einer relativ geringen Schwindung, erlauben es, aus diesem Material besonders großformatige Stücke herzustellen. Die Porosität von Feuerton ist mit einer Wasseraufnahme von 10 bis 12% vergleichsweise groß. Zur Abdichtung der Oberfläche und um diese rein weiß zu gestalten, wird außer der abschließenden Glasur vorher noch die sogenannte Engobe aufgetragen, bei der es sich um eine vollkommen weißbrennende Porzellanmasse handelt. Engobe und Glasur werden durch Spritzen aufgetragen, wobei die Engobeschicht eine Dicke zwischen 0,6 und 1,0 mm, die Glasurschicht eine Dicke von 0,3 bis 0,5 mm aufweist. Bei der Glasur handelt es sich um eine absolut laugen- und säurebeständige sehr harte Porzellanschicht.

Sanitärporzellan stellt eine Weiterentwicklung und erhebliche Verbesserung des Steingutes dar. Es ist von allen sanitärkeramischen Werkstoffen der edelste. Die Rohstoffe setzen sich etwa zu je 25% aus Ton, Kaolin, Feldspat und Quarz zusammen. Der Porzellanscherben zeichnet sich durch eine starke Verglasung aus; er ist weiß, dichtgesintert und mehr oder weniger durchscheinend. Die Wasseraufnahme ist mit 0,1 bis 0,5% von allen sanitärkeramischen Werkstoffen am geringsten und damit die Dichtheit am größten. Die Festigkeitseigenschaften liegen ebenfalls an erster Stelle, insbesondere besteht ein großer Abstand zu dem vergleichbaren Steingut. Der Porzellanscherben wird mit einer undurchsichtigen Glasur überzogen, deren Bestandteile – Feldspat, Kreide, Zinkoxid oder Magnesiumoxid, Quarz und Kaolin – der Porzellanmasse sehr ähnlich sind. Von den handelsüblichen Säuren und Laugen wird sie nicht angegriffen. Glasurrisse kommen auch nach jahrzehntelanger intensiver Benutzung nicht vor. Hinsichtlich der Hygiene und der Ästhetik genügt das Sanitärporzellan den zu stellenden Anforderungen in höchstem Maße. Es werden vornehmlich alle feineren sanitärkeramischen Gegenstände daraus hergestellt, wie sie für das Steingut aufgezählt wurden. Außer der weißen Glasur werden farbige Glasuren glänzend und matt ausgeführt.

Gußeisen ist ein korrosionsbeständiger, absolut stabiler Werkstoff. Durch mehrfaches Auftragen und Einschmelzen von Puderemail bei 950 °C wird ein glasartiger Überzug hergestellt. Die Oberfläche entspricht dann der von Glas. Sie ist kristallhart, porenfrei, stoß- und kratzfest, farbecht, beständig gegen Laugen und handelsübliche Badezusätze, soweit sie keine aggressiven Stoffe wie Säureverbindungen enthalten. Dabei werden Emailarten für verschiedene Aggressivitätsstufen unterschieden. Handelsbezeichnungen sind *Rotsiegel-Qualität* für gewöhnliche Reinigungsbäder und *Gelbsiegel-Qualität* für medizinische Bäder. Badewannen aus Gußeisen besitzen eine Wanddicke von etwa 5 mm, hinzu kommt die Emaillierung mit einer Dicke von etwa 2 mm. Stoffwerte (Tabelle 8) und Wanddicke ergeben ein hohes Gewicht, z. B. 108 kg für eine Formwanne 1700 x 750 mm. Das bedeutet aber auch Standsicherheit, eine gute Wärmespeicherung, einen niedrigen Wärmeverlust und eine gute Schalldämmung. Für den Einbau ist das Ausdehnungsverhalten wichtig. Die Längen-Ausdehnungskoeffizienten von Guß und Email sind niedrig. Sie liegen dicht zusammen, was auch vergleichsweise zu anderen Baustoffen wie Zementmörtel und Fliesen gilt. Die Längenänderung einer 1700 mm langen Wanne beträgt z. B. bei einer Temperaturänderung um $\Delta t = 20$ K nur 0,35 mm. Die Lebensdauer emaillierter gußeiserner Badewannen ist mit 40 Jahren anzunehmen.

Stahl ist ein stabiler Werkstoff. Korrosionsbeständigkeit wird durch allseitige Emaillierung – innen porzellan- und außen grundemailliert – erreicht. Die Innenemaillierung ist, wie bei gußeisernen Wannen, stoß- und kratzfest, unempfindlich gegen Badezusätze, säurefest nach DIN 51150 Klasse AA (höchste Säurebeständigkeitsklasse), laugenbeständig und farbecht. Stahlwannen mit der heute allgemein eingeführten Materialdicke von 3,5 mm, für Duschwannen auch 4,5 mm, genügen hohen Beanspruchungen. Sie haben ein geringes Gewicht, z. B. 57 kg für eine Formwanne 1700 x 750 mm. Der Einbettung von Dusch- und Badewannen ist bei der Montage besondere Aufmerksamkeit zu schenken, damit die Gefahr der Fugenablösung ausgeschlossen wird. Die Standsicherheit wird durch Verwendung höhenverstellbarer Füße oder besonderer Aufsetzvorrichtungen gewährleistet. Die Wärmespeicherung beträgt etwa die Hälfte von gußeisernen Wannen, dafür ist die Aufwärmzeit geringer. Die Schalldämmung ist durch besondere Maßnahmen zu verbessern, z. B. durch Anbringung von Anti-Dröhnmatten auf die Außenwandungen. Der Längen-Ausdehnungskoeffizient einer 1700 mm langen Wanne beträgt beispielsweise bei einer Temperaturänderung um $\Delta t = 20$ K nur 0,41 mm. Die Lebensdauer von Stahlwannen wird mit 30 bis 40 Jahren angesetzt.

Edelstahl-Rostfrei, auch als Niro-Stahl (Nichtrostender Stahl) oder Chromstahl bekannt, besitzt eine sehr harte, nicht alternde Oberfläche.

Je nach korrosiver Beanspruchung wird Edelstahl-Rostfrei als Chrom-, Chrom-Nickel- oder Chrom-Nickel-Molybdänstahl eingestzt. Für den allgemeinen Sanitärbereich wird überwiegend Chromnickelstahl (Werkstoff-Nr. 1.4301) mit 17 bis 19% Chrom- und 8,5 bis 10,5% Nickel-Massenanteil verwendet. Üblich ist für diesen Werkstoff auch die Handelsbezeichnung „Chromnickelstahl 18/10", aus der die zu gewährleistenden Massenanteile an Chrom und Nickel zu entnehmen sind. Der Werkstoff ist beständig gegen medizinische Badezusätze, Sol- und Mineralwässer, gegen Moor- und Schwefelbäder und verträgt die handelsüblichen Reinigungs- und Desinfektionsmittel auch bei hohen Temperaturen und mechanischer Beanspruchung. Höhere Chromgehalte und weitere Legierungsbestandteile wie Nickel, Molybdän, Titan oder Niob verbessern die Korrosionsbeständigkeit, auch werden die mechanischen Eigenschaften beeinflußt. So ist Chrom-Nickel-Molybdänstahl (Werkstoff-Nr. 1.4436) für Sanitärobjekte in Räumen mit einer chlorhaltigen Atmosphäre, die z.B. durch Chlordesinfektion von Badewasser in medizinischen Badeabteilungen eintritt, einzusetzen. Besondere Anforderungen an die Säurebeständigkeit erfüllt Chrom-Nickel-Molybdän-Titanstahl (Werkstoff-Nr. 1.4571).

Zu beachten ist auch die Materialdicke. Bei Sanitärobjekten wie Waschtischen, Urinalen und Klosetts sollte diese 1,5 mm betragen, damit eine ausreichende Stabilität gegen Gewaltanwendung gegeben ist. Bei kleineren Sanitärobjekten, wie Fuß-, Arm- und Säuglingswannen, genügt eine Wanddicke von 1,25 mm. Bei Sitzbadewannen sollte sie 1,5 mm und bei größeren Badewannen 2,0 und 2,5 mm betragen. Bei Badewannen für medizinische Bäder und Großraumwannen werden der Boden beispielsweise in Werkstoff-Nr. 1.4436 und einer Wanddicke von 2,5 mm, der Rand und die Seitenwände in Werkstoff-Nr. 1.4301 und einer Wanddicke von 2,0 mm ausgeführt.

Die Oberfläche von Sanitärobjekten aus Edelstahl-Rostfrei muß im Innen- oder Wasserbereich unbedingt poliert sein, damit sie leicht zu reinigen ist. Im Vergleich mit keramischen oder emaillierten Objekten erfordert das Reinigen einen größeren Arbeitsaufwand. Die Oberfläche im Außenbereich wird aus Gründen eines geringeren Reflektierens und der optisch nicht auffallenden Flecken und Fingerabdrücke sowie aus Kostengründen nicht poliert. Badewannen werden auch mit einer äußeren Kunststoffbeschichtung geliefert oder erhalten eine Fliesenverkleidung. Stoß, Schlag oder andere starke mechanische Einwirkungen können das Blech zwar verformen, sie beeinträchtigen jedoch nicht das hygienisch gute Verhalten der Oberfläche. Satinierte, mattglänzende oder dessinierte Oberflächen sind aus hygienischer Sicht den hochglänzenden bzw. spiegelnden Oberflächen gleichwertig.

Die Lebensdauer ist für Sanitärobjekte aus Edelstahl-Rostfrei mit 40 Jahren und darüber anzusetzen. Die Anschaffungskosten sind verhältnismäßig hoch. Der Preis ist dabei abhängig von der Legierung und der Wanddicke, worauf bei Vergleichen zu achten ist.

Acrylglas, bekannter unter dem als Warenzeichen geschützten Begriff „Plexiglas", ist der Gattungsbegriff eines lichtecht durchgefärbten, korrosionsbeständigen hochmolekularen Polymerisations-Kunststoffes (thermoplastischer Kunststoff). Für Sanitärobjekte wie Bade- und Duschwannen, Waschbecken und Klosetts wird die Sorte Plexiglas 209, eine Grundsorte mit guter Wärmeform- und Lösungsmittelbeständigkeit, verwendet. Acrylglas ist gegen Schlag- und Stoßbeanspruchung weitgehend unempfindlich. Der Werkstoff ist beständig gegen Laugen und handelsübliche Badezusätze sowie gegen verdünnte Säuren, soweit deren Verwendung im Haushalt üblich ist. Der natürliche Oberflächenglanz bleibt selbst nach langjähriger Nutzung voll erhalten.

Die Oberfläche ist nicht kratzfest. Scheuernde Reinigungsmittel sind für die Reinigung ungeeignet. Kalkentferner, mattierter Scheuersand, Nagellack und Nagellackentferner können die Oberfläche verfärben. Durch Zigarettenglut werden Brandflecke verursacht. Eine Ausbesserungsmöglichkeit besteht durch Schleifen mit feinem Wasserschleifpapier und Polieren mit Autopolitur oder Polierwachs. Acrylglas ist ein Thermoplast und wird im Tiefziehverfahren nahtlos verformt. Die Temperaturbeständigkeit liegt über 140 °C und schließt die Gefahr einer Rückverformung durch überhöhte Temperaturen aus, die z. B. auch nicht bei einer Fehlbedienung im Sanitärbereich auftreten können. Zur Erzielung einer ausreichenden Stabilität und Formsteifheit ist eine Materialdicke von etwa 4 bis 8 mm erforderlich. Aussteifungen bzw. Verstärkungsschichten sind außerdem bei großflächigen Sanitärobjekten, wie Badewannen und freitragenden Großraumwannen, durch partielle Glasfaserverstärkung und einlaminierte Bodenbretter erforderlich. Die Wannenkörper besitzen damit eine zweischalige Bauweise.

Tragegestelle aus stabilen Metallkonstruktionen oder formschlüssig mit Wanne und Fußboden verbundene Schaumstoffblöcke gewährleisten eine trittfeste Ausführung. Der Wandanschluß ist bei Bade- und Duschwannen durch Wandhalterungen zu arretieren, damit die Verfugung mit Silikonkautschuk abrißsicher ist.

Das Gewicht ist infolge einer geringen Dichte besonders niedrig und beträgt beispielsweise für eine Acryl-Formwanne 1700 x 750 mm bei einer Materialdicke von 4 mm nur 23 kg.

Der standsicheren Aufstellung von Badewannen dienen höhenverstellbare Füße oder Untergestelle. Geeignete Gummiunterlagen tragen zur Schalldämmung bei. Die Wärmespeicherung ist gering. Die sehr niedrige Wärmeleitfähigkeit ergibt einen entsprechend kleinen Wärmeverlust, auch wird der Wannenrand nicht nennenswert aufgewärmt. Die Längenänderung einer 1700 mm langen Wanne, die sich bei einer Temperaturänderung von $\Delta t = 20$ K und dem verhältnismäßig großen Längen-Ausdehnungskoeffizienten mit etwa 2,4 mm errechnet, wirkt sich daher nicht voll aus.

Die Lebensdauer von Acrylwannen kann mit etwa 20 Jahren angenommen werden.

Polyester ist ein aus der Verzahnung von Glasfasergewebe und Polyesterharz gebildeter Kunststoff, der sehr gute Festigkeitseigenschaften besitzt und für die Herstellung von Badewannen eingesetzt wird. Es ist kein homogenes Material. Die farbliche Gestaltung erfolgt entweder durch eine Farbdeckschicht oder über die Durchfärbung des Materials. Das Aufbringen einer Deckschicht ist in jedem Fall notwendig, da diese neben einer Farbgebung auch eine Schutzaufgabe übernehmen muß.

In der Deckschicht entstehen nach einer Betriebszeit von etwa 2 bis 3 Jahren feine Rißbildungen, vor allem im Bodenbereich von Wannen, die im weiteren Verlauf den gesamten Wannenkörper überziehen. Eine Wannenundichtheit tritt dadurch nicht ein, jedoch führt die Haarrißbildung in der schützenden Deckschicht zur Empfindlichkeit gegenüber chemischen Badezusätzen und wirkt sich nachteilig auf die Reinigungsfähigkeit wie auf die Hygiene aus. Kratzer in der Oberfläche, die infolge einer geringen Oberflächenhärte vorkommen, können nicht durch Polieren beseitigt werden.

Polyester besitzt nur eine begrenzte Beständigkeit gegen Säuren. Laugenlösungen führen zu dem chemischen Prozeß der „Verseifung".

Polyvinylchlorid (PVC) ist ein Kunststoff, der durch Ablagerung von Salzsäure an Azetylen, über Vinylchlorid, Polymerisation und Emulsion hergestellt wird. Die Fertigung von Badewannen erfolgt durch Zusammenschweißen des Körpers aus mehreren Preßteilen oder durch Tiefziehen. Bei dem Schweißverfahren ist nach einer Betriebszeit von 6 bis 7 Jahren mit dem Auftreten von Schweißnahtbrüchen zu rechnen. Das Tiefziehverfahren ist mit der Gefahr einer Rückverformung verbunden, die bei einer Befüllung mit Wasser von über 60 °C eintritt.

PVC ist gegen medizinische Badezusätze weitgehend beständig, nicht dagegen bei bestimmten Thermalwässern. Dem Vorteil relativer Preisgünstigkeit steht als erheblicher Nachteil die geringe Oberflächenhärte, die nach einer mehrjährigen Betriebszeit zu einer verkratzten und aufgerauhten Oberfläche führt, entgegen. Das erschwert die Reinigungsarbeit und beeinträchtigt erheblich die hygienischen Voraussetzungen, weshalb es insbesondere in öffentlichen Einrichtungen nicht verwendet werden sollte.

Kunststoffwannen ermöglichen, wie Wannen aus Edelstahl-Rostfrei, die Montage von Armaturen auf dem Wannenrand, was bei emaillierten Wannen wegen der Gefahr der Absplitterung der Email nicht ratsam ist.

2.3.1.1 Vergleichende Bewertung

Die für Sanitärobjekte verwendeten Werkstoffe sind vorrangig nach ihrem Einsatzbereich, nach hygienischen Gesichtspunkten, ihrer Haltbarkeit und Lebensdauer, dem Wärme- und Geräuschverhalten, den Einbauvoraussetzungen und den Kosten zu bewerten.

Von den keramischen Werkstoffen kommt *Steinzeug* vor allem für Ausguß- und Spülbecken im Laborbereich, *Steingut* aus Gründen einer geringeren Festigkeit gegenüber dem Porzellan wenig, *Feuerton* für großformatige Stücke, wie Duschwannen, Urinalstände, Spülbecken, Waschbütten und Waschrinnen, *Sanitärporzellan* für Waschbecken, Bidets, Klosetts und Urinale zum Einsatz. Die Werkstoffe *Gußeisen emailliert* und *Stahl emailliert* finden großenteils für Bade- und Duschwannen, aber auch für Ausguß- und Spülbecken Verwendung. *Edelstahl-Rostfrei* wird für alle Arten von Sanitärobjekten eingesetzt. *Kunststoffe*, insbesondere *Acrylglas*, sind bei Bade- und Duschwannen sowie allen anderen Sanitärobjekten in Bad und Toilette vertreten.

Hygienisch, d.h. bezüglich der Ablagerung von Schmutz und Krankheitskeimen, der Reinigung, Desinfektion und Pflege, sind infolge ihrer Oberflächenhärte (Tabelle 8) die Werkstoffe Edelstahl-Rostfrei, Porzellan und die glasartige Oberfläche von Email als am günstigsten zu beurteilen. Das ergibt sich aus einer amerikanischen Untersuchung über das Haften von Bakterien an gebrauchtem Material [58]. Für die auf das Untersuchungsmaterial aufgetragenen Bakterien vom Stamme der Staphylokokken wurde nach fünfmaligen Waschungen mit Spülmittel und Nachspülung mit Wasser von 71°C folgende prozentuale Beseitigung festgestellt:

Edelstahl Rostfrei	98%
Porzellan, natürlich gealtert	97%
Glas, Email	95%
Porzellan, künstlich gealtert	93%
Kunststoffe	90 bis 95%
Kunststoffarten I bis IV (älter)	69 bis 77%

von gealterten Kunststoffen ließen sich Bakterien schlechter entfernen.

Die *Haltbarkeit* der Sanitärobjekte ist abhängig von der mechanischen Festigkeit des Werkstoffes und einer möglichen Beanspruchung durch Schlag oder Stoß, sowie von der Oberflächenbeständigkeit gegenüber den im Verwendungsbereich eingesetzten Chemikalien, Reinigungs- und Desinfektionsmitteln. Edelstahl-Rostfrei bietet die größtmögliche Vandalensicherheit und besitzt die größte Lebensdauer. Die Korrosionsbeständigkeit ist abhängig von der Legierungszusammensetzung des Stahls und vom Oberflächenzustand. Bei den Werkstoffen Gußeisen emailliert, Stahl emailliert, Edelstahl-Rostfrei und Acrylglas ist die Materialdicke in bezug auf Stabilität, Haltbarkeit und Kosten in eine vergleichende Bewertung einzubeziehen.

Das unterschiedliche *Wärmeverhalten* der verschiedenen Werkstoffe, das sich aus der Wärmeleitzahl, der spezifischen Wärmekapazität und dem Ausdehnungskoeffizienten ergibt, bedarf bei Badewannen der Betrachtung. Der in Zusammenhang mit der Wärmeleitzahl des Werkstoffes entstehende Wärmeverlust an den Raum und der sich mit der spezifischen Wärmekapazität für das Aufheizen der wasserberührten Wannenwandung ergebende Wärmebedarf erfordern allgemein eine um etwa 2 bis 4°C über der gewünschten Badewassertemperatur liegende Einlauftemperatur. So erfordert das Aufheizen der wasserberührten Wannenwandung bei Formwannen der Größe 1700 x 750 mm (Wasserverbrauch 115 Liter für ein Vollbad) aus Gußeisen emailliert eine etwa 1,3 K, aus Stahl emailliert eine etwa 0,6 K und aus Acrylglas eine etwa 0,8 K höhere Einlauftemperatur. Zu berücksichtigen ist, daß mit einer Erhöhung der Wassertemperatur um 1 K durch Verdunstung von etwa

60 g/m² Wasseroberfläche und Stunde ein weiterer Wärmeverlust entsteht (Verdunstung etwa 24 g bei einem Bad von insgesamt 30 Minuten Dauer in einer Formwanne 1700 x 750 mm).

Wärmeverluste des Badewassers können durch *Wärmedämmung* der Wanne gegen den Hohlraum unter der Wanne gemindert werden. Das gilt besonders für die Werkstoffe Edelstahl-Rostfrei und Stahl emailliert mit einer geringen Wanddicke. Bei Wanneneinbau an der Außenwand sollte im Hohlbereich der Wanne auf jeden Fall eine Wärmedämmschicht vorgesehen werden. Das Aufbringen von 30 bis 40 mm dicken Schaumstoffmatten oder das Aufschäumen einer entsprechend dicken Schicht ist ebenfalls zu empfehlen. Diese Maßnahmen bewirken gleichzeitig eine *Schalldämmung*, die in Abhängigkeit von der räumlichen Zuordnung vor allem bei dünnwandigen Werkstoffen, wie Edelstahl-Rostfrei, Stahl emailliert und Acrylglas, in Frage kommt. Der Einbau mit Polystyrol-Hartschaum-Wannenträgern bringt gleicherweise eine gute Wärmedämmung und eine wesentliche Schalldämmung.

Bei einem Kostenvergleich kann allgemein davon ausgegangen werden, daß Edelstahl-Rostfrei am höchsten, Gußeisen emailliert und Acrylglas dicht beieinander und Stahl emailliert mit Abstand am niedrigsten liegt.

2.3.2 Waschbecken

Der Sammelbegriff Waschbecken umfaßt Handwaschbecken und Waschtische. Das Handwaschbecken, das nur dem Händewaschen dient, ist in seinen Abmessungen vergleichsweise zum Waschtisch klein gehalten. Die wesentlichen Merkmale bestehen in einer aus der Beckenmulde hochgezogenen Rückwand und seitlichen Flächen für die Montage von Standarmaturen sowie für eine Seifenablage. Wand- und Standarmaturen müssen eine kurze Ausladung besitzen, da die Beckenmulde dicht vor der Wand beginnt und eine geringe Tiefe besitzt. Die besonderen Merkmale des Waschtisches bestehen in einer breiten Fläche auf der Wandseite, als Ablagefläche ohne oder mit eingeformten Seifenschalen und durchschlagbaren Ventillöchern für die Montage von Standarmaturen. Wandarmaturen müssen diese Fläche mit ihrer Ausladung überbrücken. Die Ablagefläche gibt der Beckenmulde einen Wandabstand, der in gleicher Tiefe für das Anbringen von Ablegeplatten oder Spiegelschränken über dem Waschtisch genutzt werden kann. Eine Behinderung beim Gesicht- und Kopfwaschen wird damit ausgeschlossen.

Waschbecken sollen grundsätzlich zum Waschen unter fließendem Wasser eingerichtet sein. Sie sind in Krankenhäusern aus hygienischen Gründen ohne Ablaufverschluß und ohne Überlauf zu verwenden. Für die Durchführung von Armbädern in den Krankenzimmern im Rahmen der Behandlung (in stehendem Wasser mit Badezusätzen) oder als relativ einfache Therapie als fließendes Armbad bei plötzlich auftretenden Herzbeschwerden kann ein Ablaufverschluß mit Plexiglas-Standrohr verwendet werden.

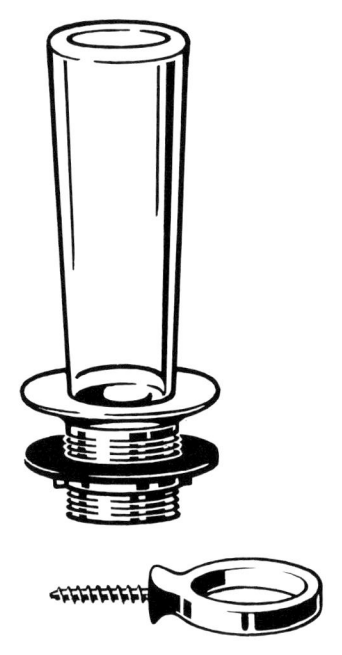

Bild 67 Standrohrventil mit Plexiglas-Standrohr und Halterung (Franz Viegener II).

Bild 68 Auslaufanordnung und Strahlführung von Auslaufarmaturen bei Waschbecken [28]
a) Standarmatur mit schrägstehendem Auslauf,
b) Wandarmatur mit schrägstehendem Auslauf und kleiner Ausladung,
c) Wandarmatur mit senkrechtstehendem Auslauf und großer Ausladung,
d) Wandarmatur mit schrägstehendem Auslauf und kurzer Ausladung.

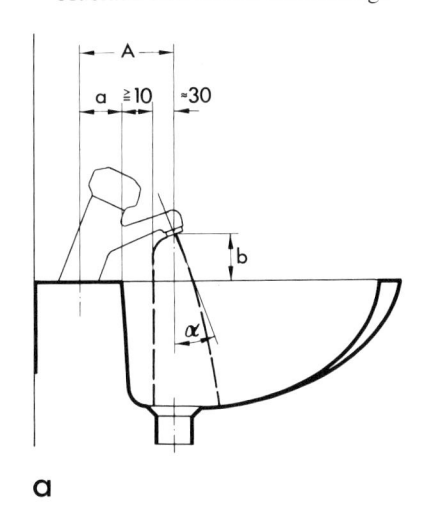

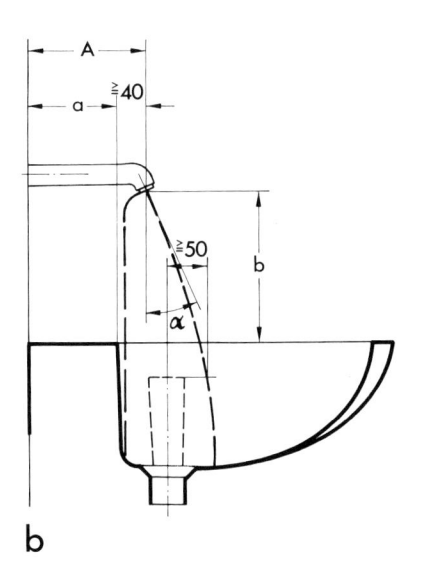

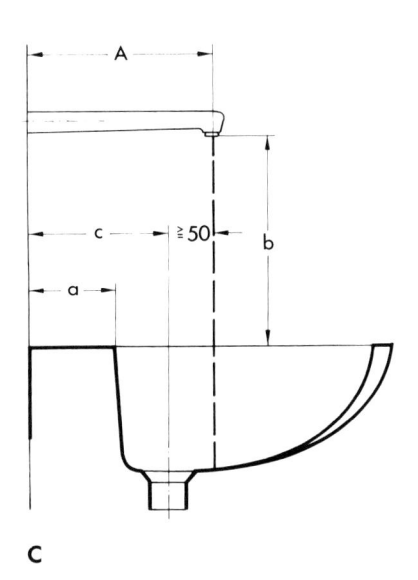

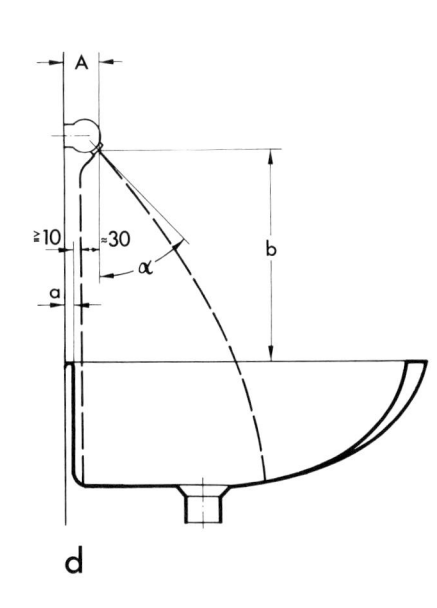

Die Standrohre besitzen eine allseitig glatte, absatzlose Oberfläche und sind durchsichtig. Sie sind leicht zu reinigen, zu desinfizieren, austauschbar, und eine Verschmutzung ist erkennbar.

Eingeformte Seifenschalen sind ungeeignet, da eingelegte Stückseife an der Unterseite aufweicht und zur schnellen Verschmutzung der Waschtischoberfläche beiträgt. Es ist davon auszugehen, daß die Benutzer ihre eigene Stückseife in einer mitzubringenden Seifendose ablegen.

In Krankenhäusern sind Waschbecken in Dienstzimmern, Untersuchungs- und Behandlungsräumen, Personaltoiletten, unreinen Pflegearbeits- und Entsorgungsräumen mit Seifenspendern auszustatten [45]. Für die *hygienische Händedesinfektion* sind Hände-Desinfektionsspender in allen Krankenzimmern, Dienstzimmern, Untersuchungs- und Behandlungsräumen, Personaltoiletten, unreinen Pflegearbeitsräumen und Eingangsschleusen vorgeschrieben.

Auslaufarmaturen in Krankenhäusern sind bei Waschbecken und Waschtischen als Wandarmaturen zu verwenden. Sie lassen den hinteren Beckenrand als sogenannte „nasse", im Spritzbereich liegende Ablagefläche, frei, erleichtern damit das Reinigen, ergeben installationstechnisch eine kurze Rohrführung und ermöglichen das Füllen von Waschschüsseln.

Der Wasserstrahl soll bei Waschvorgängen unter fließendem Wasser senkrecht von oben oder schräg von vorn auf die zu benetzenden Körperteile oder in die schöpfend aufgehaltenen Hände fallen. Das abtropfende Wasser soll gleichzeitig in die Beckenmulde gelangen. Entsprechend den Darstellungen in Bild 68 soll der Wasserstrahl bei voll geöffneter Zulaufarmatur in Fließrichtung hinter dem Ablaufventil, etwa in der Mitte der Beckenmulde, auftreffen.

Bei einem schrägstehenden Auslauf (Bild 68) ist zu beachten, daß der Wasserstrahl bei geringem oder tropfendem Ausfluß bis zu 30 mm hinter die Mitte des Auslaufmundstücks zurückfällt. Damit der Wasserstrahl auch dann noch in die Beckenmulde trifft, soll die Mindestausladung A_{min} des Auslaufes so bemessen werden, daß der Wasserstrahl einen Mindestabstand von 10 mm zur Rückwand der Beckenmulde aufweist (Gleichung 2).

$$A_{min} = a + 30 + 10 = a + 40 \text{ mm} \tag{2}$$

Bei einem Standrohr-Ablauf ist zu beachten, daß der Wasserstrahl in Fließrichtung hinter dem Standrohr in die Beckenmulde fällt. Das wird mit einer entsprechenden Ausladung des Auslaufes, bei Wandbatterien erforderlichenfalls mit Anschlußverlängerungen oder mit einem richtungseinstellbaren Kugelgelenk-Auslaufmundstück erreicht und muß mindestens 20 mm über Beckenoberfläche enden („Freier Auslauf"). Der Auslauf darf den Benutzer bei den Waschvorgängen nicht behindern. Das gilt vor allem für das Gesicht- und Kopfwaschen, um eine Stoßgefährdung auszuschließen. Der Auslauf soll für diese Waschvorgänge möglichst nur die Mindestausladung A_{min} und eine Auslaufneigung von etwa 30° gegen die Senkrechte besitzen, d.h. nur etwa 40 mm in die Beckenmulde hineinragen.

Das Füllen von Waschschüsseln, eine Forderung z.B. bei Waschtischanlagen in Krankenzimmern, bedingt bei einer Schüsselhöhe von etwa 110 mm zwischen Waschtischoberkante und Auslaufunterkante einen Abstand von b = 140 bis 180 mm.

2.3.3 Duschstände

Der Duschstand kann, entsprechend den Darstellungen in den Bildern 69 und 70, mit einer Duschwanne ausgestattet oder durch entsprechende Ausbildung des Fußbodens mit Gefälle von 2% zu einem Bodenablauf ausgeführt werden.

Duschwannen gibt es in verschiedenen Größen, Tiefen, Formen, Materialien und Sanitärfarben. Zu wählen ist zwischen emailliertem Gußeisen und Stahl sowie zwischen Feuerton und Acrylglas. Die Abmessungen betragen 700 x 700 mm, 800 x 700 mm, 800 x 750 mm, 800 x 800 mm, 900 x 750 mm, 900 x 800 mm, 900 x 900 mm, 1000 x 800 mm und 1000 x 1000 mm. Die Modelle sind in unterschiedlichen Tiefen von 40 mm, 65 mm, 130 mm, 150 mm, 220 mm und 280 mm lieferbar. Duschwannen in der Breite von Einbauwannen ermöglichen den fluchtgerechten Einbau.

Duschwannen können eingemauert oder mit Hilfe eines Wannenträgers aus Polystyrol-Hartschaum oder eines Wannenfußes in Verbindung mit Wannenschürzen bzw. Wannenboxen eingebaut werden. Beim Einmauern soll der Hohlraum unterhalb der Wanne ausgemauert oder mit Beton ausgegossen werden, womit eine Stabilisierung und Schalldämmung erreicht wird.

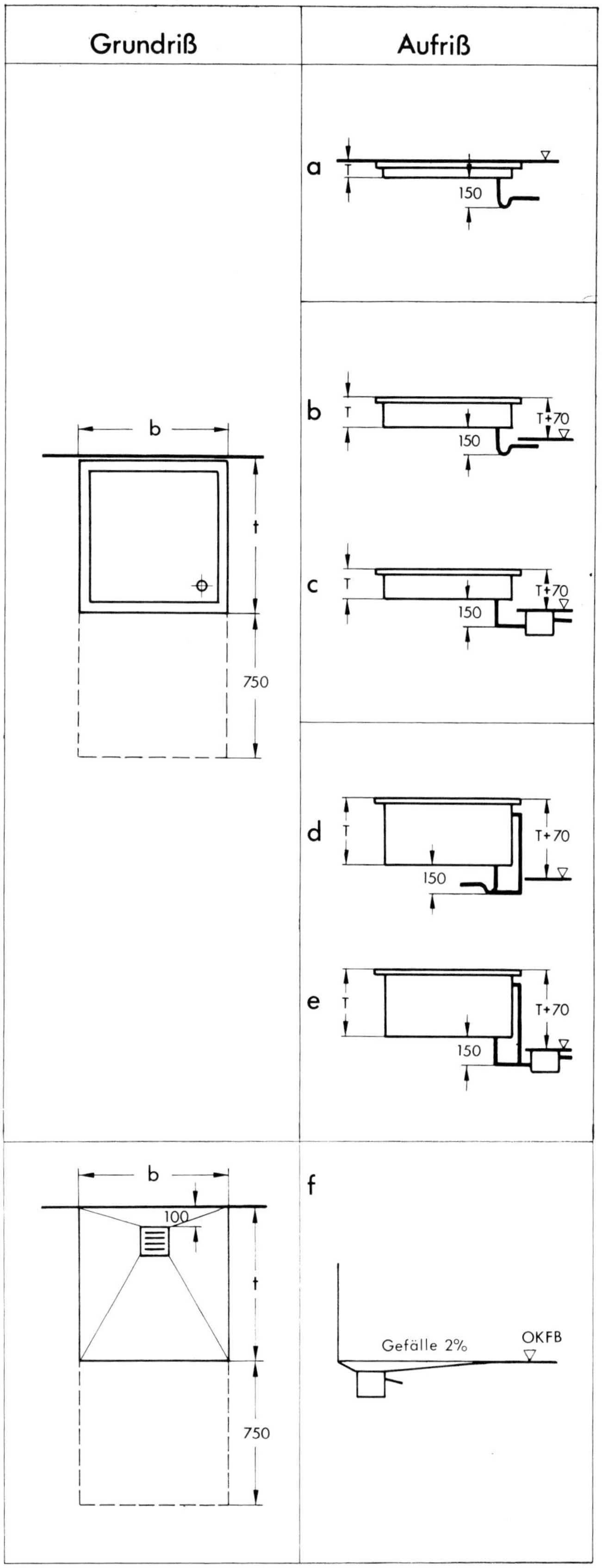

Bild 69 Sinnbilder und Einbaumaße, Stell- und Bewegungsfläche für Duschstände
a) Einbauduschwanne flach, mit direktem Ablaufanschluß über Geruchverschluß,
b) Einbauduschwanne normal, mit direktem Ablaufanschluß über Geruchverschluß,
c) Einbauduschwanne normal, mit indirektem Ablaufanschluß über Badablauf,
e) Einbau-Mehrzweckduschwanne mit Überlauf und indirektem Ablaufanschluß über Badablauf,
f) Duschplatz mit Bodenablauf; Abmessungen für Rollstuhlbenutzer mind. b x t = 1500 x 1500 mm.

Bild 70 Einbau und Ausbildung von Duschständen
a) Duschwanne auf den Fußboden aufgesetzt,
b) Duschwanne in den Fußboden eingelassen,
c) Duschplatz mit Bodenablauf und 2% Bodengefälle.

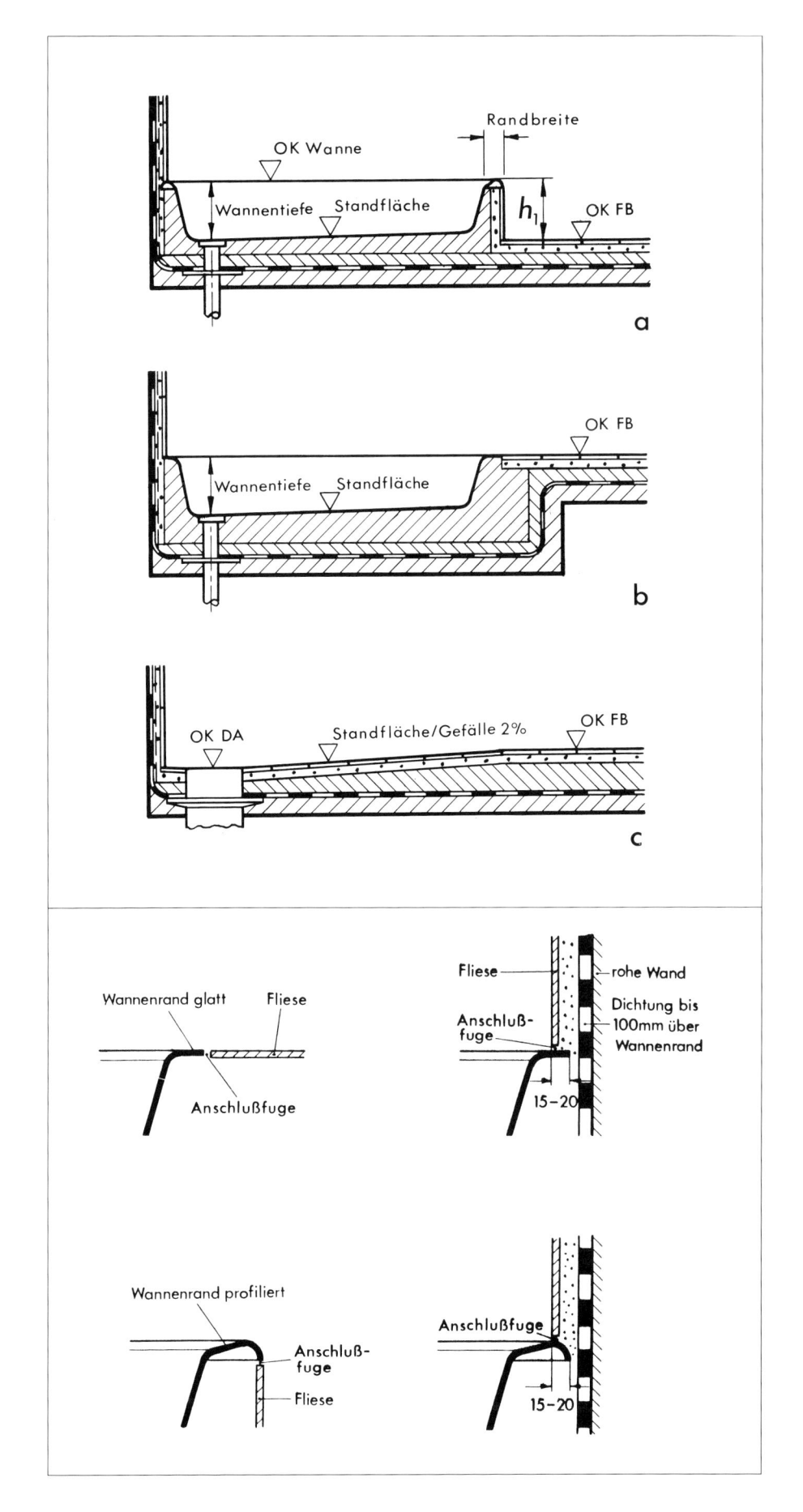

Bild 71 Fliesenanschluß bei Duschwannen mit glattem und profiliertem Rand. Die Anschlußfugen sind mit Hinterfüllung auszuführen und dauerelastisch zu verfugen.

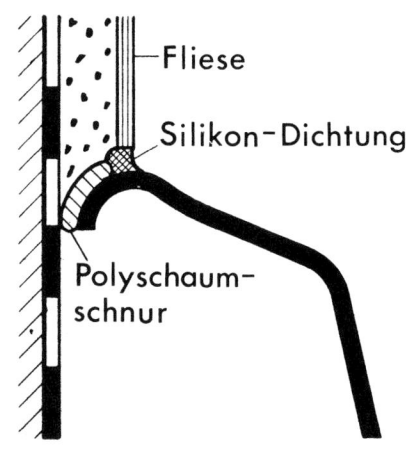

Bild 72 Wandanschluß bei Einbauwannen mit Silikon-Dichtung.

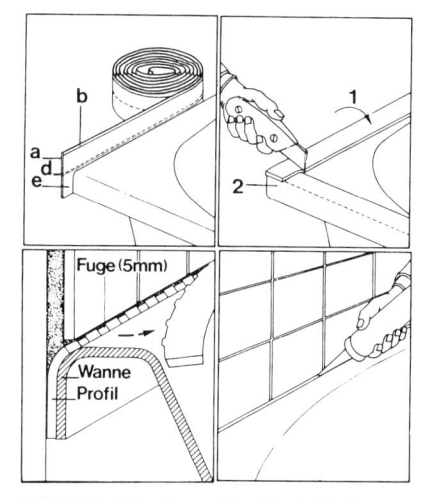

Bild 73 Wandanschluß bei Einbauwannen mit Mepa-Wannenprofil als Hinterfüllung. Bei Stahl- und Acrylwannen ist der Wannenrand mit Wandhaltewinkeln an der Wand zu befestigen. Die Verfugung erfolgt dauerelastisch;
a Kunststoffolie mit Schaumeinlage,
b und e
  Klebestreifen,
d Reißnaht (Mepa).

Wandanschlüsse sind bei Duschwannen nach den Bildern 71 und 72, abhängig von der Ausführung des Wannenrandes, durch Aufsetzen der Wandfliesen herzustellen. Auf der Wandseite sollten Fliesen im Mörtelbett angesetzt werden, sie überdecken dann den Wannenrand um 15 bis 20 mm, so daß keine Wasserfuge entsteht. Alle Anschlußfugen der Wanne zum Fliesenbelag sind dauerelastisch zu verfugen und müssen eine Hinterfüllung haben. Abhängig vom Einbau des Wannenrandes – vom Wandbelag überdeckt oder gegenstoßend – und vom Werkstoff der Wannen werden verschiedene konstruktive Lösungen angeboten.

Bei in den Wandbelag eingelassenem Wannenrand muß das Ansetzen der Fliesen auf der höchsten Stelle des Randes erfolgen (Bilder 71 und 72). Spritzwasser fließt so in die Wanne und bleibt nicht in einer Wasserfuge stehen. Zur Mörtelbegrenzung und Schalldämmung kann eine selbstklebende Polyschaumschnur als Wandstreifen auf den Wannenrand geklebt werden. Sie dient gleichzeitig als Hinterfüllung der Fugendichtung mit Silikon-Dichtmasse. Der trockene Wannenrand ist, abhängig vom Wannenmaterial, vor dem Einbringen der Fugendichtung mit einem Fugenprimer vorzustreichen. Damit eine saubere Fuge entsteht, werden die Fugenränder mit einem Klebeband (z.B. Tesakrepp), abgeklebt. 30 Minuten nach dem Anstrich mit Fugenprimer wird die Silikon-Dichtmasse blasenfrei in die Fuge eingespritzt. Anschließend ist die Fuge mit angefeuchtetem Spachtel zu glätten und die Abdeckbänder zu entfernen. Zur ordnungsgemäßen Fugenausbildung und Abdichtung bietet der Handel auch spezielle Fugenbänder an.

Zur Mörtelbegrenzung und Schalldämmung kann nach Bild 73 ein Wannenprofil eingelegt werden. Das mit zwei Klebebändern versehene Wannenprofil wird um die Wannenwulst geklebt. In den Wandecken ist dasselbe auf Gehrung zu schneiden. Nach den Fliesenarbeiten wird die überstehende Profilhälfte in der Reißnaht abgerissen. Die entstehende Aussparung, die mindestens 5 mm tief sein muß, wird mit dauerelastischem Fugenkitt gefüllt.

Bei Wannen aus Acrylglas kann die Fugendichtung mit Silikon-Dichtungsmasse und Voranstrich mit einem Primer Spannungsrißbildung hervorrufen. Zur Vermeidung von Spannungsrissen muß der Primer möglichst dünn auf den Wannenrand aufgetragen werden. Am besten eignet sich dazu ein mit Primer getränkter Lappen, der schnell und mit Druck über die vorher gereinigte Oberfläche geführt wird. Es darf nur die Fläche vorgestrichen werden, die auch mit Silikon-Dichtungsmase abgedeckt wird.

2.3.4 Badewannen

Bei der Verabfolgung von Reinigungs- und medizinischen Wannenbädern in öffentlichen und therapeutischen Badeabteilungen kommt es aus betriebswirtschaftlichen Gründen darauf an, eine möglichst große Behandlungsfrequenz zu erreichen. Abflußseitig setzt das ausreichend bemessene Abflußarmaturen, Bodenabläufe und Abwasserleitungen voraus. Das Rechnen mit Anschlußwerten der DIN 1986 [10], die dem

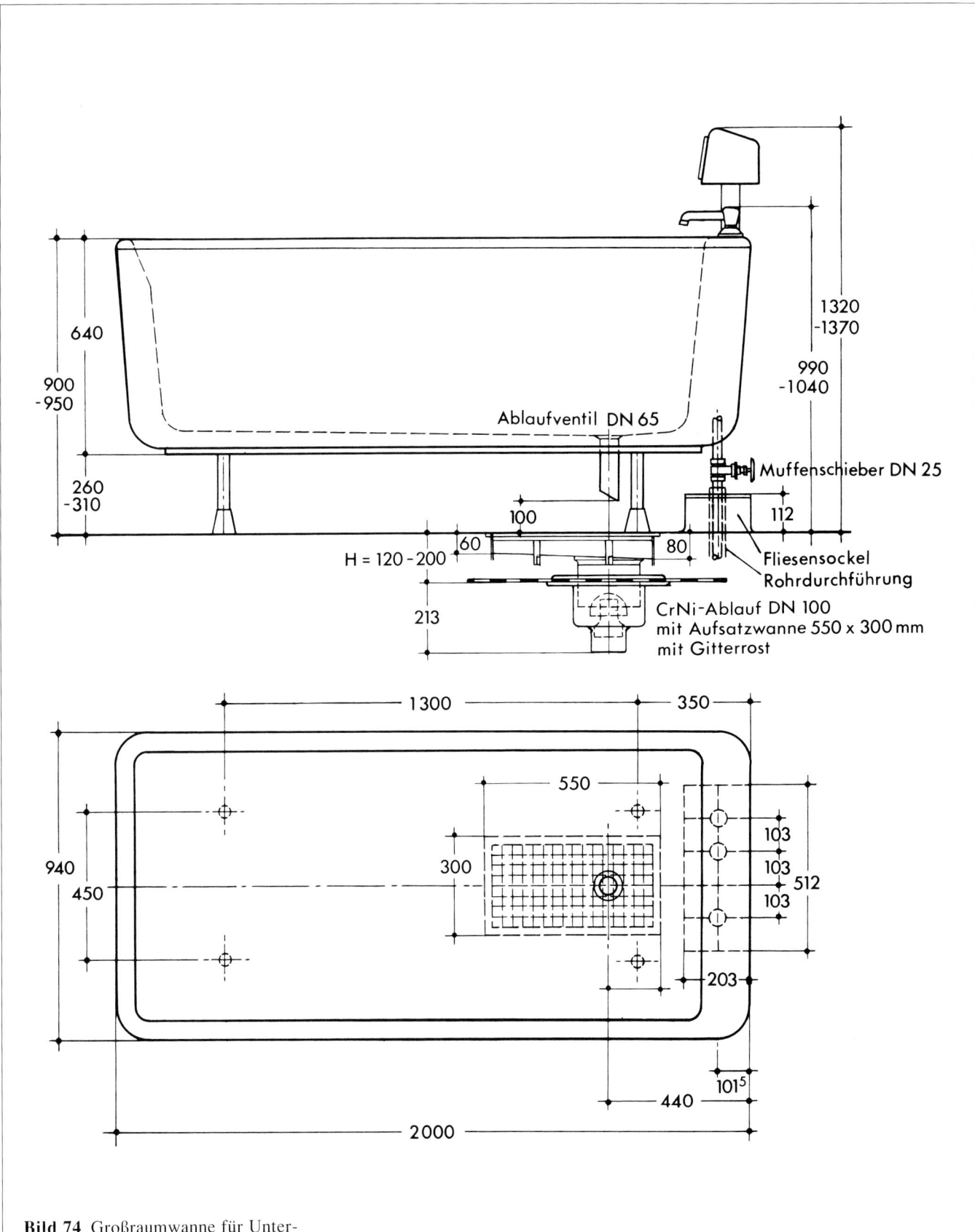

Bild 74 Großraumwanne für Unterwassermassage und Stangerbäder, freistehend aufgestellt.

Standard des Wohnungsbaues entsprechen, und die danach vorzunehmende tabellarische Bemessung von Anschluß- und Sammelleitungen sind dafür wenig geeignet. Nachstehend wird für den angesprochenen Bereich auf die hydraulische Ermittlung des Abflusses von Ablaufventilen mit freiem Auslauf und von Bodenabläufen sowie auf deren Bemessung eingegangen.

Die Betriebskosten in Badebetrieben hängen in einem nicht geringen Maße von einer schnellen Abwicklung der Anwendung ab. Dazu müssen bei Wannenbädern in öffentlichen und therapeutischen Badeabteilungen die Nebenzeiten für Wannenfüllung, Entleerung, Reinigung und Desinfektion klein gehalten werden. Das setzt auch ausreichend bemessene Zulauf- und Ablaufarmaturen sowie entsprechend bemessene Rohrleitungen voraus.

Tabelle 9 Richtwerte für Füll- und Entleerungsdauer bei Badewannen.

Wannenart/ Größe A x B cm	Wasser- bedarf je Füllung[1] l	Fülldauer s	Zufluß- armatur[2] DN	Ent- leerungs- dauer s	Ablauf- ventil[3] DN
Normalwanne 170 x 75	150 – 160	640 – 720	15	240 – 300	40
Medizinische Wanne 185 x 85	200 – 220	180 – 240	20/25	180 – 240	50
Großraumwanne 200 x 98	600 – 700	360 – 720	25/32	540 – 600	50/65
Schmetterlings- wanne 246 x 212	1250 – 1430	540 – 720	32/40	840 – 960	65/80

[1] Der Wasserbedarf je Füllung entspricht der Wassermenge, die bei Füllung bis Unterkante Überlauföffnung und bei Abzug einer Wasserverdrängung von 70 l für eine Person von 1,75 m Größe benötigt wird.
[2] Die Nennweite der Zuflußarmatur ist nach der erforderlichen Entnahmemenge bei einem verfügbaren Fließdruck von 1 bis 2 bar zu bestimmen. Sie wird daher bei Thermostatventilen größer als bei Verwendung von Zweigriffmischbatterien ausfallen.
[3] Ablaufventile ohne Sieb und ohne Kreuzsteg gewährleisten den größten Abfluß.

Bei der Anordnung freistehender Badewannen soll ein Bodenabstand von mindestens 200 mm vorhanden sein, damit das kopf- oder längsseitige Unterfahren mit Patienten-Hebern, sowie eine ausreichende Zugänglichkeit für die Raumreinigung und die Ausführung freiliegender Anschlüsse für Wasser, Abwasser und Elektro möglich ist. Entsprechend der Darstellung in Bild 74 sollen Deckendurchführungen von Rohren und Kabeln mit Schutzrohren in einem Fliesensockel angeordnet werden. Schlecht zugängliche Schmutzecken werden so vermieden. Zweckmäßig ist die dargestellte Ausführung mit einem unterhalb der Wanne angeordnetem Bodenablauf mit Aufsatzwanne und bodenbündig liegendem Gitterrost.

Tabelle 10 Maximale Abflußwerte bei Badewannen.

Wannenart/ Größe A x B	Wasserbedarf je Füllung[1]	Wannentiefe C	Wassertiefe[2] h	Abfluß Ablaufventil		
				DN 40	DN 50	DN 65
cm	l	mm	mm	l/s	l/s	l/s
Normalwanne 170 x 75	150 – 160	425 – 435	325 – 335	1,35 – 1,37	–	–
Medizinische Wanne 185 x 85	200 – 220	470 – 510	350 – 390	1,40 – 1,48	1,75 – 1,85	2,27 – 2,39
Großraumwanne 200 x 98	600 – 700	600	470	–	2,03	2,63
Schmetterlingswanne 246 x 212	1250 – 1430	600	470	–	2,03	2,63

[1] Der Wasserbedarf je Füllung entspricht der Wassermenge, die bei Füllung bis Unterkante Überlauföffnung und bei Abzug einer Wasserverdrängung von 70 l für eine Person von 1,75 m Größe benötigt wird.

[2] Die Wassertiefe h entspricht dem Abstand zwischen Oberkante Ablaufventil und Unterkante Überlauföffnung.

2.3.4.1 Ermittlung des Abflusses

Ablaufgarnituren ohne und mit Geruchverschluß unterliegen den Bau- und Prüfgrundsätzen der DIN 19545 [21]. Für Normalwannen (Ablaufventil DN 40) soll der Abfluß des Ventils allein $Q_S = 1{,}2$ l/s, als Garnitur mit Überlaufrohr ohne und mit Geruchverschluß $Q_S = 0{,}8$ bis 1,1 l/s betragen. Die maßgebende Höhe für das hydraulische Ablaufverhalten ist dabei eine Stauhöhe h = 300 mm über dem Ablaufventil. Diese Stauhöhe wird etwa bei Wannenfüllung für ein Vollbad (Wannentiefe C = 425 bis 435 mm; Bild 75 und Tabelle 10) und einem Wasserstand 50 mm unter Unterkante Überlauföffnung bei Nichtbenutzung erreicht. Die Ermittlung des Abflusses von Badewannen wird wesentlich von der Nennweite des Ablaufventils, seinem freien Ablaufquerschnitt und seinem Einzelwiderstand bestimmt. Der maximale Abfluß, der für die Bemessung und den Einbau von Bodenabläufen maßgebend ist, wird bei einer Stauhöhe des Wassers bis Unterkante Überlauföffnung der Badewanne erreicht. Der aufgrund von Messungen zu ermittelnde Abfluß errechnet sich nach Gleichung (3) zu:

$$Q_S = \varphi \cdot \mu \cdot A \cdot \sqrt{2g \cdot h} \text{ in dm}^3/\text{s} = \text{l/s} \tag{3}$$

φ = 0,97 = Flüssigkeitsreibung für Wasser
μ = Einzelwiderstandszahl des Ablaufventils
A = freier Ablaufquerschnitt des Ablaufventils in dm^2
g = 98,1 dm/s^2 = Fallbeschleunigung
h = Stauhöhe über dem Ablaufventil in dm
  (senkrechter Abstand zwischen Oberkante Ablaufventil und Oberkante Wasserspiegel)

Die Ermittlung des Abflusses Q_{S2} für eine geänderte Stauhöhe h_2 kann bei den Ausgangswerten eines gegebenen Abflusses Q_{S1} bei einer bestimmten Stauhöhe h_1 mit Hilfe des Kontinuitätsgesetzes der Strömungslehre erfolgen. Nach dem Kontinuitätsgesetz ist das Produkt aus freier Querschnittsfläche A und Fließgeschwindigkeit v konstant (Gleichung 4). Bei einer Änderung der Fließgeschwindigkeit v, die sich

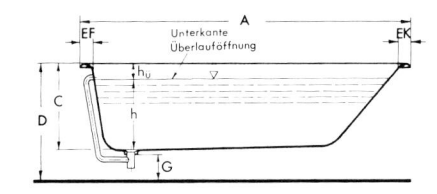

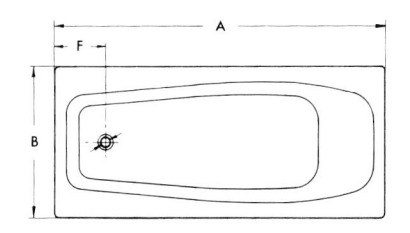

Bild 75 Maßbezeichnungen für den Einbau von Badewannen und für die Ermittlung des Abflusses Q_S der Ablaufgarnitur.

aus einer Änderung der Druck- oder Stauhöhe ergibt, verhalten sich die Durchflüsse (= Abflüsse) nach den Gleichungen 5 und 6 proportional zu den Fließgeschwindigkeiten bzw. zu den Wurzeln der Druck- oder Stauhöhen.

Gleichung 4

$$A \cdot v = \text{konstant}$$
$$v = \text{Fließgeschwindigkeit in dm/s}$$

Gleichung 5

$$\frac{Q_1}{Q_2} = \frac{v_1}{v_2} = \sqrt{\frac{h_1}{h_2}}$$

Gleichung 6

$$Q_2 = Q_1 \cdot \sqrt{\frac{h_2}{h_1}}$$

Berechnungsbeispiel:

Der Abfluß für die in Bild 76a dargestellte Drehgriff-Ablaufgarnitur beträgt bei einer Stauhöhe von h = 300 mm (nach DIN 19545) nach Herstellerangaben Q_S = 1,3 l/s. Es soll der Abfluß für eine Normalwanne bei einer Stauhöhe h_2 = 325 mm ermittelt werden.

$$Q_{S2} = Q_{S1} \cdot \sqrt{\frac{h_2}{h_1}}$$

$$Q_{S2} = 1,3 \cdot \sqrt{\frac{3,25}{3,00}} = 1,353 \text{ l/s}$$

Der Abfluß Q_S kann auch für die in Bild 76 dargestellten Badewannen-Ablaufgarnituren bei Stauhöhen von h = 0 bis 600 mm aus dem Diagramm in Bild 77 abgelesen werden.

Der Abfluß bei Bodenabläufen wird nach den Bau- und Prüfgrundsätzen der DIN 19599 [22] bei einem Anstau h = 15 mm vor dem Rost gemessen, entsprechend der Darstellung in Bild 78. Hier besitzt das Schluckvermögen also nur eine Beziehung zur Aufnahmefähigkeit des Rostes bei dessen Überstauung. Da die Entleerung von Badewannen mit freiem Auslauf über einem Bodenablauf jedoch ohne Überstauung des Fußbodens erfolgen soll, muß dies durch vertieften Einbau des Rostes nach Bild 76b oder bei bodenbündigem Einbau nach Bild 76c in Verbindung mit einer ausreichend bemessenen Aufsatzwanne sichergestellt werden. Voraussetzung ist die Verwendung von Gitterrosten, die das aus der Ablauftülle des Wannen-Ablaufventils austretende Entleerungswasser sofort in die Einlaufkammer des Bodenablaufs eintreten läßt. Das Schluckvermögen wird dann ausschließlich von der sich über dem Sperrwasserstand S des Geruchverschlusses einstellenden Stauhöhe h bestimmt. Die maximale Stauhöhe kann dabei 10 mm unter Unterkante Rost angenommen werden.

Als Meßverfahren für die Prüfung des Abflusses oder Schluckvermögens bei Bodenabläufen kann die DIN 19545 angewandt werden.

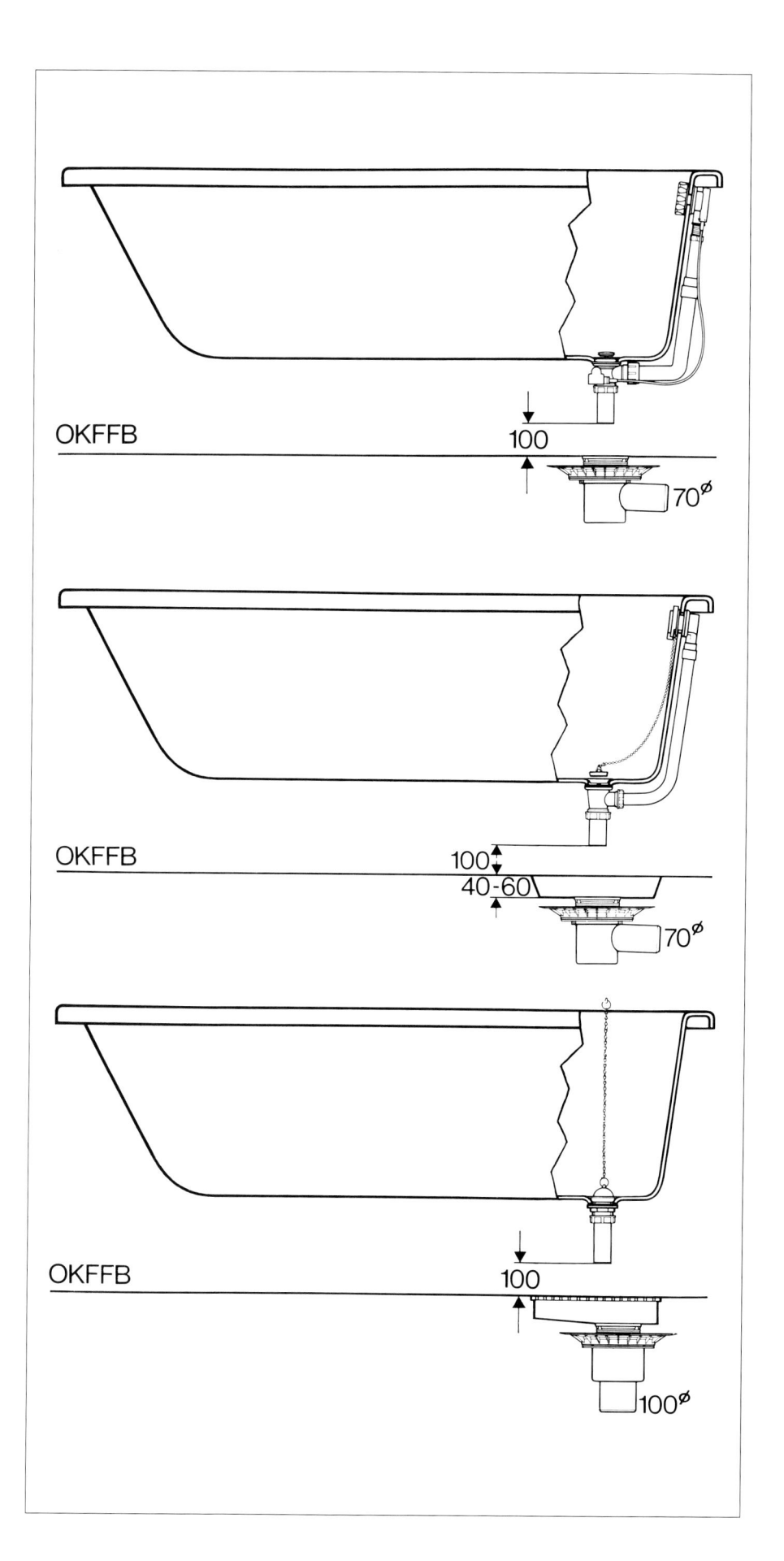

Bild 76 Kombination von Badewannen-Ablaufgarnituren mit freiem Auslauf und Bodenabläufen,
a) Drehgriff-Garnitur „multiplex" DN 40 (freier Querschnitt 780 mm², Abfluß 1,3 l/s) und Bodenablauf DN 70 bei bodenbündig eingebautem Schlitzrost,
b) Stopfen-Garnitur „citaplex" DN 40 (freier Querschnitt 550 mm², Abfluß 1,3 l/s) und Bodenablauf DN 70 bei um 40 bis 60 mm vertieft eingebautem Schlitzrost,
c) Ablaufventil DN 65 ohne Sieb und ohne Kreuz mit Weichgummikugelverschluß 65 mm, (freier Querschnitt 3.310 mm², Abfluß 1,7 l/s) und Bodenablauf DN 100 mit Aufsatzwanne (Franz Viegener II).

Bild 77 Diagramm zur Bestimmung des Abflusses Q_S verschiedener Ablaufgarnituren nach Bild 76 in Abhängigkeit von der Stauhöhe h über Oberkante Ablaufventil.

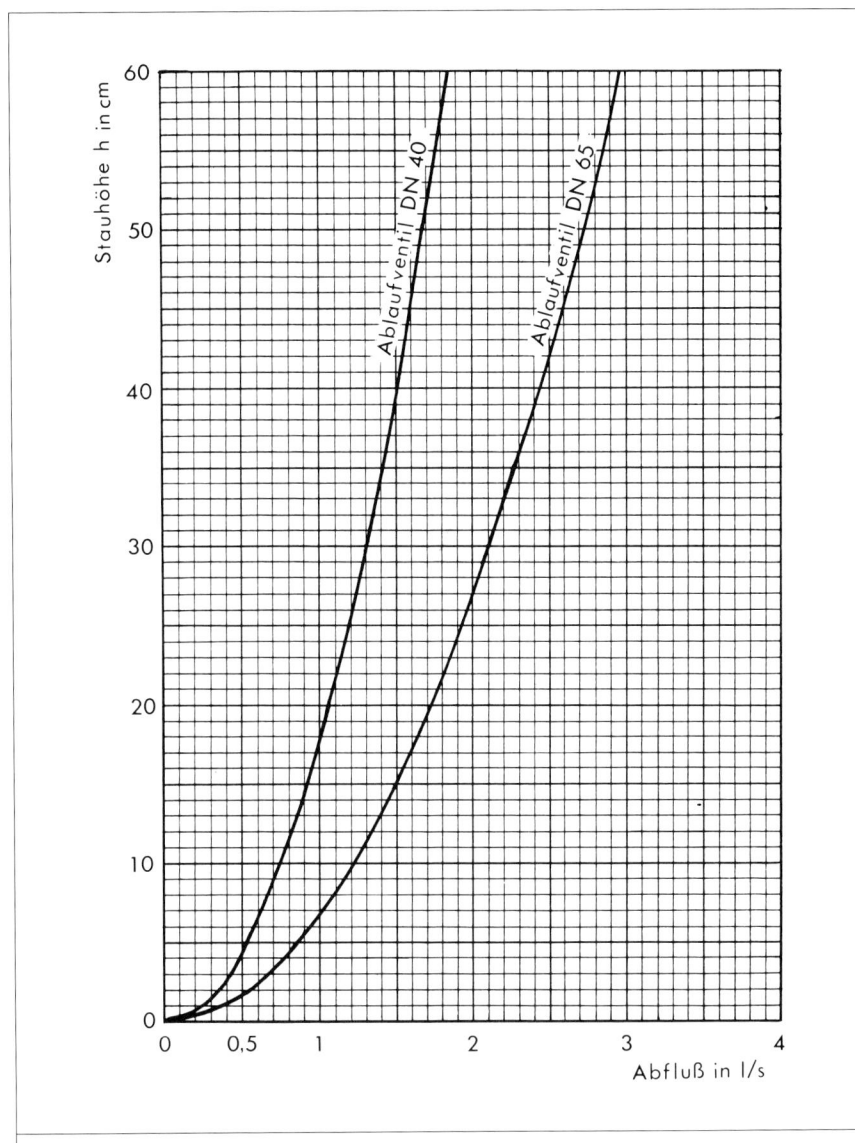

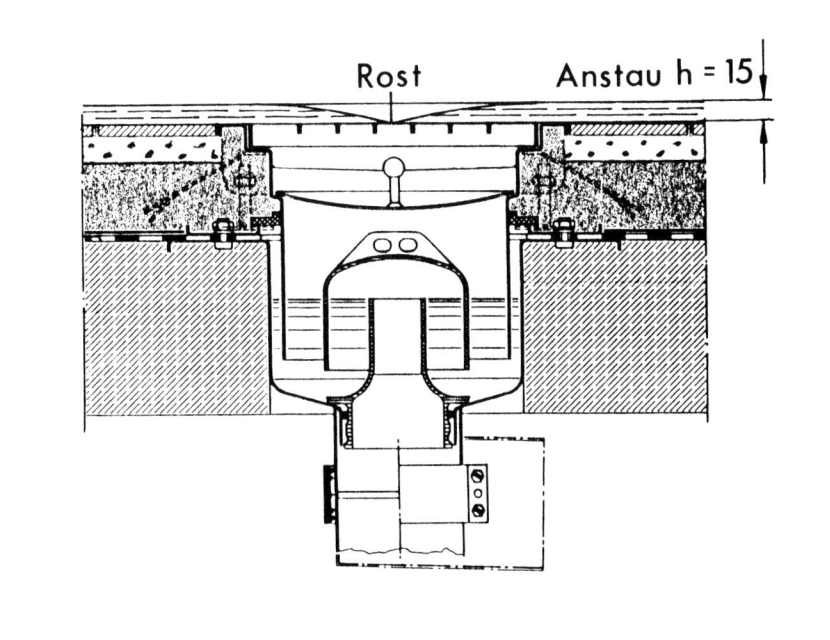

Bild 78 Funktionsdarstellung für die Messung des Abflußvermögens von Bodenabläufen nach DIN 19599. Gemessen wird der Zufluß über dem Rost bei einem Anstau h = 15 mm vor dem Rost.

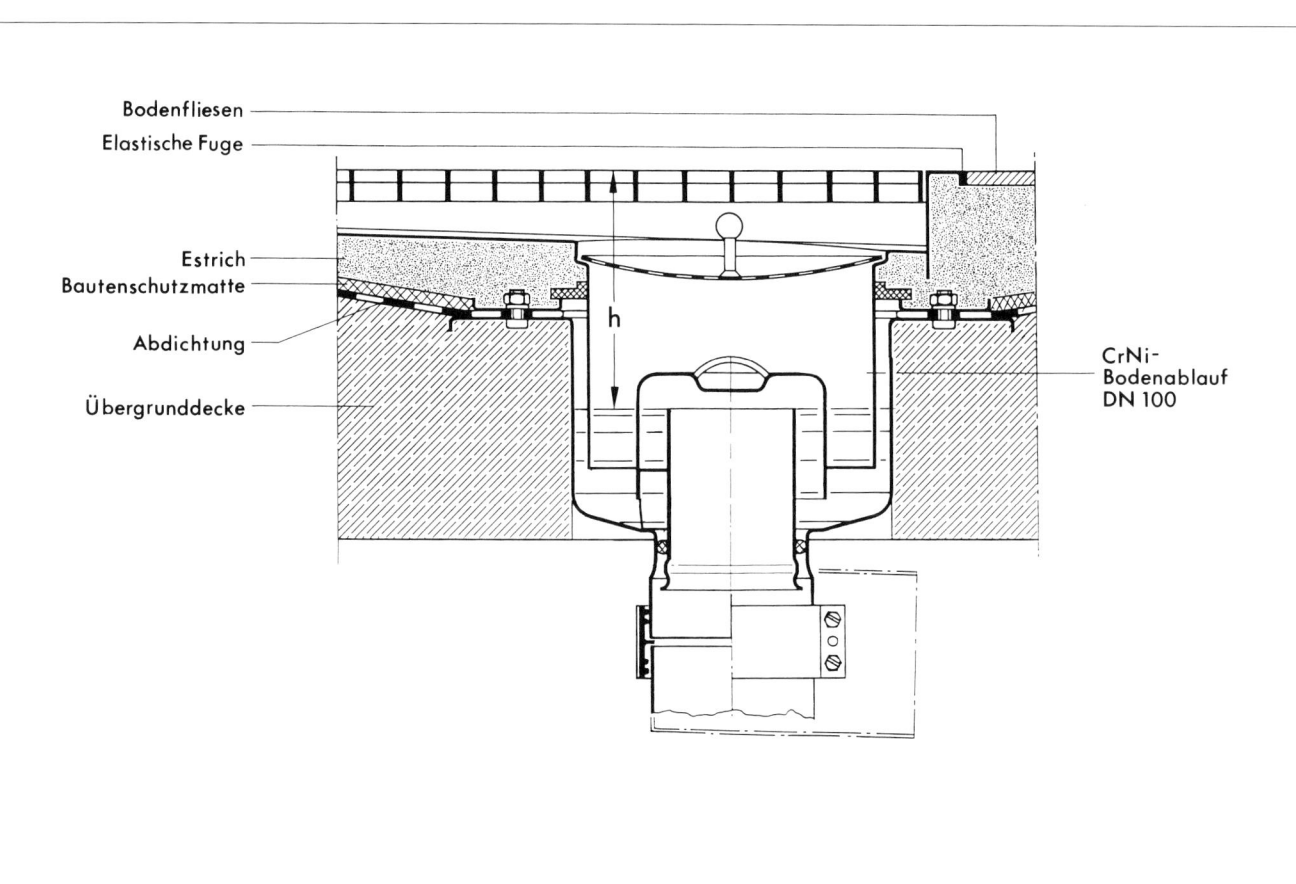

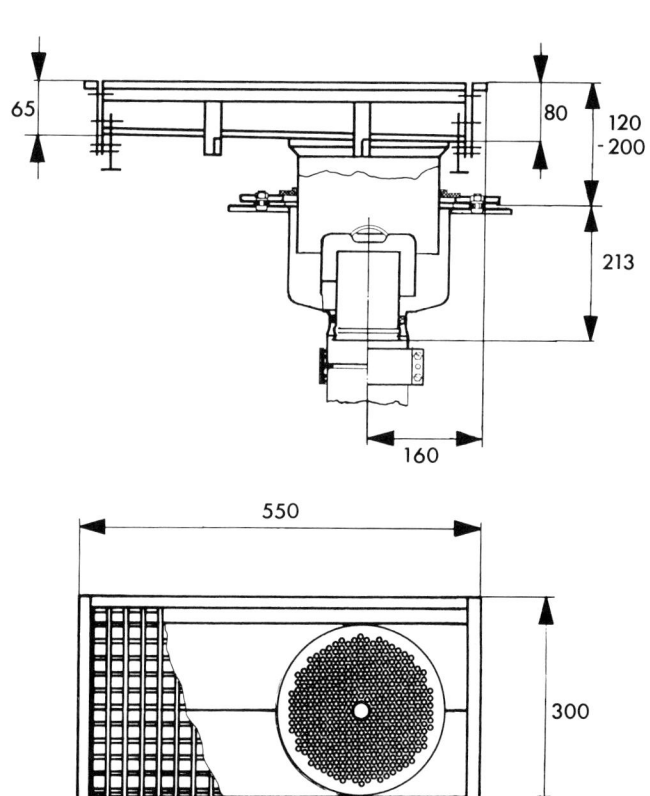

Bild 79 Chromstahl-Bodenablauf DN 100 mit Glockengeruchverschluß, Aufsatzwanne und bodenbündig eingebautem Gitterrost. Das Schluckvermögen Q_S ist abhängig von der Stauhöhe h über dem Sperrwasserstand des Geruchverschlusses S zu ermitteln (Passavant-Werke).

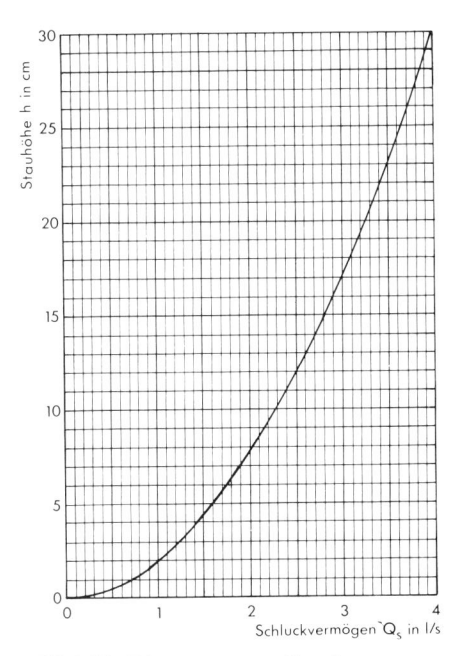

Bild 80 Diagramm zur Bestimmung des Schluckvermögens Q_S für den Chromstahl-Bodenablauf DN 100 nach Bild 79 in Abhängigkeit von der Stauhöhe h über dem Sperrwasserstand S.

Die maßgebende Stauhöhe über dem Sperrwasserstand des Geruchverschlusses ist mit h = 100 mm anzunehmen. Der herstellerseitig durch Versuche zu ermittelnde Abfluß Q_S ist für eine beliebige Stauhöhe h_2 mit Hilfe der Gleichung 6 zu ermitteln. Für den in Bild 79 dargestellten Bodenablauf mit Aufsatzwanne kann der Abfluß aus dem Diagramm in Bild 80 abgelesen werden.

2.3.5 Klosetts und Klosettkombinationen

Die zur Auswahl stehenden Klosett-Grundtypen sind das Flachspül- und das Tiefspülklosett. Das Flachspülklosett besitzt eine flache Schüssel mit geringem Wasserstand, in der die Fäkalien zunächst sichtbar und damit kontrollierbar liegenbleiben. Von ärztlicher Seite wird eine solche Kontrolle für bestimmte Patientengruppen für notwendig gehalten [29]. Der damit verbundene Nachteil der Geruchsbelästigung ist dann von untergeordneter Bedeutung. Beim Tiefspülklosett fallen die Fäkalien sofort in das tiefe Wasser des Geruchverschlusses. Sie sind damit nicht kontrollierbar, andererseits vermindert das sie umgebende Wasser eine Geruchsbelästigung. Störend ist das Aufspritzen des Wassers bei der Benutzung, das durch vorheriges Einwerfen eines Papierblattes zu verhindern ist.

Klosett- und Klosett-Sitzkombinationen mit Warmwasser-Unterdusche und Warmlufttrocknung (Bilder 81 bis 85) sollen das Problem der Afterreinigung durch Waschen (Spülen) mit abschließender Warmlufttrocknung selbsttätig lösen. Der Anwendungsbereich ist allgemein sowie speziell für Ohnhänder, Körperbehinderte, Infektionskranke und bei dermatologischen Erkrankungen im Ano-Genitalbereich sowie zur Erfüllung besonderer Ansprüche an eine hygienische Klosettbenutzung gegeben. Auf eine notwendige Untersuchung der Therapie- und Funktionsanforderungen und eine daraus abzuleitende Leistungsverbesserung dieser Einrichtungen wurde bereits hingewiesen.

Bild 81 Wandhängendes CLOS O MAT Rio (Sulzer).

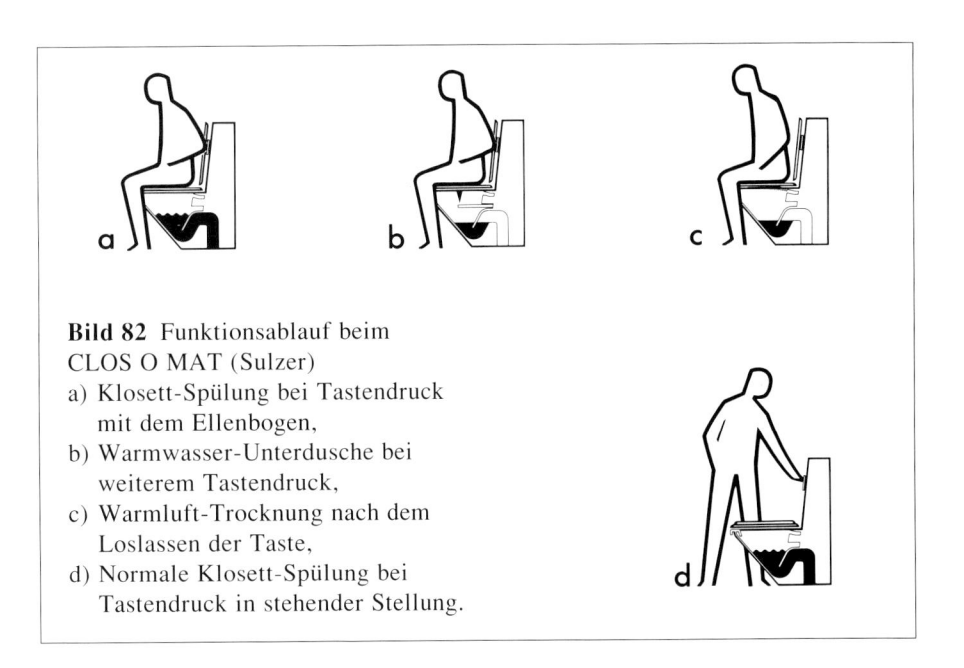

Bild 82 Funktionsablauf beim CLOS O MAT (Sulzer)
a) Klosett-Spülung bei Tastendruck mit dem Ellenbogen,
b) Warmwasser-Unterdusche bei weiterem Tastendruck,
c) Warmluft-Trocknung nach dem Loslassen der Taste,
d) Normale Klosett-Spülung bei Tastendruck in stehender Stellung.

Eine weitere Problemstellung des Klosetts betrifft die *Montagehöhe* und die *Sitzhöhe*. Bei bodenstehenden Klosetts entspricht die Beckenhöhe von 390 bis 400 mm der Montagehöhe, die durch Aufstellung auf einem Sockel vergrößert werden kann. Daneben gibt es bodenstehende Kinderklosetts mit einer Beckenhöhe von 350 mm und bodenstehende Klosetts für Behinderte mit einer Beckenhöhe von 500 mm. Die für die Benutzung maßgebende *Sitzhöhe* ist um die Auftragsdicke des Klosett-Sitzes von etwa 35 bis 45 mm höher als die Montagehöhe.

Bild 83 Ausgefahrene Unterdusche beim CLOS O MAT in Betrieb (Sulzer).

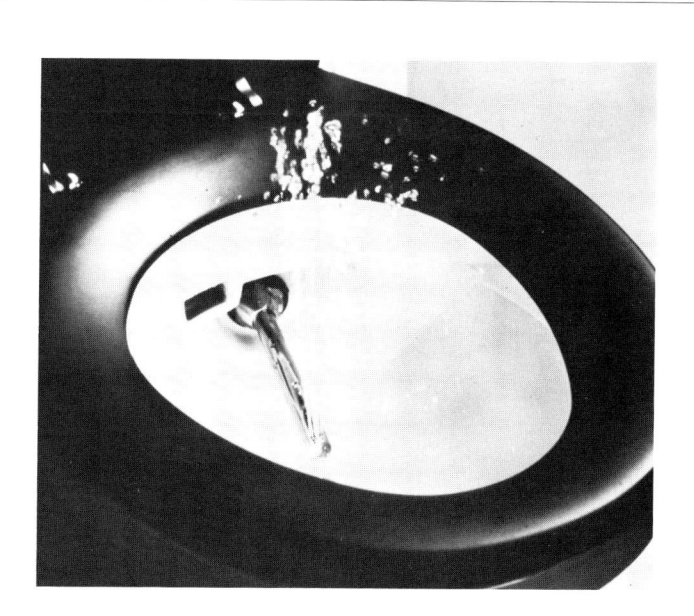

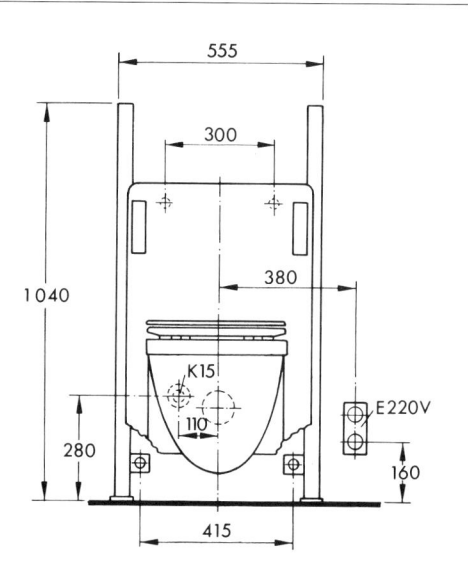

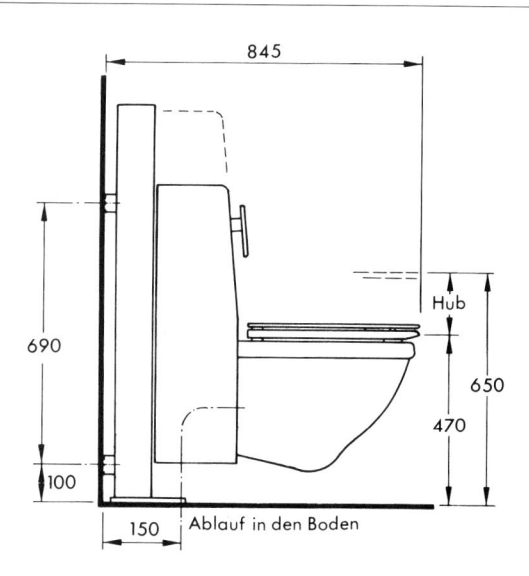

Bild 84 CLOS O MAT mit Kastenrohrrahmen und Hubwagen für individuelle Sitzhöhenverstellung von 470 bis 650 mm durch Handschalterbetätigung (Sulzer).

Bei Wandklosetts spielt der Bodenabstand der Beckenunterkante aus Gründen der Zugänglichkeit bei der Raumreinigung und der Vermeidung von Schmutzecken eine Rolle. Derselbe beträgt bei handelsüblichen Modellen und einer normalen Montagehöhe von 400 mm etwa 50 bis 65 mm. Maßtoleranzen in der Keramik und im Fußbodenaufbau könnten hier zu einem geringeren Bodenabstand führen, was zu vermeiden ist. *Zu empfehlen ist grundsätzlich eine größere Montagehöhe von 430 bis 450 mm, damit ein ausreichender Bodenabstand für die Raumreinigung sichergestellt wird.* Die sich daraus ergebende Sitzhöhe von 465 bis 495 mm liegt durchaus in einem angenehmen Bereich und kann als normal angesehen werden. Für ältere Personen ergibt sich in jedem Fall eine bequemere Handhabung des Setzens und Aufstehens. Für Behinderte mit Hüftleiden, die in ihrer Beweglichkeit stark eingeschränkt sind, kommt eine Sitzhöhe von 480 bis 550 mm in Frage. Nach DIN 18024 Teil 2 [18] soll die Sitzhöhe für Behinderte und alte Menschen und nach DIN 18025 Teil 1 [19] für Rollstuhlbenutzer 500 mm betragen. Nach **Philippen** [56] ist eine Sitzhöhe von mindestens 500 mm und maximal 550 mm angebracht; sie soll für Rollstuhlbenutzer etwa der Sitzhöhe des Rollstuhls mit 510 bis 530 mm entsprechen, da ein Umsteigen auf gleicher Sitzhöhe am einfachsten zu bewerkstelligen ist.

Das erste automatische Klosett-Bidet „*CLOS O MAT*" wurde 1957 von dem Schweizer Hans Maurer erfunden. Es handelt sich dabei um ein Tiefspülklosett aus weißem oder farbigem Sanitärporzellan und einem kunststoffverkleideten Spül-, Dusch- und Gebläsesystem (Bild 81). Entsprechend dem in Bild 82 dargestellten Funktionsablauf werden Spülung, Warmwasserdusche und Warmlufttrocknung oder nur die normale Klosett-Spülung ausgelöst. Das Spülsystem entspricht dem eines aufgesetzten Spülkastens. Das Duschsystem besteht aus einem Boiler von ca. 2 Liter Inhalt, der elektrisch beheizt wird, einer selbsttätig aus- und einfahrenden Unterdusche (Bild 83) und einer Flügelzellenpumpe. Das Wasser gelangt über den Spülkasten in den Boiler – die Temperatur ist individuell einstellbar (bei 38 °C) und thermostatisch geregelt – zur Unterdusche. Der Wasserdruck schwenkt den Duscharm, der mit einstrahliger oder zweistrahliger Düse (der sogenannten Maternity-Düse = Mutterschaftsdüse) zur Auswahl steht, unter den Genital- und Analbereich. In der Endstellung öffnet das Düsenventil und verabfolgt bei einem Durchfluß von etwa 2,0 bis 3,0 l/min während einer Dauer von 10 bis 15 Sekunden eine warme Reinigungsdusche, die nach und nach kühler wird. Bei Loslassen der Betätigung gelangt der Duscharm in die eingefahrene Ruhestellung zurück, so daß die Düse vom überdeckenden Spülrand vor einer direkten Verschmutzung geschützt ist. Automatisch setzt sich das Warmluftgebläse in Betrieb und trocknet die benetzten Körperteile bis zu einer verbleibenden Restfeuchte.

Eine automatische Geruchsabsaugung kann als Sonderausstattung in das Warmluftgebläsesystem integriert sein. Der Geruch wird direkt aus der Klosettschüssel abgesaugt und im Umluftbetrieb in einem Aktivkohlefilter neutralisiert oder im Abluftbetrieb an eine zentrale Toiletten-Abluftanlage mit angeschlossen.

3 Minuten nach einer Benutzung ist das CLOS O MAT wieder betriebsbereit.

Die Klosettkombination CLOS O MAT ist in bodenstehender, wandhängender und wandhängender stufenlos höhenverstellbarer Ausführung (Bild 84) lieferbar. Die Sitzhöhe beträgt bei den bodenstehenden Modellen 430 mm bzw. bei Höhenverstellbarkeit 470 bis 650 mm.

Das *GEBERIT-DoucheWC 7000* ist ein Tiefspülklosett, mit eingebauter Warmwasser-Unterdusche, Warmluftgebläse und Geruchsabsaugung. Zur Auswahl stehen ein bodenstehendes Modell mit einer Sitzhöhe von 415 mm, ein bodenstehendes Modell mit erhöhtem Sockel und einer Sitzhöhe von 500 mm für Behinderte und ein wandhängendes Modell mit einer Sitzhöhe von 415 mm bis 505 mm.

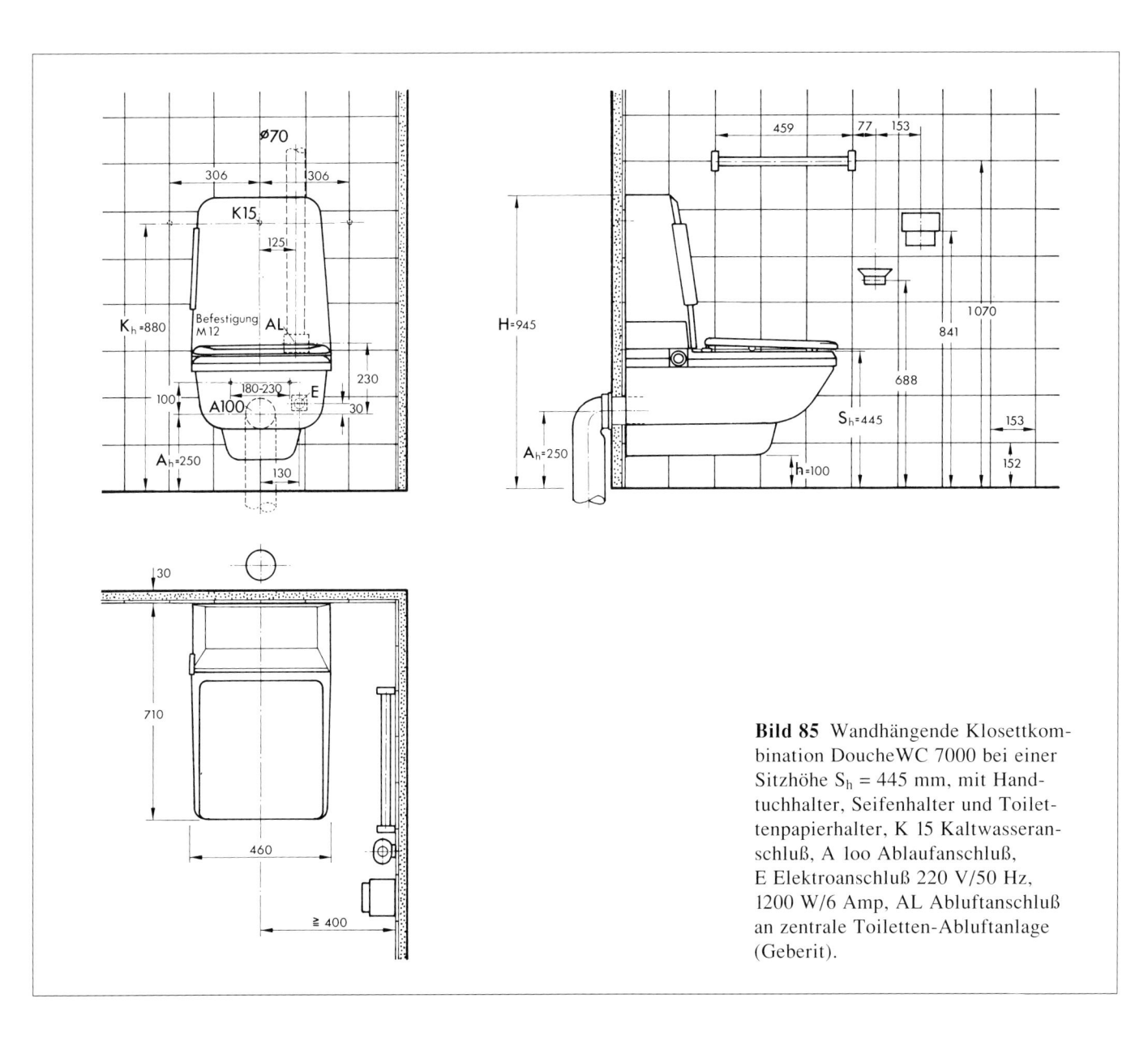

Bild 85 Wandhängende Klosettkombination DoucheWC 7000 bei einer Sitzhöhe S_h = 445 mm, mit Handtuchhalter, Seifenhalter und Toilettenpapierhalter, K 15 Kaltwasseranschluß, A 1oo Ablaufanschluß, E Elektroanschluß 220 V/50 Hz, 1200 W/6 Amp, AL Abluftanschluß an zentrale Toiletten-Abluftanlage (Geberit).

Bild 85 zeigt das Installationsbeispiel für das wandhängende Modell mit der wählbaren Sitzhöhe. Dargestellt sind die Montagemaße bei einem Bodenabstand h = 100 mm, der als Mindestmaß für eine gute Zugänglichkeit bei der Raumreinigung eingehalten werden sollte. Der Mittenabstand zur Wandecke sollte für eine gute Zugänglichkeit des Ausstattungszubehörs mindestens 400 mm betragen (dargestellt 3 Fliesenraster x 153 = 459 mm).

Der mit einem Druckkontakt kombinierte Ringsitz schaltet bei Belastung den Ablüfter zur Geruchsabsaugung ein. Bei einem Luftförderstrom von 22 m^3/h wird bei Umluftbetrieb über einen Aktivkohlefilter der Geruch absorbiert. Es kann aber auch ein Abluftanschluß an eine zentrale Toiletten-Abluftanlage vorgenommen werden.

Der aufgesetzte Spülkasten ist für 6 bis 9 Liter-Spülung eingerichtet und mit einer wassersparenden Spül- und Stoptaste ausgestattet. Auf Knopfdruck fährt der Duscharm aus seiner geschützten Stellung am Beckenrand hervor und verabfolgt bei einem Durchfluß von etwa 2 l/min und einer maximalen Wassertemperatur von 37 °C eine Reinigungsdusche im Anal- und Genitalbereich des Benutzers. Die Wassererwärmung erfolgt elektrisch bei einem Anschlußwert von 1200 Watt. Nach Beendigung des Duschvorganges schaltet sich das Warmluftgebläse ein. Die Warmlufttemperatur ist von 30 bis 60 °C regulierbar. Sobald der Benutzer aufsteht, schaltet sich das Gerät automatisch aus.

Auch bei Klosetts und Klosettkombinationen ist in Abhängigkeit von den jeweiligen Nutzungsanforderungen Ausstattungszubehör vorzusehen. In Frage kommen z. B.:

> Ablegeflächen für Waschutensilien werden mit Ablegeplatten oder gefliesten Wandnischen in einer Breite bis etwa 500 mm ausgeführt. Die Anordnung erfolgt 900 bis 1050 mm über Oberkante Fußboden.

Der Verwendung von Stückenseife zum Waschen dienen Seifenhalter mit Seifenschale. Die Anbringungshöhe liegt 700 bis 900 mm über Oberkante Fußboden. Das gilt auch für Waschlappenhaken.

Für die Ablage von Stoffhandtüchern zum Abtrocknen können Handtuchhaken oder besser Handtuchhalter, Handtuchringe und Handtuchablagen mit Handtuchkorb verwendet werden. Die Anbringungshöhe beträgt 800 bis 1050 mm über Oberkante Fußboden. Es können aber auch Papierhandtuchspender eingebaut werden.

Toilettenpapierhalter sind für eine übliche Klosett-Benutzung, z. B. auch zum Abwischen nach einer Harnentleerung, geeignet. Die Anbringungshöhe liegt bei 750 bis 800 mm.

Als Sicherheitseinrichtungen, die das Setzen und Aufstehen erleichtern, sind Haltegriffe oder abgewinkelte Seitenwandgriffe etwa 800 bis 1000 mm über Oberkante Fußboden anzubringen. Bei waagerechter Anordnung können sie gleichzeitig als Handtuchablage benutzt oder mit einem Toilettenpapierhalter kombiniert werden.

2.3.6 Urinale

Urinale gehören zur Sanitäreinrichtung stark frequentierter Abortanlagen für Männer. Das gilt für öffentliche Bedürfnisanstalten, Bahnhöfe, Industriebetriebe, Büro- und Geschäftshäuser, Gaststätten, Hotels, Theater, Schulen, Sportstätten und dergleichen. Der geringe Zeitaufwand in der Benutzung eines Urinales im Vergleich mit der Klosettbenutzung ermöglicht eine größere Frequentierung gemeinschaftlicher Abortanlagen. Gleichzeitig ergibt sich bei einem Flächenbedarf von etwa 0,5 bis 0,7 m² für einen Urinalplatz gegenüber einem solchen von etwa 1,2 bis 1,4 m² für die Klosettkabine ein geringerer Raumbedarf für die Sanitärräume.

Die Anzahl der Urinale in einer Abortanlage wird in der Regel abhängig von der Anzahl der für Männer vorzusehenden Klosettbecken bestimmt. Normal wird je Klosettbecken ein Urinal vorgesehen. Ausnahmen bestehen für kurzzeitig besuchte Gebäudearten mit einem Stoßbetrieb in der Benutzung der Sanitäreinrichtungen, wie Sportstätten, Theater, Bahnhöfe und dergleichen. Hier werden jeweils 2 bis 3 Urinale auf ein Klosettbecken gerechnet. Allgemein gelten für die erforderliche Anzahl der Urinale folgende Richtwerte, sofern keine anderen Vorschriften bestehen:

- ◆ 1 Urinal für 10 bis 15 männliche Personen in Gebäuden bei halb- und ganztägiger Benutzung;

- ◆ 1 Urinal für 20 bis 40 männliche Personen in Gebäuden bei kurzzeitiger bzw. stoßartiger bzw. schwankender, verkehrsabhängiger Benutzung.

Bild 86 Urinalbeckenbenutzung mit den Bezugsmaßen für die Montagehöhe der Spülrandlippe über Oberkante Fußboden
$h_1 = 0{,}472\,H - 150 \pm 25$ mm;
H = Körpergröße in mm,
S = Sohlendicke in mm,
h_2 und h_3 produktabhängig [28].

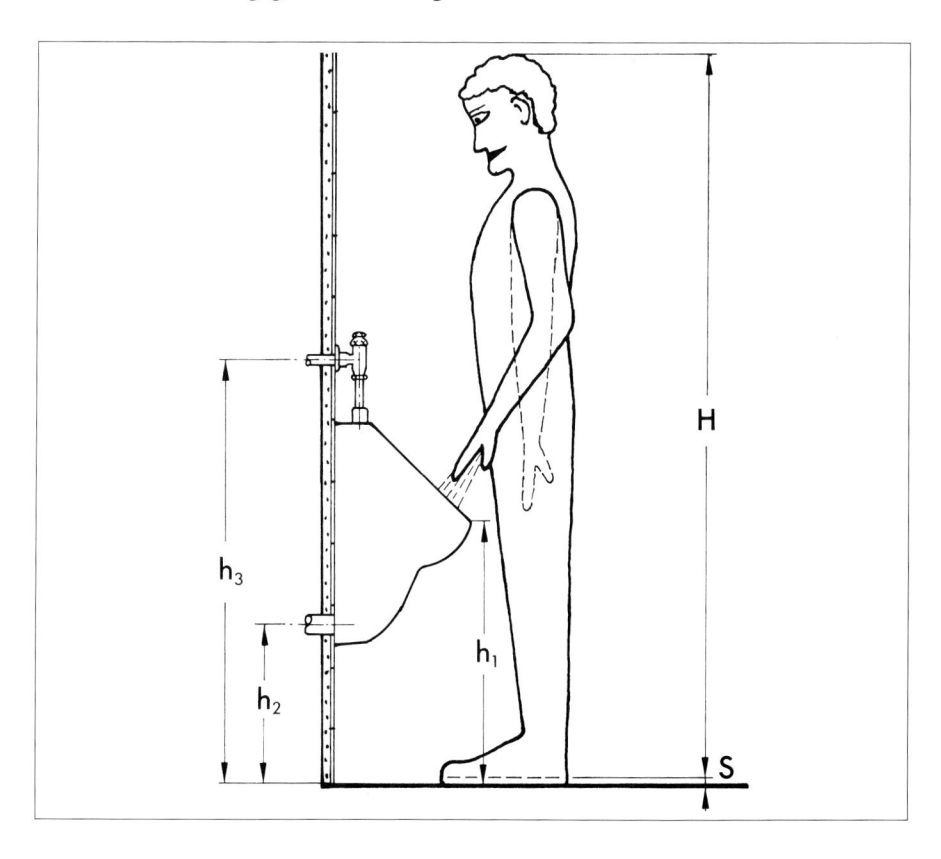

Für Gaststätten, gewerbliche Anlagen, Schulen usw. bestehen besondere Vorschriften über die notwendige Anzahl von Urinalen.

Urinalanlagen mit Wasserspülung werden mit Urinalbecken (Wandurinale) und Urinalständen (Standurinale) eingerichtet. Zur Auswahl stehen Wandurinale aus Sanitärporzellan oder Edelstahl-Rostfrei, Urinalreihen und Standurinale aus Edelstahl-Rostfrei.

Wandurinale und Urinalreihen für wandhängende Montage erfordern für Oberkante Spülrandlippe (Bild 86) bzw. Oberkante vorderer Rinnenrand eine von der Körpergröße der Benutzer abhängige Montagehöhe [28]. Die Montagehöhe soll einen Abstand ≥ 50 mm zwischen Oberkante Spülrandlippe bzw. Rinnenrand und Penishöhe berücksichtigen. Für die hauptsächlichen Altersgruppen gelten für die Montagehöhe folgende Mittelwerte:

- 500 mm Kinder von 7 bis 10 Jahren;
- 570 mm Kinder von 11 bis 14 Jahren;
- 600 mm bei Benutzung durch Jugendliche und Erwachsene;
- 650 mm Erwachsene.

Die Oberkante der Spülrandlippe kann für Personen größer als 1750 mm auch nach der Formel

$$h_1 = 0{,}472 \cdot H - 150 \pm 25 \text{ mm}$$

ermittelt werden.

Spülsysteme und Spülarmaturen für Urinalanlagen sind:

a) Einzelspülung eines Urinales mit:

- Urinaldruckspüler für Aufwand- und Wandeinbau bei Handbetätigung;
- Urinaldruckspüler für Wandeinbau mit Fußbetätigung in der Wand oder im Fußboden;
- Magnetventil für Netzanschluß, berührungslos opto-elektronisch oder radar-elektronisch gesteuert;
- Magnetventil netzunabhängig mit Batterie, berührungslos opto-elektronisch gesteuert.

b) Reihenspülung mehrerer Urinale gleichzeitig mit:

- Selbstschluß-Durchgangsventil für Aufwand- und Wandeinbau bei Handbetätigung;
- Magnetventil für Netzanschluß, berührungslos opto-elektronisch oder radar-elektronisch gesteuert.

c) Intervallspülung mehrerer Urinale gleichzeitig mit:

- Magnetventil für Netzanschluß, mit Zeit-Elektronik bei gleichbleibendem Spülrhythmus und mit Zeitschaltuhr für einstellbaren Spülrhythmus.

Ausgehend von einer optimalen Spülung bei jeder Benutzung ergibt die Einzelspülung den geringsten Wasserverbrauch. Die Reihenspülung benötigt bei Urinalgruppen bis zu 4 Ständen unter gleichen Spülvoraussetzungen etwa den doppelten Wasserverbrauch. Die periodische Intervallspülung mit Zeituhrsteuerung kann dem Benutzungsrhythmus nur angenähert angepaßt werden. So kommt man in Schulen mit dem kürzesten Schaltrhythmus von 3 Minuten während der Pausen, von 15 Minuten während der Unterrichtsstunden und Abschaltung während der schulfreien Zeit den Benutzungsanforderungen sehr nahe. Für Betriebs-, Büro- und Verwaltungsgebäude kann eine Zeituhrsteuerung an den Arbeitstagen bei Arbeitsbeginn, z.B. von 7.00 bis 8.00 Uhr, vor und nach Frühstücks- und Mittagspause mit Zeitvorgabe und Zeitzugabe von jeweils 15 Minuten und etwa 30 Minuten vor Arbeitsschluß für kurze Spülabstände eingestellt werden. Der Wasserverbrauch fällt hier am größten aus.

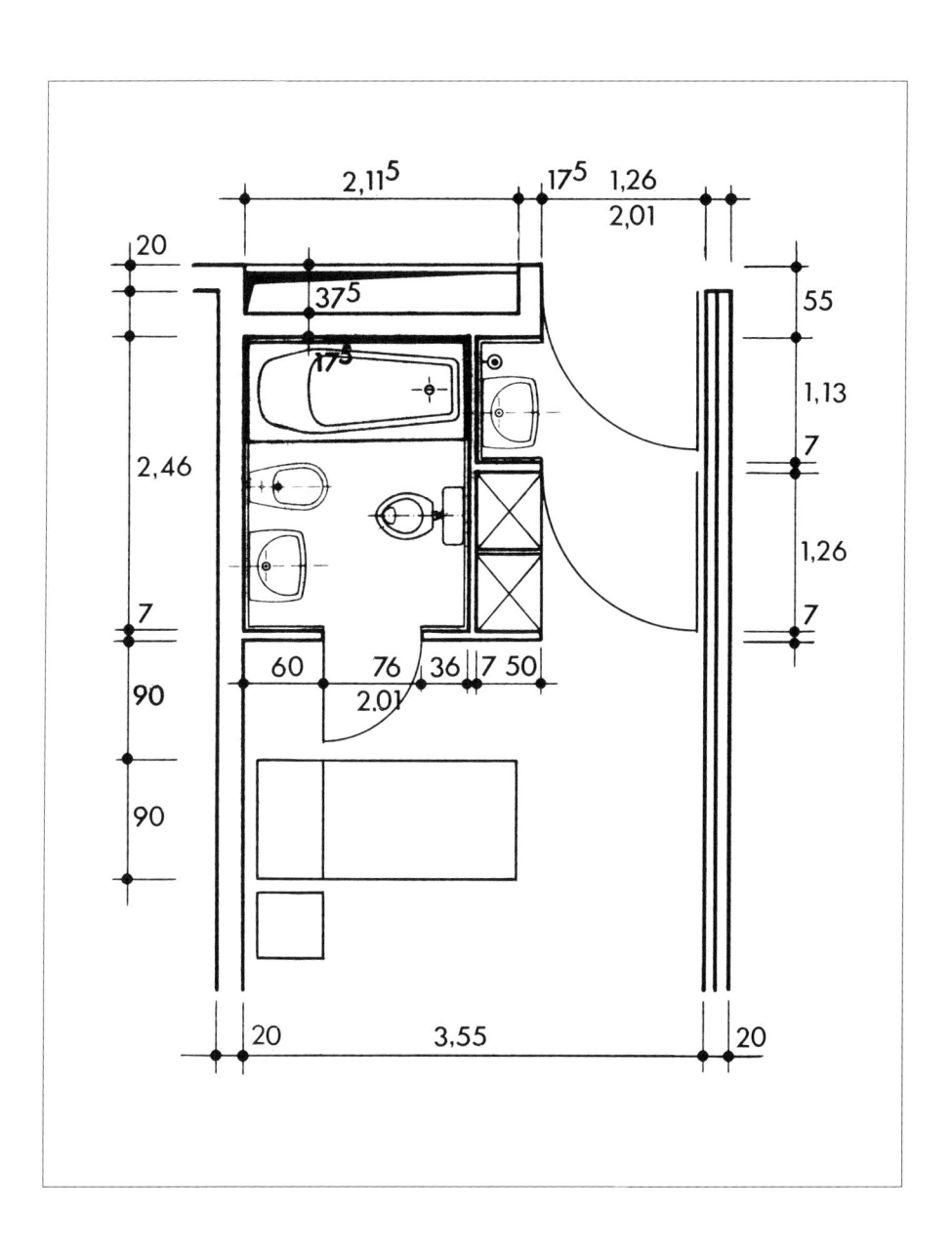

Bild 87 Sanitärzone mit Bad und Eingangsschleuse vor Infektions-Krankenzimmern.

2.3.7 Bidets (Sitzwaschbecken)

Das Waschen des Unterkörpers in stehendem Wasser ist für den öffentlichen und gewerblichen Anwendungsbereich auszuschließen, da die Gefahr der Keimübertragung durch vom Vorbenutzer eingebrachte bzw. durch auf diesem Wege angesiedelte Keime besteht. Das gilt auch für das Duschen des Anal- und Genitalbereiches mit einer in der Bekkenmulde fest eingebauten Unterdusche, die innerhalb stehenden oder abfließenden Schmutzwassers liegt.

Hygienisch unbedenklich ist das Waschen am fließenden Wasserstrahl bei freiem Auslauf, da das Wasser direkt und praktisch keimfrei der Trinkwasserleitung entnommen wird. Handelsübliche Armaturen mit freiem Auslauf besitzen eine ballistische Strahlführung in die Bekkenmulde (Bild 26, Abschnitt **1.7.3.4**). Der Waschvorgang ist mit der Hand unter Verwendung von Stückseife vorzunehmen. Bei einseitigem Zulauf kann das Waschen des betreffenden Körperteils, vorn oder hinten, durch eine entsprechende Sitzrichtung (Reit- oder Hocksitz) der Strahlführung angepaßt werden. Konstruktionen mit zweiseitigem Zulauf ermöglichen eine universelle Handhabung.

Das Bidet sollte zur Einrichtung des Waschplatzes in Kranken- und Hotelzimmern bzw. der Klosett- und Baderäume innerhalb einer vorgeschalteten Sanitärzone gehören (Bild 15, Abschnitt **1.7.1.2** und Bild 87).

Die Wahl zwischen Fußboden- und Wandbefestigung sollte für letztere entschieden werden, da dann für Behinderte die Anbringungshöhe wie beim Wandklosett wählbar ist und die Fußbodenfreiheit die Raumreinigung erleichtert. Desgleichen entfallen Reinigungsarbeiten der Bidet-Rückseite. Die Montagehöhe entspricht derjenigen für Klosetts (Abschnitt **2.3.5**).

Hinsichtlich der Anordnung gehören Klosetts und Bidets zusammen, sie sollen nicht in verschiedenen Räumen installiert sein. Auf den größeren seitlichen Abstand des Bidets zu Wänden oder anderen Objekten bzw. Einrichtungsteilen wird besonders hingewiesen (gem. DIN 18022 sind 25 cm gefordert), da beim Reitsitz ausreichend Platz für den Oberschenkel bestehen muß.

2.3.8 Bodenabläufe

Der Einbau von Bodenabläufen ist auf Sanitär- und Funktionsräume zu beschränken, in denen die Entwässerung von Sanitärobjekten – z.B. Duschstände, Badewannen – oder der Anfall von Tropf- und Entleerungswasser in Technikzentralen dies erfordert bzw. die Raumreinigung durch Ausspritzen vorgenommen wird. Von Fall zu Fall ist zu entscheiden, ob unter Berücksichtigung des Fußbodenaufbaues und des Bodengefälles der Ablaufrost bodenbündig oder zur besseren Aufnahme von Entleerungswasser bei Badewannen ein vertiefter Einbau oder der Einbau in Verbindung mit einer Aufsatzwanne in Frage kommt (Bild 74 Abschnitt **2.3.4**).

Bodenabläufe sollen dabei jederzeit zugänglich angeordnet werden, damit eine Wartung möglich ist. In Verbindung mit Badewannen und Duschwannen soll der Bodenablauf möglichst neben der Wanne und nicht unterhalb derselben liegen. Ist dies bei freistehenden Badewannen nicht möglich, z.B. bei medizinischen Badewannen (Bild 74), dann kommt es darauf an, daß ein schneller Abfluß ohne Überstauung auf der Fußbodenfläche gewährleistet ist. Das kann mit einem um 40 bis 60 mm vertieften Einbau der Abflußroste oder besser durch Einbau einer Ablaufkombination – bestehend aus Bodenablauf und Aufsatzwanne (Bild 76 Abschnitt **2.3.4.1**) – gelöst werden. Ein vertiefter Einbau ist allerdings bei befahrenen Bodenflächen, z.B. in Zentralküchen oder bei Gipsbankanlagen mit fahrbarem Gipsschlammfänger, auszuschließen. Bei gefliesten Duschständen soll der Bodenablauf außerhalb der Standfläche des Badenden liegen (Bild 68 Abschnitt **2.3.2**).

Um Ablaufroste sauber in das Fliesenraster integrieren zu können, sind Bodenabläufe zu bevorzugen, die eine seitliche Verschiebung der Aufsatzwanne erlauben, um die gewünschte Höhe des Ablaufrostes genau einhalten zu können, müssen Bodenabläufe mit höhenverstellbaren Ablaufwannen gewählt werden.

In hygienisch wichtigen Bereichen, hierzu gehören z.B. Operationsräume, OP-Wasch-, Vorbereitungs- und Umbetträume, soll der Einbau von Bodenabläufen unterbleiben. Das gilt auch für Klosett-Vorräume und Pflegearbeitsräume. Bei Schwimmbecken mit Überflutungsrinne soll der Beckenumgang mit Gefälle zur Überflutungsrinne ausgebildet werden und in diese entwässern.

Der Ablauf von Tropf- und Spritzwaser während des Badebetriebes wird dabei über die Schwimmbadwasseraufbereitung geführt. Reinigungswasser für die Raumreinigung wird durch Umschalten der Überflutungsrinne auf Abfluß in die Kanalisation abgeleitet.

Bild 88 Beckenrandausbildung mit „Finnischer Überflutungsrinne" und Bodengefälle des Beckenumganges zur Überflutungsrinne (Villeroy & Boch)
1 Kapillarbrechende Fugenfüllung z.B. Kunstharzmörtel, 2 Elastischer Fugendichtstoff, 3 Füllstoff-Polyäthylenschaum, 4 Füllmaterial (wasserbeständig), 5 Wasserdruckhaltende Abdichtung nach DIN 18 195, 6 Verwahrung der Abdichtung, 7 Wasserundurchlässiger Stahlbeton nach DIN 1045 mit Oberflächengefälle, 8 Fugenband, 9 Bewegungsfuge, 10 Gleitfuge.

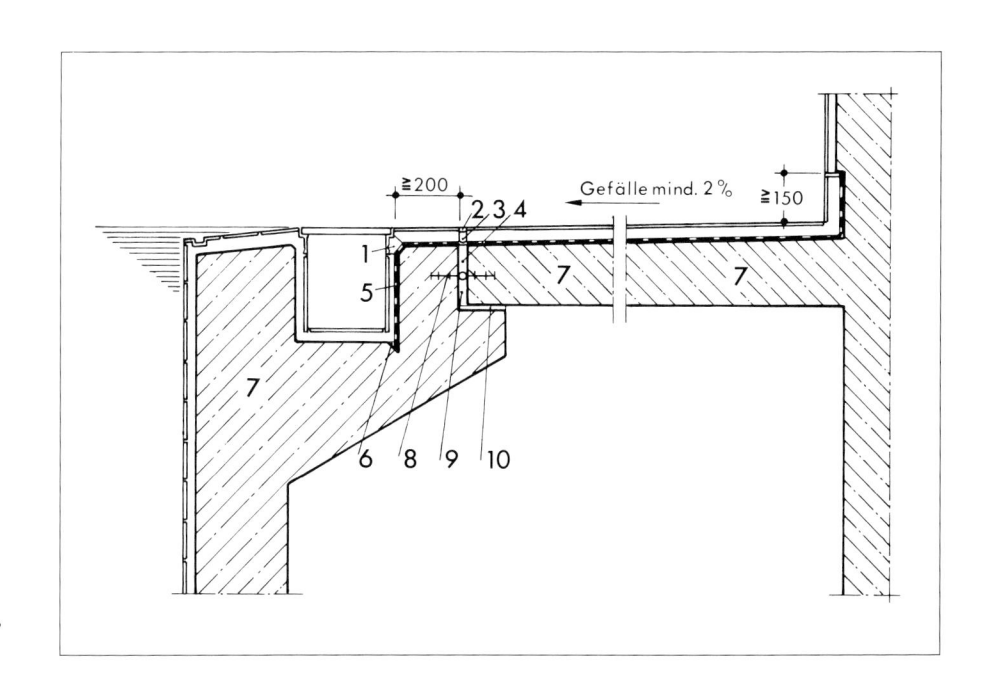

2.4 Sanitärarmaturen

Armaturen in der Sanitärtechnik sind nach dem zugehörigen Technikbereich in Wasser-, Abwasser-, Gas- und Abgasarmaturen einzuteilen. Nach den speziellen Anwendungsbereichen werden Armaturen für den Wohnungsbau, für öffentliche und gewerbliche Anlagen, für den Krankenhaus- und Anstaltsbedarf und für Laboratorien unterschieden.

Wasserarmaturen dienen der Wasserentnahme, der In- und Außerbetriebnahme, der Sicherung und Sicherheit, der Regelung, der Überwachung und Wartung von Wasserversorgungsanlagen. Sie werden in oder an Behältern, Geräten oder Leitungen verwendet. Nach einer Begriffsdefinition „Armaturen" durch die „Fachgemeinschaft Armaturen im VDMA" sind zu unterscheiden:

a) Absperr-, Regel-, Sicherheits- und Überwachungsorgane oder -elemente sind alle von Hand, mit Hilfskraft oder automatisch betätigten Schieber, Klappen, Ventile und Hähne einschließlich aller Abarten und Kombinationen. Der Begriff Absperrorgan schließt der Drosselung oder der Rückflußverhinderung strömender Stoffe dienende Organe ein. Unter Sicherheitselementen sind Berstscheiben, Schmelzmembranen u. ä. zu verstehen. Überwachungsorgane und -elemente sind neben akustischen, auf Druck ansprechenden Signalgebern alle Arten von Strömungs- bzw. Standhöhenanzeigern, gleichgültig, ob sie eine direkte Beobachtung gestatten oder mit Fernübertragungs- oder Signaleinrichtungen versehen sind.

b) Der mechanischen Absonderung unterschiedlicher Stoffbestandteile dienende Organe oder Elemente sind alle Arten von Schmutzfängern, Sieben, Filtern, Abscheidern, Ableitern und Geruchverschlüssen, sofern sie nach ihrer Konstruktion geeignet sind, fest verbundene Bestandteile eines Leitungs- bzw. Behältersystems zu sein; ausgenommen sind einfache unbearbeitete, als Geruchverschluß verwendbare Rohrformstücke.

c) Der Beeinflussung von Strahlrichtung oder Strahlart oder dem Mischen strömender Stoffe dienende Organe oder Elemente sind alle den genannten Zwecken dienende Arten von Düsen sowie düsen- oder siebartig ausgebildeten Rohrformstücke, jedoch keine Injektoren, Ejektoren, sonstigen Strahlpumpen, Kolbenverteiler, Mischtrommeln oder Rührwerke.

d) Der Herstellung leicht trennbarer oder beweglicher Rohrverbindungen dienende Elemente sind Verschraubungen, Kupplungen, Ausbaustücke, Dehnungsausgleicher und Rohrgelenke.

e) Armaturenkombinationen der unter a) bis d) genannten Organe bzw. Elemente, ferner das für Einbau und Betrieb notwendige Zubehör.

2.4.1 Baumerkmale der Armaturen

Neben der vorstehenden Unterscheidung von Armaturen nach ihrer Funktion ist eine solche nach den Baumerkmalen zweckmäßig. Diese

Bild 89 Füll- und Entleerungs-Kugelhahn (Gebr. Seppelfricke).

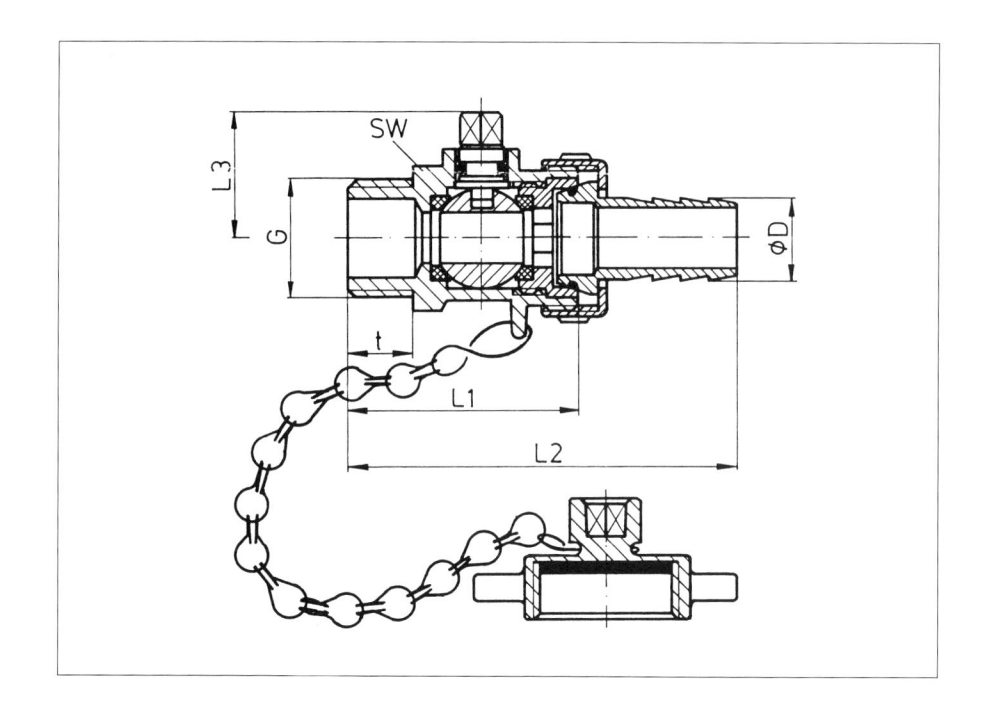

ergibt sich aus der konstruktiven Ausbildung der Absperrfunktion in Hähne, Ventile, Schieber und Klappen.

Der *Hahn* dürfte neben dem Wehr und dem Stopfen wohl die älteste Absperrarmatur sein. Seine Entwicklung geht auf die Praxis des Verschließens eines Spundloches mit einem kegelförmigen Holzstopfen zurück. Als Verschlußteil wird ein konisches, zylindrisches oder kugelförmiges „Küken" verwendet, das mit einer Bohrung versehen ist. Die Betätigung erfolgt durch drehende Bewegung des Verschlußteiles.

Hähne werden heute in der ursprünglichen konischen Ausbildung des Verschlußteiles als *Kükenhähne* ohne und mit Stopfbuchse für Füll- und Entleerungshähne und Manometerhähne, als Absperrarmaturen für Gase und zur Entleerung von Behältern eingesetzt.

Sonderformen sind der Dreiwege- und der Vierwegehahn. Die übliche Dichtung Metall auf Metall erfordert einen Feinschliff des Kükens und ein geeignetes Schmiermittel (Hahnfett oder Talg).

Kugelhähne mit einer gebohrten Kugel aus Messing hartverchromt oder aus Edelstahl werden u. a. als Absperrorgane für Kalt- und Warmwasser, für Druckluft und Gas eingesetzt.

Für die Abdichtung werden O-Ringe oder Profildichtungsringe aus Perbunan oder Teflon verwendet.

Das Prinzip des Kugelhahns kommt auch bei Eingriff-Mischbatterien zur Anwendung. Bei dem Einhebelmischer in Bild 90 erfolgt die Regulierung der Wassermenge, sowie die Mischung von Kalt- und Warmwasser über eine Steuerkugel aus V2A-Edelstahl.

Die Steuerkugel läuft zwischen einer teflonbeschichteten Kugelmanschette und 2 federnd gelagerten Steuermanschetten. Für die Dichtfunktion sorgt die Pressung der Kugel auf die Steuermanschetten.

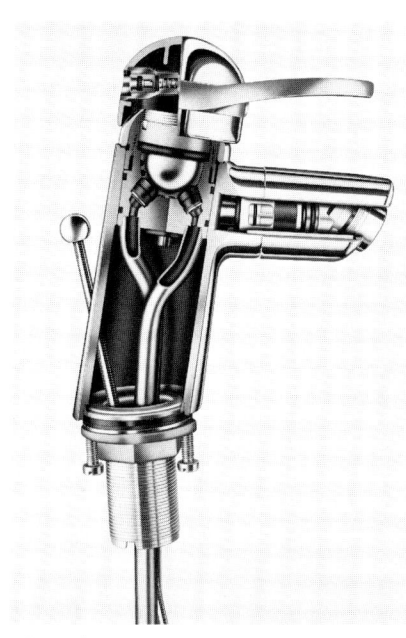

Bild 90 Einhebel-Kugelmischer (hansgrohe).

Hähne besitzen mit der Bohrung im Küken oder in der Kugel in geöffnetem Zustand einen freien Durchflußquerschnitt entsprechend der Rohrweite. Das ergibt einen geringen Strömungsdruckverlust. Das Öffnen und Schließen erfordert eine Drehbewegung von 90 °C. Beim raschen Schließen entsteht in Wasserleitungen ein Druckstoß, was für den Einsatz und die Bedienung zu beachten ist.

Das Problem des Druckstoßes in Wasserleitungen durch schnellschließende Hähne führte zur Entwicklung des *Niederschraubprinzpis*. Bei dieser Konstruktion wird eine im Armaturengehäuse eingespannte Gummischeibe durch eine Spindel von oben auf eine kreisförmige Durchflußöffnung gepreßt. Damit war das Ventil entwickelt worden, wenn auch der sachbezogen richtige Begriff Ventil erst in der heutigen Zeit eingeführt wurde (49).

Beim *Ventil* (Bild 91) wird ein Ventilteller oder ein Ventilkegel geradlinig, senkrecht zum Sitz bewegt. Nach der Form der Gehäuse und der Sitzausführung werden Geradsitzventile und Schrägsitzventile bzw. Freistromventile unterschieden. Geradsitzventile bieten einen hohen Strömungswiderstand und können erhebliche Strömungsgeräusche ver-

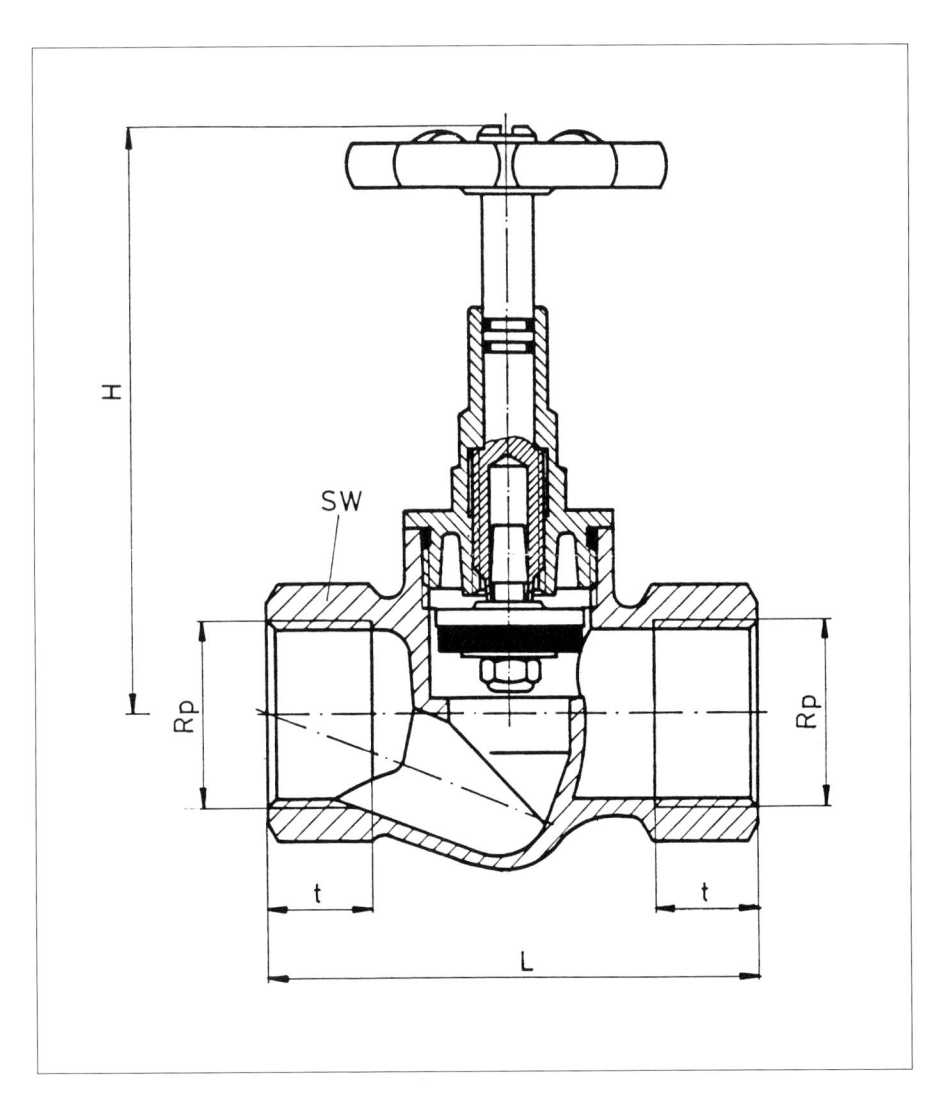

Bild 91 Geradsitz-Durchgangsventil (Gebr. Seppelfricke).

ursachen. Daher sind Schrägsitz- bzw. Freiflußventile zu bevorzugen. Eine Sonderform der Ventile sind Rückschlagventile und Rückflußverhinderer. Das sind selbsttätig arbeitende Armaturen, die in Strömungsrichtung öffnen und bei Umkehr der Strömung schließen und damit ein Rückfließen verhindern.

Die einfachste Form des Ventils ist das *Tellerventil* mit gefaßter oder geschraubter Dichtung und das Kegel- oder V-Ventil mit Regulierkonus.

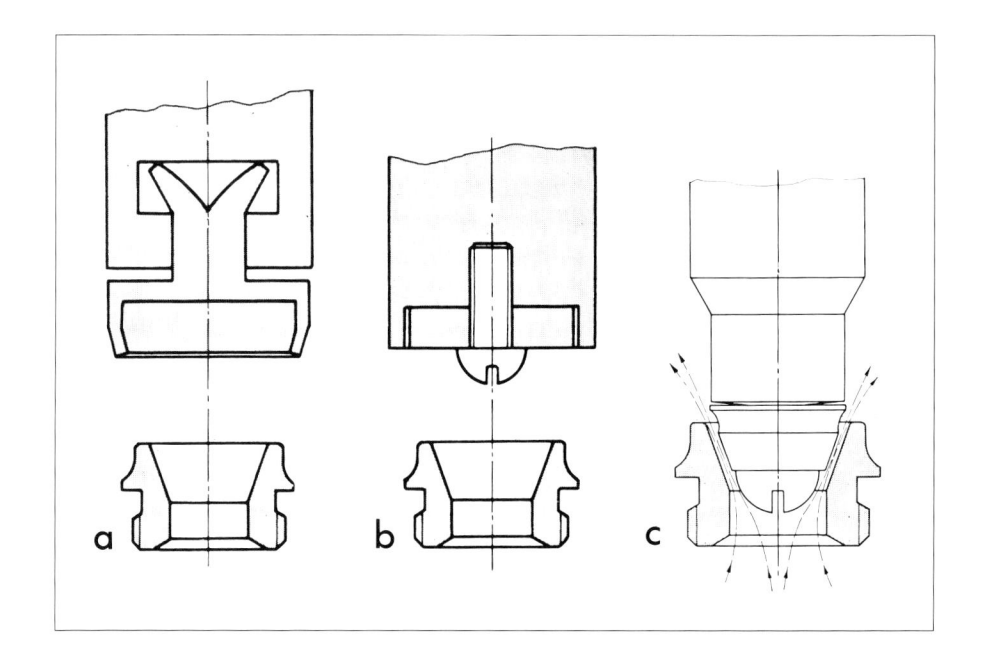

Bild 92 Ventilausbildung bei Sanitärarmaturen
a) Tellerventil mit gefaßter Dichtung
b) Tellerventil mit geschraubter Dichtung,
c) V-Ventil, bestehend aus Regulierkonus, Gummidichtung, Scheibe und Schraube.

Das Tellerventil besitzt eine gleichprozentige Kennlinie, d.h., der Durchfluß steigt mit dem Öffnungshub zunächst langsam und verläuft erst ab 60% Öffnungshub stark ansteigend. Die Regelfähigkeit ist gering. Das V-Ventil besitzt eine nahezu lineare Kennlinie, d.h., der Durchfluß verläuft proportional mit dem Öffnungshub und mit der Griffdrehung. Der Regulierkonus ermöglicht eine Feinregulierung des Durchflusses.

Die *Gummidichtung* des Ventils erfährt beim Schließen eine Druckverformung und beim Öffnen eine Rückverformung. Der Durchfluß von Warmwasser führt zum Quellen der Dichtung. Daraus ergibt sich ein erhöhter Verschleiß der Dichtung und eine entsprechende Wartungsanfälligkeit. Im Oberteil eingepreßte Ventilkegel können sich lösen und bewirken Druckschläge. Beim V-Ventil wird die zwischen Regulierkonus und Rückstellfederscheibe eingefaßte Dichtung vor Zerquetschung geschützt, auch sind Quellerscheinungen eingeschränkt. Der Ventilkegel ist mit dem Oberteil verschraubt und so gegen ein Lösen gesichert.

Weitgehend durchgesetzt hat sich bei Auslaufventilen, Zweigriff- und Eingriff-Mischbatterien die *Keramikscheiben-Dichtung*. Die Funktionsteile sind bei Ventilen einschließlich Sitzpartie in einer Oberteilpatrone (Bild 93), bei Eingriff-Mischbatterien in einer Oberteilkartusche (Bild 94) zusammengefaßt.

Bild 93 Ventiloberteilpatrone mit Keramik-Plattenschieber; Funktionsdarstellung mit 180°-Drehbereich und Ventil-Kennlinie.

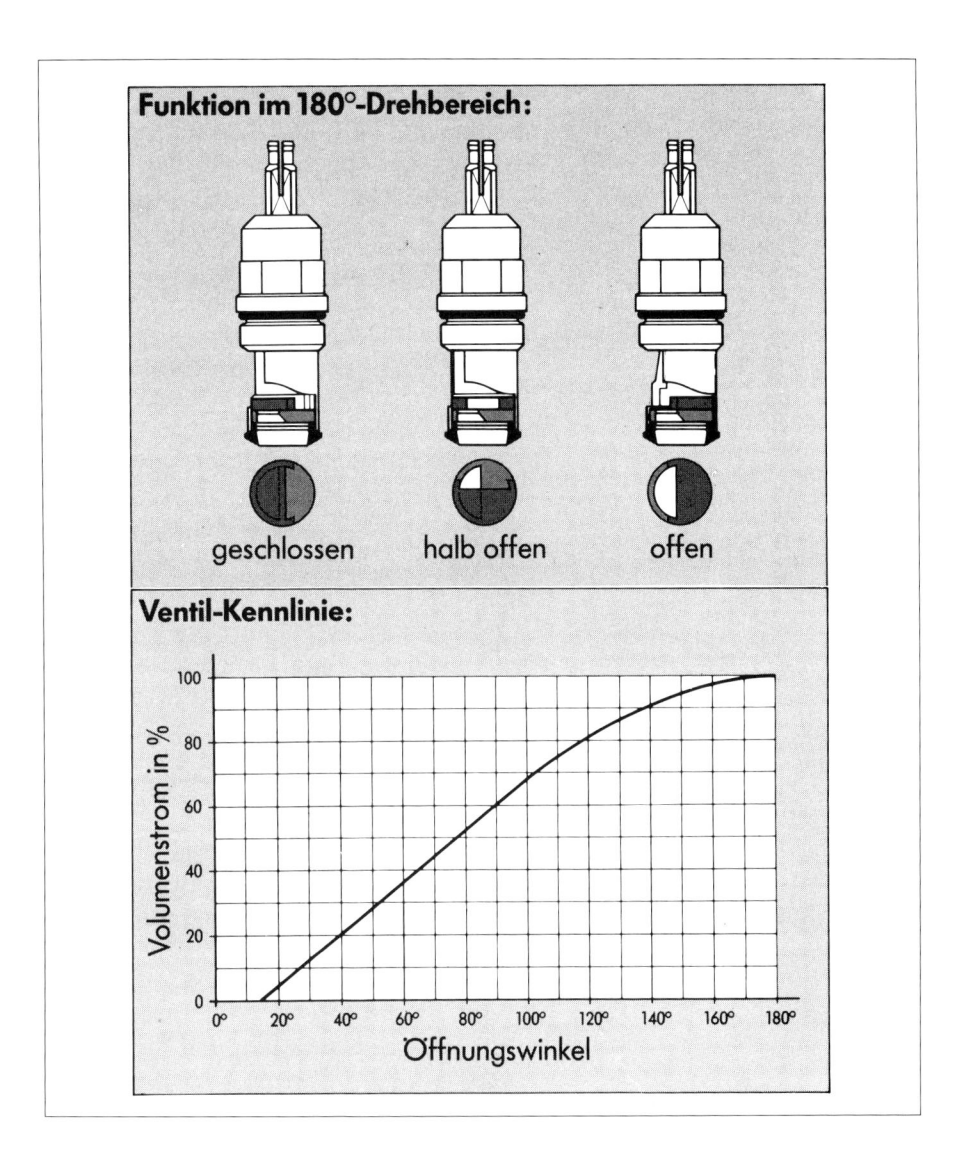

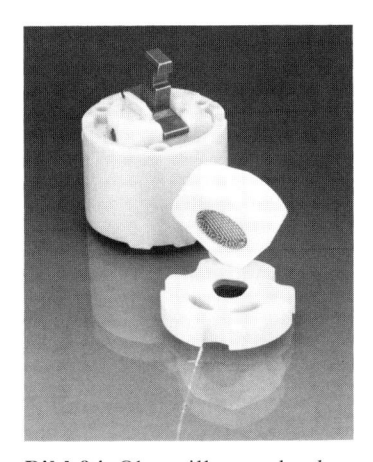

Bild 94 Oberteilkartusche der CERAMIX-Eingriffmischbatterie mit Keramikscheibendichtung (Ideal-Standard).

Diese Dichtungsart ist ein Keramik-Plattenschieber mit zwei oder drei gegeneinander drehbar gelagerten Keramikscheiben. Ein auf 0,0006 mm genauer Planschliff der Keramikscheiben bewirkt durch Adhäsion absolute Dichtheit, da keine Verunreinigungen im Wasser zwischen die verschleißfesten Keramikscheiben eindringen können. Mit der Betätigung verdrehen sich die Keramikscheiben radial zueinander und ergeben durch entsprechende Freigabe der Zuflußbohrungen den Durchfluß und bei Eingriff-Mischbatterien gleichzeitig das gewünschte Mischungsverhältnis. Die Armaturen besitzen abhängig vom Öffnungswinkel, d.h. von dem Winkel der Griffbewegung, eine weitgehend linear verlaufende Kennlinie (Bild 93).

Beim *Schieber* wird das Verschlußteil in Form von Keilplatten geradlinig und senkrecht zur Strömungsrichtung bewegt.

Infolge des geraden Durchgangs der Strömung bei einem der Nennweite entsprechenden freien Durchflußquerschnitt verursachen Schieber einen geringen Druckverlust.

Klappen zeichnen sich durch einen einfachen Aufbau und eine geringe Baulänge aus.

Sie werden als Absperr- und als Regelorgane verwendet und sind in den Nennweiten DN 40 und größer lieferbar. Der im Öffnungszustand weitgehend freie Durchflußquerschnitt verursacht einen verhältnismäßig geringen Druckverlust.

2.4.2 Bauarten der Sanitärarmaturen

Wasserarmaturen sind nach ihrer Funktion und dem Einbauort in die Hauptgruppen *Leitungsarmaturen, Entnahmearmaturen, Sicherungsarmaturen und Sicherheitsarmaturen* einzuteilen. Untergruppen für spezielle Anwendungsbereiche sind Sanitärarmaturen, Garten- und Brunnenarmaturen, Laborarmaturen, Feuerlösch- und Beregnungsarmaturen.

Sanitärarmaturen sind *Auslauf- oder Durchlaufarmaturen*, die Sanitäreinrichtungen zugeordnet werden sowie damit kombinierte Ab- und Überlaufarmaturen. Der Anwendungsbereich liegt vornehmlich in der Gesundheitstechnik und in verwandten Bereichen des Mediums Wasser. Sie stehen als Entnahmearmaturen für Bad, Toilette, Küche und Hausarbeitsraum, für öffentliche und gewerbliche Sanitäreinrichtungen, für medizinische Badeeinrichtungen und Schwimmbäder in vielseitigen Ausführungen zur Auswahl. Eine Gliederungsaufstellung nach der Bedienungs- und Nutzungsfunktion mit der sinnbildlichen Darstellung in Zeichnungen zeigt Bild 96.

Die Bewertung hat Qualitätsmerkmale, Kosten, das Leistungs- und Geräuschverhalten und die Beziehung zur Sanitäreinrichtung zu beachten und unterliegt schließlich den individuellen Geschmacksvorstellungen.

Auslaufarmaturen sind Entnahmearmaturen für Wasser, die an den Endpunkten der Wasserrohrnetze eingebaut werden. *Durchlaufarmaturen* sind Absperr- und Entnahmearmaturen, die in die Rohrleitung eingebaut werden und einen nachgeschalteten freien Auslauf bzw. eine nachgeschaltete Auslaufarmatur erhalten, z.B. eine Mischbatterie für Wandeinbau mit Rohrverbindung zum nachgeschalteten Duschkopf. Für die Montage auf dem Sanitärobjekt oder auf dem Wannenrand geeigneter Wannenkörper werden Standarmaturen verwendet. Für die Wandmontage stehen Aufputz- oder Wandeinbauarmaturen zur Verfügung, für den Fußbodeneinbau Fußbodeneinbauarmaturen.

Bei nebeneinander bzw. übereinander angeordneten Entnahmearmaturen ist nach DIN 1988 Teil 2 für kaltes und erwärmtes Trinkwasser der Anschluß für Warmwasser links bzw. oben anzuordnen. Die Entnahmearmaturen für erwärmtes Trinkwasser sind „rot", für kaltes Trinkwasser „blau" zu kennzeichnen.

Der Wasserfluß kann durch Betätigung mit der Hand, dem Fuß oder dem Knie, selbsttätig hydraulisch, elektrisch oder elektronisch gesteuert ausgelöst werden.

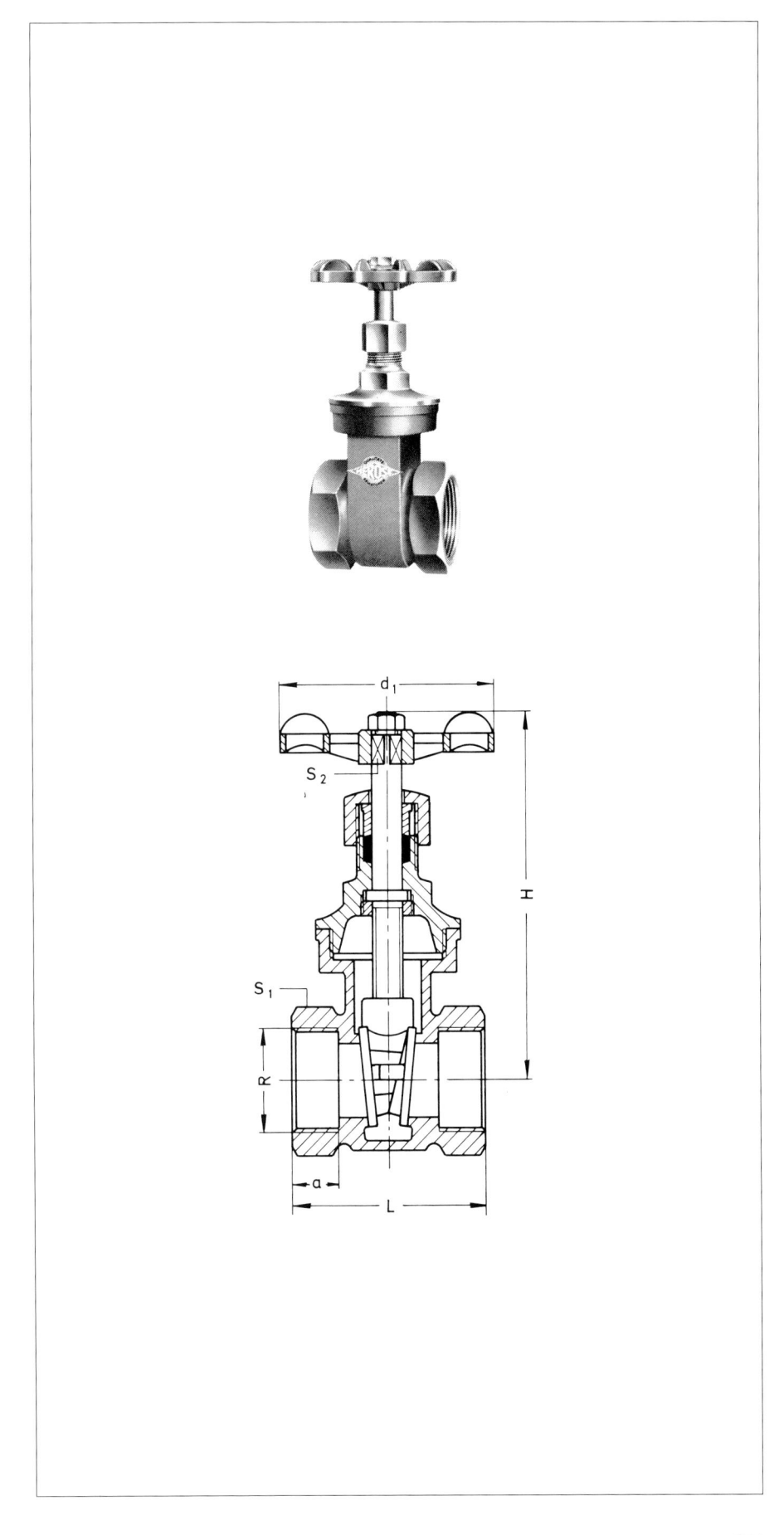

Bild 95 Muffenschieber aus Rotguß (Herose).

Bild 96 Graphische Symbole der Sanitärarmaturen.

Nr.	Benennung	Kurzzeichen	Graphisches Symbol
1.	Auslaufventile		
1.1	Auslaufventil, allgemein		
	Absperrarmatur, allgemein		
1.2	Auslaufventil mit Schwenkauslauf		
1.3	Schnellschluß-Auslaufventil		
1.4	Selbstschluß-Auslaufventil		
1.5	Auslaufventil mit Belüfter und Schlauchverschraubung		
1.6	Auslaufventil mit Rückflußverhinderer, Belüfter und Schlauchverschraubung		

Nr.	Benennung	Kurzzeichen	Graphisches Symbol
2.	Absperr- und Drosselarmaturen		
2.1	Absperrarmatur, allgemein		
2.2	Absperrschieber		
2.3	Absperrklappe		
2.4	Absperrventil, Durchgangsventil - Geradsitzventil - Schrägsitzventil - Drosselventil - Unterputzventil	G S D UP	
2.5	Wandeinbauventil Wandeinbauschieber (Ansicht in Detailzeichnungen)	WEV WES	
2.6	Absperrventil mit Entleerungsventil		
2.7	Eckventil	wie bei 2.4	
2.8	Dreiwegeventil - mit Angabe der Fließrichtung, - als Verteiler - als Mischer		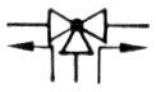 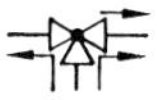
2.9	Vierwegeventil (mit Angabe der Fließrichtung wie bei 2.8)		
2.10	Durchgangshahn - Art des Hahns kann durch Kurzzeichen gekennzeichnet werden Küken Kugel	K KL	
2.11	Dreiwegehahn (mit Angabe der Fließrichtung wie bei 2.8)		
2.12	Vierwegehahn (mit Angabe der Fließrichtung wie bei 2.8)		
2.13	Anbohrschelle - z.B. seitlich		
2.14	Ventilanbohrschelle - z.b. von oben		
2.15	Druckminderer, Druckminderungsventil (gegebenenfalls mit Angabe der Ein- und Ausgangsdrücke in bar)		

4.	Mischbatterien, Ausläufe		
4.1	Wandbatterie - Unterputzausführung - thermisch gesteuert - Zweigriffbatterie - Eingriffbatterie	UP* T Z E	
4.2	Standbatterie - Zweigriffbatterie - Eingriffbatterie	Z E	
4.3	Mischer - thermisch gesteuert - Unterputzausführung - Sicherheitsmischbatterie	T UP S	
4.4	Dusche		
4.5	Dusche mit Kugelgelenk		
4.6	Schlauchdusche		
4.7	Schlauchdusche mit Strahlregler		
4.8	Auslauf		
4.9	Spritzkopf für Urinalstand		

* Diese Kennzeichen sind nur anzuwenden, wenn eine verbale Abkürzung unumgänglich ist.

3.	Spülarmaturen		
3.1	Selbstschlußarmatur - Unterputzausführung	SA* UP	
3.2	Druckspüler - Unterputzausführung	DS* UP	
3.3	Eckventil mit Schwimmerbetätigung		
3.4	Spülkasten mit Eckventil und Schwimmerbetätigung - Unterputzausführung	S UP	

* Diese Kennzeichen sind nur anzuwenden, wenn eine verbale Abkürzung unumgänglich ist.

5.	Sicherungs- und Sicherheitsarmaturen		
5.1	Rohrbe- und entlüfter		
5.2	Rohrbe- und entlüfter mit Tropfwasserleitung		
5.3	Rohrbelüfter		
5.4	Rohrbelüfter, Durchflußform		
5.5	Rohrentlüfter		
5.6	Rohrunterbrecher		
5.7	Rückflußverhinderer		
5.8	Durchgangsventil mit Rückflußverhinderer		
5.9	Rohrbruchsicherung, Schlauchbruchsicherung		
5.10	Freier Auslauf, Systemtrennung	FA*	
5.11	Rohrtrenner, zusätzliche Kennzeichnung der Einbauart 1,2,3	RT*	
5.12	Sicherheitsventil, federbelastet		
5.13	Sicherheitseckventil, federbelastet		

6.	Meß-, Steuer- und Regeleinrichtungen		
6.1	Volumenstrommeßgerät, Durchflußmeßgerät	VM*	
6.2	Volumenzähler, Wasserzähler	WZ*	
6.3	Wärmemengenzähler	WMZ*	
6.4	Anschluß für Meßgerät		
6.5	Temperaturmeßgerät	T	
6.6	Druckmeßgerät zusätzliche Kennzeichnung: Differenzdruckmeßgerät Druckimpulsgeber	p pi	
6.7	Schreiber, ggf. Art des Gerätes durch Kurzzeichen kennzeichnen: Durchfluß Volumen Temperatur Druckdifferenz	V V T p	
6.8	Steuerleitung		
6.9	Antrieb durch Fluide	FL*	
6.10	Antrieb durch Schwimmer	SC*	
6.11	Antrieb durch Gewichtsbelastung	GE*	
6.12	Antrieb durch Federbelastung	FE*	
6.13	Antrieb von Hand	HA*	
6.14	Antrieb durch Eletromotor	MO*	
6.15	Antrieb duch Membrane	ME*	
6.16	Antrieb durch Kolben	KO*	
6.17	Antrieb durch Elektromagnet	MA*	

* Diese Kennzeichen sind nur anzuwenden, wenn eine verbale Abkürzung unumgänglich ist.

Nach der Formgebung kann zwischen modernen und Stil-Armaturen gewählt werden. Für öffentliche Einrichtungen kommen Stilarmaturen nicht in Betracht.

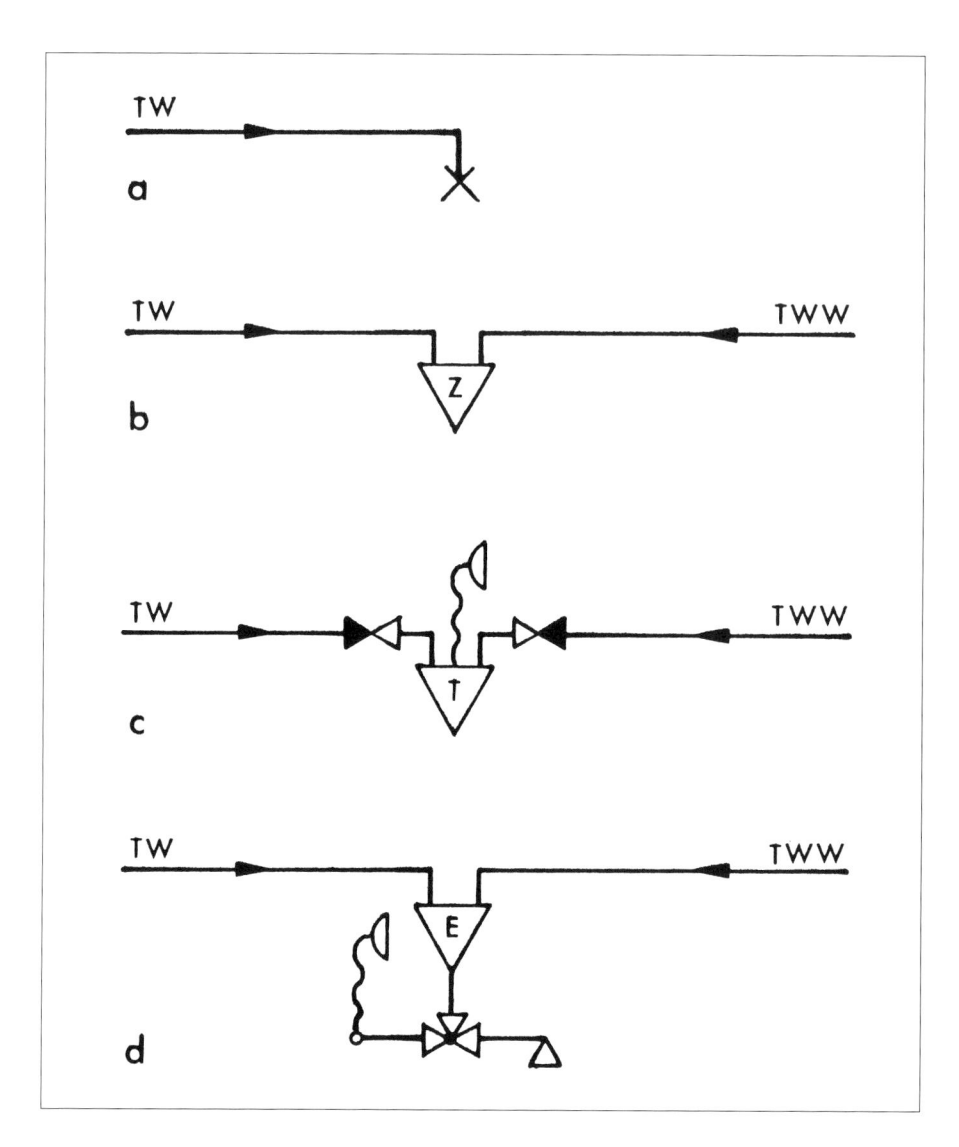

Bild 97 Sinnbilder für Entnahmearmaturen
a) Auslaufventil,
b) Zweigriff-Wandbatterie,
c) Thermostat-Duschbatterie mit Vorabsperrventilen kombiniert mit Rückflußverhinderer und mit Schlauchdusche,
d) Eingriff-Wannenfüll- und Duschbatterie, mit Umstellung für Dusche und automatischer Rückstellung auf Wanneneinlauf, mit Schlauchdusche.

2.4.2.1 Durchgangsarmaturen

Durchgangsarmaturen in Geradsitz-, Schrägsitz- oder Eckform dienen der Absperrung von Einzelzuleitungen zu Sanitärobjekten, von Geräten wie Einzelwassererwärmern und von Mischbatterien von Sanitärobjekten wie Waschbecken und Bidets. Als sogenannte Vorventile, z.B. von Druckspülern und Wandbatterien, können sie gleichzeitig zum Drosseln oder Einregulieren des Durchflusses verwendet werden. Die Betätigung wird mit Griff für Steckschlüssel oder Schraubendreher ausgeführt.

Wandeinbauventile und Wandeinbaukolbenschieber, die als Absperrarmatur für die Raum- oder Gruppenabsperrung eingesetzt werden, können ebenfalls zu den Durchgangsarmaturen gerechnet werden.

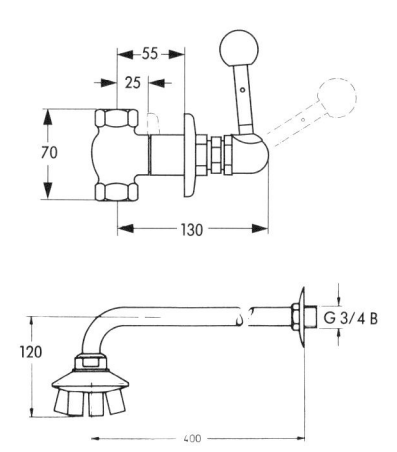

Bild 98 Labor-Notduschventil DN 20 für Wandeinbau und Notduschkopf DN 25 mit Wandarm (AQUA Butzke-Werke AG).

Das Schnellschluß-Durchgangsventil mit schnellsteigender Spindel dient dem schnellen Öffnen bzw. Schließen von Notduschen. Die Betätigung geschieht mittels Hebel.

Selbstschluß-Durchgangsventile für Hand- oder Fußbetätigung oder für elektromagnetische Betätigung bedürfen einer kurzen Anregung durch Drücken des Betätigungsknopfes. Der Vorgang des Öffnens und Schließens erfolgt nach festgelegter Voreinstellung und wird hydraulisch gesteuert. Eine elektromagnetische Betätigung kann durch Lichtstrahl- oder Zeitschaltsteuerung (Kontaktsteuerung gegebenenfalls in Verbindung mit einer Zeitschaltuhr) ausgelöst werden.

Mehrwegeumstellungen zur Veränderung des Durchflusses in andere Leitungen (Abschnitt **2.4.2.8**) und Magnetventile in Kombination mit elektrisch und elektronisch gesteuerten Selbstschlußarmaturen (Abschnitt **2.4.2.6**) sind desgleichen zu den Durchgangsarmaturen zu rechnen.

2.4.2.2 Auslaufventile

Auslaufventile dienen der Wasserentnahme aus einer Zuflußleitung, die Kaltwasser, Warmwasser oder Mischwasser führen kann (Bild 97a). Das Herstellen von Mischwasser in der Armatur ist nicht möglich.

Auslaufventile werden für Wandmontage auf dem Wandbelag und für Standmontage auf dem Rand von Sanitärobjekten, z. B. von Waschbecken, geliefert.

Sie können mit festem oder schwenkbarem Auslauf, mit Strahlregler- oder Luftbeimischermundstück, mit Schlauchverschraubung oder Schlauchkupplung sowie als Armaturenkombination mit Rückflußverhinderer und Rohrbelüfter ausgestattet sein. Armaturenkombinationen dienen der Einzelsicherung der Entnahmestelle gegen ein Rückfließen von Schmutzwasser des versorgten Sanitärobjektes oder Entwässerungsgegenstandes bei Unterdruckbildung in der Versorgungsleitung. Sie werden als Geräteanschlußventile für den Anschluß von Geräten wie Wasch- und Geschirrspülmaschinen ohne DIN-DVGW- oder DVGW-Prüfzeichen sowie als Sprengventile für Grünflächen eingesetzt.

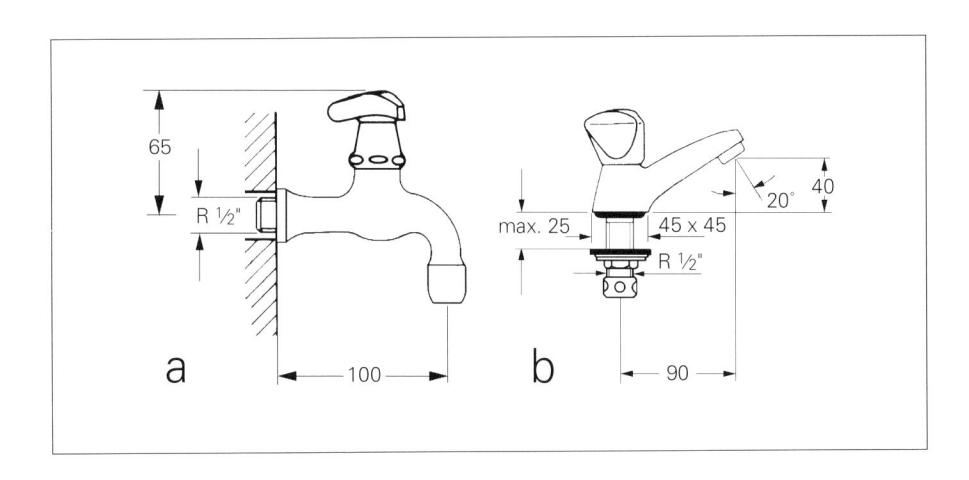

Bild 99 Auslaufventile
a) Wand-Auslaufventil,
b) Stand-Auslaufventil (Friedrich Grohe).

Die Schlauchverbindung zu Geräten sollte zur Verhinderung von Wasserschäden bei abgleitenden oder platzenden Schläuchen mit einem selbstschließenden Wasser-Sicherheitssystem ausgestattet werden. Außer einfachen Schlauchsicherungen, die nur auf plötzliches Austreten des Wassers reagieren (z.B. Platzen des Schlauches), gibt es aufwendigere Sicherungseinrichtungen, bestehend aus Sensor, Schaltzentrale und Automatikventil.

Bild 100 Funktionsdarstellung von Auslaufventilen mit Rohrbelüfter in Durchgangsform und Rückflußverhinderer,
a) Auslaufventil in Geradsitzausführung,
b) Auslaufventil in Schrägsitzausführung,
c) Geräteanschlußventil für Wandeinbau, 1 Rückschlagkegel, 2 Rohrbelüfter, 3 Belüfterkegel.

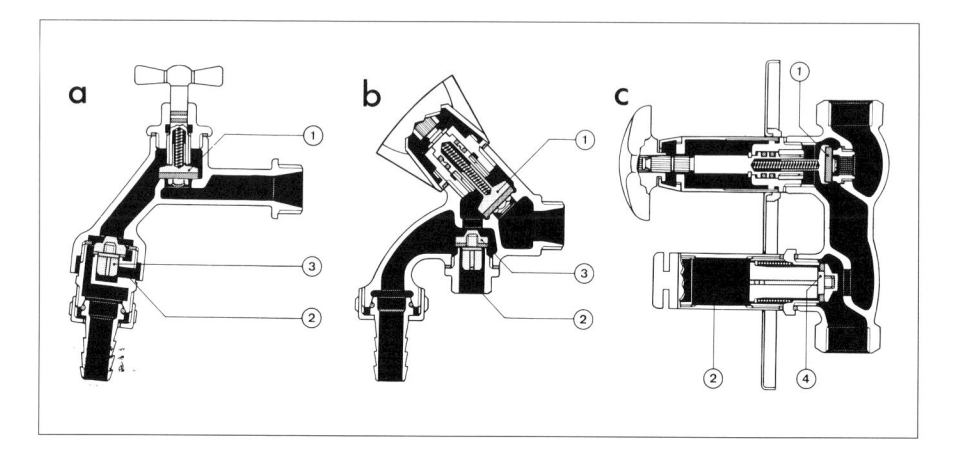

Oberteile werden für die Betätigung mit Knebel, Bedienungsgriff, Steckschlüssel, bei Schnellschluß-Auslaufventilen mit Hebel und bei Selbstschluß-Auslaufventilen mit Knopfdruckteil geliefert.

2.4.2.3 Druckspüler

Druckspüler sind Selbstschluß-Entnahmearmaturen mit einer nachgeschalteten Sicherungseinrichtung (Rohrunterbrecher) zum Belüften des Spülrohres. Sie dienen dem Ausspülen von Klosett-, Urinal-, Ausguß- und sonstigen Becken. Der selbsttätig ablaufende Spülvorgang kann ausgelöst werden:

- ◆ hydraulisch gesteuert durch Druckknopf- oder Hebelbetätigung von Hand, bei Fußbetätigung durch hydraulische Fernübertragung;

- ◆ elektrisch gesteuert bei Verwendung von Magnetdruckspülern durch Betätigung von Hand- oder Fußdrucktaster sowie über Türkontaktsteuerung;

- ◆ opto-elektronisch gesteuert für berührungslose Auslösung des Wasserflusses bei Verwendung von Magnetdruckspülern;

- ◆ radar-elektronisch gesteuert für berührungslose Auslösung des Wasserflusses bei Verwendung von Magnetdruckspülern;

- ◆ sensorisch gesteuert nach Temperatur bzw. pH-Wert des Sperrwassers im Urinalgeruchverschluß.

Druckspüler müssen den Funktionsanforderungen der DIN 3265 [14] entsprechen, die in Tabelle 11 wiedergegeben sind.

Tabelle 11 Spülanforderungen für Druckspüler nach DIN 3265.

Nennweite mm	Fließdruck bar min./max.	Spülstrom bei Dauerbetätigung[2] l/s min./max.	Spülmenge[3] l min./max.	Dichtheit bei Ruhedruck bar
15	1,2/5,0	0,7/1,0	6/14	1,0
20	1,2/5,0	1,0/1,3	6/14	1,0
25	0,4/4,0	1,0/1,8	6/14	0,3
32	0,2/1,0	1,3/1,8	6/14	0,1

[1] DIN 3265 Blatt 1, Januar 1970.
[2] Während der Vollöffnungsdauer.
[3] Flachspül- und Tiefspülklosetts 6 bis 9 l, Absaugeklosetts 14 l.

Die Einbauhöhe des Rohrunterbrechers muß mindestens 400 mm über Oberkante Becken liegen. Der selbsttätige Abschluß muß für eine Spüldauer von 7 bis 15 Sekunden gewährleistet sein.

Nach der Konstruktion werden Kolben-Druckspüler und kolbenlose Druckspüler unterschieden. Beim Kolben-Druckspüler wird das Öffnen und Schließen durch Anheben und Senken des Kolbens und der daran befindlichen Ventildichtung über ein Entlastungsventil bewirkt. Ein Nadelventil regelt die Spüldauer, während ein Hilfsventil das rückschlagfreie Arbeiten gewährleistet.

Bei dem kolbenlosen Druckspüler trennt ein speziell geformter Gummikörper die Druck- und Gegendruckkammer. Dieser Gummikörper ist mit einem innenliegenden Ventilkörper verbunden, an dem die Hauptventildichtung befestigt ist. Durch leichtes Drücken auf das Knopfdruckteil öffnet sich das Hilfsventil, und die Gegendruckkammer wird durch Abfließen des Wassers entlastet. Der von außen wirkende Wasserdruck stülpt den elastischen Gummikörper ein und öffnet damit das Hauptventil. Nach Freigabe des Knopfdruckteils bewirkt die unter diesem liegende Feder das Schließen des Hilfsventils und dadurch das selbsttätige Schließen des Hauptventils.

2.4.2.4 Spülkästen mit Auslauf-Schwimmerventil

Spülkästen sind Einrichtungen zum Spülen von Klosett-, Urinal-, Ausguß- und sonstigen Becken. Das Spülwasser wird über ein Auslauf-Schwimmerventil selbsttätig, vom Wasserstand im Spülkasten geregelt, zugeführt. Der Ablauf erfolgt über ein Spülventil im Boden des Spülkastens (Bodenventil) und wird durch Zug-, Druck- oder Hebelbetätigung sowie über hydraulische oder elektrische Fernbetätigung ausgelöst. Der Ablauf kann auch über ein Heberrohr erfolgen und durch Zug-, Druck- oder hydraulische Fernbetätigung in Verbindung mit einem Injektor veranlaßt werden. Spülkästen werden für Montage auf der Wand tief-, halbhoch- und hochhängend, für Wandeinbau, als Zweistückanlage auf dem Klosett aufgesetzt und als Einstückanlage angeformt ausgeführt. Der maximale Wasserstand wird durch die Höhe des Überlaufrohres vorgegeben. Dadurch ist der „freie Auslauf" im Sinne der Bestimmungen zur Sicherung der Trinkwassergüte gegeben.

Tabelle 12 Einbauhöhen und Spülwasservolumen für Spülkästen nach DIN 1986 Teil 1 [10].

Nr.	Spülkasten für	Einbauhöhe	Abstand des Spülkastenbodens		Spülwasservolumen
			von Oberkante Becken mm	von Oberkante Fußboden mm min.	l
1	Flachspül- oder Tiefspülklosetts	aufgesetzt tiefhängend hochhängend	0 120–250 ≥ 1500	– – –	6,0 / 9[1]
2	Absaugeklosetts	aufgesetzt tiefhängend	0 ≤ 250	– –	6,9 / 14[1]
3	Fäkalienausgüsse	hochhängend	–	2000	6–9
4	Urinalbecken	hochhängend	–	1400	2–4

[1]) In Abhängigkeit von der Art der Klosettbecken, je nach der auf diesen angebrachten Kennzeichnung; Spülkästen für Klosettbecken ohne Kennzeichnung nach Nr. 1 sind grundsätzlich auf 9 l, die nach Nr. 2 grundsätzlich auf 14 l einzustellen.

Tabelle 12 enthält die nach DIN 1986 Teil 1 [10] vorgeschriebenen Einbauhöhen und Spülwasservolumen für Spülkästen.

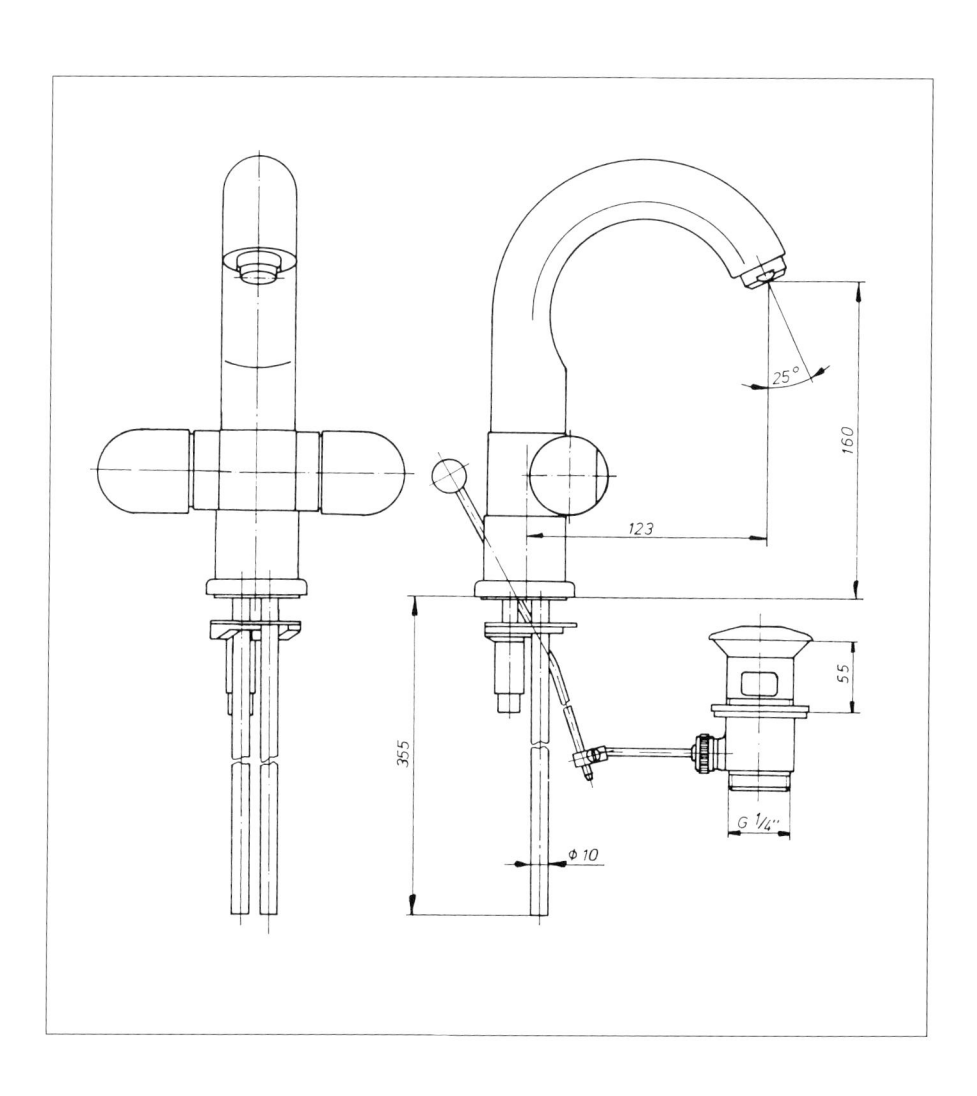

Bild 101 Zweigriff-WT-Einlochbatterie mit Zugknopf-Ablaufgarnitur (Hansa Metallwerke).

2.4.2.5 Mischbatterien

Mischbatterien mit zwei Zulaufanschlüssen für Warm- und Kaltwasser werden zur ungemischten und zur gemischten Wasserentnahme eingesetzt. Sie werden für Wandmontage, für Wandeinbau und für Standmontage auf oder neben dem Beckenrand von Sanitärobjekten, mit festem oder schwenkbarem Auslauf, mit Strahlregler- oder Luftbeimischermundstück, mit Schlauchanschluß und Handdusche oder mit fester Dusche, mit Umstellung für Auslauf und Dusche ausgeführt.

2.4.2.5.1 Zweigriff-Mischbatterien

Zweigriff-Mischbatterien haben zwei Ventile und besitzen zwei Bedienungsgriffe, die gewöhnlich in einem Batteriekörper mit gemeinsamem Auslauf vereinigt sind.

Das Warm- bzw. Kaltwasser gelangt durch das zugehörige Ventil über eine Mischkammer zum Auslauf. Durchfluß und Mischwassertemperatur werden durch entsprechendes Aufdrehen der Ventile eingestellt. Druckschwankungen in den Zuflußleitungen führen zu Schwankungen der eingestellten Durchfluß- und Temperaturwerte, weshalb die Verwendung für Wasch- und Badevorgänge unter fließendem Wasser (Verbrühungsgefahr) nicht zu empfehlen ist. Die Zeitdauer für das Einregulieren der gewünschten Wassertemperatur ist bei Zweigriff-Mischbatterien mit etwa 18 Sekunden (Bild 21 Abschnitt **1.7.2.1**) vergleichsweise am größten. Das bedeutet für Wasch- und Badevorgänge unter fließendem Wasser einen verhältnismäßig großen Wasserverbrauch (Abschnitt **1.7.2**).

2.4.2.5.2 Eingriff-Mischbatterien

Eingriff-Mischbatterien haben nur einen Bedienungsgriff, der als Dreh-Zuggriff, Dreh-Druckgriff oder Schiebegriff in zwei Richtungen verstellbar ist und der stufenlosen Einregulierung von Durchfluß und Wassertemperatur dient.

Mit dem Bedienungsgriff wird ein als Kartusche oder Kolben ausgebildetes Steuerelement um die Achse und senkrecht zur Achse bewegt. Dadurch werden die im Steuerelement vereinigten Zuflußwege für Warm- und Kaltwasser entsprechend geöffnet oder geschlossen. Druckschwankungen in den Zuflußleitungen verursachen infolge eines hohen Durchflußwiderstandes geringere Schwankungen der Durchfluß- und Temperaturwerte als bei Zweigriffbatterien. Die Kombination mit einer Druckausgleichseinrichtung schließt solche Schwankungen aus.

Eingriff-Mischbatterien sind infolge ihres kurzen Bedienungsweges schnellschließende Armaturen, die bei einer möglichen Schließzeit von 0,1 Sekunden Druckschläge von über 20 bar bewirken. Durch konstruktive Maßnahmen wird eine Reduzierung des Druckschlages auf etwa 4 bar und damit gleichzeitig eine Geräuschminderung erreicht.

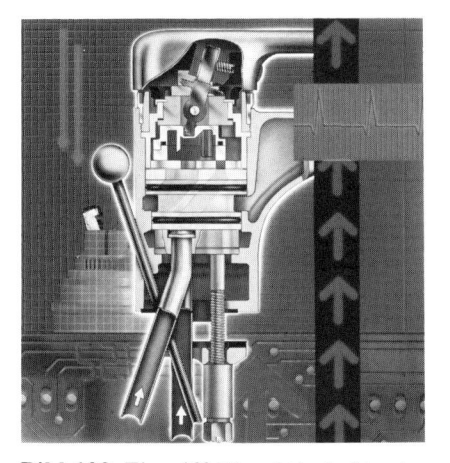

Bild 102 Eingriff-Waschtisch-Standbatterie DN 15 mit Zugknopf-Ablaufgarnitur (Hansa Metallwerke).

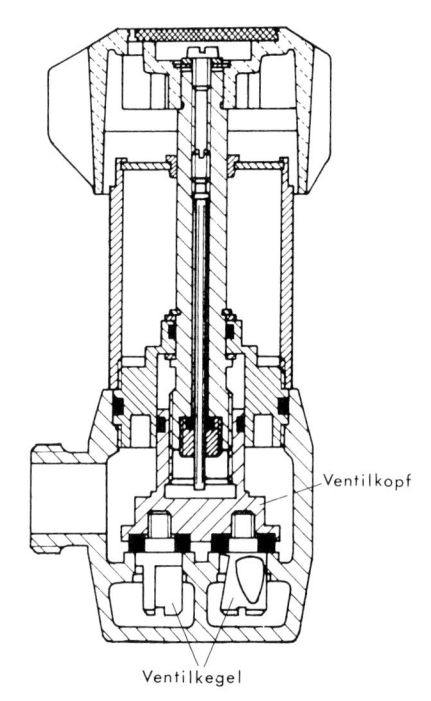

Bild 103 Duplex-Sicherheitsmischbatterie DN 15 im Schnitt (AQUA Butzke-Werke AG).

2.4.2.5.3 Sicherheits-Mischbatterien

Sicherheitsmischbatterien besitzen einen Drehgriff, mit dem über eine gemeinsame Spindel zwei im Batteriekörper nebeneinanderliegende Ventile für Warm- und Kaltwasser betätigt werden.

Zuerst wird stets das Kaltwasserventil bis zum vollen Durchflußquerschnitt geöffnet. Bei weiterem Aufdrehen öffnet das Warmwasserventil, während das Kaltwasserventil gedrosselt und schließlich geschlossen wird. Es ist dies der Übergang zur Mischwasserentnahme und schließlich zur Warmwasser- bzw. Heißwasserentnahme. Beim Zudrehen verläuft der Schließvorgang in umgekehrter Reihenfolge. Das Öffnungsverhältnis der beiden Ventile kann mittels Stellschraube im Bedienungsgriff begrenzt werden, damit ebenfalls das Mischungsverhältnis und die Höchsttemperatur. Die Öffnungsfolge bietet Sicherheit gegen ein Verwechseln der Ventile und ein unbeabsichtiges Öffnen des Warmwasserventils. Druckschwankungen in den Zuflußleitungen haben infolge eines hohen Durchflußwiderstandes der Armatur geringe Auswirkungen auf die Mischtemperatur- und Durchflußwerte. Der Durchfluß ist bei der Bedienung nicht regulierbar.

2.4.2.5.4 Thermostat-Mischbatterien

Thermostatbatterien regeln automatisch die Mischung von Warm- und Kaltwasser auf thermostatischem Wege. Ein thermisch reagierendes Steuerelement regelt abhängig von der am Bedienungsgriff eingestellten Temperatur die Öffnungs- und Schließvorgänge des Warmwasser- und des Kaltwasserventils mit einer Temperaturgenauigkeit von etwa ± 1°C. Die dabei zur Anwendung kommenden Steuerelemente können sein:

- ◆ Steuerelement mit Gasfüllung,
- ◆ Steuerelement mit Flüssigkeitsfüllung,
- ◆ Wachsdehnstoffelement,
- ◆ Bimetallscheiben, -bänder oder -federn.

Da alle thermischen Steuerelemente unterschiedliche Regelcharakteristiken aufweisen, sind Anschlußwerte und Verwendungsmöglichkeiten den Herstellerangaben zu entnehmen.

Der Bedienungsgriff von Thermostatbatterien wird allgemein mit einem Begrenzerknopf für Temperaturen bis 40°C geliefert. Bei einer gewünschten Temperatur über 40°C ist der Begrenzerknopf vorher hineinzudrücken. Druck- und Temperaturschwankungen in den Zuflußleitungen sind im Bereich der Regelgenauigkeit von ± 1°C weitgehendst ohne Einfluß auf die eingestellte Mischwassertemperatur. Bei der Bemessung von Thermostatbatterien muß darauf geachtet werden, daß die herstellerseitig vorzugebenden Anschlußwerte für den Mindestfließdruck und den Mindestdurchfluß verfügbar sind. Sie sind in öffentlichen Anlagen zu empfehlen, weil sie jegliche Verbrühung verhindern. Selbst wenn kein Kaltwasser zur Verfügung steht, besteht keine Gefahr, da der Thermostat dann den Durchfluß schließt, weil er nicht die gewünschte Wassertemperatur liefern kann.

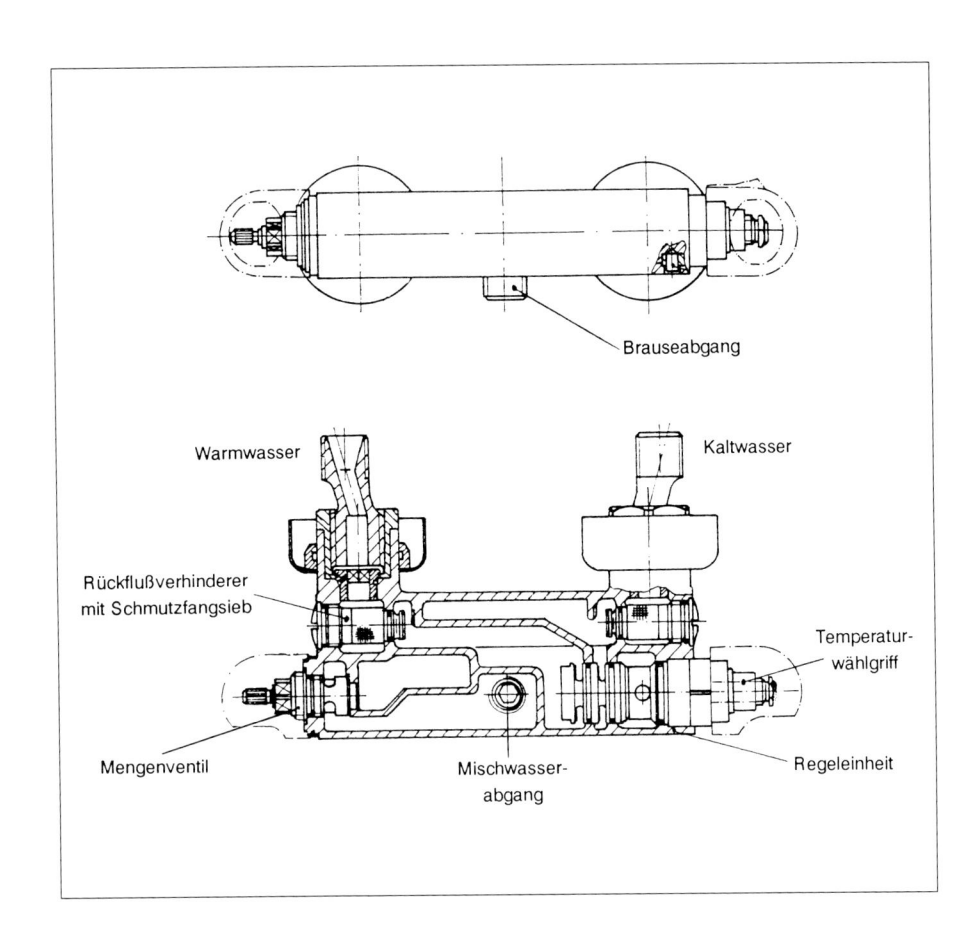

Bild 104 Thermostat-Mischbatterie mit Dehnstoff-Ringelement, mit Anschlüssen für Warm- und Kaltwasser im Schnitt (Hansa Metallwerke).

Thermostatbatterien werden als *Einzelthermostat* mit integrierter Absperrung ohne und mit Rückflußverhinderern in den Zulaufanschlüssen und als *Zentralthermostat mit Rückflußverhinderern* für mehrere nachgeschaltete Entnahmestellen geliefert. Rückflußverhinderer sind erforderlich, wenn bei Schließung des Mischwasserabganges die Zulaufanschlüsse nicht ebenfalls abgesperrt sind. Sie verhindern einen Querfluß, der gegebenenfalls gewöhnlich von der Warmwasserleitung in die Kaltwasserleitung eintritt. Da Rückflußverhinderer nach mehreren Betriebsjahren nicht mehr dicht abschließen, ist deren Funktion regelmäßig zu überprüfen.

2.4.2.5.5 Überlauf-Mischbatterien

Überlaufmischbatterien – nach DIN 44897 als Mischbatterien für offene, d.h. drucklose Speicher und Boiler bezeichnet – sind speziell für offene Wassererwärmer entwickelte Entnahmearmaturen. Ihre Funktion besteht darin, den offenen Wassererwärmer durch eine stets offene Verbindung zur Atmosphäre drucklos zu halten (Bild 105) bzw. bei geöffneter Entnahmearmatur den Staudruck im Gerät auf einen zulässigen Wert von 1 bar Überdruck zu begrenzen. Da die Höhe des Staudruckes vom Durchflußwiderstand im Wassererwärmer mit Entnahmearmatur und damit vom Durchfluß abhängig ist, darf nicht mehr Wasser zufließen als ohne Drucksteigerung durch den offenen Auslauf abfließen kann.

Bild 105 Schema-Darstellung offener Elektro-Speicherwassererwärmer nach DIN 44532; 1 Heizkörper, 2 Überlaufrohr, 3 Be- und Entlüftungsrohr.

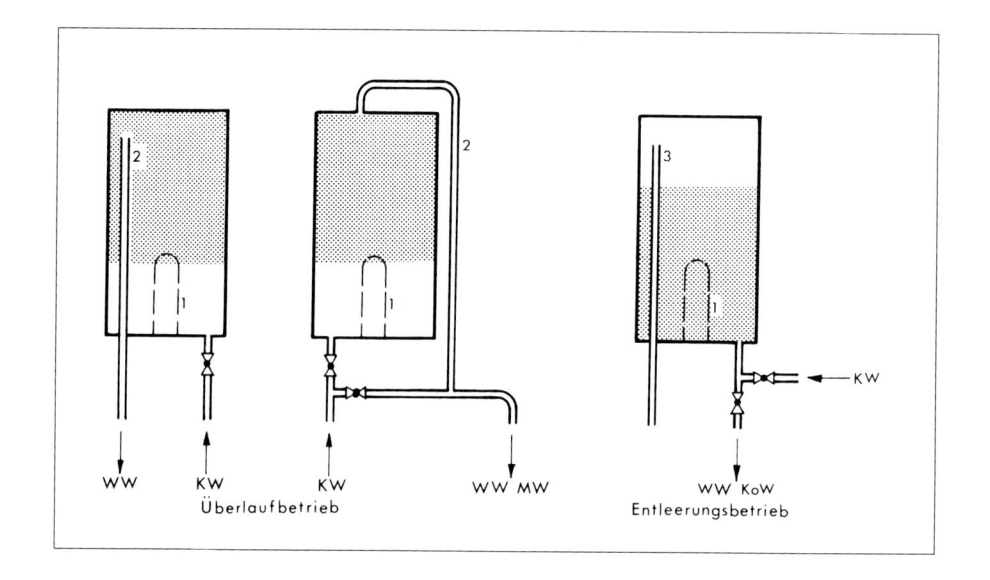

Für offene Elektro-Wassererwärmer dürfen nach DIN 44531 die in Tabelle 13 angegebenen Durchflußwerte in Abhängigkeit vom Druckverhältnis des zum Zeitpunkt der Einstellung herrschenden Ruhedruckes P_{R2} zum höchstmöglichen Ruhedruck P_{R1} nicht überschritten werden. Der Druckverlust in Überlaufmischbatterien darf bei einem Durchfluß von 18 l/min nicht mehr als 0,8 bar betragen. Das gilt auch für den Anschluß einer Dusche und für jede Zwischenstellung während des Umschaltens auf Stellung Dusche sowie für jedes Mischungsverhältnis warm-kalt.

Tabelle 13 Zulässiger Durchfluß für offene Elektro-Wassererwärmer nach DIN 44531.

Speicherinhalt	Zulässiger höchster Durchfluß bei einem Druckverhältnis p_2/p_1 von [1] l/min			
Liter	1	unter 1–0,8	unter 0,8–0,6	unter 0,6–0,4
5	5	4,5	4,0	3,0
10	10	9,0	7,5	6,5
15	12	10,5	9,5	7,5
30 und mehr	18	16,0	14,0	11,5

[1] p_1 = der mögliche höchste Ruhedruck; p_2 = der zum Zeitpunkt der Einstellung herrschende Ruhedruck.

Die Entnahmearmaturen werden dazu mit einer in Fließrichtung vorgeschalteten Drosselscheibe mit Drosselbohrung, mit Drosselschlauch oder Drosselrohr geliefert. Drosselbohrungen haben in der Regel einen Durchmesser von 2,5 bis 3,5 mm und dürfen nicht willkürlich vergrößert werden. Abhängig vom Ruhedruck vor der Entnahmearmatur sind die höchstzulässigen Durchmesser für Bohrungen in Tabelle 14 angegeben.

Tabelle 14 Höchstzulässige Durchmesser der Bohrungen von Drosselscheiben vor offenen Wassererwärmern.

Wasser-Ruhedruck bar	1,0	1,5	2,0	3,0	4,0	5,0	6,0	7,0
Bohrungs-Durchmesser der Drosselscheibe mm	6,5	6,0	5,5	5,0	4,6	4,3	4,0	3,5

Überlaufmischbatterien sind entsprechend der Darstellung in Bild 106 mit 3 Anschlüssen, einen für den Kaltwasserzulauf und zwei für die Verbindung mit dem offenen Speicher (Überlaufspeicher), ausgestattet. Der Speicher ist dabei durch ein Überlaufrohr direkt mit dem offenen Auslauf verbunden. Die Warmwasserentnahme erfolgt durch Öffnen des entsprechend gekennzeichneten Ventils. Dadurch strömt kaltes Wasser in den unteren Teil des Speichers und drückt das warme Wasser über das Überlaufrohr aus dem offenen Auslauf heraus.

Die Montagehinweise der Hersteller von Überlaufmischbatterien sind unbedingt zu beachten, da Falschmontage einen unzulässigen Druckanstieg im Behälter und damit seine Zerstörung bewirken kann. Auf keinen Fall dürfen die Ausläufe dieser Armaturen mit Luftbeimischern, Strahlreglern oder Durchflußbegrenzern kombiniert werden.

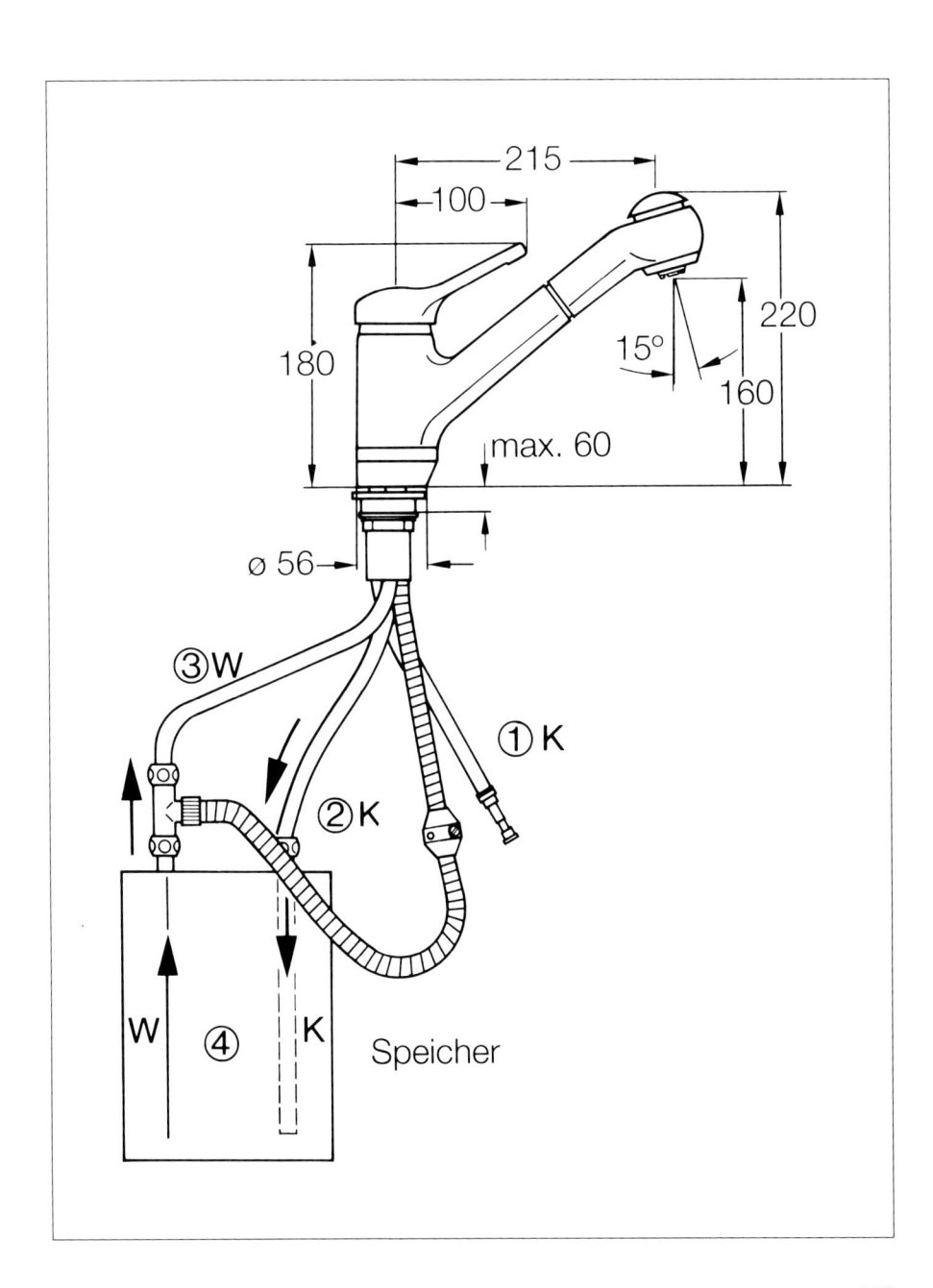

Bild 106 Einbaudarstellung einer Einloch-Spültischbatterie mit Anschluß an einen Elektro-Untertisch-Überlaufspeicher; 1 Kaltwasseranschlußrohr, 2 Kaltwasserzulaufrohr zum Speicher, 3 Warmwasser-Anschluß vom Speicher, 4 Überlaufspeicher (Hansa-Metallwerke).

2.4.2.6 Selbstschlußarmaturen

Selbstschlußarmaturen besitzen eine selbsttätig ablaufende Öffnungs- und Schließfunktion. Dabei läßt sich die Wasserlaufzeit entsprechend den Nutzungsanforderungen individuell in bestimmten Grenzen voreinstellen. Nach dem Betätigungssystem werden hydraulisch, elektrisch und elektronisch gesteuerte Selbstschlußarmaturen unterschieden.

2.4.2.6.1 Hydraulisch gesteuerte Selbstschlußarmaturen

Hydraulisch gesteuerte Selbstschlußarmaturen werden als Urinal- und Klosett-Druckspüler, als Selbstschluß-Ventile und Selbstschluß-Mischbatterien für Stand-, Wandaufbau- und Wandeinbaumontage geliefert; als Selbstschluß-Ventile auch für Fußbodeneinbau. Zur Auswahl stehen ein kolbenloses und ein kolbengesteuertes Selbstschlußsystem. Durch Drücken eines Betätigungsknopfes oder Betätigungsgriffes mit der Hand, dem Fuß oder dem Knie wird die Wasserabgabe selbsttätig ausgelöst und automatisch entsprechend der voreingestellten Laufzeit ohne nochmalige Berührung der Armatur abgeschlossen. Bei Mischarmaturen erfolgt die Temperierung des Wasch- oder Duschwassers durch seitliches Drehen desselben Betätigungsgriffes. Durch Kombination mit einem Durchflußmengenregler bleibt der Volumenstrom auch bei wechselnden Fließdrücken konstant.

Die hydraulisch gesteuerten Selbstschlußarmaturen bieten durch die einstellbare Begrenzung der Laufzeit und selbsttätigen Abschluß den Vorteil, Wasser und damit Betriebskosten zu sparen. Bei öffentlichen Duschanlagen liegt die erzielbare Wasser- und Energieersparnis im Vergleich mit Zweigriff-Mischbatterien bei 31,5 % bis 50 % (Abschnitt **1.7.2**). Weitere Vorteile bestehen in einer einfachen Bedienung, einer ständigen Wasserbereitschaft, einer robusten und vandalensicheren Ausführung, Unempfindlichkeit gegen Verkalkung durch selbsttätige Reinigung der Funktionsteile, jahrelang gleichbleibender Laufzeitfunktion und einem geringem Wartungsaufwand. Die Armaturen sind vergleichsweise preiswert. Die Zuverlässigkeit der Armaturen auch bei extremer Beanspruchung und eine hohe Lebensdauer sprechen dazu für ihren Einsatz bei Sanitäranlagen im öffentlichen und industriellen Bereich.

2.4.2.6.2 Elektrisch gesteuerte Selbstschlußarmaturen

Elektroarmaturen werden zur automatischen Steuerung der Wasserabgabe in allen Sanitärbereichen verwendet. Sie werden für den jeweiligen Verwendungszweck aus Magnet-Selbstschlußventilen oder Magnet-Druckspülern und entsprechenden Steuergeräten zusammengestellt. Für die Zeit einer Spannungsabgabe vom Steuergerät wird das Ventil elektromagnetisch geöffnet. Der Wasserfluß erfolgt nach einer voreingestellten Wassermenge und wird automatisch beendet. Bei Reihenanlagen sind die Magnet-Selbstschlußventile nach dem erforderlichen Durchfluß der zu versorgenden Entnahmestellen zu bemessen.

Als Steuergeräte können Kontaktgeber den Wasserfluß der angeschlossenen Magnet-Selbstschlußventile für gewünschte Spül- oder

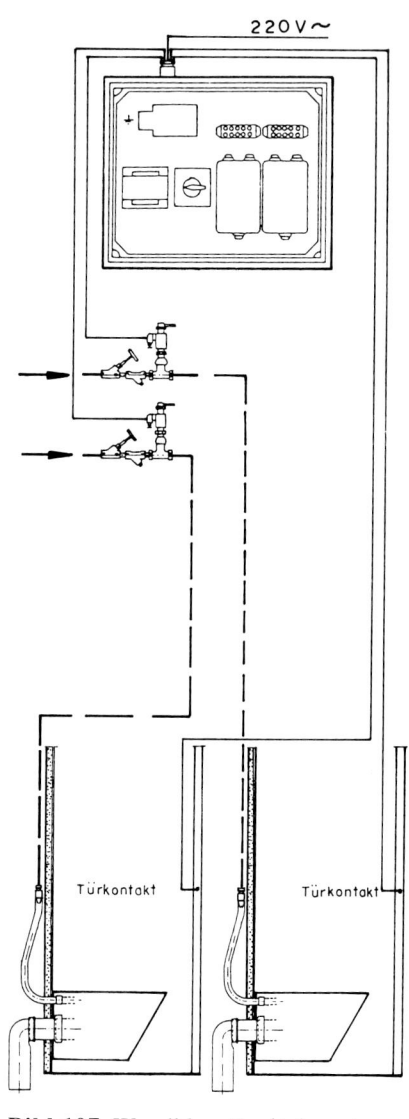

Bild 107 Wandklosett mit Armaturengruppe DN 20 bestehend aus Schrägsitzventil, Mengenregulierung, Schmutzfänger und Magnet-Selbstschlußventil, das mittels Türkontakt und einer separat in einem Wandschrank installierten Steuerelektronik betätigt wird (AQUA Butzke-Werke AG).

Dusch-Waschabläufe freigeben. Je nach Ausführung der Kontaktgeber können verschiedene Programme für einen stetigen oder periodischen Wasserfluß in bestimmten Zeitabständen gewählt werden. Die Kombination mit einer Zeitschaltuhr ermöglicht eine zeitabhängige Programmwahl. Kontaktgebersteuerungen werden z. B. zur zwangsweisen Gruppenspülung öffentlicher Urinalanlagen, in Verbindung mit einer Zeituhr für Schulen, Sportstätten und Betriebe eingesetzt. Die Zwangsspülung kann für Klosettanlagen, die nicht ständig kontrolliert werden, nach Bild 107 über einen Türkontakt in Verbindung mit dem Schließriegel ausgelöst werden. Für frostgefährdete Urinal- und Klosettanlagen werden die Magnet-Selbstschlußventile mit Entleerungsanschluß nach Bild 108 in einem frostfreien Untergeschoß eingebaut. Die Betätigung erfolgt über einen Elektro-Fuß- oder Handdrucktaster.

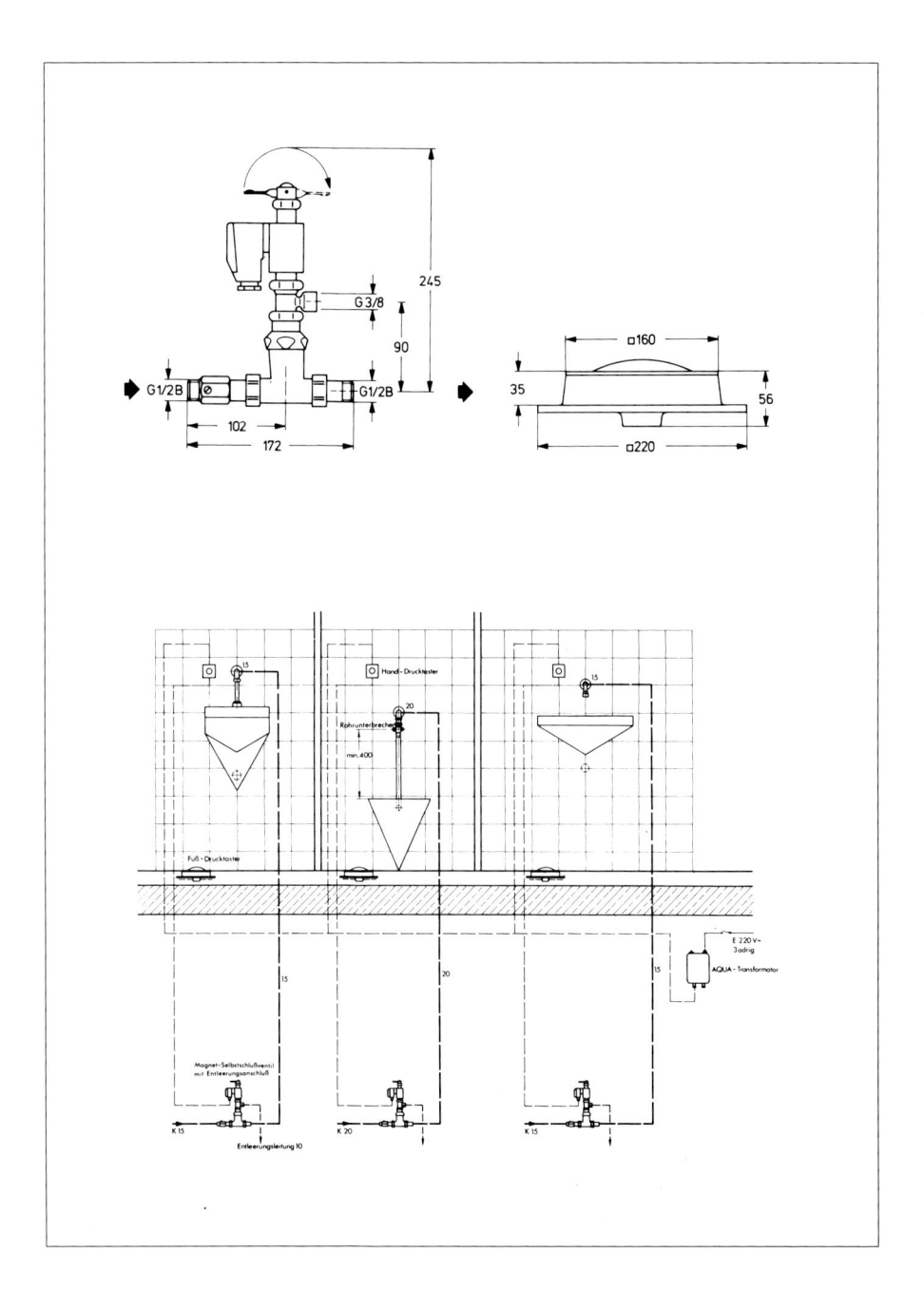

Bild 108 Klosett-Anlage für frostgefährdete Räume mit Magnet-Selbstschlußventilen als Grubenventil, Elektrofußdrucktaster oder Elektrowanddrücker für Wandurinal, Klosett und Waschbecken (AQUA Butzke-Werke AG).

Münzkontaktgeber ermöglichen abhängig von einem Münzeinwurf eine zeitbegrenzte Wasserentnahme. Sie eignen sich besonders für öffentliche Wasch- und Badeeinrichtungen sowie für Wagenwaschanlagen. Mit der Begrenzung auf eine nutzungsbezogene Wasserentnahme wird der Verschwendung von Wasser vorgebeugt. Die Laufzeit der Magnet-Selbstschlußventile ist durch Kombination mit einem Differenzdrucksteuerventil oder einem Volumensteuergerät stufenlos einstellbar.

Elektrisch gesteuerte Selbstschlußarmaturen sind vor allem für frostgefährdete Wasch-, Urinal- und Klosettanlagen oder für die Zwangsspülung einzusetzen, desgleichen für eine bezahlte Wasserabgabe bei Dusch- und Autowaschanlagen. Bei Gruppenspülung von Urinalanlagen entsteht im Vergleich mit der Einzelspülung ein erhöhter Wasserverbrauch. Sie eignen sich für Entnahmestellen, die ein häufiges Öffnen und Schließen erfordern, jedoch nicht für Dauerentnahmestellen (Einschaltdauer über 60 min.) oder bei langen Stillstandzeiten (länger als 4 Wochen), da die automatische Reinigung des Selbstschlußventils dann nicht gewährleistet ist.

2.4.2.6.3 Opto-elektronisch gesteuerte Selbstschlußarmaturen

Opto-elektronisch gesteuerte Selbstschlußarmaturen steuern automatisch und berührungslos die Wasserabgabe in allen Sanitärbereichen.

Sie bestehen entsprechend der Darstellung in Bild 109 aus einer Abtasteinrichtung, einem Schaltverstärker und einem Magnetventil, Magnet-Selbstschlußventil oder Magnet-Druckspüler. Als Sender ent-

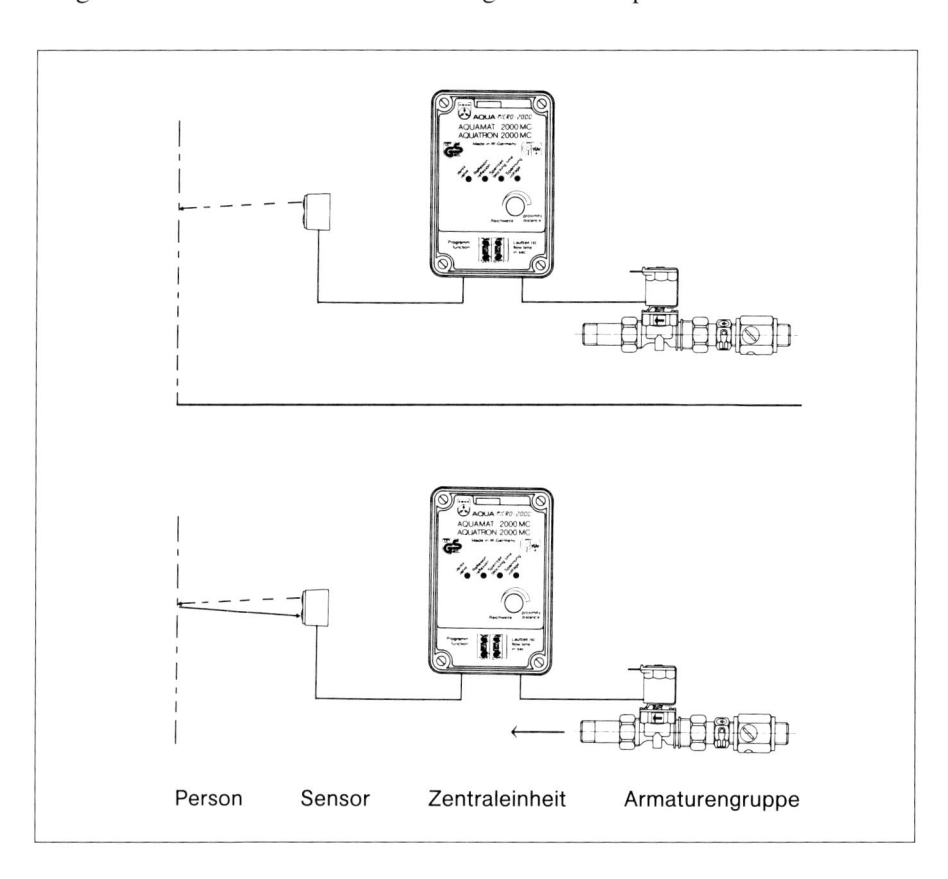

Bild 109 Funktionsdarstellung einer opto-elektronischen Steuerung mit Sensor, programmierbarem Schaltverstärker und Magnetventil-Armaturengruppe (AQUA Butzke-Werke AG).

hält die opto-elektronische Abtasteinrichtung eine Galliumarsenid-Sendediode, die ständig Lichtimpulse im infraroten Bereich ausstrahlt. Begibt sich der Benutzer in den Strahlbereich, der in seiner Reichweite einstellbar ist, dann werden Lichtanteile auf den ebenfalls in der Abtasteinrichtung befindlichen Fotoempfänger reflektiert und in ein elektrisches Signal umgewandelt. Vom nachgeschalteten Verstärker wird das Magnetventil, das Magnet-Selbstschlußventil oder der Magnet-Druckspüler betätigt. Die Verwendung besteht für Waschtisch- und Reihenwaschanlagen, für Duschanlagen, bei denen zusätzlich erhebliche Wasser- und Energiekosten eingespart werden (Abschnitt **1.7.2**), sowie für Urinal- und Klosettanlagen, speziell für Arbeitsbereiche mit erhöhter Infektionsgefährdung, in der Intensivmedizin und für Operations-Waschräume (Abschnitt **1.7**).

Die Anschlußspannung kann 24 V oder 230 V betragen. Für einen netzunabhängigen Betrieb werden auch opto-elektronische Selbstschlußarmaturen geliefert, deren Spannungsversorgung mit einer handelsüblichen 9 V-Lithium-Blockbatterie erfolgt.

Gegenüber herkömmlichen Zweigriffbatterien kann bei Wasch- und Duschanlagen der Wasserverbrauch etwa um 75 % verringert werden. Das ermöglicht gleichzeitig eine wirtschaftliche, d.h. kleinere Auslegung der Warmwasserversorgungsanlage.

Der mit Lichtsender und Fotoempfänger ausgestattete Tastkopf einer opto-elektronisch gesteuerten Selbstschlußarmatur liegt funktionsbedingt sichtbar und für den Benutzer zugänglich im Bedienungsbereich der Armatur. Von der Nutzerseite muß daher sichergestellt sein, daß die Funktion nicht willkürlich durch Verkleben oder Zerstören der Sensoroptik ausfällt. Zur Gewährleistung einer einwandfreien Funktion muß auch bei opto-elektronisch gesteuerten Armaturen modellabhängig ein Mindestabstand zur gegenüberliegenden Wand von 1 m bzw. 2 m eingehalten werden.

2.4.2.6.4 Radar-elektronisch gesteuerte Selbstschlußarmaturen

Radar-elektronisch gesteuerte Selbstschlußarmaturen gehören zu den Entnahmearmaturen für eine berührungslose Wasserabgabe. Sie bestehen aus einer radar-elektronischen Antenneneinrichtung mit einer Gunndiode als Mikrowellensender und einem Empfänger, die in der Antenne untergebracht sind, aus einem Schaltverstärker und einem Magnetventil oder einem Magnet-Selbstschlußventil bzw. einem Magnet-Druckspüler. Begibt sich ein Benutzer in den Wirkungsbereich der Mikrowellen, dann entsteht bei seiner Bewegung der „Doppler-Effekt", eine Differenz zwischen gesendeter und empfangener Frequenz, die in ein elektrisches Signal umgewandelt wird. Vom nachgeschalteten Schaltverstärker wird das Magnetventil, das Magnet-Selbstschlußventil oder der Magnet-Druckspüler betätigt. Verläßt der Benutzer den Wirkungsbereich, wird der Wasserfluß wieder unterbrochen. Ein- und Ausschaltverzögerungen sind im Schaltverstärker programmierbar.

Radarsteuerungen werden dort eingesetzt, wo aus architektonischen oder aus Sicherheitsgünden eine Installation nicht sichtbar sein und die

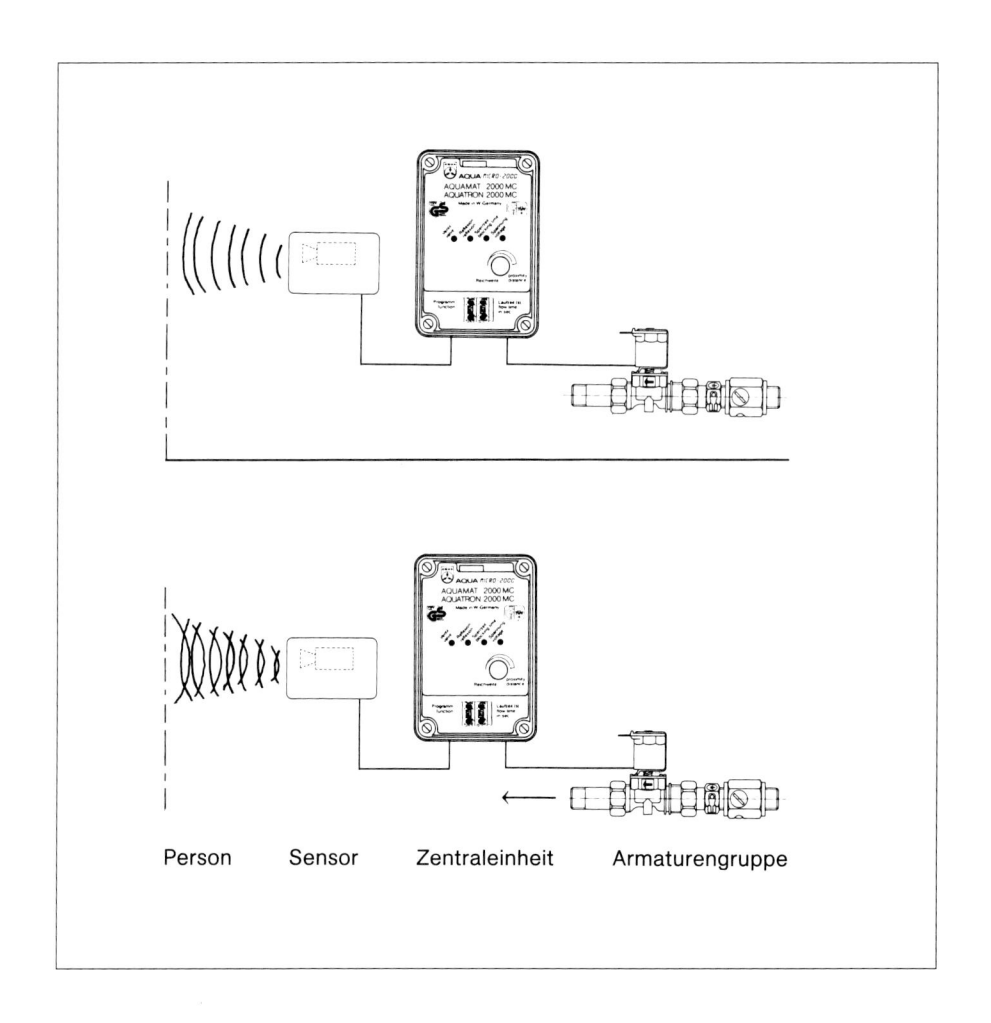

Wasserabgabe berührungslos ausgelöst werden soll. So kann der die Wasserlauffunktion auslösende radarelektronische Sensor (Radarsender, Bild 110) unsichtbar hinter Fliesen, Wänden, in Schrankunterbauten oder innerhalb abgehängter Decken angeordnet werden, da die Mikrowellen dünnes Mauerwerk, Glas, Keramik, Kunststoff usw. durchdringen. Die Reichweite des Radarsenders ist dabei einstellbar und kann je nach Antennenführung – Hornantennen- oder Rohrantennensensor – in einer Entfernung bis etwa 7 m bzw. 20 m von der Sanitäranlage montiert werden.

Bei der Installation radar-elektronischer Einzelsteuerungen müssen bestimmte Anordnungen und Abstände der Sanitärobjekte, die für Waschtische und Urinale in Bild 111 dargestellt sind, beachtet werden, um Funktionsstörungen auszuschließen. Eine Empfindlichkeit besteht gegen Erschütterungen, die durch Maschinen oder Straßen- und Bahnverkehr in Gebäuden auftreten.

Bezüglich des Wasserverbrauchs bei Wasch- und Duschanlagen gelten die Angaben für opto-elektronisch gesteuerte Selbstschlußarmaturen in Absatz **2.4.2.6.3.**

Bild 112 zeigt das Installationsbeispiel eines Wandurinals mit radarelektronischer Urinalspülarmatur im Wandeinbaukasten als Einzelsteuerung.

Bild 110 Funktionsdarstellung einer radar-elektronischen Steuerung mit Radarwellensensor, programmierbarem Schaltverstärker und Magnetventil-Armaturengruppe (AQUA Butzke-Werke AG).

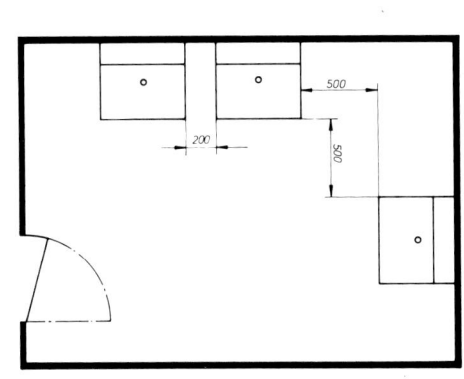

Bild 111 Mindestabstände bei Waschtisch- und Urinalanlagen mit Radar-Einzelsteuerungen (AQUA Butzke-Werke AG).

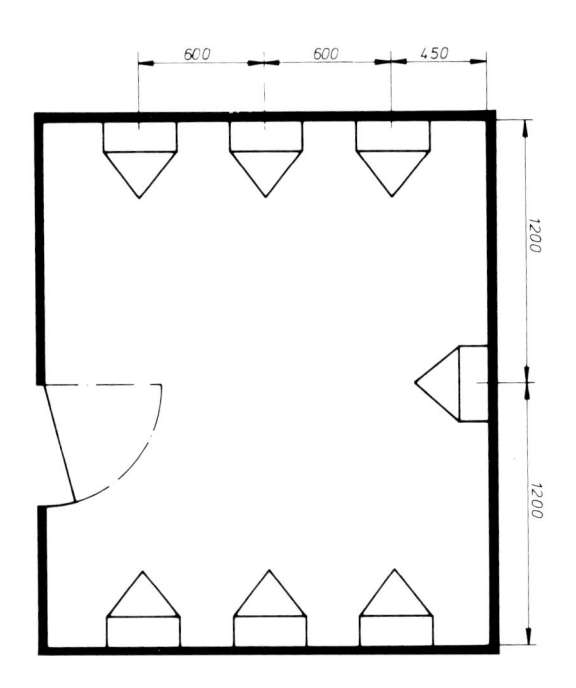

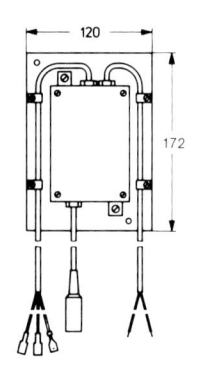

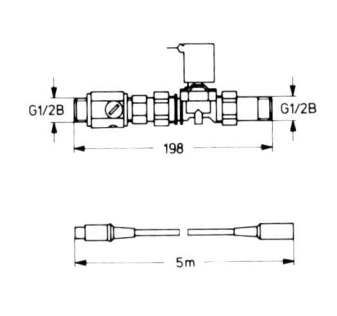

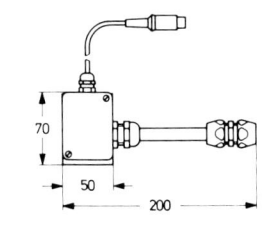

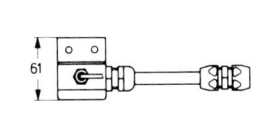

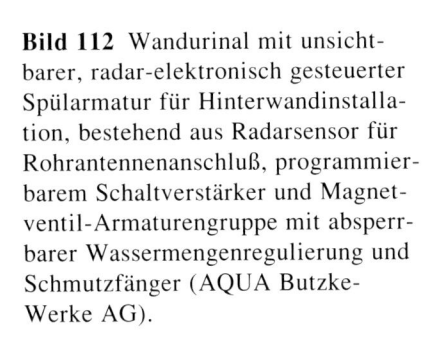

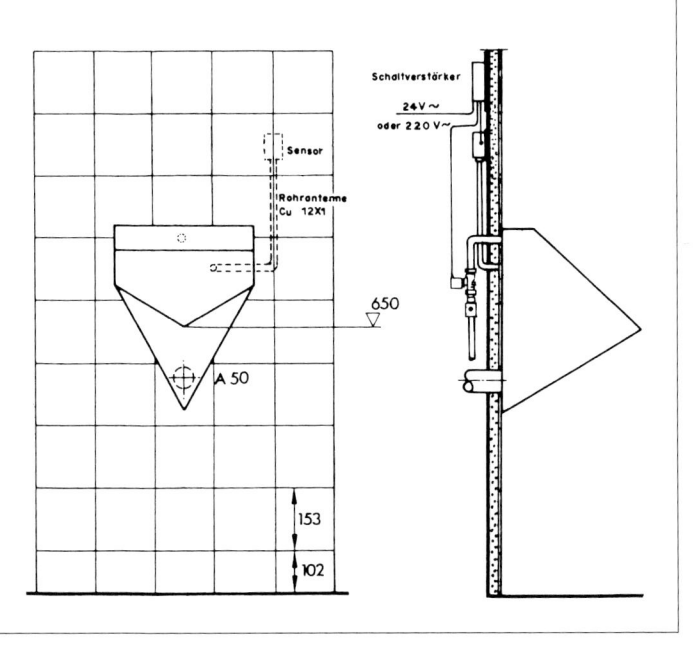

Bild 112 Wandurinal mit unsichtbarer, radar-elektronisch gesteuerter Spülarmatur für Hinterwandinstallation, bestehend aus Radarsensor für Rohrantennenanschluß, programmierbarem Schaltverstärker und Magnetventil-Armaturengruppe mit absperrbarer Wassermengenregulierung und Schmutzfänger (AQUA Butzke-Werke AG).

2.4.2.6.5 Ultraschall-elektronisch gesteuerte Selbstschlußarmaturen

Die Ultraschallsteuerung beruht auf Frequenzänderung der von einem Sender ausgestrahlten Ultraschallwellen durch Reflektion eines bewegten Gegenstandes. Wird der Gegenstand bewegt, wie bei Waschbewegungen der Hände, ändert sich die Frequenz der reflektierten Ultraschallwellen, und der Empfänger gibt dies als Schaltsignal an das Magnetventil weiter. Ultraschallgesteuerte Waschtischarmaturen werden in Kompaktbauweise mit Einbaukasten, ohne und mit Thermostatbatterie, mit Sensor, Ultraschallumwandler, Magnetventil und Wandauslauf, desgleichen als Einlochbatterien und als Einzel-Urinalsteuerung geliefert.

Bei Benutzern, die krankheitsbedingt mit elektrischen Steuergeräten – z. B. Herzschrittmacher – ausgestattet sind, kann die Ultraschallsteuerung deren Funktion im Bedienungsbereich der Armatur beeinträchtigen. Die Eignung ist daher unter diesem Gesichtspunkt zu prüfen.

2.4.2.7 Ausläufe, Duschköpfe, Spritzköpfe

Ausläufe, Duschköpfe und Spritzköpfe dienen der Beeinflussung von Strahlrichtung und Strahlart beim Wasseraustritt. Der Einbau ist in Kombination mit geeigneten Durchlauf-Entnahmearmaturen vorzunehmen. Ausläufe für Waschbecken, Badewannen und dergleichen mit einem Auslaufmundstück in Form eines Strahlreglers oder Luftbeimischers dienen der Wasserentnahme bei geschlossenem Strahl. Duschköpfe teilen den aus der Leitung zugeführten Wasserstrahl mehr oder weniger fein in Tropfenform auf, woher die Bezeichnungen Staub-, Regen-, Stachel-, Strahl- und Fächerdusche abzuleiten sind. Spritzköpfe bewirken mit ihrer Schlitzöffnung eine flächige Wasserverteilung auf Urinalwände, so daß eine geschlossene Flächenspülung erreicht wird.

2.4.2.8 Mehrwegeumstellungen

Mehrwegeumstellungen, die als Dreiwege-, Vierwege- und Fünfwegeumstellungen zur Auswahl stehen, dienen der Umstellung des aus einer Mischbatterie zufließenden Wassers auf zwei bis drei Abgänge.

Das Einbauschema in Bild 113 zeigt die Kombination einer Thermostatmischbatterie mit einem Dreiwegeumstellventil und Abgängen auf Wanneneinlauf und Schlauchduschanschluß. Schaltstellungen und Durchflußrichtungen bei Vierwege- und Fünfwegeumstellungen sind in Bild 114 zu entnehmen.

Vier- und Fünfwegeumstellungen sind immer Mischventile, bei denen Warm- und Kaltwasser von links und rechts zugeführt werden, so daß ein Zugang für Warm- oder Kaltwasser abzustopfen ist. Bei Falschmontage müssen Mehrwegeventile ausgebaut werden, da eine nachträgliche Änderung des Wasserweges nicht möglich ist.

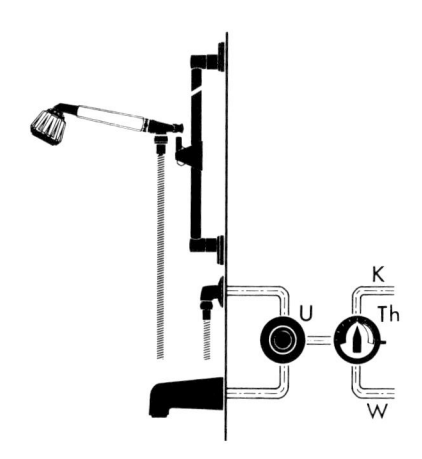

Bild 113 Einbauschema Thermostat-Mischbatterie, Dreiwegeventil, Wanneneinlauf und Schlauchdusche (hansgrohe)
U = Absperrventil mit Umstellung Wanne/Dusche
Th = Thermostatische Mischbatterie.

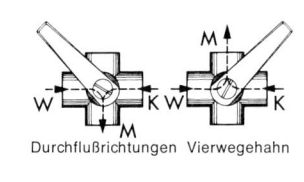

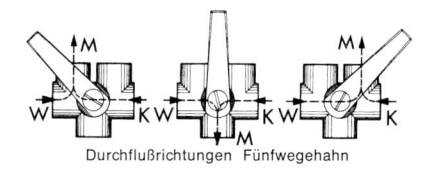

Bild 114 Bedienungsstellungen bei Vier- und Fünfwegeumstellungen.

2.4.3 Qualitätsmerkmale

Qualitätsmerkmale der Sanitärarmaturen sind durch Materialien, Oberflächenbearbeitung, Konstruktion und Service gekennzeichnet.

Materialien hoher Qualität gewährleisten Haltbarkeit und große Lebensdauer der Armaturen. Sehr kommt es darauf an, die richtigen Werkstoffe für die verschiedenen Einzelteile einer Armatur einzusetzen. Messing, Rotguß und sonstige Kupferlegierungen für Armaturenkörper, Ventiloberteile, Griffe und Verschraubungen, Chromstahl für Ventilsitze sind bewährt gegen Erosion, Korrosion und garantieren größte mechanische Festigkeit. Dichtungen und O-Ringe hochwertiger Qualität – bei den O-Ringen kommt es außerdem auf präzise Abmessungen an – sind für einen geringen Wartungsaufwand wichtig. Kunststoffe für Griffe und Kennzeichnung müssen eine hohe Abriebfestigkeit besitzen, wie z.B. Hostaform und Polyamid.

Die Verwendung von Metall-Kunststoffkombinationen, kunststoffverchromter Teile oder Zinklegierungen an Stelle von Messing bedeutet infolge geringerer Festigkeit und Beständigkeit mindere Qualität.

2.4.3.1 Oberflächenbearbeitung

Die sichtbaren Oberflächen der Sanitär-Entnahmearmaturen erhalten durch galvanische Verchromung ein gutes, farblich neutrales Aussehen. Sie sind damit korrosionsgeschützt, vollkommen glatt und leicht zu pflegen. Im Vergleich mit anderen Oberflächen besitzt Chrom die größte Oberflächenhärte und die geringste Empfindlichkeit gegen eine mechanische Beanspruchung. Die Haltbarkeit einer Verchromung ist dabei vom Politurgrad und von der galvanischen Schichtdicke abhängig. Die polierten Metalloberflächen werden zunächst vernickelt und dann verchromt. Sonderverchromungen mit größeren Schichtdicken erhalten einen Auftrag von 25 µm (0,025 mm) Nickel und 0,3 µm (0,0003 mm) Chrom oder 30 µm (0,03 mm) Nickel und 3 µm (0,003 mm) Chrom.

Für ausgewählte Sortimente gibt es Mattchrom und Schwarzchrom, Altsilber, Neusilber, Bronze und Gold. Gold-Oberflächen mit einer 23 Karat Hartgoldauflage erreichen etwa 60% der Härte einer Chromoberfläche. Das gilt auch für Silbernickel- und Matt-Nickeloberflächen. Farbige Oberflächen erhalten eine Kunststoffbeschichtung mit eingefärbtem Epoxydharz.

Chrom-, Gold- und andere metallische Oberflächen sollen mit einem flüssigen Reinigungsmittel oder Seifenwasser gereinigt und mit einem weichen Tuch nachpoliert werden. Kalkablagerungen sind mit Haushaltsessig zu entfernen. Gold- oder Edelmessing-Oberflächen sollten mit einem Silber-Poliertuch leicht nachpoliert werden. Bronzierte, neusilberne und farbige Oberflächen sind nur mit klarem Wasser und einem weichen Tuch zu reinigen. In keinem Fall dürfen kalklösende, säure- oder alkoholhaltige Mittel sowie alle Arten von Scheuermitteln verwendet werden.

2.4.3.2 Ventildichtung

Besondere Anforderungen an die Oberflächenbearbeitung bestehen für Ventilsitze und für Gleitflächen von Dichtungen und O-Ringen. Die Lebensdauer der verbreiteten O-Ringdichtung wird durch Reibung, die mit der Rauhigkeit der Metalloberfläche wächst, verkürzt. Die Nut- und Gleitoberflächen sind daher durch Fein- bzw. Feinstbearbeitung möglichst glatt auszuführen. Es gilt die Regel:

Je größer der Druck, desto feinere Oberflächenbearbeitung.

Soll die Gleitfläche gegen Korrosion besonders geschützt werden, dann ist Hartverchromung oder Hartvernickelung zu empfehlen. Eine Schmierung mit Spezial-Armaturenfett ist für einwandfreies Arbeiten und Lebensdauer der O-Ringdichtung in beweglichen Teilen von ausschlaggebender Bedeutung. Allerdings dürfen nur geeignete Schmiermittel wie barium-, lithium- oder silikonhaltige Fette verwendet werden. Fremdkörper, Schmutz und Ablagerungen dürfen nicht in die O-Ringdichtung gelangen.

2.4.4 Anschlußwerte von Sanitärarmaturen und Sanitärobjekten

Die hydraulische Dimensionierung von Wasserleitungsanlagen gliedert sich in die Ermittlung:

- ◆ des Durchflusses (Volumenstrom) in den Leitungen,
- ◆ des verfügbaren Druckes und des zulässigen Druckgefälles in den Leitungen,
- ◆ der Rohrweiten nach dem Druckverlust in den Leitungen.

Ausgang für die Ermittlung des Durchflusses und des Druckverlustes sind die Anschluß- oder Betriebswerte der Wasserentnahmestellen. Kennzeichnende Größen hierfür sind die Nennweite, der Mindestdurchfluß und der Mindestfließdruck sowie der Armaturengeräuschpegel im Betriebszustand.

Der *Entnahmearmaturendurchfluß* $\dot{V}_E$ ist der Durchfluß durch eine geöffnete Entnahmearmatur einschließlich Auslaufeinrichtung (Strahlregler, Dusche usw.) beim jeweils herrschenden Fließdruck. Zwischen Durchfluß und Fließdruck ergibt der gesetzmäßige Zusammenhang nach Gleichung (7), daß der Durchfluß sich proportional mit der Wurzel aus dem Fließdruck ändert.

$$\frac{\dot{V}_{E1}}{\dot{V}_{E2}} = \frac{p_{Fl1}}{p_{Fl2}} \tag{7}$$

$\dot{V}$ = Durchfluß in dm³/s = l/s
p_{Fl} = Fließdruck in bar Überdruck
p_{Flke} = kennzeichnender Fließdruck in bar

Für die Rohrnetzberechnung werden die Werte des *Berechnungsdurchflusses* $\dot{V}_R$ der Entnahmearmaturen verwendet. Es handelt sich dabei nach Gleichung (8) um einen angenommenen mittleren Entnahmearmaturendurchfluß. Derselbe ergibt sich z. B. für Mischbatterien entsprechend der Darstellung in Bild 115 als das arithmetische Mittel aus dem Mindest-Entnahmearmaturendurchfluß $\dot{V}_{min}$, der zur Gebrauchstauglichkeit der Armatur gerade noch ausreicht, und dem oberen Entnahmearmaturendurchfluß $\dot{V}_O$.

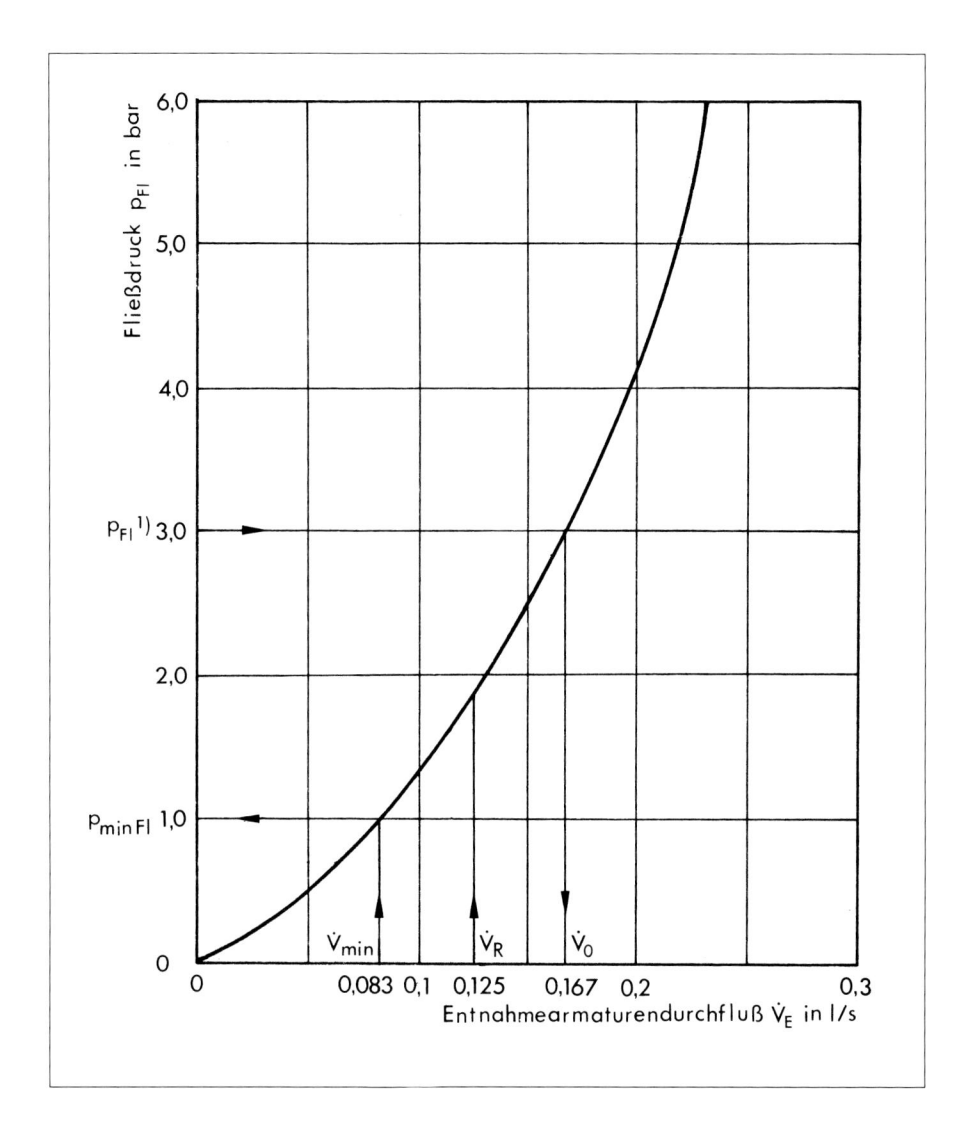

Bild 115 Durchflußdiagramm einer Eingriff-Mischbatterie DN 15 mit Luftbeimischer
$p_{Fl\,ke}$ Kennzeichnender Fließdruck 3,0 bar
$p_{min\,Fl}$ Mindestfließdruck 0,7 bar
$\dot{V}_{min}$ Mindest-Entnahmearmaturendurchfluß
$\dot{V}_R$ Berechnungsdurchfluß; angenommener Entnahmearmaturendurchfluß für den Berechnungsgang nach Gleichung (8)
$\dot{V}_O$ Oberer Entnahmearmaturendurchfluß beim kennzeichnenden Fließdruck nach DIN 52218 Teil 2.

Der obere Entnahmearmaturendurchfluß liegt bei dem kennzeichnenden Fließdruck $P_{Fl\,ke}$ vor, das ist der Fließdruck, der nach DIN 52218 Teil 2 für die Messung des größten Armaturengeräuschpegels L_{AG} zugrunde gelegt wird.*

$$\dot{V}_R = \frac{\dot{V}_{min} + \dot{V}_0}{2} \tag{8}$$

$\dot{V}_R$ = Entnahmearmaturendurchfluß in l/s
$\dot{V}_{min}$ = minimaler Entnahmearmaturendurchfluß in l/s, der zur Gebrauchstauglichkeit der Armatur gerade noch ausreicht
$\dot{V}_O$ = Entnahmearmaturendurchfluß bei kennzeichnendem Fließdruck $p_{Fl\,ke}$ nach DIN 52218 Teil 2 in l/s

* Der kennzeichnende Fließdruck beträgt nach DIN 52218 Teil 2 für Sanitärarmaturen und Spülkästen 3 bar, für Druckspüler DN 15 und DN 20 jeweils 2,5 bar.

| Entnahmestelle | Nenn-weite | Einmalige Entnahme | Entnahme-temparatur | Entnahme-dauer[1] | Fließ- | Berechnungsdurchfluß Mischwasser[2] | | nur Kalt- oder Warm-wasser |
	DN mm	V l	t °C	T s	p_{minFL} bar	$\dot{V}_{RK}$ l/s	$\dot{V}_{RW}$ l/s	$\dot{V}_R$ l/s
Auslaufventil ohne Luftbeimischer	15	–	–	–	0,5	–	–	0,30
	20	–	–	–	0,5	–	–	0,50
	25	–	–	–	0,5	–	–	1,00
mit Luftbeimischer	15	–	–	–	1,0	–	–	0,15
Gartensprengventil[3]	15	–	10	–	1,5	–	–	0,30
	20	–	10	–	1,5	–	–	0,50
	25	–	10	–	1,5	–	–	1,00
Mischbatterie	15				1,0	0,15	0,15	–
	20				1,0	0,30	0,30	–
Ausguß Auslaufventil	15	6– 10	10	40– 60	1,0	–	–	0,15
Mischbatterie	15	6– 10	40	40– 60	1,0	0,15	0,15	–
Krankenhausausguß Mischbatterie	15	6– 10	40	40– 60	1,0	0,15	0,15	–
Druckspüler	20	7– 10	10	8– 10	1,2	–	–	1,00
Steckbeckenspülapparat Kaltwasser	15	33– 39	10	25– 30	2,5	–	–	1,30
Warmwasser	15	46– 49	45–60	65– 70	2,5	–	–	0,70
Niederdruckdampf	15	0,4	100	70	0,5	–	–	–
Duschkopf	15	60– 90	38	300	1,0	0,15	0,15	–
	20	90–150	38	180	1,0	0,50	0,50	–
	25	130–200	38	180	1,0	0,70	0,70	–
Handdusche	15	40– 50	38	300	1,0	0,15	0,15	–
Seitenduschkopf	15	10– 15	38	180	1,0	0,05	0,05	–
Badewanne Mischbatterie	15	120–160	40	400–600	1,0	0,15	0,15	–
	20	200–300	40	200–300	1,0	0,50	0,50	–
	25	600–700	40	300–350	1,0	1,00	1,00	–
Klosett Druckspüler	15	6– 7	10	8	1,2	–	–	0,70
	20	6– 8	10	8	1,2	–	–	1,00
	25	6– 9	10	8	0,4	–	–	1,00
Spülkasten	15	6– 9	10	60– 80	0,5	–	–	0,13
Sitzwaschbecken Mischbatterie	15	10– 15	35–40	60–120	1,0	0,07	0,07	–
Spülbecken Mischbatterie	15	12– 20	50–55	90–140	1,0	0,07	0,07	–
	20	35– 50	50–55	60– 90	1,0	0,30	0,30	–
Urinal Druckspüler	15	4	10	7	1,2	–	–	0,30
Spülkasten	15	4	10	30– 40	0,5	–	–	0,13
Magnetventil	15	–	10	20– 30	0,7	–	–	[4]
	20	–	10	20– 30	0,7	–	–	[4]
	25	–	10	20– 30	0,4	–	–	[4]
Waschbecken Auslaufventil	15	5	10	60	0,5	–	–	0,07
Mischbatterie	15	15– 25	35	120–200	1,0	0,07	0,07	–
Fußwaschbecken Mischbatterie	15	20– 25	35–40	240–300	1,0	0,05	0,05	–
Reihenwaschanlage Mischbatterie	15	10– 20	35	120–240	1,0	0,05	0,05	–
Duschbatterie	15	60– 90	38	240–300	1,0	0,15	0,15	–

◄ **Tabelle 15** Anschluß- und Benutzungswerte von Wasserentnahmestellen.

Tabelle 16 Anschluß- und Betriebswerte für Trinkwasser-Geräte und Trinkwasser-Erwärmer.

Damit eine Entnahmearmatur diesen Benutzungsanforderungen entspricht, muß an deren Anschlußstelle ein zugehöriger *Mindestfließdruck* p_{minFl} vorhanden sein. Richtwerte für Anschluß- und Betriebswerte von Wasserentnahmestellen sind den Tabellen 15 und 16 zu entnehmen.

Gerät/Wassererwärmer	Anschluß-Nennweite DN	Entnahme-temperatur °C	Fließdruck p_{MF} bar	Durchfluß Kaltwasser Q_{RK} l/s
Haushalts-Geschirrspülmaschine	15	10	1,0	0,15
Haushalts-Waschmaschine	15	10	1,0	0,25
Elektro-Kochendwasserbereiter				
– 5 Liter Inhalt	15	35–100	1,0	0,15 [1]
– 10–60 Liter Inhalt	15	35–100	1,0	0,25 [1]
Offene Elektro- bzw. Gas-Speicher-Wassererwärmer				
– 5 Liter Inhalt	15	45–85	1,0	0,08
– 8 Liter Inhalt	15	45–85	1,0	0,13
– 10 Liter Inhalt	15	45–85	1,0	0,16
– 15 Liter Inhalt	15	45–85	1,0	0,20
– 30–120 Liter Inhalt	15	45–85	1,0	0,30
Geschlossene Elektro- bzw. Gas-Speicher-Wassererwärmer [4]				
– 10–100 Liter Inhalt	15	60–80	0,2 [2]	[3]
– 200–400 Liter Inhalt	25	60–80	0,2 [2]	[3]
Elektro-Durchfluß-Wassererwärmer				
– thermisch geregelt [4]	15	30–55	0,5 [2]	0,15
– hydraulisch gesteuert	15	30–60	1,0 [2]	0,18
– elektronisch gesteuert	15	30–55	0,5 [2]	0,17
Gas-Durchfluß-Wasserheizer und Gas-Kombi-Wasserheizer				
– Nennwärmeleistung 8,7 kW	15	35–60	0,8 [2]	0,07
– Nennwärmeleistung 17,4 kW	15	35–60	0,8 [2]	0,16
– Nennwärmeleistung 22,7 kW	15	35–60	1,3 [2]	0,21
– Nennwärmeleistung 27,9 kW	15	35–60	1,7 [2]	0,26

[1] Bei voll geöffneter Drosselschraube.
[2] Druckverlust im Wassererwärmer, jedoch ohne Druckverlust in den Sicherheits- und Anschlußarmaturen sowie nachgeschalteten Leitungen und Entnahmearmaturen.
[3] Berechnungsdurchfluß nach den angeschlossenen Entnahmestellen bewerten.
[4] Kaltwasseranschluß mit Membran-Sicherheitsventil.

◄ Legende zu Tabelle 15

[1] Entnahmedauer bei einmaliger Entnahme
[2] Die Mischwasserentnahme einer Entnahmestelle entspricht der Summe aus der Kaltwasser- und Warmwasserentnahme:
$\dot{V}_{RM} = \dot{V}_{RK} + \dot{V}_{RW}$
Die Kaltwasser-Warmwasseranteile errechnen sich abhängig von den Ausgangstemperaturen:
$\dot{V}_{RK} = \dot{V}_{RM} \cdot \dfrac{t_W - t_M}{t_W - t_K}$ $\dot{V}_{RW} = \dot{V}_{RM} \cdot \dfrac{t_M - t_K}{t_W - t_K}$
Annahme: $t_K = 10\,°C$, $t_W = 60\,°C$
$\dot{V}_{RK}$ = Kaltwasser-Berechnungsdurchfluß
$\dot{V}_{RW}$ = Warmwasser-Berechnungsdurchfluß
$\dot{V}_{RM}$ = Mischwasser-Berechnungsdurchfluß
[3] Gartensprengventil mit bis zu 10 m Schlauchleitung und angeschlossenem Gerät (z. B. Schlauchspritzdüser oder Rasensprenger)
[4] Durchfluß für 1 Urinal 0,3 l/s, für 1 Spülkopf 0,12 l/s

Genauere Werte sind mit Hilfe von Durchflußdiagrammen der Hersteller zu ermitteln. Beispiele für die Abhängigkeit des Durchflusses vom Fließdruck zeigen die Durchflußschaubilder für verschiedene Duschköpfe in Bild 116.

Mit dem für ein einwandfreies Strahlenbild durch einen Punkt gekennzeichneten Mindestdurchfluß erhält der Planer einen Auslegungsspielraum für die Anlagenberechnung. Der Mindestdurchfluß ist Voraussetzung für eine wirtschaftliche Auslegung der Wasserversorgungsanlage. Mit einem größeren Durchfluß sind gegebenenfalls besondere Anforderungen an den Komfort zu begründen.

Bei den Angaben der Mindestfließdrücke für Duschköpfe sind die Druckverluste in den vorgeschalteten Mischbatterien und Mischwasserleitungen gesondert zu ermitteln und zu erfassen. Rechnerisch ist eine solche detaillierte Druckverlustberechnung der Einzelteile einer Duscharmaturen- und Rohrleitungskombination sowie für alle Entnahmearmaturen-Kombinationen allerdings problematisch und mit erheblichen Ungenauigkeiten verbunden. Richtige Ergebnisse erhält man durch herstellerseitig vorgegebene Installationsbeispiele und dazu gehörende Wasserverbrauchsdiagramme. Ein entsprechendes Beispiel ist in Bild 117 wiedergegeben. Erforderlich ist außerdem die Anwendung des differenzierten Berechnungsganges nach DIN 1988 Teil 3.

2.4.4.1 Fließdruck und Mindestfließdruck

Der Durchfluß durch eine Wasserentnahmearmatur ist mit einem Druckverlust verbunden.

Entsprechend der Darstellung in Bild 118a und b entsteht in einer geraden Rohrstrecke ein Druckverlust durch Reibung, in Armaturen und Formstücken ein Druckverlust durch Einzelwiderstände. Bei Entnahmearmaturen entsteht neben dem Druckverlust durch den Einzelwiderstand der Armatur ein zusätzlicher Druckverlust durch den Ausströmverlust in der Größe des Staudruckes p_d (Bild 118c). Wasserentnahmearmaturen erfordern danach einen den Durchfluß bestimmenden Druck vor der Armatur, der bei fließendem Wasser gemessen und als Fließdruck bezeichnet wird.

Der Fließdruck einer Wasserentnahmearmatur ist nach den Gleichungen (9) bis (11) gleich der Summe aus deren Einzelwiderstandsverlust Δp_A und dem von der Fließgeschwindigkeit abhängigen Staudruck p_d.

$$p_{Fl} = \Delta p_A + p_d \tag{9}$$

$$p_{Fl} = \zeta \cdot \frac{v^2}{2} \cdot \varrho + \frac{v^2}{2} \cdot \varrho \tag{10}$$

$$p_{Fl} = \frac{v^2}{2} \cdot \varrho \, (\zeta + 1) \tag{11}$$

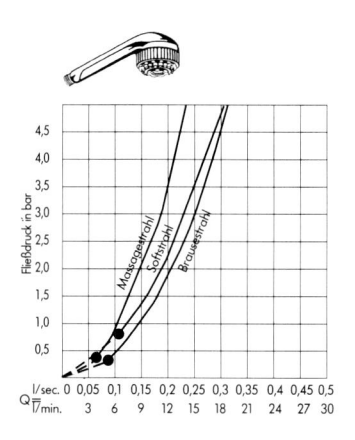

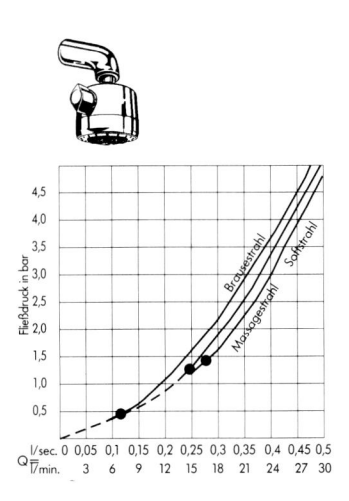

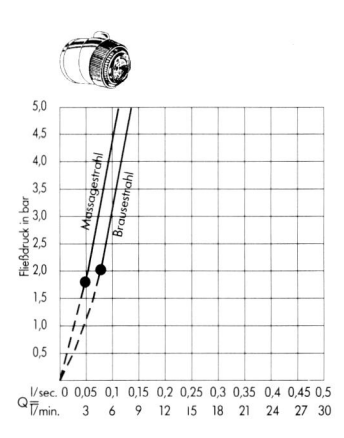

Bild 116 Durchflußdiagramme für Hand-, Körper- und Seitendusche des Typs AKTIVA; ● vom Punkt an ist ein einwandfreies Strahlenbild gewährleistet (hansgrohe).

Bild 117 Installationsbeispiel einer Nischendusche mit Thermostat-Mischbatterie DN 20, Wandeinbauventil DN 20, Vierwege-Umstellventil DN 15, einer Kopfdusche DN 15, einer Gleitduschgarnitur DN 15 und 6 Seitenduschen DN 15 – Dimensionierung nach dem Durchflußdiagramm für 6 Seitenduschen, Mindestfließdruck 1,5 bar, Berechnungsdurchfluß Mischwasser V_{RM} = 21 l/min (Hansa Metallwerke).

SCHEMA: Leitungsquerschnitt für Duschinstallation

A = 18 x 1
16/18
3/4″

B = 15 x 1
12/14
1/2″

Durchflußdiagramm: 6 Seitenduschen

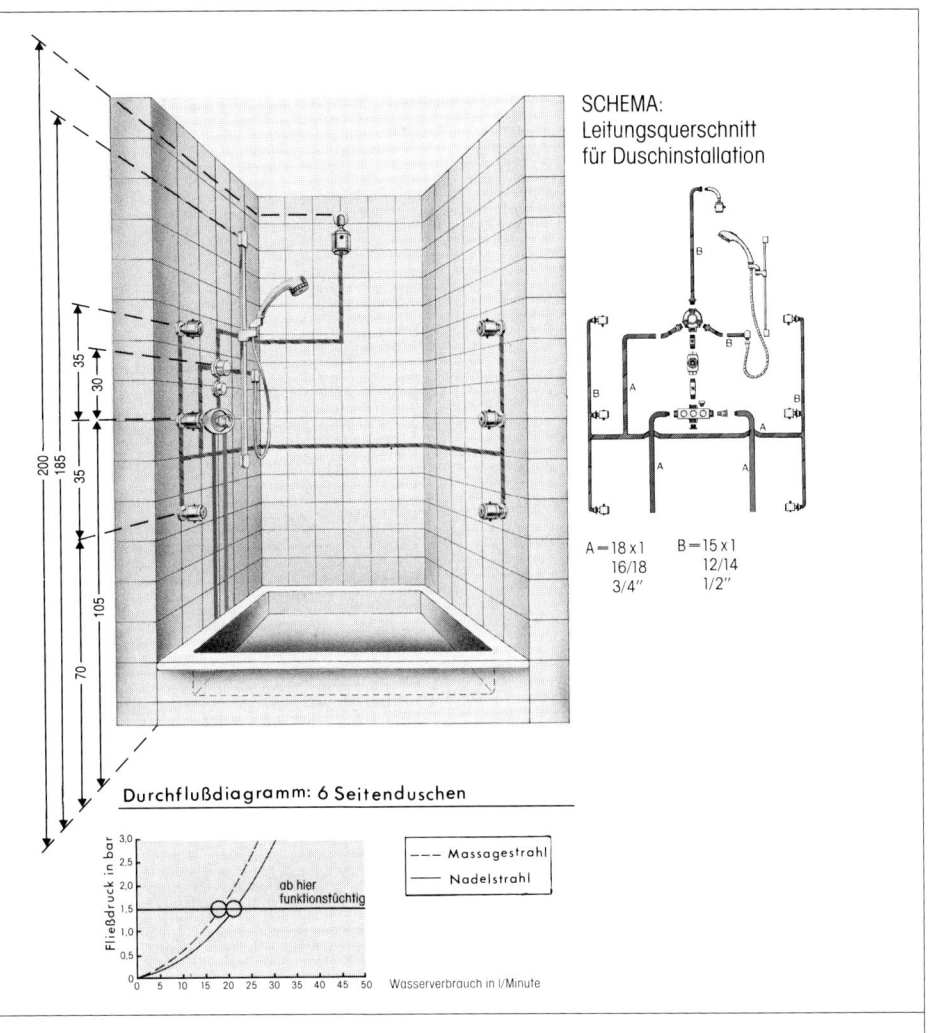

Bild 118 Strömung durch eine gerade Rohrstrecke

a) Druckverlust durch lineare Reibung in der Rohrstrecke:

$$p_{st1} - p_{st2} = \lambda \cdot \frac{l_M}{d} \cdot \frac{v^2}{2} \cdot \varrho$$

b) Verstärkter Druckverlust durch Reibung und Einzelwiderstand in Form einer Rohrarmatur:

$$p_{st1} - p_{st2} = \frac{v^2}{2} \cdot \varrho \, (\lambda \cdot \frac{l_M - l_A}{d} + \zeta_A)$$

c) Druckverlust durch Reibung, Einzelwiderstand und Ausströmverlust:

$$p_{st1} = \frac{v^2}{2} \cdot \varrho \, (\lambda \cdot \frac{l_M - l_A}{d} + \zeta_A + 1)$$

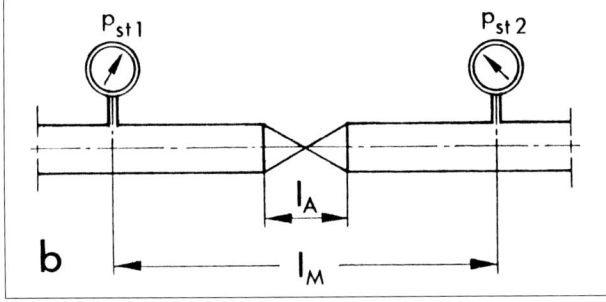

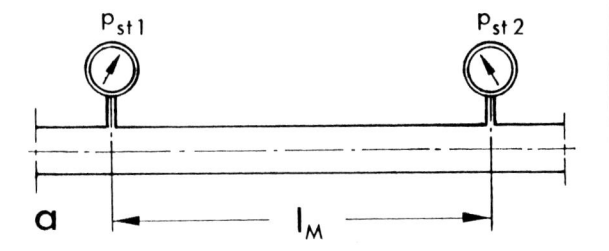

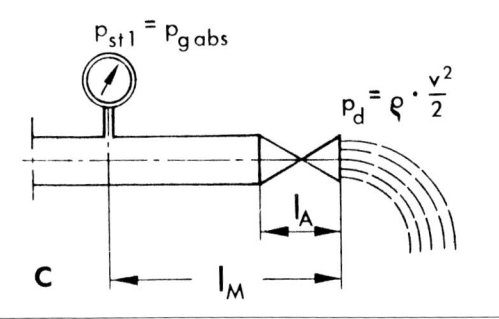

Bild 119 Kennzeichnung der Meßstellen für den Fließdruck p_{Fl}
(Der Fließdruck an der Meßstelle ist gleich der Summe der nachgeschalteten Einzelwiderstandsverluste und des Ausströmverlustes)

a) Auslaufventil,
b) Auslauf-Schwimmerventil mit vorgeschaltetem Absperrventil,
c) Druckspüler,
d) Zweigriff-Mischbatterie,
e) Eingriff-Mischbatterie mit Umstellung, Auslauf und Schlauchdusche,
f) Thermostat-Mischbatterie mit nachgeschalteten Durchgangsventilen und Ausläufen,
g) offener Warmwasserspeicher mit Mischbatterie,
h) Durchlaufwassererwärmer hydraulisch gesteuert mit nachgeschalteten Zweigriff-Mischbatterien,
i) Durchlaufwassererwärmer oder geschlossener Warmwasserspeicher mit Sicherheitsarmatur und nachgeschalteten Eingriff-Mischbatt.

p_{Fl} = Fließdruck = statischer Überdruck an einer Meßstelle in der Trinkwasseranlage, während Wasser fließt, in bar

$\Delta p_A = \zeta \cdot \dfrac{v^2}{2} \cdot \varrho$ = Einzelwiderstandsverlust einer Entnahmearmatur beim Ausströmen von Wasser

p_d = Staudruck, ein durch die Geschwindigkeitsenergie erzeugter Druck, der daher auch als dynamischer Druck bezeichnet wird

ζ = Widerstandsbeiwert von Einzelwiderständen = strömungstechnische Kenngröße für einen Einzelwiderstand

ϱ = Dichte des strömenden Mediums
(Wasser 10 °C, ϱ = 999,6 kg/m³)

Da der Staudruck p_d die Widerstandsziffer in Gleichung (11) nur um +1 vergrößert, ist der Fließdruck angenähert gleich dem Einzelwiderstandsverlust der Entnahmearmatur. Abhängig von der Fließgeschwindigkeit beträgt der Anteil des Staudruckes beim Fließdruck von Wasserentnahmearmaturen, die allgemein eine große Widerstandsziffer aufweisen, nur etwa 1% bis 2%.

Der Mindestfließdruck muß nach der Darstellung in Bild 119 an der Anschlußstelle von Entnahmearmaturen, Armaturenkombinationen und Apparaten zur Verfügung stehen.

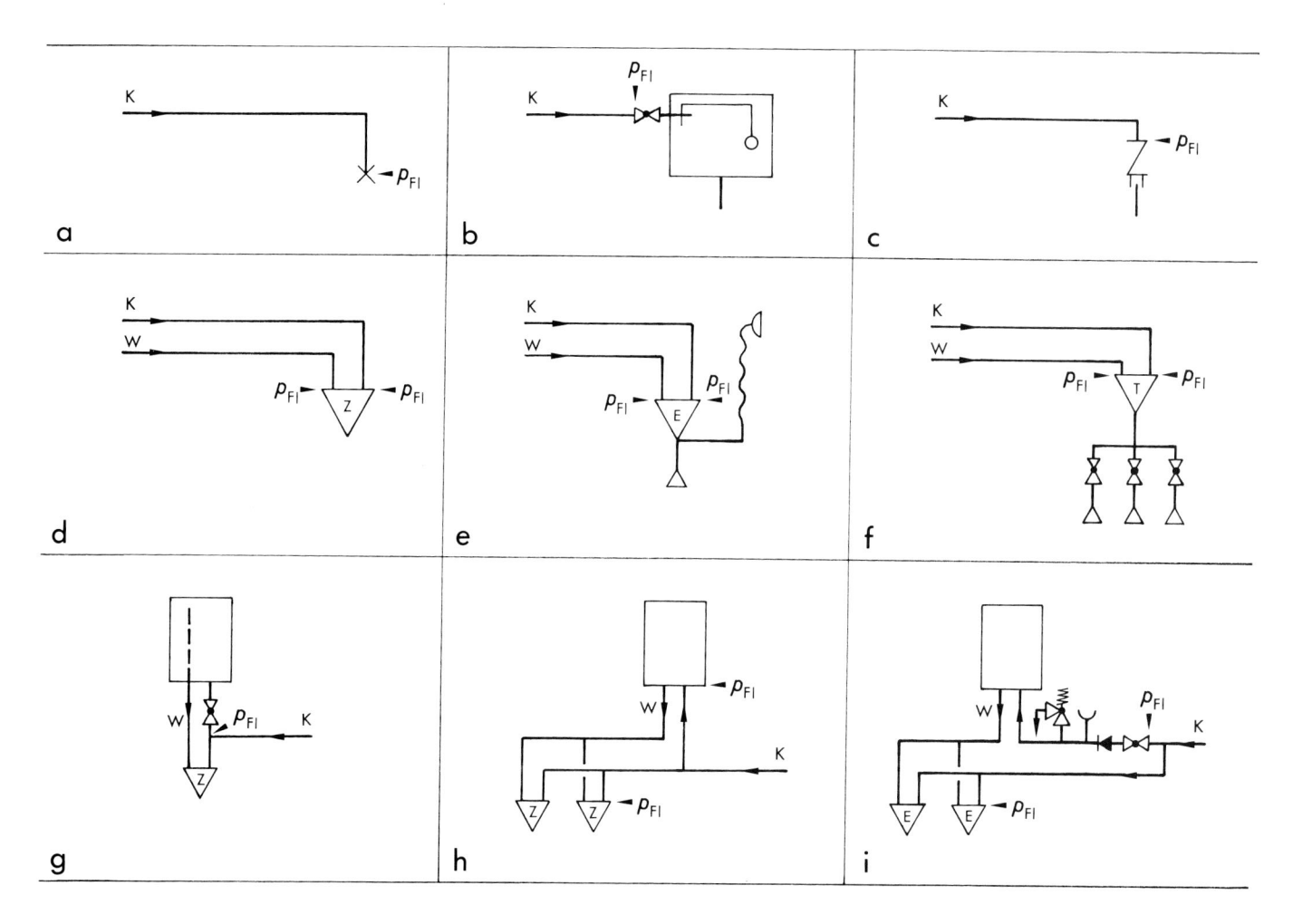

2.4.5 Sicherungsmaßnahmen gegen Rückfließen und Sicherungsarmaturen

Trinkwasser ist ein Lebensmittel und muß den Anforderungen in der Trinkwasser-Verordnung [72] und im Lebensmittel- und Bedarfsgegenständegesetz [33] entsprechen. Für die zentrale Trinkwasserversorgung gelten darüber hinaus die Leitsätze für Anforderungen an Trinkwasser in der DIN 2000 [12], für die Eigen- und Einzeltrinkwasserversorgung die entsprechenden Leitsätze in der DIN 2001 [13]. Die Trinkwassergüte muß bis zu den Entnahmestellen der Verbraucher vor nachteiligen Veränderungen gesichert sein, damit eine Beeinträchtigung oder Gefährdung des Verbrauchers ausgeschlossen ist.

Eine *Beeinträchtigung* des Trinkwassers liegt bei einer Veränderung des Wassers vor, die z. B. in einer Veränderung der Farbe, des Geruchs oder Geschmacks bemerkbar ist, die aber keine Gefährdung der Gesundheit bedeutet.

Eine *Gefährdung* des Trinkwassers liegt bei einer Veränderung des Wassers vor, wenn es den Anforderungen des Lebensmittel- und Bedarfsgegenständegesetzes nicht mehr genügt oder eine Schädigung der Gesundheit im Sinne des Bundes-Seuchengesetzes [34] zu befürchten ist.

2.4.5.1 Ursachen für eine Veränderung des Trinkwassers

Beeinträchtigungen und Gefährdungen des Trinkwassers können eintreten durch:

- *Rückfließen* infolge geodätischer Höhenunterschiede, z. B. von einem höher- zu einem tieferliegenden Stockwerk, bei Druckabfall in der Trinkwasseranlage und Ansaugen von fremdstoffbelastetem Nichttrinkwasser;

- *Rückdrücken* bei Druckunterschieden, z. B. wenn in einem angeschlossenen Apparat ein über dem Betriebsüberdruck der Trinkwasseranlage liegender Druck entsteht und fremdstoffbelastetes Trinkwasser zurückgedrückt wird;

- *Rücksaugen* bei auftretendem Unterdruck in der Trinkwasseranlage, z. B. beim Entleeren von Leitungsanlagen bei einem Rohrbruch, und Ansaugen von Nichttrinkwasser;

- *Verbindung* von Trinkwasserleitungen mit Nichttrinkwasserleitungen;

- *äußere Einwirkungen;*

- *Werk-, Betriebs- und Hilfsstoffe,* z. B. durch Gewindeschneid-, -Dichtungs-, Fluß-, Entkalkungs- und Reinigungsmittel;

- *stagnierendes Trinkwasser,* z. B. durch Stagnation infolge nichtbenutzter Leitungsanlagen während der Ferienzeit;

- *mangelhafte und unsachgemäße Wartung* von Trinkwasseranlagen, z. B. bei Schäden an Sicherungsarmaturen und Apparaten, die der Erwärmung oder Behandlung von Trinkwasser dienen;

♦ *nicht bestimmungsmäßigen Betrieb* einer Trinkwasseranlage, z.B. wenn ein Apparateanschluß für die Füllung einer Heizungsanlage bei ungenügender Absicherung ständig betrieben wird.

2.4.5.2 Sicherungsmaßnahmen

Sicherungsmaßnahmen sollen die Güte des Trinkwassers sichern. Jede Trinkwasseranlage, die an eine öffentliche Wasserversorgungsanlage angeschlossen wird, muß nach Bild 120 unmittelbar hinter dem Wasserzähler mit einem *Rückflußverhinderer* ausgestattet werden. Bei Eigenwasserversorgungsanlagen ist der Rückflußverhinderer hinter der Förderpumpe oder hinter dem Druckbehälter einzubauen. Zu verwenden sind einzelne Rückflußverhinderer oder Durchgangsventile in Schrägsitzform kombiniert mit einem Rückflußverhinderer, die in den Nennweiten 15 bis 80 lieferbar sind.

Bild 120 Wasserzähleranlage
a) mit Absperrventilen und Rückflußverhinderer
b) mit einem Absperrventil, nachgeschaltetem Durchgangsventil kombiniert mit Rückflußverhinderer, Filter (Bei metallenen Leitungen ist der Einbau eines Filters unmittelbar nach der Wasserzähleranlage vorgeschrieben. Bei Kunststoffleitungen sollte ein Filter eingebaut werden.) und Druckminderer (Druckminderer sind erforderlich, wenn für die zu versorgenden Anlagen und Geräte deren höchstzulässiger Betriebsüberdruck erreicht oder überschritten werden kann. Aus schalltechnischen Gründen sind nach DIN 4109 Druckminderer einzubauen, wenn der Ruhedruck an den Entnahmestellen 5 bar überschreitet.).

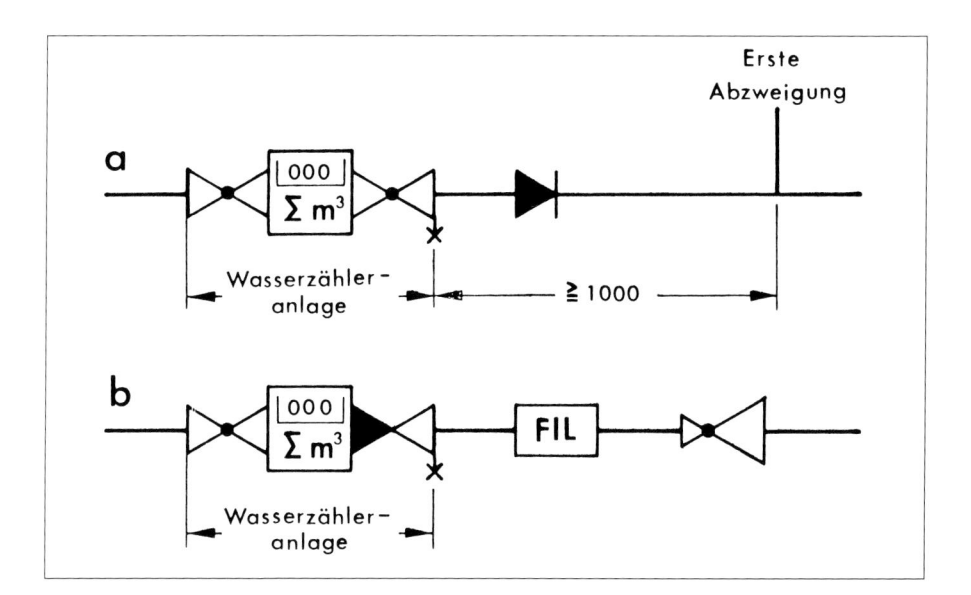

Neben dieser Sicherungsmaßnahme müssen alle Entnahmestellen, von denen eine Beeinträchtigung oder Gefährdung durch verändertes Trinkwasser ausgehen kann, durch eine *Einzel-* oder *Sammelsicherung* abgesichert werden. Das betrifft alle Entnahmestellen mit Schlauchanschlüssen und einer sich daraus ergebenden Verbindung mit Nichttrinkwasser, z.B. Mischbatterien mit Schlauchdusche in Küche und Bad, die in ein Spülbecken oder eine Wanne gelegt werden können, Gartenschlauchanschlüsse, Anschlüsse von Wasch-, Geschirrspülmaschinen und Steckbeckenspülapparate *ohne DVGW-Prüfzeichen,* Schlauchanschlüsse für das Füllen von Heizungsanlagen, Anschlüsse von Stärkeabscheidern, Wasserbehandlungsanlagen und dergleichen.

Bei der *Sammelsicherung* werden mehrere oder alle Entnahmestellen und Apparate eines Gebäudes oder Grundstücks gemeinsam durch eine Sicherungseinrichtung gegen Rückfließen abgesichert.

Beispiele für die Einzel- und Sammelsicherung sind in den Bildern 121 bis 123 dargestellt.

Bild 121 Beispiele für die Einzelsicherung von Entnahmestellen und Apparaten
a) Steigleitung für Klosettanlagen mit Spülkasten (freier Auslauf) oder Druckspüler mit Rohrunterbrecher und Waschbecken mit und ohne Elektro-Einzelwassererwärmer (Entnahmearmatur mit freiem Auslauf),
b) Spültisch mit Schlauchdusche abgesichert durch Doppel-Rohrbelüfter Bauform E und Rückflußverhinderer in der Kaltwasser- und Warmwasser-Zuflußleitung, Geschirrspülmaschine mit eingebauter Sicherungseinrichtung (Nachweis durch DVGW-Prüfzeichen)
1) Rohrbelüfter, Anschlußleitung und Tropfwasserleitung nach Tabelle 1.

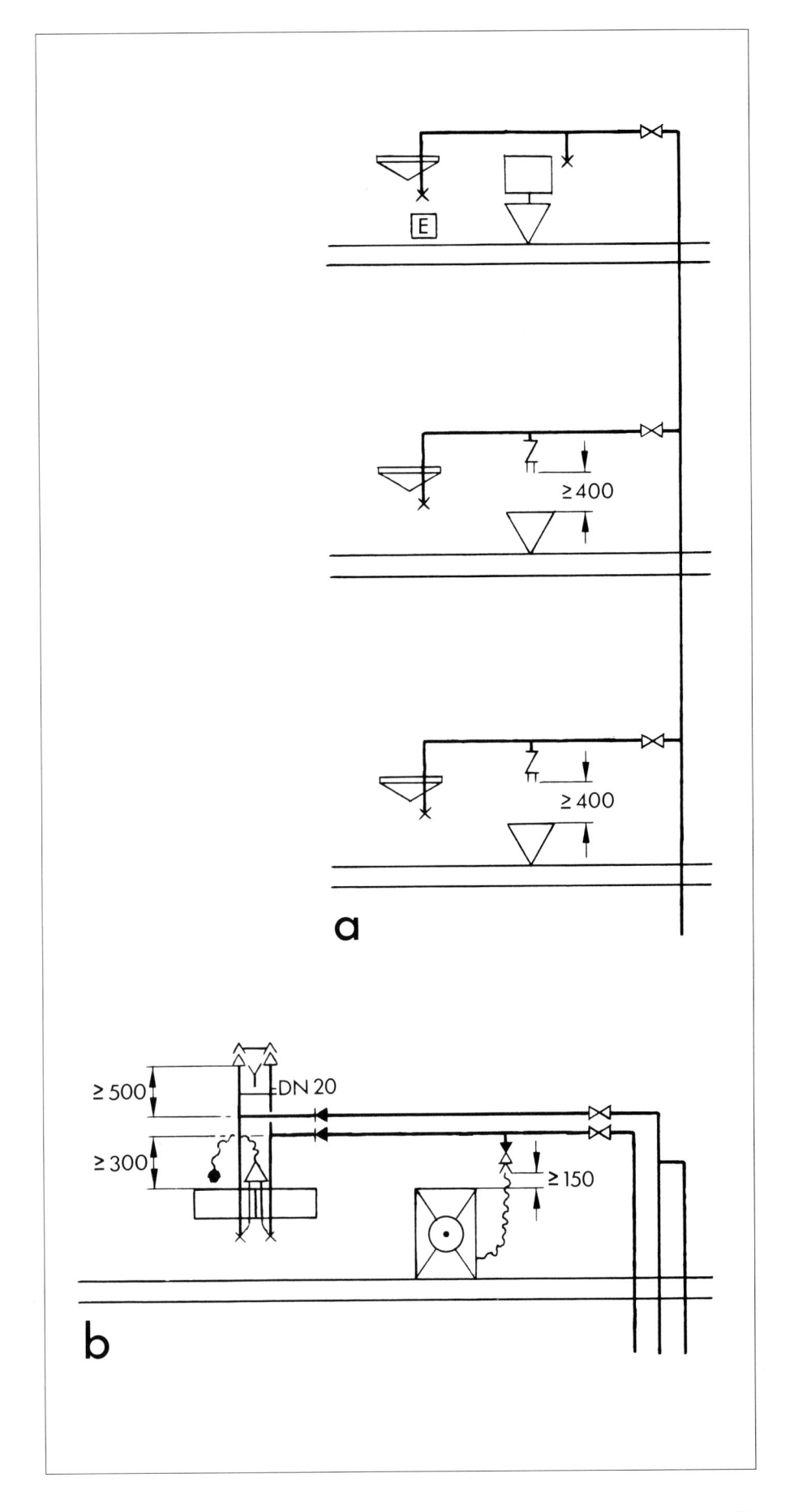

Bild 122 Beispiel einer Sammelsicherung für mehrere Entnahmestellen durch Rohrbelüfter Bauform D und Rückflußverhinderer.

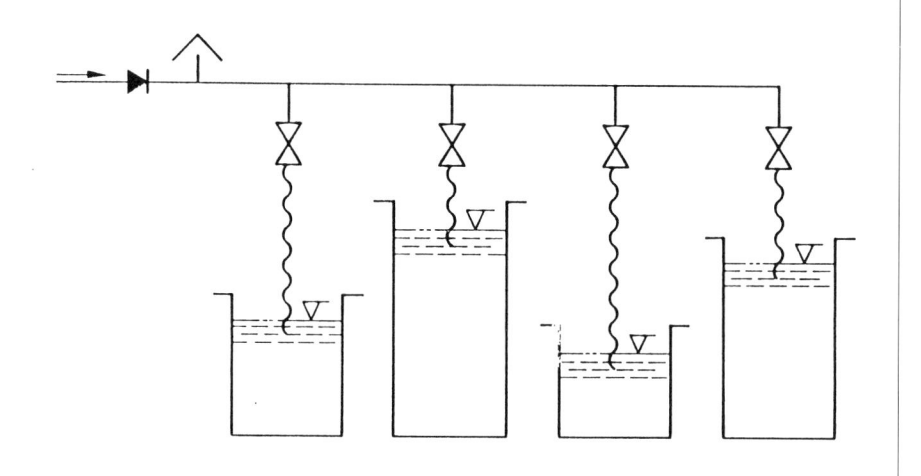

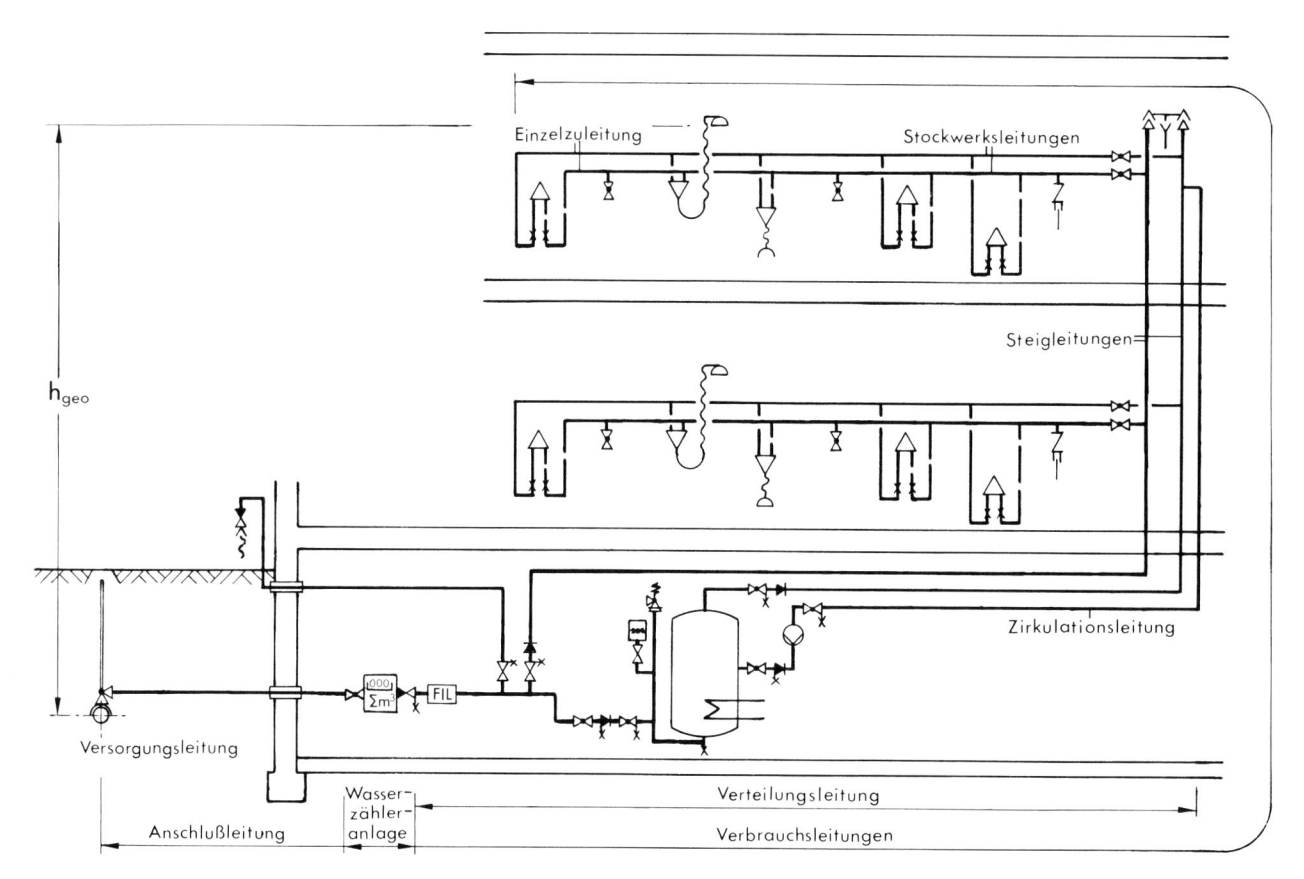

Bild 123 Beispiel der zentralen Sammelsicherung eines Zweifamilienhauses (mit zentraler Warmwasserbereitung) durch Absperrventil mit Rückflußverhinderer hinter dem Wasserzähler und vor dem Gartenventil mit Belüfter und Schlauchverschraubung, Rückflußverhinderer vor dem Wassererwärmer und Doppel-Rohrbelüfter Bauform E auf der Kaltwasser- und Warmwasser-Steigleitung.

2.4.5.3 Sicherungsarmaturen und Sicherungseinrichtungen

Der *freie Auslauf* bietet die größte Sicherheit gegen ein Rückfließen von verunreinigtem Wasser. Zwischen Unterkante Auslauf und dem höchstmöglichen Wasserspiegel im Entwässerungsgegenstand muß nach Bild 124 ein Sicherheitsabstand H $\geq$ 2 d_i, mindestens aber von 20 mm eingehalten werden. Das ist z. B. bei Entnahmearmaturen mit festem Auslauf, Schwenkauslauf und dergleichen ohne Schlauchanschluß, bei fest eingebauten Dusch- oder Spritzköpfen sicherzustellen.

Rohrunterbrecher in der Bauform A1* ohne bewegliche Teile und in der Bauform A2 mit beweglichen Teilen werden als Einzelsicherung von Entnahmearmaturen verwendet. Sie bewirken durch Zuführung von Luft über vorhandene Belüftungsöffnungen eine Unterbrechung des Leitungssystems und verhindern damit bei Unterdruckbildung in der Wasserleitungsanlage ein Rücksaugen von verunreinigtem Wasser. Bei der Bauform A1 sind die Belüftungsöffnungen stets offen. Bei der Bauform A2 werden die Belüftungsöffnungen durch bewegliche Teile in Form von elastischen Tüllen oder Dichtungen beim Durchfluß von Wasser verschlossen und bei Unterdruckbildung bzw. bei Durchflußstillstand freigegeben. Bei der Bauform A2 wird daher nur die dem Rohrunterbrecher nachgeschaltete Rohrleitung belüftet.

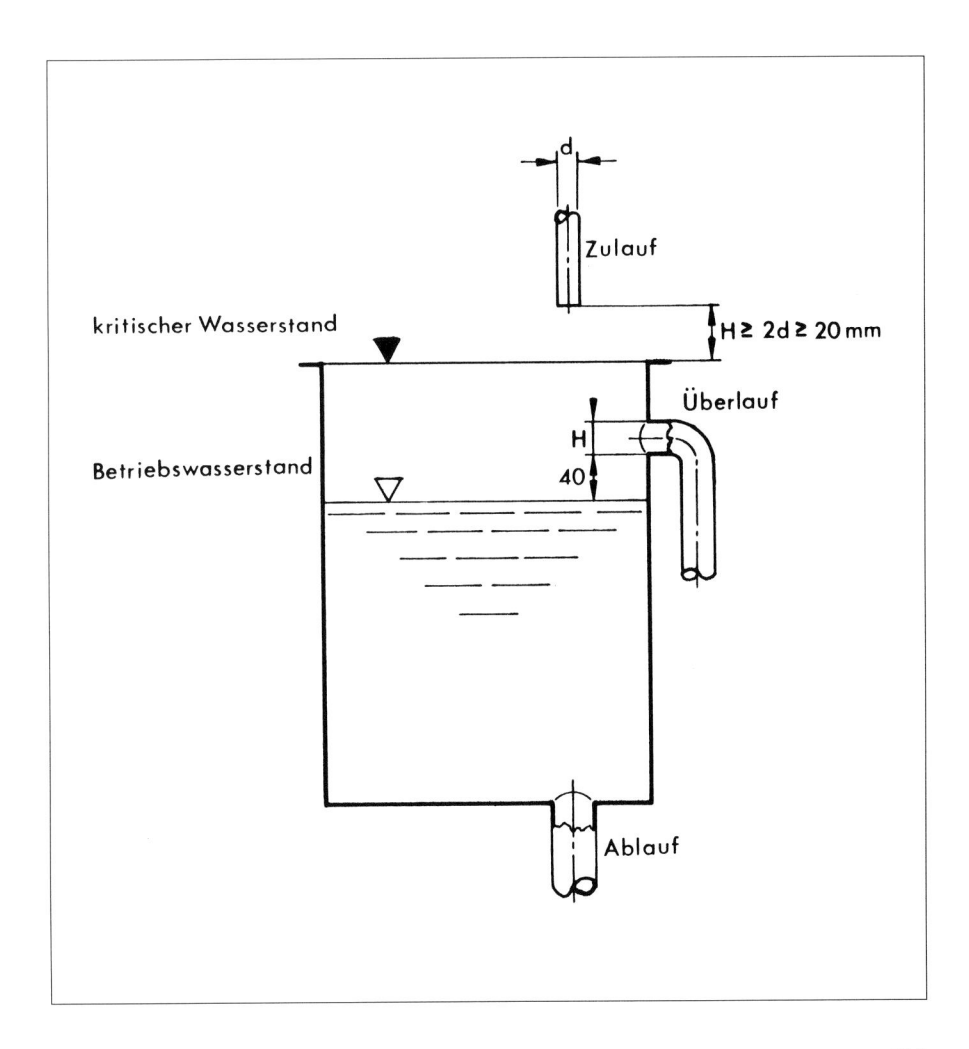

Bild 124 Freier Auslauf d_i Rohrinnendurchmesser Zulauf.

* Wegen der verschiedenen Bauformen vergleiche DIN 1988 Teil 2

Absperrarmaturen müssen grundsätzlich vor dem Rohrunterbrecher eingebaut werden, da andernfalls infolge Anstau des Wassers ein Austritt aus den Belüftungsöffnungen erfolgt. Die Einbauhöhe muß bei beiden Bauformen nach Bild 125a mindestens um H = 150 mm über dem höchstmöglichen Wasserspiegel, d.h. über Oberkante des anzuschließenden Sanitärgegenstandes liegen. Bei Druckspülern muß die Einbauhöhe mindestens um H = 400 mm über Oberkante Klosettbecken oder Oberkante Spülrandlippe von Urinalbecken liegen (Bilder 121a und 125b). Das Maß H bezieht sich auf die Unterkante der Belüftungsöffnungen.

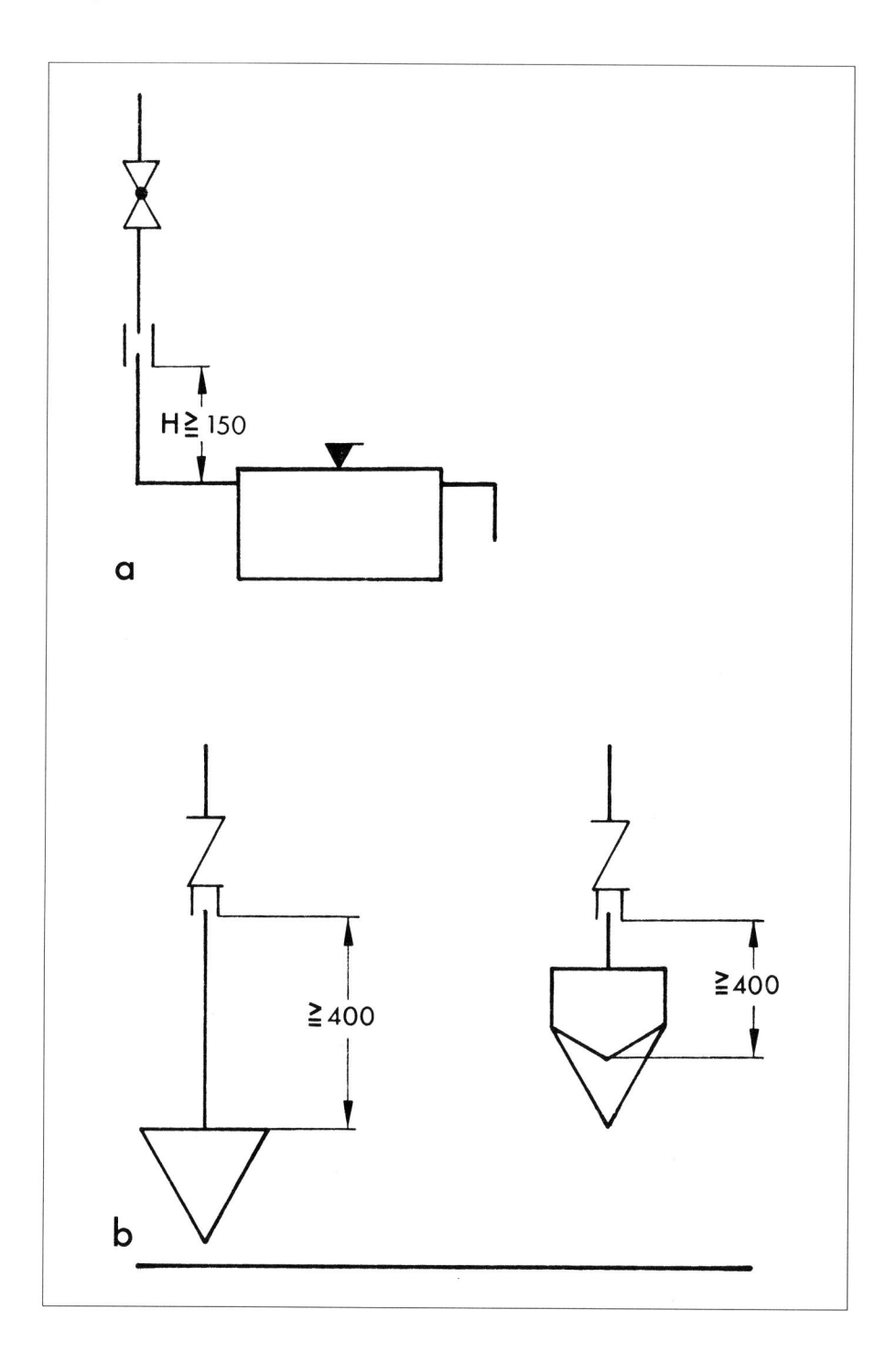

Bild 125 Einzelsicherung mit Rohrunterbrecher Bauform A1 und A2;
a) H ≥ 150 mm über dem höchstmöglichen Wasserspiegel,
b) H ≥ 400 mm bei Klosett- und Urinal-Druckspülern über Oberkante Klosettbecken bzw. Oberkante Spülrandlippe Urinalbecken.

Die Bilder 126 bis 129 zeigen Ausführungsbeispiele für Rohrunterbrecher der Bauform A1 und A2 in Durchflußform und beim Klosettdruckspüler für Aufputzmontage.

Rohrbelüfter sollen die Rohrleitungen bei einem auftretenden Unterdruck belüften und in Zusammenwirken mit einem Rückflußverhinderer ein Rückfließen oder Rücksaugen von verunreinigtem Wasser verhindern. Nach der Arbeitsweise werden Rohrbelüfter der Bauform C, D und E unterschieden.

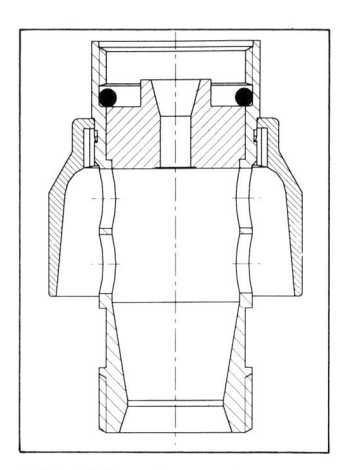

Bild 126 Rohrunterbrecher Bauform A1 in Durchflußform von oben nach unten (Eggemann).

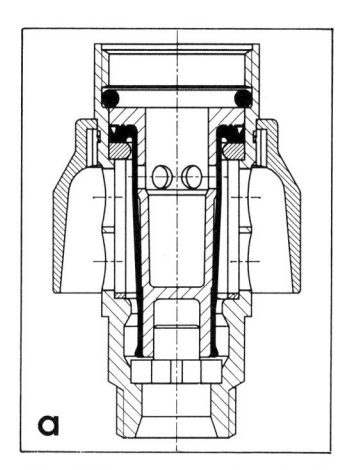

Bild 128 Rohrunterbrecher Bauform A2 in Durchflußform von oben nach unten
a) geschlossen,
b) geöffnet.

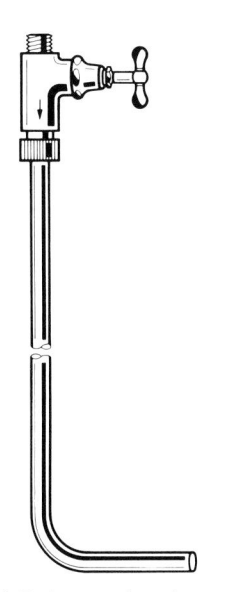

Bild 127 Rohrunterbrecherventil in Durchflußform von oben nach unten, mit Unterspülrohr, Bauform A1 (Eggemann).

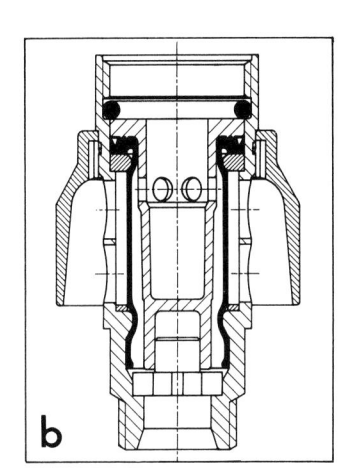

Bild 129 Klosett-Druckspüler DN 20 im Schnitt;
a Druckknopfteil,
b Feder,
c Hilfsventil,
d Gegendruckkammer,
e Reguliernadel,
f Druckausgleichskanal,
g Gummikörper,
h Querkanal,
i Hauptventil,
k Rohrunterbrecher
(AQUA Butzke-Werke AG).

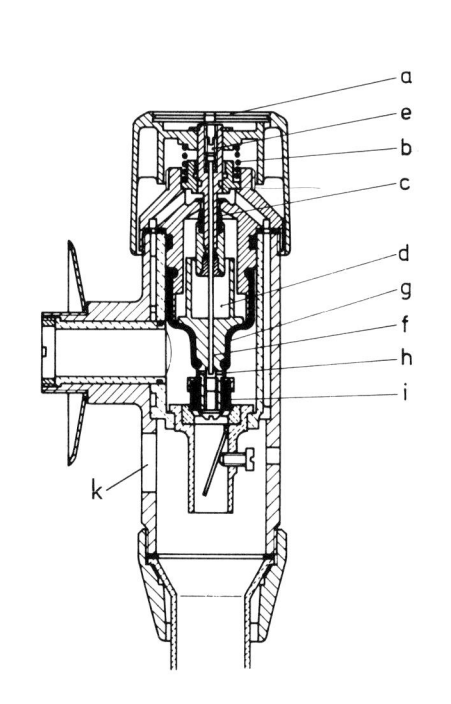

Bild 130 Sicherungskombination bestehend aus: Rohrbelüfter in Durchflußform, Bauform C, und Rückflußverhinderer
a) Durchfluß von oben nach unten,
b) Durchfluß von unten nach oben (Eggemann).

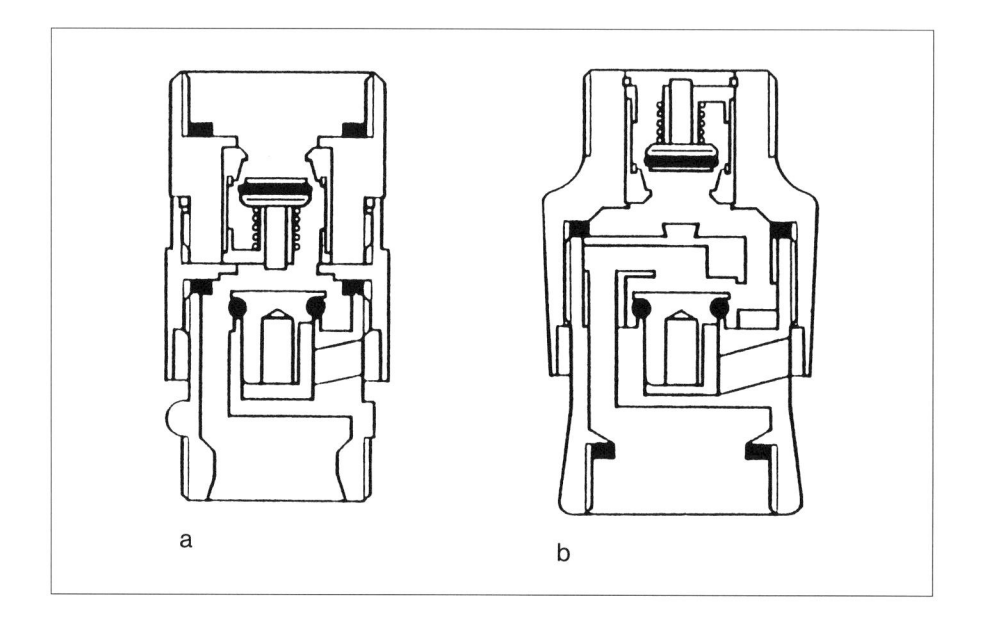

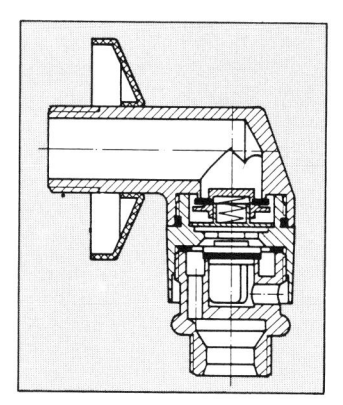

Bild 131 Duschschlauch-Anschlußbogen 1/2″ mit Durchfluß-Rohrbelüfter und Rückflußverhinderer.

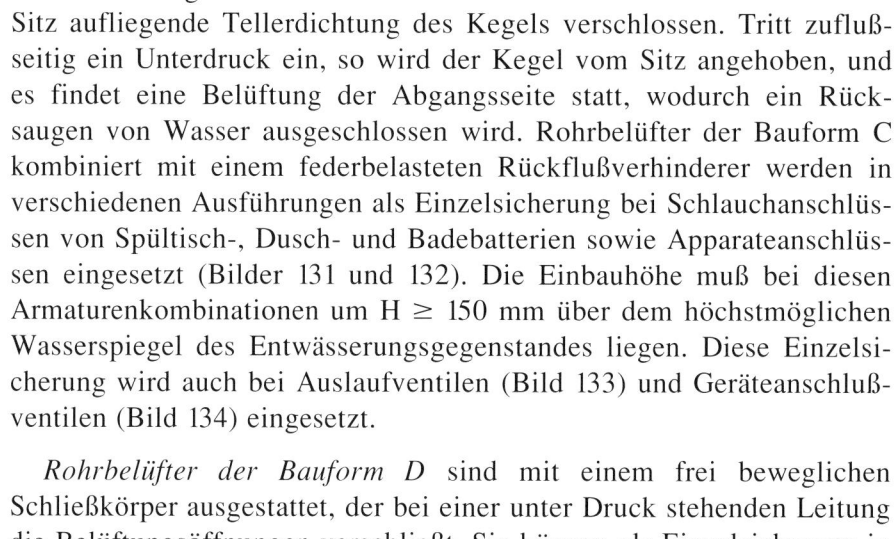

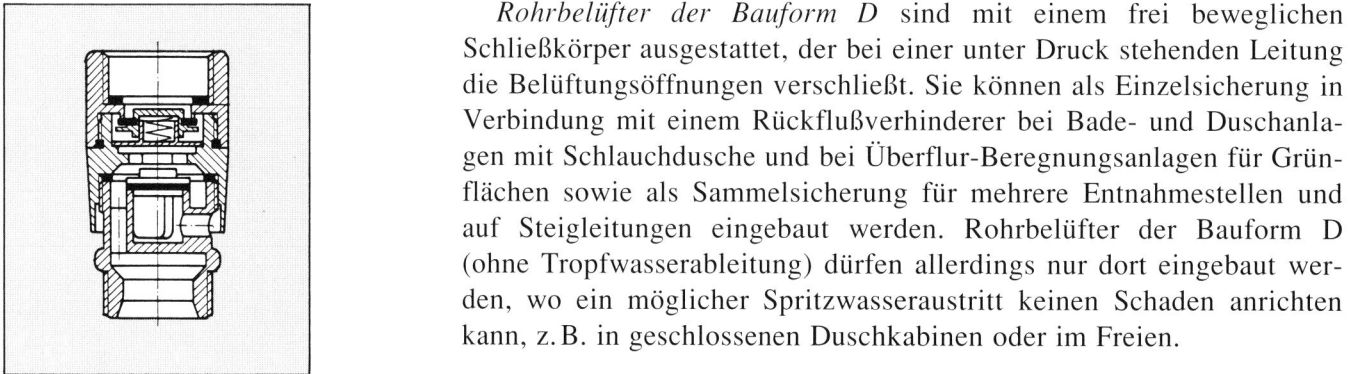

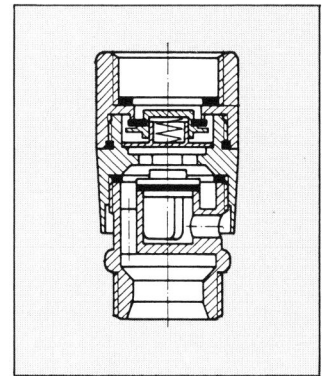

Bild 132 Rohrbelüfter in Durchflußform mit Rückflußverhinderer, für Bade- und Duschbatterien mit Schlauchabgang nach unten.

Rohrbelüfter der Bauform C sind Durchflußbelüfter, die für Durchfluß von oben nach unten und von unten nach oben und mit einem Rückflußverhinderer kombiniert geliefert werden (Bild 130). Die Lufteintrittsöffnung ist bei Wasserdurchfluß durch die auf dem verchromten Sitz aufliegende Tellerdichtung des Kegels verschlossen. Tritt zuflußseitig ein Unterdruck ein, so wird der Kegel vom Sitz angehoben, und es findet eine Belüftung der Abgangsseite statt, wodurch ein Rücksaugen von Wasser ausgeschlossen wird. Rohrbelüfter der Bauform C kombiniert mit einem federbelasteten Rückflußverhinderer werden in verschiedenen Ausführungen als Einzelsicherung bei Schlauchanschlüssen von Spültisch-, Dusch- und Badebatterien sowie Apparateanschlüssen eingesetzt (Bilder 131 und 132). Die Einbauhöhe muß bei diesen Armaturenkombinationen um H ≥ 150 mm über dem höchstmöglichen Wasserspiegel des Entwässerungsgegenstandes liegen. Diese Einzelsicherung wird auch bei Auslaufventilen (Bild 133) und Geräteanschlußventilen (Bild 134) eingesetzt.

Rohrbelüfter der Bauform D sind mit einem frei beweglichen Schließkörper ausgestattet, der bei einer unter Druck stehenden Leitung die Belüftungsöffnungen verschließt. Sie können als Einzelsicherung in Verbindung mit einem Rückflußverhinderer bei Bade- und Duschanlagen mit Schlauchdusche und bei Überflur-Beregnungsanlagen für Grünflächen sowie als Sammelsicherung für mehrere Entnahmestellen und auf Steigleitungen eingebaut werden. Rohrbelüfter der Bauform D (ohne Tropfwasserableitung) dürfen allerdings nur dort eingebaut werden, wo ein möglicher Spritzwasseraustritt keinen Schaden anrichten kann, z.B. in geschlossenen Duschkabinen oder im Freien.

Rohrbelüfter der Bauform E entsprechen der Bauform D, sind jedoch zusätzlich mit einer Leckwasserbegrenzung auf max. 6 l/min und einem Auffangtrichter für die Tropfwasserableitung ausgestattet. Sie stehen als Einzel- und Doppel-Rohrbelüfter für Aufputzmontage

Tabelle 17 Anzahl der Rohrbelüfter Bauform E für Kaltwasser- und Warmwasser-Steigleitungen sowie Mindestnennweiten der Anschlußleitung des Belüfters und der Tropfwasserleitung nach DIN 1988 Teil 2.

Nennweite der Steigleitung DN	Anzahl der Rohrbelüfter DN 15	DN 20	Mindestnennweite der Anschlußleitung des Belüfters DN	Mindestnennweite der Tropfwasserleitung DN
bis 25	1	–	15	20
32–50	2 oder	1	20	25
über 50	3 oder	2	32	25

Bild 133 Armaturenkombination, bestehend aus: Durchfluß-Rohrbelüfter, Rückflußverhinderer und Schlauchverschraubung (Eggemann).

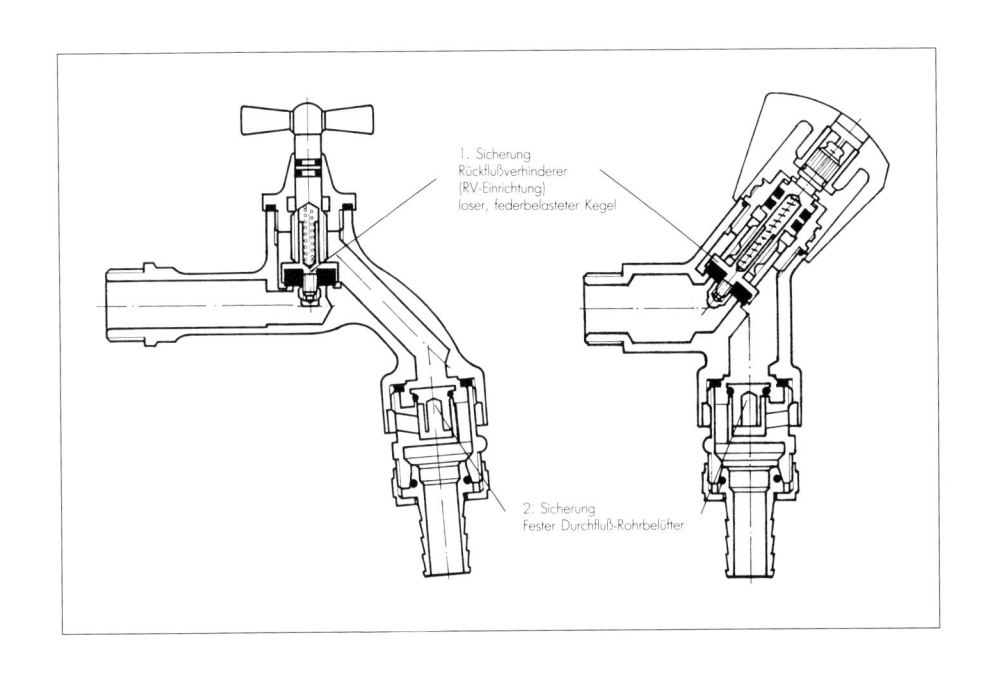

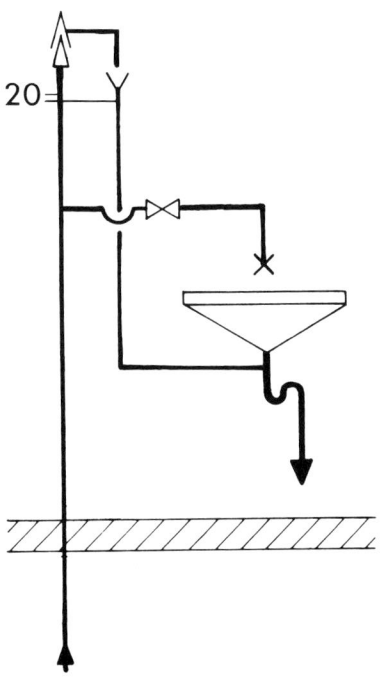

Bild 134 Rohrbelüfter mit Tropfwasseranschluß an einen Waschtisch-Geruchverschluß.

und für Wandeinbau zur Auswahl. Der Einbau erfolgt als Sammelsicherung auf den Enden der Kaltwasser- und Warmwasser-Steigleitungen im obersten mit Trinkwasser versorgten Geschoß (Bild 123) oder als Einzelsicherung in Verbindung mit einer Entnahmestelle (Bild 121b). Die Anzahl der einzubauenden Rohrbelüfter ist nach Tabelle 17 abhängig von der größten Nennweite der Steigleitung im untersten Geschoß zu bestimmen.

Rohrbelüfter der Bauform E sind mindestens 300 mm über dem höchstmöglichen Wasserspiegel, d.h. über Oberkante des am höchsten einzubauenden Sanitärobjektes einzubauen. Bei Warmwasserleitungen empfiehlt sich der Einbau auf einer etwa 500 mm langen Abkühlungs- und Beruhigungstrecke, damit Ablagerungen und Undichtigkeiten am Schwimmer verhindert werden. Die *Tropfwasserleitung* muß direkt oder frei ausmündend über einen Geruchverschluß in die Entwässerungsleitung führen. Sie kann beispielsweise an einen Geruchverschluß mit Tropfwasseranschluß (Bild 134), einen Badewannenüberlauf (Bild 135), bzw. ein Klosettspülrohr (Bild 136) angeschlossen werden oder mit einem Auslaufbogen frei über einem Ausguß oder Bodenablauf münden. Die Tropfwasserleitung ist nach Tabelle 17 zu bemessen. Beim Zusammenführen der Tropfwasserleitungen von 2 Rohrbelüftern gilt die gleiche Bemessung.

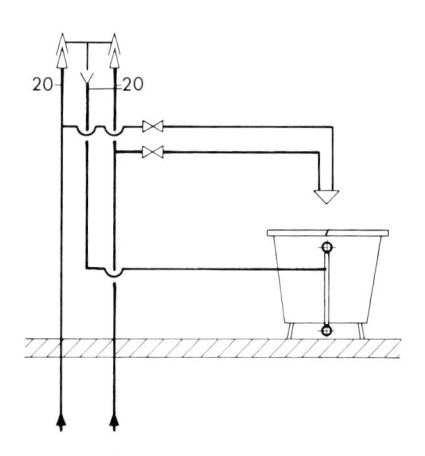

Bild 135 Doppel-Rohrbelüfter mit Tropfwasseranschluß an einen Badewannenüberlauf.

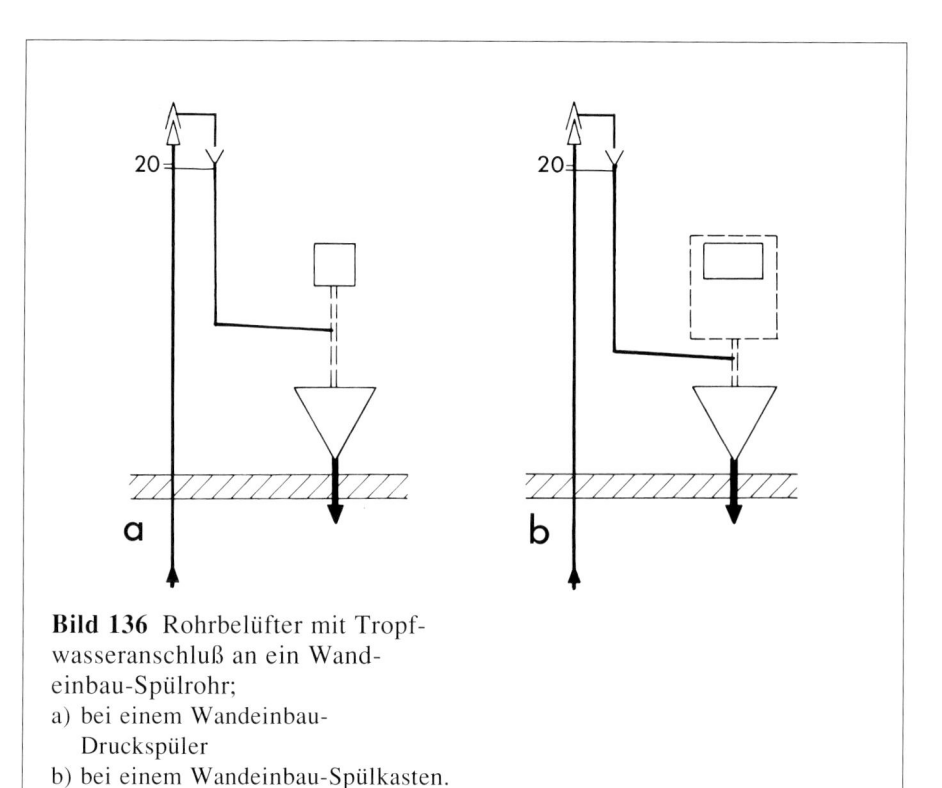

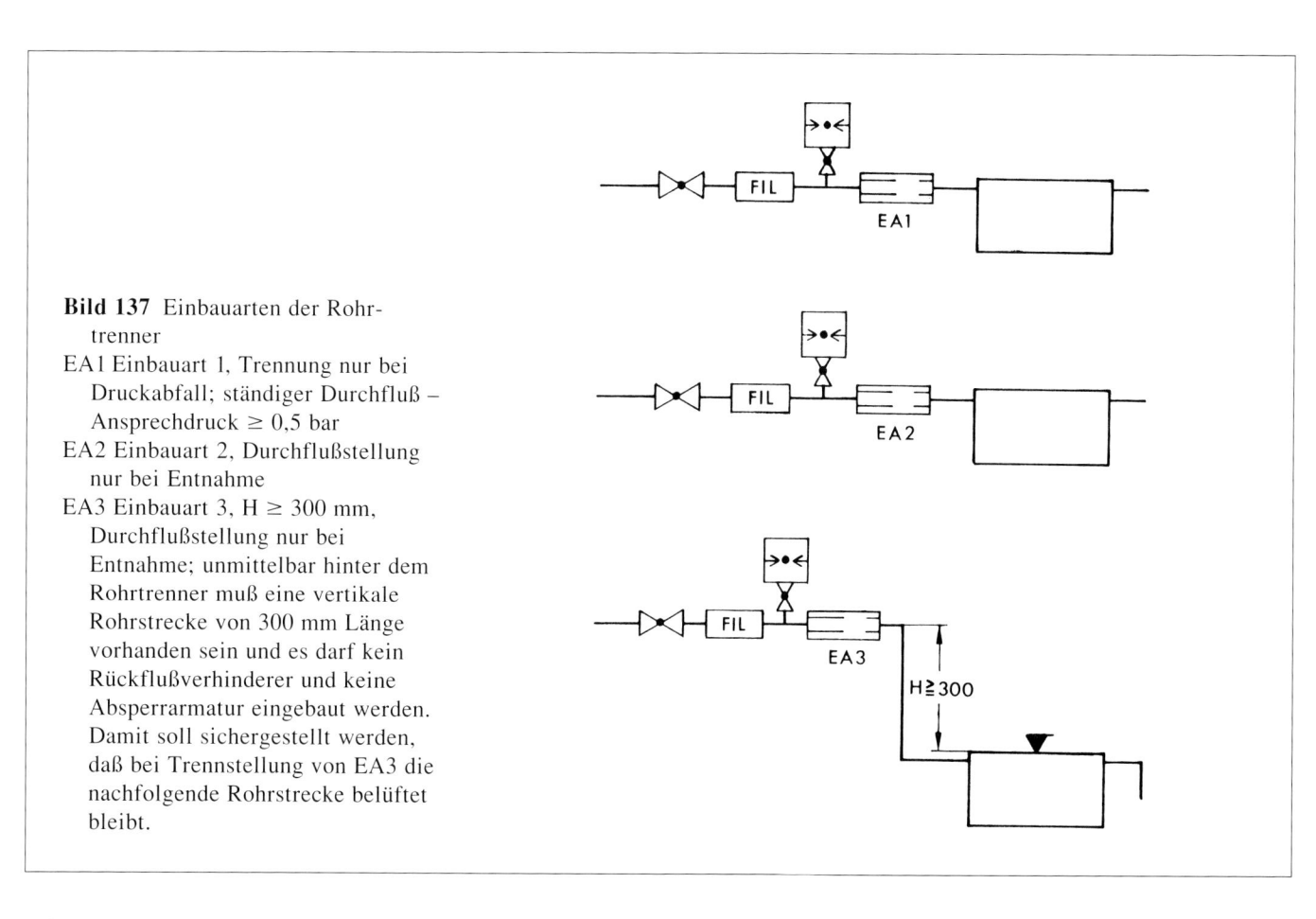

Bild 136 Rohrbelüfter mit Tropfwasseranschluß an ein Wandeinbau-Spülrohr;
a) bei einem Wandeinbau-Druckspüler
b) bei einem Wandeinbau-Spülkasten.

Bild 137 Einbauarten der Rohrtrenner
EA1 Einbauart 1, Trennung nur bei Druckabfall; ständiger Durchfluß – Ansprechdruck ≥ 0,5 bar
EA2 Einbauart 2, Durchflußstellung nur bei Entnahme
EA3 Einbauart 3, H ≥ 300 mm, Durchflußstellung nur bei Entnahme; unmittelbar hinter dem Rohrtrenner muß eine vertikale Rohrstrecke von 300 mm Länge vorhanden sein und es darf kein Rückflußverhinderer und keine Absperrarmatur eingebaut werden. Damit soll sichergestellt werden, daß bei Trennstellung von EA3 die nachfolgende Rohrstrecke belüftet bleibt.

Rohrtrenner sind Sicherheitsarmaturen, die beim Absinken des eingangsseitigen Druckes unter einen bestimmten Sicherheitswert eine Trennung der Leitung mit einem Abstand von mindestens 20 mm in der Armatur sichtbar herstellen. Ein Rückflußverhinderer auf der Abgangsseite verhindert ein Leerlaufen der abgetrennten Leitung, während ein Rückflußverhinderer auf der Eingangsseite das Eindringen von Verunreinigungen nach dem Trennen verhindert. Diese Kombination mit zwei Rückflußverhinderern gilt für die Einbauarten 1 und 2. Bei der Einbauart 3 (Bild 137) ist auf der Abgangsseite kein Rückflußverhinderer vorhanden. Ein solcher ist nicht erforderlich, da der Rohrtrenner über dem höchstmöglichen Nichttrinkwasserspiegel eingebaut werden muß.

Der Rohrtrenner geht in Trennstellung, sobald der Eingangsdruck unter einen vorzugebenden Ansprechdruck abfällt. Der Ansprechdruck soll entsprechend dem in der DIN 1988 vorgegebenen Sicherheitswert mindestens 0,5 bar betragen. Das entspricht der Normalausführung, wenn die nachgeschalteten Entnahmestellen tiefer als der Rohrtrenner angeordnet werden. Bei höherliegenden Entnahmestellen ist der Ansprechdruck um die geodätische Höhe der statischen Wassersäule h_{geo} über dem Rohrtrenner größer anzulegen. Es gilt die Gleichung:

◆ *Ansprechdruck = 0,5 + h_{geo} in bar*

Unmittelbar vor dem Rohrtrenner ist eine Absperrarmatur, gegebenenfalls ein Schmutzfänger und zur Kontrolle des Eingangsdruckes ein absperrbares Manometer einzubauen.

Nach der Gefährdung durch verschmutztes Trinkwasser werden bei den Rohrtrennern die Einbauarten 1 bis 3 unterschieden (Bild 137). Rohrtrenner der Einbauart (EA1) sind ständig in Wasserdurchflußstellung und trennen erst bei einem Absinken des Eingangsdruckes unter den Ansprechdruck des Rohrtrenners. Rohrtrenner der Einbauart 2 (EA2) befinden sich in Trennstellung und dürfen nur während der Zeit der tatsächlichen Wasserentnahme in Durchflußstellung sein. Bei Dauerdurchfluß (über mehrere Tage) einer nach dieser Einbauart angeschlossenen Anlage ist sicherzustellen, daß der Rohrtrenner mindestens einmal pro Tag trennt. Ferner ist die Anlage zusätzlich mindestens einmal pro Monat durch Inaugenscheinnahme dahingehend zu prüfen, ob der Rohrtrenner mit den zugehörigen Schaltvorrichtungen funktionstüchtig ist, d.h. bei Abfall unter den Ansprechdruck trennt. Rohrtrenner der Einbauart 3 (EA3) unterliegen den gleichen Einbaubedingungen wie diejenigen der Einbauart 2, jedoch muß der Rohrtrenner mindestens 300 mm über dem höchstmöglichen Schmutzwasserspiegel unmittelbar vor dem zu schützenden Gerät eingebaut werden.

Die *Rohrschleife* muß zur Sicherung gegen ein Rücksaugen von Schmutzwasser mindestens 10,5 m über den höchstmöglichen Wasserstand geführt werden (Bild 138). Sie kommt aus bautechnischen Gründen nur selten in Frage.

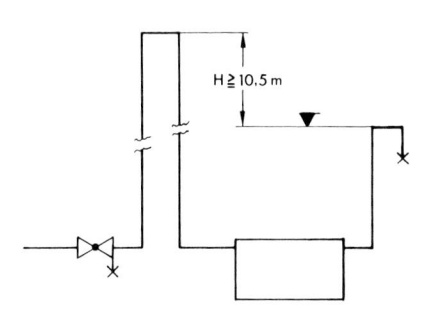

Bild 138 Sicherung einer Anlage durch eine zuflußseitig angeordnete Rohrschleife 10,5 m über dem höchstmöglichen Wasserspiegel.

2.4.6 Schallschutz nach DIN 4109

Geräusche (Lärm) wirken sich bei Menschen je nach ihrer Veranlagung und Konstitution in einer Beeinträchtigung des allgemeinen Wohlbefindens, Störung der Nachtruhe und Minderung der Leistungsfähigkeit aus und können eine gesundheitliche Schädigung bedeuten. In der DIN 4109 wurden daher Anforderungen an den Schallschutz festgelegt, um Menschen in Aufenthaltsräumen vor unzumutbaren Belästigungen durch Schallübertragung zu schützen.

Schutzbedürftige Räume sind nach DIN 4109:

- ◆ Wohnräume, einschließlich Wohndielen,
- ◆ Schlafräume, einschließlich Übernachtungsräume in Beherbergungsstätten und Bettenräume in Krankenhäusern und Sanatorien,
- ◆ Unterrichtsräume in Schulen, Hochschulen und ähnlichen Einrichtungen,
- ◆ Büroräume (ausgenommen Großraumbüros), Praxisräume, Sitzungsräume und ähnliche Arbeitsräume.

Der Schallschutz ist sicherzustellen:

- ◆ gegen Geräusche aus fremden Räumen, z. B. Sprache, Musik oder Gehen, Stühlerücken und den Betrieb von Hausgeräten,
- ◆ gegen Geräusche aus haustechnischen Anlagen und aus Betrieben im selben Gebäude oder in baulich damit verbundenen Gebäuden,
- ◆ gegen Außenlärm wie Verkehrslärm (Straßen-, Schienen-, Wasser- und Luftverkehr) und Lärm aus Gewerbe- und Industriebetrieben, die baulich mit den Aufenthaltsräumen im Regelfall nicht verbunden sind.

2.4.6.1 Schall

Schall ist ein mit dem Gehör wahrgenommener Sinneseindruck, der durch mechanische Schwingungen von gasförmigen, flüssigen und festen Körpern hervorgerufen und durch Bewegung, Druckstöße, Schläge usw. verursacht wird. Nach dem Träger der Schallwellen und der Entstehung des Schalles unterscheidet man:

Luftschall = Schall, der sich in der Luft ausbreitet

Körperschall = Schall, der sich in festen Körpern ausbreitet

Wasserschall = Schall, der sich im Wasser ausbreitet

Trittschall = Schall, der beim Begehen und bei ähnlicher Anregung einer Decke als Körperschall entsteht und teilweise als Luftschall abgestrahlt wird.

Luftschall wird vom Ohr innerhalb eines bestimmten Frequenz- und Lautstärkebereiches wahrgenommen.

Körperschall wird vom Ohr nicht direkt wahrgenommen, sondern erst durch Umwandlung in Luftschall an der Körperoberfläche. Gleiches gilt für Wasser- und Trittschall.

Der Luftschall kann als Ton, Klang, Geräusch, Knall oder Lärm auftreten. Die genannten Formen unterscheiden sich nach dem Schwingungsverlauf der verursachten Luftbewegung, entsprechend der Darstellung in Bild 139.

Der einfache oder reine Ton ist ein Schall mit sinusförmigem Schwingungsverlauf (Bild 139a) und einer im Hörbereich liegenden Frequenz. Seine Charakteristik sind die Tonstärke und die Tonhöhe. Die Tonstärke (= Lautstärke) ist abhängig von der Amplitude (Schwingungsweite) der Tonschwingung. Von zwei Schwingungen gleicher Frequenz ist diejenige mit der größeren Amplitude der lautere Ton. Die Tonhöhe wird durch die Frequenz*, das ist die Anzahl der Schwingungen in einer Sekunde, bestimmt. Große Tonfrequenzen werden als hohe und helle, kleine als tiefe und dunkle Töne empfunden. Die Verdoppe-

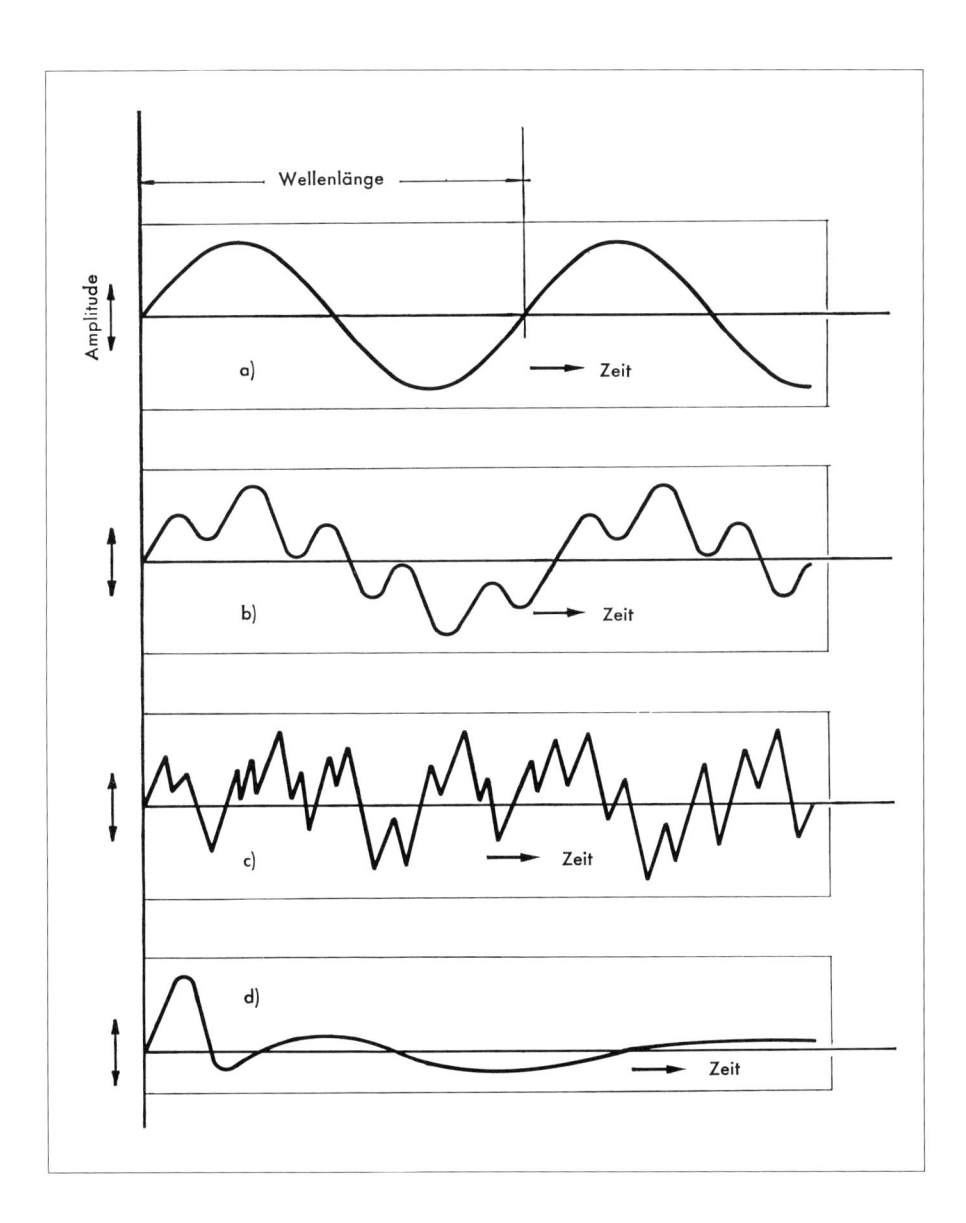

Bild 139 Schwingungen der Luft bei:
a) Tönen,
b) Klängen,
c) Geräuschen,
d) Knallen.

* Hz (Hertz): Maßeinheit der Frequenz, 1 Hz = 1 Schwingung/s.

lung einer Tonfrequenz entspricht einer Oktave. In der Bauakustik handelt es sich vorwiegend um einen Bereich von 6 Oktaven mit den Tonfrequenzen von 125, 250, 500, 1000, 2000 und 4000 Hz.

Der *Klang* entsteht durch das Zusammenklingen mehrerer Töne. Er unterscheidet sich vom Ton durch die nichtsinusförmige Art des Schwingungsverlaufes (Bild 139b).

Als *Geräusch* wird ein Tongemisch bezeichnet, das sich aus sehr vielen Einzeltönen zusammensetzt und deren Frequenzdifferenzen überwiegend kleiner sind als die Frequenz des tiefsten hörbaren Tones (< 16 Hz). Es handelt sich um unregelmäßig überlagerte Töne. Der Schwingungsverlauf unterliegt einem starken Wechsel (Bild 139c).

Der *Knall* ist ein intensiver, kurzzeitiger Schallstoß von vornehmlich großer Schallstärke. Der Schwingungsverlauf ist in Bild 139d dargestellt.

Lärm ist jede Art von Schall, der eine gewollte Schallaufnahme oder die Stille stört, auch Schall, der zu Belästigungen oder Gesundheitsstörungen führt.

Schallwellen breiten sich vom Erregungszentrum, der Schallquelle, in gasförmigen, flüssigen und festen Körpern nach allen Seiten kugelförmig aus. Sie bedürfen eines materiellen Trägers, das sind die Moleküle. Die Moleküle schwingen allgemein in der Fortpflanzungsrichtung des Schalles. Es handelt sich um Längswellen oder Longitudinalwellen. In Abständen einer halben Wellenlänge entstehen dabei Verdichtungen und Verdünnungen des Stoffes. In einer Verdichtung herrscht der größte Druck, in einer Verdünnung der kleinste Druck. In festen Körpern können auch Querwellen oder Transversalwellen auftreten. Die Schwingungsbewegung erfolgt dabei senkrecht zur Fortpflanzungsrichtung. In allen Fällen handelt es sich um die Übertragung mechanischer Energie durch einen elastischen Stoff.

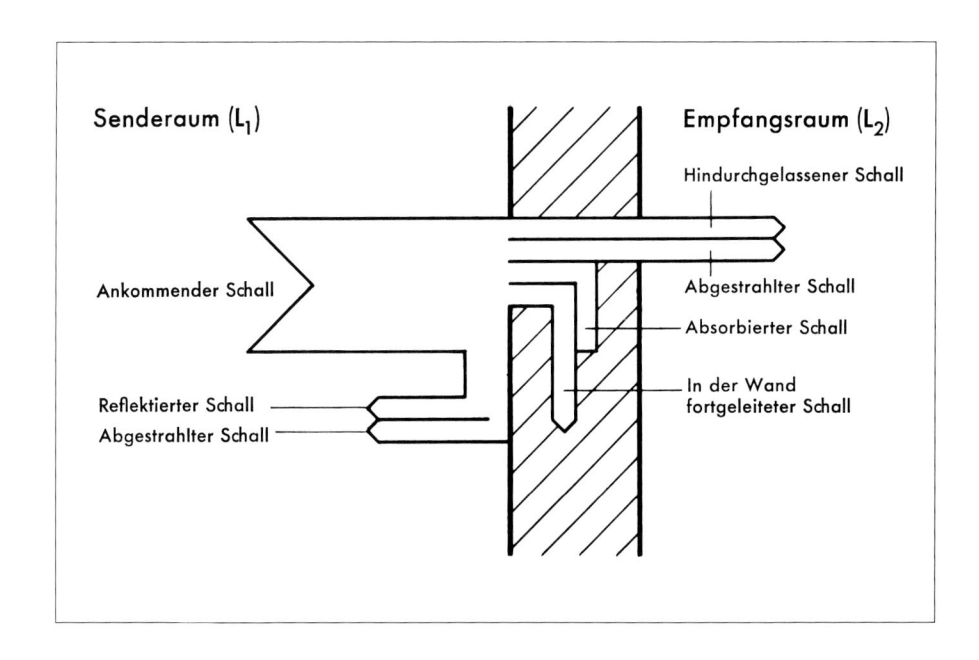

Bild 140 Aufteilung der Schallenergie beim Auftreffen auf eine Wand.

Die *Schallgeschwindigkeit,* d.h. die Fortpflanzungsgeschwindigkeit der Schallwellen, ist abhängig von den Stoffeigenschaften des Übertragungsmediums, insbesondere seiner Dichte und Temperatur. Sie beträgt beispielsweise:

in Luft	0°C	V =	331 m/s
in Luft	20°C	V =	340 m/s
in Wasser	0°C	V =	1485 m/s
in Holz	0°C	V =	4200 m/s
in Beton	0°C	V =	4000 m/s
in Kupfer	0°C	V =	3710 m/s
in Eisen	0°C	V =	5100 m/s

Schallwellen, die auf ein Hindernis treffen, werden teils zurückgeworfen (reflektiert), teils dringen sie in das zweite Medium ein. So werden Luftschallwellen beim Auftreffen auf feste Körper zum Teil zurückgeworfen, zum anderen Teil in mechanische Schwingungen (Körperschall) oder Wärme verwandelt. Entsprechend der Darstellung in Bild 140 regt die von einer Schallquelle als Luftschall auf eine Wand abgestrahlte Schallenergie diese zum Schwingen an. Die Wand wird selbst zur Schallquelle (Körperschall). Bei diesem Vorgang teilt sich die ankommende Schallenergie auf. Ein Teil wird direkt durchgelassen, ein anderer Teil von der Wand absorbiert (Schallschluckung), ein Teil in der Wand fortgeleitet, ein Teil von der Wand in den Raum der Schallquelle abgestrahlt und ein Teil reflektiert.

Schallabsorbierende Stoffe unterbinden die Reflexion infolge innerer Reibung und Wärmeleitung. Die Schallabsorption nimmt dabei mit dem Quadrat der Schallfrequenz zu. Sie ist für Luft wesentlich größer als für Wasser. Die Schalldämpfung infolge Schallabsorption ist bei Stoffen wie Gummi, Kork, Guttapercha usw. gut. Sie ist besonders groß bei porösen Stoffen wie Filz, Tuch, Watte, Schaumgummi, Moltopren. Der Schall wird bereits auf kurzen Strecken absobiert und die Schallenergie dabei durch Reibung in Wärme umgewandelt.

Für die Beurteilung von Schallschutzmaßnahmen wird der *Schalldruckpegel* und die *Schalldruckpegeldifferenz,* ausgedrückt in Dezibel (dB), verwendet.

2.4.6.2 Schalldruck und Schalldruckpegel

In von Schallwellen durchstrahlten Gasen und Flüssigkeiten entsteht mit den auftretenden Verdichtungen des Mediums ein Überdruck, der sogenannte *Schalldruck p.* Der daraus abgeleitete *Schalldruckpegel L* ist der zehnfache Logarithmus vom Verhältnis des Quadrats des jeweiligen Schalldruckes p zum Quadrat des festgelegten Bezugs-Schalldruckes p_O (Gleichung 12):

$$L = 10 \lg \frac{p^2}{p_O^2} = 20 \lg \frac{p}{p_O} \text{ in dB} \tag{12}$$

Der Schalldruckpegel und die Schalldruckpegeldifferenzen werden in der Einheit Dezibel (dB)* angegeben. Je nachdem, ob der Schall-

---

* Der Schalldruckpegel ist eine dimensionslose physikalische Größe. Die Maßeinheit Bel wurde zu Ehren von Alexander Graham Bell (1847–1922) eingeführt. Das Dezibel ist der zehnte Teil (dezi) eines Bel.

druck nach dem in der Norm festgelegten Bewertungsnetzwerk A, B oder C frequenzbewertet wird, erfolgen Schalldruckangaben in dB(A), dB(B) oder dB(C). Für den Schallschutz wird die A-Bewertung dB(A) benutzt; sie entspricht dem menschlichen Hörempfinden.

Für die im Baubereich anzutreffenden Frequenzen zwischen 100 und 3200 Hz ergibt eine Steigerung des Schalldruckpegels um 10 dB(A) etwa eine Verdoppelung des Schalldruckpegels.

Die Tabelle 18 enthält eine Aufstellung durchschnittlicher Schalldruckpegel verschiedener Schallquellen.

Tabelle 18 Schalldruckpegel verschiedener Geräusche.

Schalldruck-pegel dB(A)	Geräusch
0	Hörschwelle, Beginn der Hörempfindung
10– 20	Blätterrauschen in leichtem Winde
20– 30	Ruhiger Garten, untere Grenze üblicher Wohngeräusche
30– 40	Ruhige Wohnstraße, mittleres Wohngeräusch
50	Obere Grenze üblicher Wohngeräusche; Ausströmgeräusche von Auslaufventilen
30– 50	Füllgeräusch[1]) besonders geräuscharmer Klosettspülkästen
40– 75	Füllgeräusch[1]) geräuscharmer Klosettspülkästen
65– 75	Spülgeräusch[1]) von Klosettbecken
65– 80	Spülgeräusch[1]) von Klosettdruckspülern
40– 70	Geräusch in Büros und Geschäftsräumen
45– 70	Mittlerer Straßenlärm
90–100	Luftdruckhammer, Preßluftbohrer, Dampframme, lauter Fabriksaal
100–110	Nietlärm, Motorrad
120–130	Flugmotor (ungedämpft), Luftschraube in etwa 4 m Entfernung
120–130	Schmerzschwelle

[1]) Bei Klosettanlagen mit Spülkästen sind das Füllgeräusch des Spülkastens und das Spülgeräusch des Klosettbeckens zu unterscheiden. Bei Klosettdruckspülern fällt das Geräusch der Armatur mit dem Spülgeräusch zeitlich zusammen.

Schalldruckpegel mehrerer Schallquellen. Dicht beieinander liegende, gleichzeitig wirkende Schallquellen (Bild 141) ergeben einen Schalldruckpegel, der über demjenigen der stärksten Schallquelle liegt.

Der Gesamtschallpegel L_g errechnet sich nach Gleichung (13):

$$L_g = 10 \lg (10^{0,1 L_1} + 10^{0,1 L_2} + 10^{0,1 L_3} + \ldots) \text{ in dB(A)} \quad (13)$$

Beispiel:

Armaturengeräuschpegel $L_1 = 20$ dB(A)
Füllgeräuschpegel $L_2 = 25$ dB(A)
Entleerungsgeräuschpegel $L_3 = 28$ dB(A)
Aufprallgeräuschpegel $L_4 = 30$ dB(A)

$$\begin{aligned} L_g &= 10 \lg (10^{0,1 \cdot 20} + 10^{0,1 \cdot 25} + 10^{0,1 \cdot 28} + 10^{0,1 \cdot 30}) \\ &= 10 \lg (10^2 + 10^{2,5} + 10^{2,8} + 10^3) \\ &= 10 \lg (100 + 316 + 632 + 1000) \\ &= 10 \lg 2048 \end{aligned}$$

$L_g = 33,1$ dB(A)

Die Schallpegelzunahme beträgt damit 3,1 dB(A) zum Schallpegel L_4 der stärksten Schallquelle. Bei räumlicher Verteilung der Schallquellen ist die Schallpegelzunahme etwa nur halb so groß.

2.4.6.3 Schallschutzanforderungen

Der Schallschutz bei haustechnischen Anlagen unterliegt nach DIN 4109 Mindestanforderungen, die der Tabelle 19 zu entnehmen sind.

Danach dürfen bei Wasser- und Abwasserinstallationen die von einer Geräuschquelle (Bild 141) in *fremde, schutzbedürftige Räume*

Tabelle 19 Werte für die zulässigen Schalldruckpegel in schutzbedürftigen Räumen von Geräuschen aus haustechnischen Anlagen nach DIN 4109 [15].

Spalte	1	2	3
Zeile	Geräuschquelle	Art der schutzbedürftigen Räume	
		Wohn- und Schlafräume	Unterrichts- und Arbeitsräume
		Kennzeichnender Schalldruckpegel dB(A)	
1	Wasserinstallation (Wasserversorgungs- u. Abwasseranl. gemeinsam)	≤ 35[1]	≤ 35[1]
2	Sonstige haustechnische Anlagen	≤ 30[2]	≤ 35[2]

[1]) Einzelne, kurzzeitige Spitzen, die beim Betätigen der Armaturen und Geräte nach Tabelle 19 (Öffnen, Schließen, Umstellen, Unterbrechen u.a.) entstehen, sind z.Z. nicht zu berücksichtigen.
[2]) Bei lüftungstechnischen Anlagen sind um 5 dB(A) höhere Werte zulässig, sofern es sich um Dauergeräusche ohne auffällige Einzeltöne handelt.

übertragenen Geräusche einen Schalldruckpegel von 35 dB(A) nicht überschreiten. Eingeschränkt wird diese Forderung in der Fußnote dadurch, daß einzelne, kurzzeitige Spitzengeräusche zur Zeit nicht zu berücksichtigen sind.

Die Norm gilt *nicht* zum Schutz gegen Geräusche aus haustechnischen Anlagen im eigenen Wohnbereich.

Nutzergeräusche, die sich z.B. aus dem Abstellen eines Zahnputzbechers auf Ablagen oder Waschtische, dem Schließen des Klosett-Deckels, dem Verschieben eines Badehockers und dergl. ergeben, unterliegen nicht den Anforderungen der Norm in Tabelle 19.

Ein *erhöhter Schallschutz*, z.B. mit kleineren Werten für den zulässigen Schalldruckpegel in schutzbedürftigen Räumen als in Tabelle 19 gefordert oder im eigenen Wohnbereich, unterliegt nicht den Anforderungen der Norm. Ein solcher bedarf im Werkvertrag einer klaren und eindeutigen Vereinbarung. Hier sollte auf die VDI-Richtlinie 4100 [73] Bezug genommen werden, in der die qualitativen Anforderungen an einen Schallschutz in drei Schallschutzklassen I bis III festgelegt sind. Die Schallschutzklasse I entspricht darin den minimalen Anforderungen der DIN 4109. In solchen Fällen ist die Hinzuziehung eines Sachverständigen angebracht.

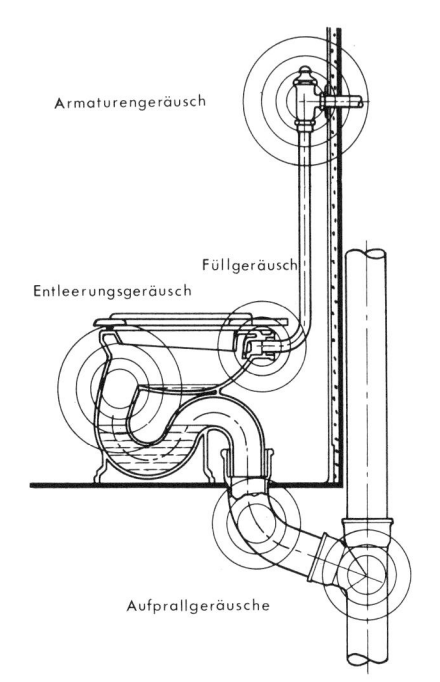

Bild 141 Entstehungspunkte von Einzelgeräuschen bei Klosettanlagen.

Der *Armaturengeräuschpegel* L_{ap} wird für Armaturen und Geräte der Wasserinstallation nach dem in DIN 52218 Teil 1 [23] vorgeschriebenen Meßverfahren ermittelt. Gemessen wird der von dem Armaturenraum in den Meßraum abgestrahlte Luftschall. Danach wird der Armaturengeräuschpegel durch Vergleich mit einem genormtem Geräuscherzeuger, dem Installationsgeräuschnormal (IGN genannt), ermittelt.

Tabelle 20 Armaturengruppen nach DIN 4109 [15].

Spalte Zeile	1	2 Armaturengeräuschpegel L_{ap} für kennzeichnenden Fließdruck oder Durchfluß nach DIN 52218 Teil 1 bis 4[1)]	3 Armaturengruppe
1	Auslaufarmaturen	≤ 20 dB(A)[2)]	I
2	Geräteanschluß-Armaturen		
3	Druckspüler		
4	Spülkästen		
5	Durchflußwassererwärmer		
6	Durchgangsarmaturen, wie – Absperrventile, – Eckventile, – Rückflußverhinderer		
7	Drosselarmaturen, wie – Vordrosseln, – Eckventile	≤ 30 dB(A)[2)]	II
8	Druckminderer		
9	Duschen		
10	Auslaufvorrichtungen, die direkt an die Auslaufarmatur angeschlossen werden, wie – Strahlregler, – Durchflußbegrenzer, – Kugelgelenke, – Rohrbelüfter, – Rückflußverhinderer	≤ 15 dB(A)	I
		≤ 25 dB(A)	II

[1)] Dieser Wert darf bei den in DIN 52218 Teil 1 bis Teil 4 für die einzelnen Armaturen genannten oberen Grenzen der Fließdrücke oder Durchflüsse um bis zu 5 dB(A) überschritten werden.
[2)] Bei Geräuschen, die beim Betätigen der Armaturen entstehen (Öffnen, Schließen, Umstellen, Unterbrechen u. a.), wird der A-bewertete Schallpegel dieser Geräusche, gemessen bei Anzeigecharakteristik „FAST" der Meßinstrumente, erst dann zur Bewertung herangezogen, wenn es die Meßverfahren nach DIN 52218 Teil 1 bis Teil 4 zulassen.

Für Armaturen und Geräte der Wasserinstallation, die allgemein als Armaturen bezeichnet werden, sind abhängig von dem gemessenem Armaturengeräuschpegel L_{ap} die zugeordneten Armaturengruppen I und II nach Tabelle 19 festgelegt.

Maßgebend ist der für den *kennzeichnenden Fließdruck* ermittelte Armaturengeräuschpegel. Nach dem Beiblatt zu DIN 52218 beträgt der kennzeichnende Fließdruck:

◆ $p_{Fl,ke}$ = 3,0 bar
 Überdruck für Auslaufarmaturen, Durchgangsarmaturen, Strahlregler, Duschen und Geräte zum Bereiten von warmem und heißem Wasser

◆ $p_{Fl,ke}$ = 2,5 bar
 Überdruck für Druckspüler DN 15 und DN 20

◆ $p_{Fl,ke} = 1,5$ bar
für Druckspüler DN 25

◆ $p_{Fl,ke} = 3,0$ bar
für Spülkästen.

Nach bauaufsichtlichen Vorschriften sind Wasserarmaturen hinsichtlich ihres Geräuschverhaltens und der Armaturengruppe mit einem auf der Armatur angebrachten Prüfzeichen zu verwenden. Abhängig von der Grundrißanordnung der Wasserarmaturen ist die Armaturenauswahl zu treffen. Armaturen ohne Prüfzeichen besitzen einen höheren Armaturengeräuschpegel.

Dem Planer obliegt daher die Wertung der Grundrißorganisation im Hinblick auf die akustischen Zusammenhänge und die darauf abgestimmte Auswahl der Armaturen-Geräuschklasse. Akustisch guten Grundrissen können demnach Armaturen der Geräuschklasse II, akustisch schlechten Grundrissen **müssen** Armaturen der Geräuschklasse I zugeordnet werden.

2.4.6.4 Schallschutzmaßnahmen

Der Schallschutz betrifft Maßnahmen gegen die Schallentstehung und gegen die Schallübertragung von Schallquelle zum schutzbedürftigen Raum bzw. Hörer. Die Aufgabenstellung des Schallschutzes stellt sich danach wie folgt:

a Minderung der Geräuschentstehung

a.1 Armaturen-, Geräte-, Maschinen- und Pumpenwahl

a.2 Minderung der Geräuschentstehung durch entsprechende Auswahl und Bemessung der Leitungsbestandteile, durch Minderung des Leitungsdruckes bei Wasserleitungen; Minderung der Füll- und Entleerungsgeräusche; Minderung der Fließgeräusche insbesondere durch Begrenzung der Fließgeschwindigkeit in den Leitungen; Berücksichtigung der materialbedingten Längenausdehnungen der Rohrleitungen und Vermeidung von Reibungsgeräuschen insbesondere durch Begrenzung der Fließgeschwindigkeit

b Minderung der Geräuschausbreitung

b.1 Schalldämmung

b.2 Schalldämpfung bzw. Schallabsorption.

c Minderung der Schallübertragung auf zu schützende Bereiche

c.1 Grundrißplanung

c.2 Anordnung der Sanitäreinrichtung

Das Geräusch einer Sanitäreinrichtung setzt sich aus mehreren Einzelgeräuschen verschiedener Schallquellen zusammen, wie dies die

Tabelle 21 Geräuschpegel[1]) bei Sanitärarmaturen.

Armatur	Fließdruck[2]) bar	Durchfluß l/s	Geräuschpegel[1]) dB(A)	Armaturengruppe
Auslaufventil DN 15	3,0	0,67	33	II
mit Strahlregler	1,5–5,0	0,43–0,87	23–38	
mit Luftbeimischer	3,0	0,24–0,38	14–29	I bzw. II
mit Luftbeimischer	1,0–5,0	0,24–0,38	12–30	I bzw. II
Standventil DN 15				
mit Luftbeimischer	3,0	0,17–0,38	18–23	I bzw. II
Spültisch-Wandbatterie DN 15	3,0	0,27	23	II
mit Luftbeimischer	1,0–5,0	0,18–0,38	12–27	I bzw. II
Spültisch-Eingriff-Wandbatterie DN 15	3,0	0,22	24	II
mit Luftbeimischer	1,0–5,0	0,12–0,26	16–27	I bzw. II
Spültisch-Einlochbatterie DN 15	3,0	0,23	19	I
mit Luftbeimischer und Eckventil	1,0–5,0	0,12–0,28	8–23	I bzw. II
Spültisch-Eingriff-Einlochbatterie DN 15	3,0	0,22	24	II
mit Luftbeimischer und Eckventil	1,0–5,0	0,12–0,28	16–28	I bzw. II
Waschtisch-Wandbatterie DN 15	3,0	0,26	23	II
mit Luftbeimischer	1,0–5,0	0,16–0,32	13–27	I bzw. II
Waschtisch-Eingriff-Wandbatterie DN 15	3,0	0,23	22	II
mit Luftbeimischer	1,0–5,0	0,13–029	14–26	I bzw. II
Waschtisch-Einlochbatterie DN 15 mit Luftbeimischer und Eckventilen	3,0	0,25	16	I
	1,0–5,0	0,14–0,30	7–21	I bzw. II
Waschtisch-Eingriff-Einlochbatterie DN 15 mit Luftbeimischer und Eckventilen	3,0	0,21	13	I
	1,0–5,0	0,13–0,24	5–17	I
Duschbatterie DN 15	3,0	0,29–0,63	18–20	I
Wannenfüll- und Duschbatterie DN 15 mit Strahlregler	3,0	1,58	34	
	1,0–5,0	0,88–2,03	24–38	II
Wannenfüll- und Duschbatterie DN 15 mit Luftbeimischer	3,0	0,48	20	I
	1,0–5,0	0,39–52	17–25	I bzw. II
Wannenfüll- und Dusch-Eingriffbatterie DN 15 mit Luftbeimischer	3,0	0,28	26	II
	1,0–5,0	0,16–0,36	18–30	I bzw. II
Überlaufmischbatterie DN 15 für offene Wassererwärmer	3,0	0,08–0,30	17–28	I bzw. II
Spülkasten mit Eckventil DN 15 Mittelwert	3,0	0,14	27	II
	1,0–5,0	0,07–0,17	16–32	
Spülkasten mit Eckventil DN 15 Minimalwert	3,0	0,22	15	I
	1,0–5,0	0,11–0,27	8–21	I bzw. II
Urinal-Druckspüler DN 15	2,5	0,50	–	–
	1,2–5,0	0,30–0,65	–	–
Druckspüler DN 15	2,5	1,00		
	1,2–5,0	0,70–1,00		
Druckspüler DN 20 nicht gekennzeichnet	2,5	1,30	41	
	1,2–5,0	1,00–1,30	38–46	
Druckspüler DN 20 Gruppe I	2,5	1,30	38	
	1,2–5,0	1,00–1,30	17–38	I
Druckspüler DN 20 Gruppe II	2,5	1,30	32	
	1,2–5,0	1,00–1,30	28–38	II
Druckspüler DN 25	1,5	1,80	–	–
	0,4–0,0	1,30–1,80	–	–
Druckminderer DN 15–32	8,0/3,0 V/H	0,35–0,74	14–28	I bzw. II
Geräteventil DN 15 (mit Rohrbelüfter und Rückflußverhinderer	3,0	0,24–0,38	29–30	II

[1]) Der Geräuschpegel von Armaturen L_{ap} (Armaturengeräuschpegel) entspricht etwa dem Wert, der für den angegebenen Fließdruck in Wohnbauten auftritt, wenn die Armatur im Bad oder in der Küche betätigt und der Schallpegel im nächstbenachbarten fremden Wohnraum gemessen wird. Dabei ist vorausgesetzt, daß die Installationswand nicht unmittelbar an einen Wohnraum angrenzt (s. Bild 141, Grundrißanordnung II). Bei Grundrißanordnungen, die hiervon abweichen, können sich um 5 bis 10 dB(A) höhere Werte ergeben, wenn die Installation unmittelbar an einer Trennwand zu einem Wohnraum angeordnet ist (s. Bild 139 und 140, Grundrißanordnung I).

[2]) Nach DIN 52 218 ist der kennzeichnende Fließdruck, für den der Armaturengeräuschpegel hervorzuheben ist, wie folgt festgesetzt:
1,5 bar für Druckspüler DN 25,
2,5 bar für Druckspüler DN 15 und DN 25,
3,0 bar für Auslauf- und Durchgangsarmaturen, Strahlregler, Duschen und Geräte zum Bereiten von warmem und heißem Wasser sowie für Spülkästen.

[3]) Ruhedruck/Druckverlust bei freiem Durchfluß der Anlage bzw. bei voll geöffnetem Durchgangsventil.

[4]) Fallgeräusch im senkrechten Strang. Aufprallgeräusch in der Umlenkung, d.h. im Übergangsbereich vom Fallstrang zur liegenden Leitung. Fließgeräusch in der liegenden Leitung.

Darstellung einer Klosettanlage in Bild 141 verdeutlicht. Dabei ist der Körperschall die überwiegend auftretende Schallart. Er entsteht durch Armaturengeräusche, Füll- und Entleerungsgeräusche, Fließgeräusche in Wasser- und Abwasserleitungen, Maschinen- und Pumpengeräusche. Der Körperschall wird dabei mit nur geringer Schwächung über alle starr verbundenen Bauteile wie Wände und Decken übertragen.

Armaturen- und Gerätegeräusche treten als Strömungs-, Kavitations- und Druckstoßgeräusche auf. Sie werden von der Schallquelle als Luftschall in den Raum abgestrahlt, durch den Rohrwerkstoff als Körperschall und über die Wasserfüllung des Rohres als Wasserschall fortgeleitet.

Tabelle 22 Geräuschpegel[1]) bei Klosetts, Wasserversorgungs- und Abwasserleitungen

Einrichtung/Leitung	Fließ-druck[2]) bar	Durchfluß l/s	Geräusch-pegel[1]) dB(A)	Fließ-geschwin-digkeit m/s
Klosettspülgeräusch	–	1,00	39	–
	–	1,30	43	–
	–	1,80	49	–
	–	2,50	53	–
Leitungsgeräusche				
Wasserversorgungsleitungen bei freiem Durchfluß	4,2/0,30[3])	2,05	15	v = 5,60 m/s
bei Geradsitz-Durchgangsventil DN 20	4,2/1,00[3])	0,80	19	v = 3,82 m/s
bei Geradsitz-Durchgangsventil DN 25	4,2/0,80[3])	1,25	19	v = 3,27 m/s
bei Schrägsitz-Durchgangsventil DN 20	4,2/0,94[3])	1,00	15	v = 4,91 m/s
bei Schrägsitz-Durchgangsventil DN 25	4,2/0,35[3])	1,50	16	v = 3,44 m/s
Abwasserleitungen[4])				
Fallgeräusch				
– Geberit PE ohne Isolation	–	0,83	58	–
	–	1,0–1,5	61	–
– Geberit PE-Silent oder PE mit Geberit Isolation	–	0,83	39	–
	–	1,0–1,5	43	–
Aufprallgeräusch				
– Geberit PE ohne Isolation	–	0,83	61	–
	–	1,0–1,5	64	–
– Geberit PE-Silent oder PE mit Geberit Isolation	–	0,83	48	–
	–	1,0–1,5	51	–
Fließgeräusch				
– Geberit PE ohne Isolation	–	0,83	47	–
	–	1,0–1,5	50	–
– Geberit PE-Silent oder PE mit Geberit Isolation	–	0,83	32	–
	–	1,0–1,5	35	–

[1])–[4]) siehe Tabelle 21

Strömungsgeräusche entstehen bei geöffneten Armaturen infolge Querschnittsverengung, Richtungsänderung und plötzlicher Entspannung des statischen Wasserdrucks auf den atmosphärischen Druck. Allgemein gilt die Regel, daß Strömungsgeräusche mit Zunahme von Durchfluß und Einzelwiderstandsverlust ansteigen. So ist das Strömungsgeräusch eines voll geöffneten Geradsitzventils gegenüber einem

Schrägsitzventil gleicher Nennweite entsprechend größer. Der Armaturengeräuschpegel steigt bei Auslaufarmaturen ohne Luftbeimischer stärker als bei solchen mit Luftbeimischer.

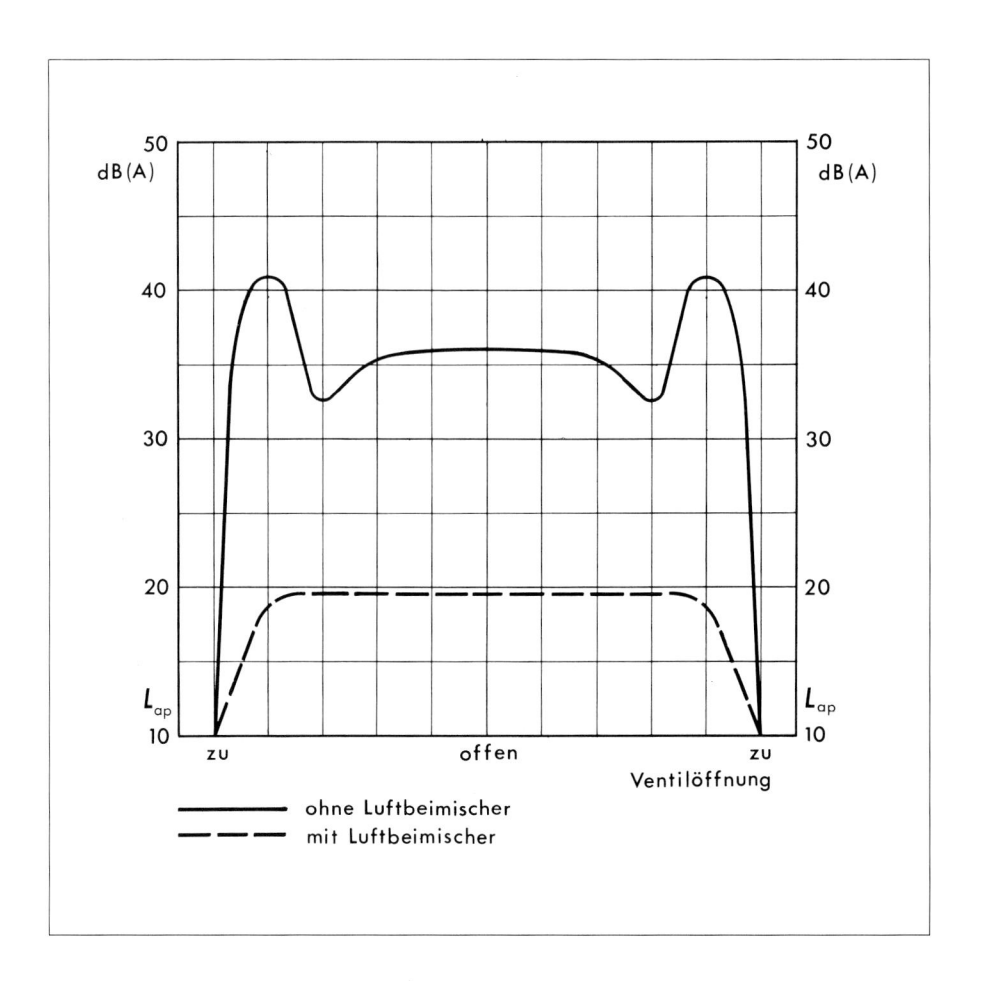

Bild 142 Geräuschverhalten einer Auslaufarmatur abhängig von der Ventilöffnung [62].

Der Armaturengeräuschpegel steigt mit zunehmendem Fließdruck vor der Armatur um etwa 2 bis 5 dB(A) je 1 bar Druckunterschied. Die Bilder 144 und 145 zeigen das Ansteigen des Armaturengeräuschpegels mit dem Fließdruck für verschiedene Klosettspüleinrichtungen. Die Messungen erfolgen für Bild 144 im Raum der Schallquelle, für Bild 145 im benachbarten Nebenraum.

Eine Abhängigkeit der Armaturengeräusche besteht auch bei konstantem Fließdruck mit dem Öffnungsverhältnis zum Durchfluß. Das Verhalten der einzelnen Armaturen ist jedoch sehr verschieden, so daß keine Regel aufgestellt werden kann. Teilweise besitzt er bei Öffnungsbeginn und geringem Durchfluß den Größtwert und verringert sich beim weiteren Öffnen (Bild 142).

Kavitationsgeräusche* sind Spitzengeräusche, die während des Öffnens und Schließens durch Hohlsog- und Wirbelbildung in der Umgebung der Ventilsitze entstehen. Ein der Armatur nachgeschalteter Strömungswiderstand, z.B. in Form eines luftansaugenden Strahlreglers, vermindert bzw. verhindert das Kavitationsgeräusch und damit Geräuschspitzen (Bilder 142 und 143).

* Kavitation ist Hohlsogbildung infolge großer Fließgeschwindigkeit, wodurch der Druck an einigen Stellen auf den Verdampfungsdruck sinkt. Es bilden sich Dampfbläschen, die im Gebiet höherer Drücke zusammenstürzen und Druckschläge verursachen.

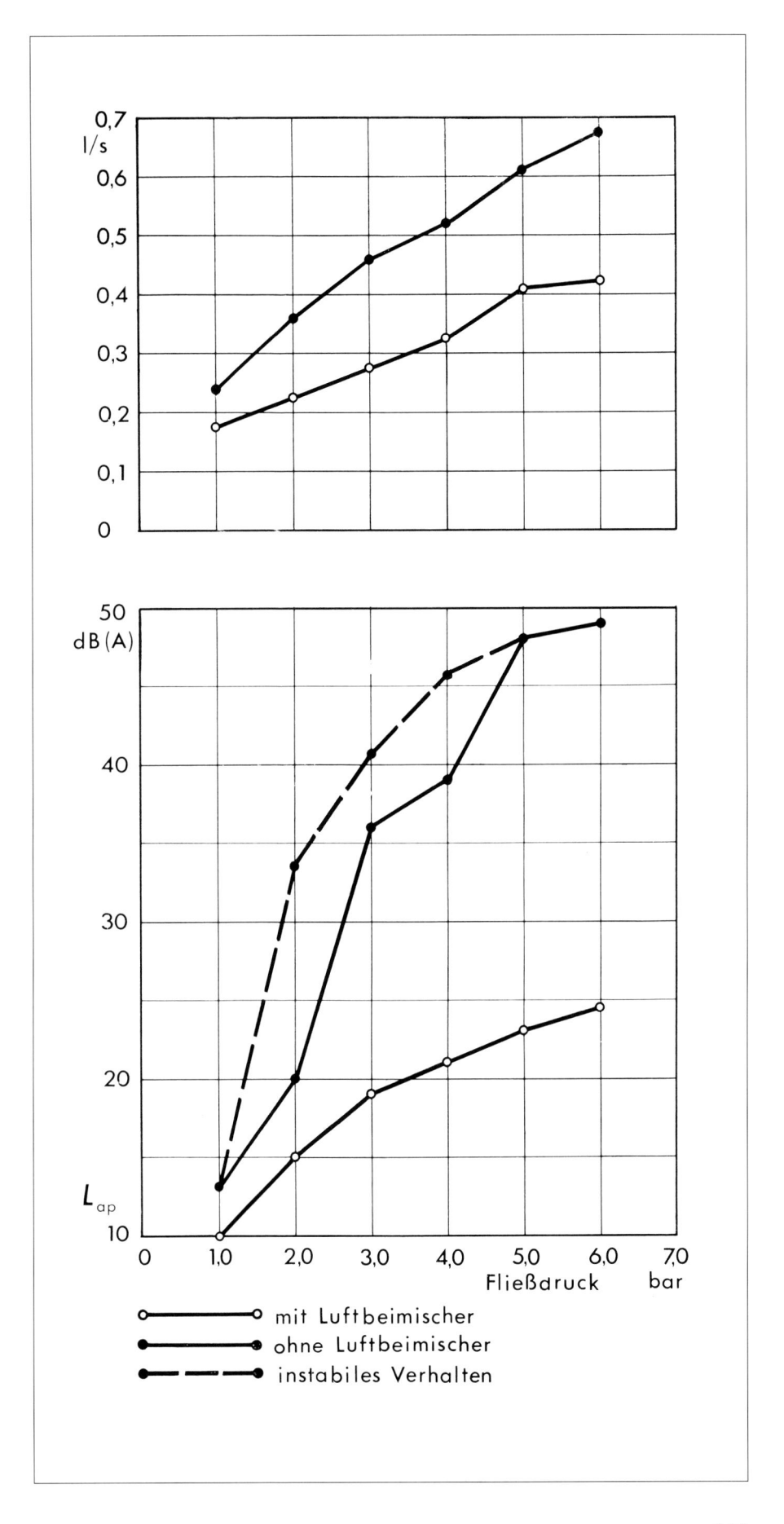

Bild 143 Geräuschverhalten einer Waschtisch-Einlochbatterie DN 15 mit vorgeschalteten Eckventilen DN 10 (Armaturen voll geöffnet).

Bild 144 Armaturengeräuschpegel in Abhängigkeit vom Fließdruck bei verschiedenen Klosettspüleinrichtungen, gemessen im Aufstellungsraum: A verschiedene Druckspüler, B Spülkasten mit normalem Schwimmerventil, C Spülkasten mit geräuscharmem Schwimmerventil.

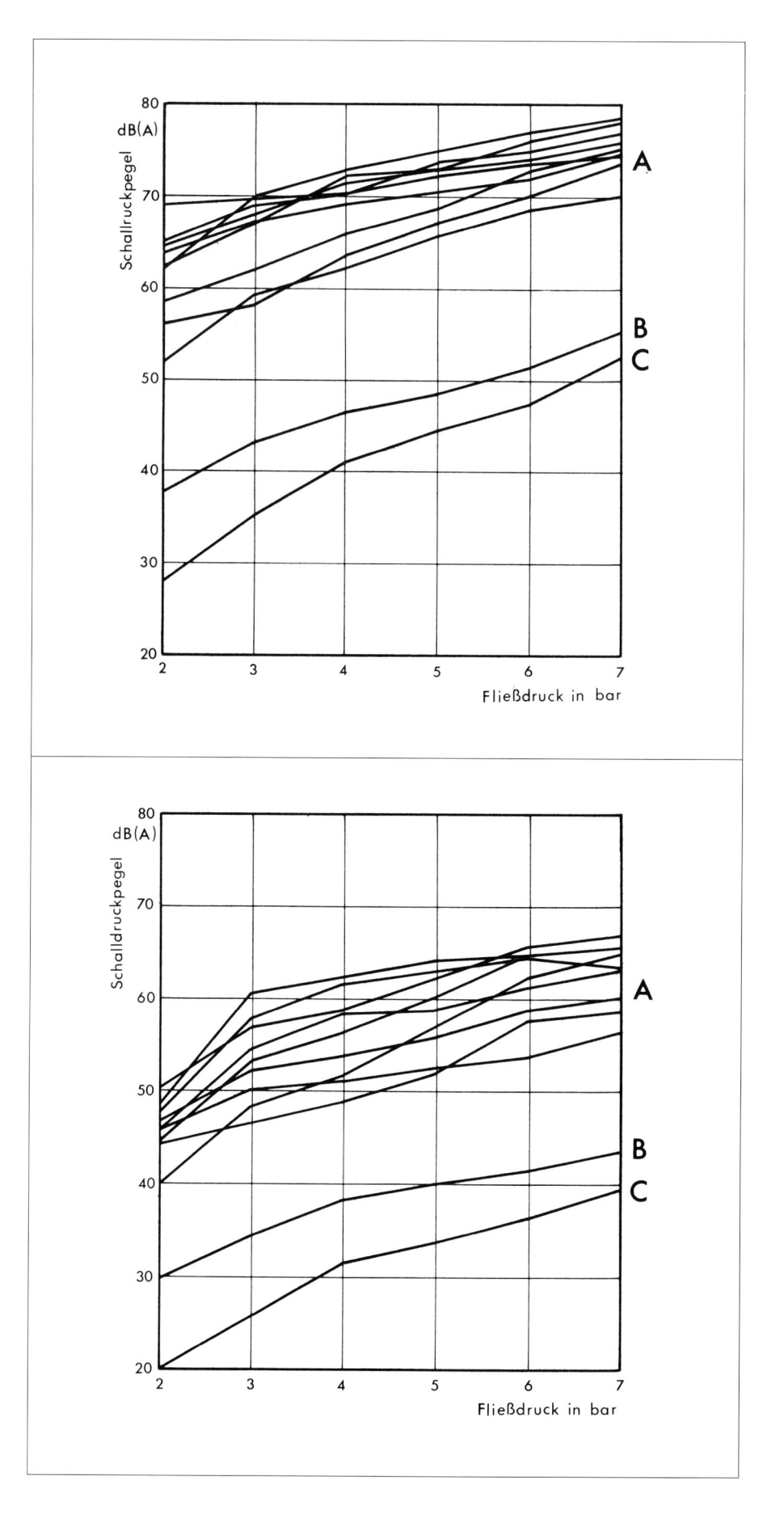

Bild 145 Armaturengeräuschpegel in Abhängigkeit vom Fließdruck bei verschiedenen Klosettspüleinrichtungen, (wie in Bild 144) gemessen im benachbarten Nebenraum.

Druckstoßgeräusche werden durch das schnelle plötzliche Öffnen und Schließen von Ventilen, Hähnen, Eingriffmischbatterien und Rückflußverhinderern verursacht. Lose, pendelnde Ventilkegel sind ein weiterer Anlaß dafür. Der plötzlich freigegebene bzw. gebremste Durchfluß bewirkt infolge der geringen Elastizität des Wassers* starke Druckstöße, sogenannte Wasserschläge. Dadurch hervorgerufene Erschütterungen versetzen bei ungenügender Befestigung ganze Leitungsstrecken in Schwingungen. Allgemein gilt die Regel, daß Armaturen keine Druckstöße verursachen dürfen und schadhafte Armaturen sofort auszuwechseln sind, jedoch sind diese Voraussetzungen nicht immer gegeben. Eine verbindlichere Angabe enthalten die Erläuterungen in DIN 3265 Teil 1. Danach darf bei Betätigung von Druckspülern der unmittelbar vor diesem gemessene Druck nicht unter die Hälfte des Fließdruckes sinken und beim Schließen der Ruhedruck um nicht mehr als 1 bar überschritten werden.

Füllgeräusche entstehen beim Auftreffen des ausfließenden Wasserstrahls auf Boden, Wandungen und Wasserinhalt der Sanitärobjekte. Sie werden durch Resonanzwirkung der Sanitärobjekte verstärkt. Die Geräusche werden teils direkt als Luftschall in den Raum abgestrahlt, teils als Körper- bzw. Wasserschall in den Rohrwandungen und in der Wassersäule der anschließenden Abflußleitung, teils durch feste Verbindung des Sanitärgegenstandes in den Baukörper verstärkt fortgeleitet und dabei als abgestrahlter Luftschall wieder hörbar.

Entleerungsgeräusche, die als Saug- und Gurgelgeräusche auftreten, entstehen durch periodisches Mitreißen von Luft über Überlauf und Überlaufrohr. Dabei verzögert die mitgerissene Luft gleichzeitig den Abfluß. Bei Ablaufsieben vergrößern scharfe Kanten die Entleerungsgeräusche. Bei Badewannen wurde beispielsweise im Aufstellungsraum ein Geräuschpegel von 65 dB(A) festgestellt. Allgemein vergrößern sich die Entleerungsgeräusche mit der Abflußleistung, der Entleerungsgeschwindigkeit und durch Unterdruckbildung in der Abflußleitung.

Leitungsgeräusche, die innerhalb von Wasserverbrauchsleitungen entstehen, sind allgemein von geringerer Bedeutung als Armaturen-, Füll-, Entleerungs- und Maschinengeräusche. Sie dürfen dabei nicht mit Übertragungsgeräuschen von den genannten Schallerzeugern, die in ihnen nur fortgeleitet werden, verwechselt werden. Leitungsgeräusche können allerdings durch Rohrarmaturen und Formstücke so beeinflußt werden, daß sie nicht mehr zu vernachlässigen sind. So zeigen die Werte der Leitungsgeräusche in Tabelle 20b bei freiem Durchfluß durch eine gerade Rohrstrecke einen Armaturengeräuschpegel von 15 dB(A), durch eine Rohrstrecke mit Geradsitzventil DN 20 einen solchen von 39 dB(A). Es ist daraus zu schließen, daß Rohreinbauten mit hohem Einzelwiderstand bei entsprechend großem Durchfluß ein zu hohes Geräuschverhalten ergeben können.

---

* Die Zusammendrückbarkeit – Kompressibilität – der Flüssigkeiten ist sehr klein. Sie beträgt für Wasser 49×10^{-6} bar, d.h. ein Druck von 1000 bar bewirkt eine Volumenverringerung von nur 4,9 %. In geschlossenen Wasserverbrauchsleitungen auftretende Druckstöße führen daher zu verhältnismäßig großen Drucksteigerungen, da sie nicht elastisch aufgefangen werden.

Strömungs- und Kavitationgeräusche in Rohrleitungen werden durch Wirbel- und Hohlsogbildung hauptsächlich an Rohrabzweigungen (T- und Kreuzstücke) sowie an plötzlichen Richtungs- und Querschnittsänderungen verursacht. Sie steigen mit wachsender Fließgeschwindigkeit. Darüber hinaus ist eine Abhängigkeit zur Dichte des Leitungsmaterials gegeben. Reibungsgeräusche können bei Warmwasser- und Heizungsleitungen durch Längenänderung infolge Temperaturwechsel auftreten. Sie entstehen an Rohrbefestigungen und Rohrdurchführungen. Rohrbefestigungen müssen diese Längenänderungen spannungsfrei ermöglichen:

    a) durch Pendeln
    b) durch Schieben der Leitung in der Befestigung.

Bei *Abwasserleitungen,* deren Rohrquerschnitt in der Regel nur teilweise vom durchfließenden Wasser gefüllt wird und das auch nur in einzelnen Rohrabschnitten, entstehen störende Geräusche hauptsächlich mit dem Hindurchfallen und Aufschlagen des Wassers an Krümmungen und Abzweigungen. Die Geräusche werden durch Resonanzwirkung des Leitungsmaterials und von Abspannungen verstärkt. Sie sind um so störender, je geringer die Wanddicke der Leitung und je kleiner die Dichte des Leitungsmaterials ist. Die Fortleitung der Abflußgeräusche in Abwasserleitungen ist infolge einer fehlenden Wassersäule gewöhnlich nicht als kritisch anzusehen. In den einzelnen Rohrabschnitten können jedoch die Geräusche durchaus störend sein.

Geräte, Maschinen und Pumpen (Motore, Waschmaschinen, Wäscheschleudern, Geschirrspülmaschinen u.dgl.) erzeugen Geräusche durch rotierende Bewegung von Einbauteilen. Der Schallpegel wächst allgemein mit der Drehzahl. Er ist abhängig von der Wellenlagerung – Kugel-, Rollen- oder Gleitlager –, bei Pumpen außerdem von der Schaufelzahl, der Schaufelform, der Förderleistung, der Förderhöhe und der Fließgeschwindigkeit.

2.4.6.5 Geräuschentstehung durch Fließgeschwindigkeit und Wasserdruck

Wasserversorgungsleitungen und Absperrarmaturen sind in Abstimmung mit dem zur Verfügung stehenden Mindest-Versorgungsdruck p_{minV}, der geodätischen Förderhöhe h_{geo} und dem Mindestfließdruck p_{minFl} der Entnahmearmaturen, dem Druckverlust Δp_{WZ} im Wasserzähler und dem Druckverlust aus Rohrreibung und Einzelwiderständen $\Delta p = \Sigma (1 \cdot R + Z)$ im Rohrnetz zu bemessen.

Allgemein gilt die Regel, daß Fließgeschwindigkeiten von v = 3 m/s bei Wasserversorgungsleitungen in Gebäuden günstig sind. Die Leitungsgeräusche sind dann auch bei Verwendung von Geradsitzventilen von geringerer Bedeutung als die Armaturengeräusche der Entnahmearmaturen. Mit Sicherheit ist das bei Fließgeschwindigkeiten von etwa v = 1,0 bis 2,5 m/s der Fall, worauf bei geräuscharmen Installationen Wert zu legen ist.

Der Wasserdruck innerhalb von Gebäuden sollte auf ein betriebstechnisch zulässiges Maß gemindert werden. Der Ruhedruck darf nach DIN 4109 nach Verteilung in den Stockwerken vor den tiefstgelegenen Entnahmearmaturen nicht mehr als 5,0 bar betragen.

Bild 146 Bezugsgrößen für die Ermittlung des Versorgungsdrucks p_V bei einem zulässigen Ruhedruck p_{Ru} = 5,0 bar vor der tiefstgelegenen Entnahmearmatur.

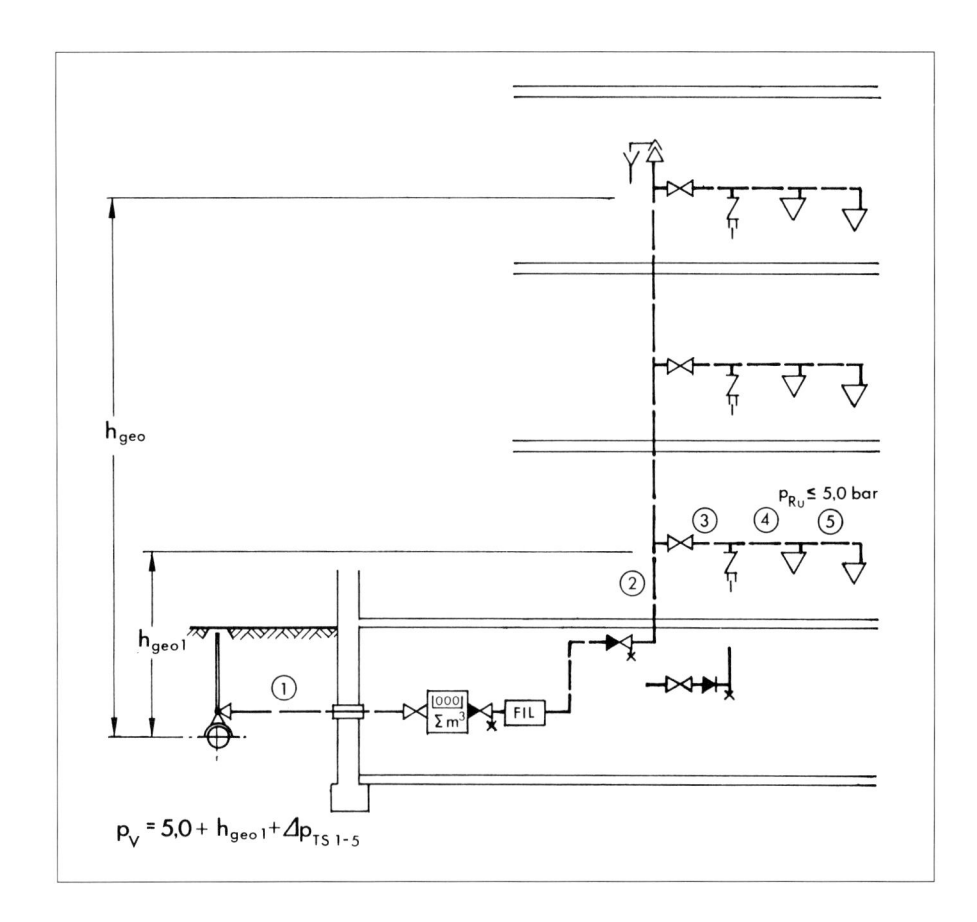

Der Versorgungsdruck einer öffentlichen Versorgungsleitung oder der ausgangsseitige Druck eines zentral eingebauten Druckminderers oder einer Druckerhöhungsanlage darf unter dieser Voraussetzung überschlägig „p_V = 6,0 bar" nicht überschreiten. Druckschwankungen im öffentlichen Versorgungsnetz oder bei Druckerhöhungsanlagen, die eine Größenordnung von 1,0 bis 2,0 bar nicht überschreiten sollten, sind zu berücksichtigen. So sollte bei einer möglichen Druckschwankung von 1,0 bar der Mindest-Versorgungsdruck „p_{minV} = 5,0 bar" betragen. Ein höherer Druck und das Einhalten eines zulässigen, konstanten Leitungsdruckes erfordern den Einbau eines zentral angeordneten Druckminderers oder bei Unterteilung einer Anlage in mehrere Druckzonen den Einbau mehrerer Druckminderer.

2.4.6.6 Minderung der Geräuschentstehung durch Armaturen- und Gerätewahl

Armaturen und Geräte sind nach Prüfzeugnissen anerkannter Prüfstellen, aus denen der Armaturengeräuschpegel L_{ap} abhängig vom Fließdruck zu entnehmen ist (Bild 143 Abschnitt **2.4.6.4**), auszuwählen. Maßgebend für die Bewertung ist der kennzeichnende Fließdruck bzw. der örtlich vorkommende größte Fließdruck vor der Entnahmearmatur. Tabelle 21 enthält mittlere Vergleichswerte verschiedener Armaturen.

Die Einstufung der Armaturen und Geräte erfolgt nach Tabelle 20 für Armaturen der Zeilen 1 bis 9 bei einem Armaturengeräuschpegel L_{ap} = 20 dB(A) in die Armaturengruppe I, bei einem Armaturengeräuschpegel L_{ap} = 30 dB(A) in die Armaturengruppe II. Für direkt an die Auslaufarmatur angeschlossene Auslaufvorrichtungen gilt die Armaturengruppe I bei einem Armaturengeräuschpegel L_{ap} = 15 dB(A), die Armaturengruppe II bei einem Armaturengeräuschpegel L_{ap} = 25 dB(A).

Die Armaturengruppe I ist für *bauakustisch ungünstige Grundrißanordnungen I* nach Bild 149 und für *bauakustisch günstige Grundrißanordnungen II* nach Bild 150 zu verwenden. Die Armaturengruppe II kann dagegen nur bei *bauakustisch günstigen Grundrißanordnungen II* eingesetzt werden. Die Zuordnung der Armaturengruppen ist der Tabelle 23 zu entnehmen.

Tabelle 23 Einstufung der Armaturen und Geräte in Gruppe I oder II und ihre Zuordnung zu den Grundrißanordnungen I und II bei Geschoßwohnungen.

Armaturen- bzw. Gerätegruppe	Armaturengeräuschpegel L_{ap} für den kennzeichnenden Fließdruck nach DIN 52218	Kennzeichnung	Verwendbar für Grundrißanordnung
I	= 20 dB(A)	I	I und II nach Bild 139–142
II	= 30 dB(A)	II	II nach Bild 141, 142b + 143

Die hier für Wohngebäude beschriebene Einstufung und Grundrißanordnung ist auf andere Gebäude wie Schulen, Bürogebäude, Hotels, Krankenhäuser und dergleichen sinngemäß zu übertragen.

Die Geräusche der Armaturen können bei Kombination mit einer Vorregulierung, z.B. in Form von Eckventilen, Vorventilen und Drosselanschlüssen, mit Einstellung des Durchflusses auf ihren niedrigsten Armaturengeräuschpegel eingestellt werden. Da Vorregulierungen für sich eine Geräuschquelle darstellen, kommt es auf eine gegenseitige konstruktive Abstimmung an.

Der Einfluß des Alterungsprozesses auf das Geräuschverhalten von Sanitärarmaturen kann als gering angesehen werden. Aufgrund zahlreicher Messungen kann mit einem Ansteigen des Armaturengeräuschpegels bis zu 3 dB(A) gerechnet werden. Die Auswirkungen schadhafter oder verschmutzter Armaturenteile werden damit natürlich nicht erfaßt.

2.4.6.7 Minderung der Füll- und Entleerungsgeräusche

Füllgeräusche sind durch Luftbeimischung, niedrigen Leitungsdruck und geringe Austrittsgeschwindigkeit zu mindern. Bei Badewannen werden Aufprall- und Plätschergeräusche durch einen schräg gegen den oberen Teil der Wannenwandung gerichteten Wasserstrahl herabgesetzt.

Ablaufsiebe dürfen keine scharfen Kanten besitzen. Hochkantstegventile sind geräuscharm. Der freie Querschnitt des Ablaufventils soll größer als der Eintrittsquerschnitt des Geruchverschlusses sein. Horizontale Einzelanschlußleitungen der Sanitärobjekte mit einem Gefälle von 3 bis 8% vermeiden Unterdruckbildung.

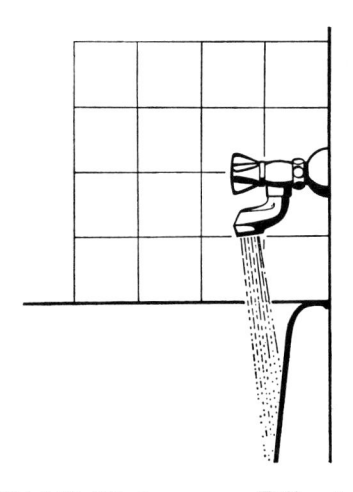

Bild 147 Minderung von Füllgeräuschen durch einen gegen die Wannenwand gerichteten Wasserstrahl.

Bild 148 Badewannen-Fertigablauf mit am Tiefpunkt des Geruchverschlusses gegen die Fließrichtung eingeführtem Überlaufrohr (Geberit).

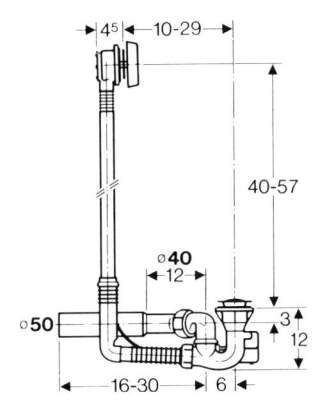

Bei direktem Ablaufanschluß von Badewannen mit Geruchverschluß ist die Ausführung mit einem Hochkantstegventil DN 40, einem Geruchverschluß DN 32 und einer horizontalen Einzelanschlußleitung DN 50, bei Längen über 2 m bis zur Falleitung in der Nennweite 70, geräuscharm.

Das Überlaufrohr an der tiefsten Stelle des Geruchverschlusses gegen die Fließrichtung angeschlossen, verhindert das Absaugen von Luft und damit Gurgelgeräusche.

Der Geruchverschluß soll direkt an das Ablaufventil der Badewanne angeschlossen werden. Unterhalb der Geschoßdecke eingebaute Geruchverschlüsse führen zu Unterdruckbildung in der Einzelanschlußleitung. Bei indirektem Ablaufanschluß der Badewanne über einen Bodenablauf mit seitlichem Zulauf wirkt sich eine reduzierte Nennweite der Verbindungsleitung als Geräuschbremse aus. Versuche ergaben für eine Verbindungsleitung DN 25 keine wahrnehmbaren, bei DN 32 geringe und bei DN 40 starke Geräusche. Andererseits führt eine kleinere Nennweite auch Abwasserabfluß.

2.4.6.8 Minderung der Geräuschausbreitung

Die Geräuschausbreitung ist durch eine entsprechende Grundrißanordnung, Anordnung der Sanitärobjekte und Sanitärarmaturen, durch Maßnahmen zur Minderung des Luftschallpegels und zur Verbesserung der Körperschalldämmung einzuschränken.

Der *Grundrißplanung* ist im Sinne eines vorbeugenden Schallschutzes bei haustechnischen Anlagen besondere Aufmerksamkeit zu schenken. Sie ist von größter Wirksamkeit, unterliegt keinem Ausführungsfehler und verursacht keine Kosten. Dabei kommt es auf eine bauakustisch günstige Zuordnung der schutzbedürftigen Räume zu den Sanitärräumen, den Sanitärobjekten, den Sanitärarmaturen, den Zufluß- und Abflußleitungen an. Bewertungsmaßstab ist die Einstufung in bauakustisch ungünstige und günstige Grundrißanordnungen.

Die Grundrißplanung soll folgende auf Sanitärräume bezogene Hinweise berücksichtigen:

- Wohn-, Schlaf- und Arbeitsräume sollen von Treppenhäusern möglichst durch andere Räume wie Bäder, Küchen, Flure und dergl. getrennt werden.

- Räume, von denen starke Geräusche ausgehen – wie Bäder, Küchen, Aborte („laute Räume") –, sollen nicht an Wohn-, Schlaf- oder Arbeitsräume fremder Wohnungen grenzen. Sie sollen neben- und übereinander liegen.

- Lärmerzeugende haustechnische Anlagen sowie Teile, die die Geräusche weiterleiten (z.B. Rohre für Wasser und Abwasser, Müllabwurfanlagen, Aufzüge), sollen nicht an Wänden „ruhiger" Räume liegen, insbesondere dann nicht, wenn die Wände dünn (leicht) sind. An Wohnungstrennwänden sollten sie nur liegen, wenn wenig lärmempfindliche

Räume angrenzen (z. B. Arbeitsküchen, Aborte, Bäder, Abstellräume und Flure).

◆ Zählernischen sollen in Wohnungstrenn- und Treppenraumwänden nur angeordnet werden, wenn die Gesamtwand einschließlich Nische eine den Mindestanforderungen noch genügende Schalldämmung hat. Dies wird in der Regel durch eine dichtschließende Tür der Zählernische erreicht.

Die Schallschutzanforderungen der DIN 4109 gelten für fremde Wohn-, Schlaf- und Arbeitsräume. Sie sollten aber auch für entsprechende Räume der gleichen Wohnung weitgehendst berücksichtigt werden.

Durch zweckmäßige Lagezuordnung sanitär- und haustechnischer Räume gegenüber ruhebedürftigen Räumen läßt sich unter Ausnutzung einer mittleren Schallpegelabnahme von etwa 5 bis 10 dB(A) je Raum bereits ein beachtlicher Anteil zum Gesamtschallschutz haustechnischer Anlagen bewirken [44]. Die Geräuschminderung nach Zuordnung der Räume beträgt etwa:

◆ **5 bis 10 dB(A)**
Geräuschminderung horizontal je Raum

◆ **0 bis 2 dB(A)**
Geräuschminderung horizontal von der Installationswand zum Nebenraum

◆ **0 bis 2 dB(A)**
Geräuschminderung vertikal je Stockwerk

◆ **7 dB(A)**
Geräuschminderung durch die übliche Einrichtung von Wohnräumen mit Möbeln, Gardinen und Teppichen.

Die Grundrißanordnung hat daher für die Armaturenwahl und für die Bewertung des Schallschutzes eine besondere Bedeutung. Es ist zwischen den Grundrißanordnungen I und II zu unterscheiden, denen die Armaturen- bzw. Gerätegruppen I und II nach Tabelle 23 zuzuordnen sind. Wichtig ist dabei eine schalltechnisch günstige Lagezuordnung der Installationswand, auf der Sanitärobjekte, Zufluß- und Abflußleitungen installiert werden, zu den ruhebedürftigen Räumen.

Die Grundrißanordnung I (Bild 149) ist bauakustisch ungünstig. Armaturen, Geräte und Rohrleitungen sind an oder in Wänden befestigt, die an einen fremden Wohn-, Schlaf- oder Arbeitsraum F grenzen. Die Geräuschübertragung ist bei unmittelbar durchgelassenem Schall (Bild 149a) besonders stark, bei in Wohnungstrennwänden und Wohnungsdecken fortgeleitetem und in mittelbar angrenzende Räume abgestrahlten Schall (Bild 149b) stark, bei einem im darunter- und darüberliegenden mittelbar angrenzenden Raum (Bild 149c) ebenfalls stark. Er dürfen nur Armaturen und Geräte der Gruppe I verwendet werden. Die Installationswände sollen ein Flächengewicht von mindestens 220 kg/m^2 besitzen.

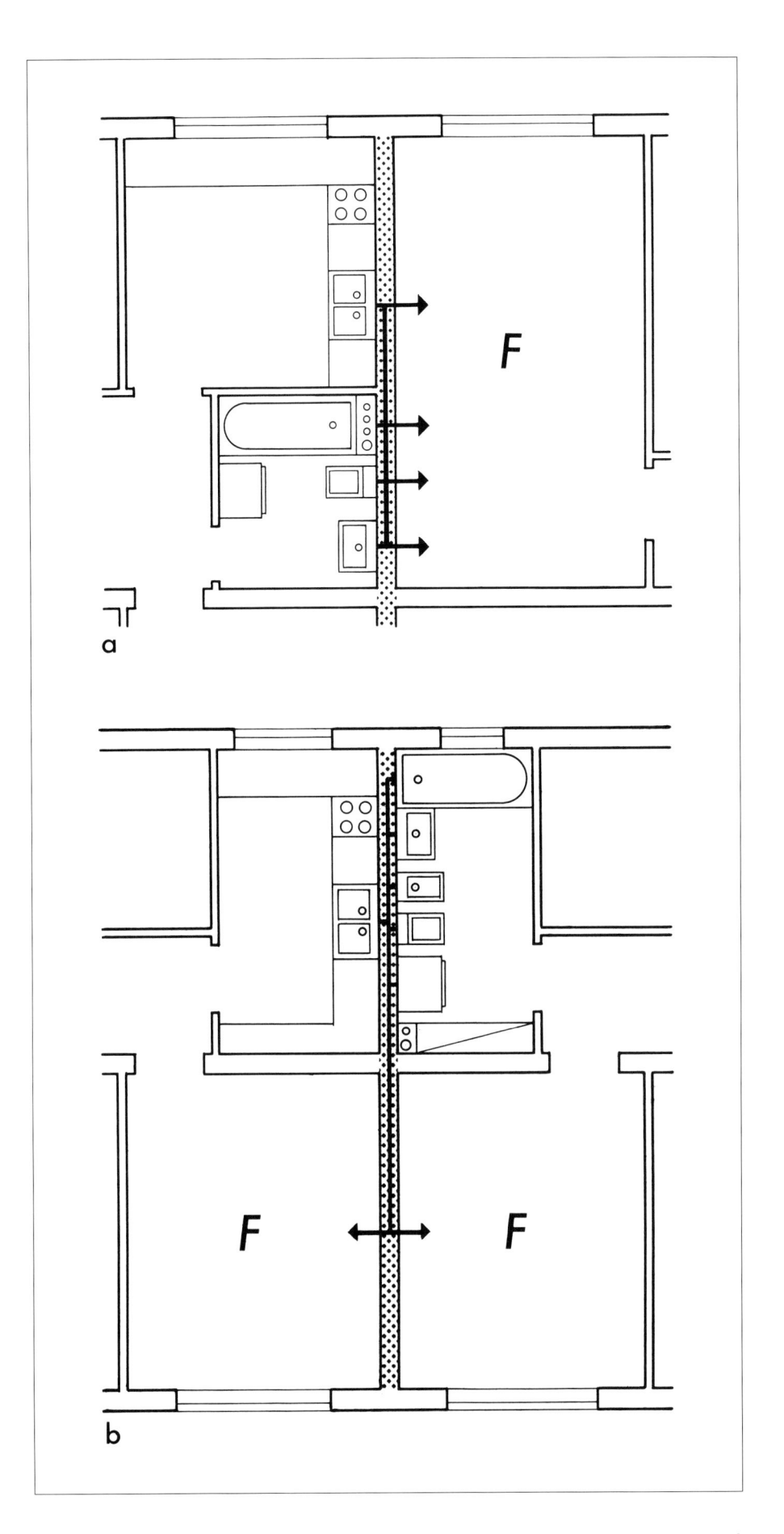

Bild 149 Beispiele der bauakustisch ungünstigen Grundrißanordnung I
a) Sanitärobjekte, Armaturen oder Rohrleitung an der Wohnungstrennwand; der fremde Wohn-, Schlaf- oder Arbeitsraum F grenzt gegenüberliegend unmittelbar an – Ergebnis: besonders starke Geräuschübertragung
b) Sanitärobjekte, Armaturen oder Rohrleitung an der Wohnungstrennwand; der fremde Wohn-, Schlaf- oder Arbeitsraum F grenzt seitlich versetzt unmittelbar an – Ergebnis: starke Geräuschübertragung

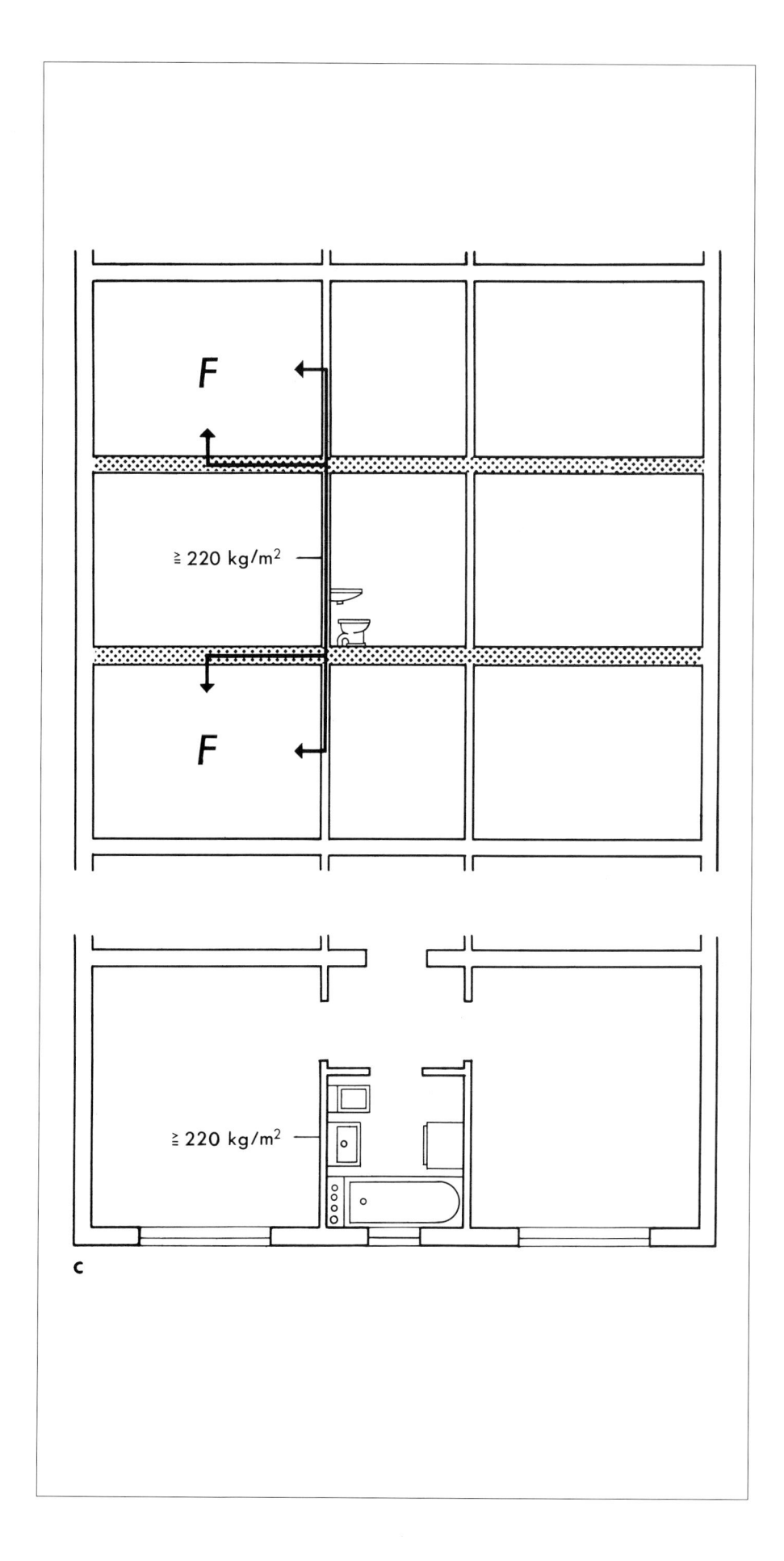

Bild 149

c) Sanitärobjekte, Armaturen oder Rohrleitung an der Trennwand, die zum fremden Wohn-, Schlaf- oder Arbeitsraum F im darunter- oder darüberliegenden Geschoß mittelbar angrenzt – Ergebnis: starke Geräuschübertragung.

Grundrißanordnungen nach Bild 149 mit Armaturen, Geräten und Rohrleitungen in Nähe der Wohnungstrennwand (rechtwinklig dazu liegend oder Vorwandinstallation an der Wohnungstrennwand), jedoch nicht an dieser befestigt, liegen in der Beurteilung zwischen den Anordnungen I und II. Sie sind jedoch zu der ungünstigen Grundrißanordnung I zu rechnen.

Steig- und Falleitungen sollen bei der Grundrißanordnung I nicht innerhalb der Trennwand zum fremden Wohnraum F, sondern im Sanitärraum davor liegen (Bilder 149, 151 und 152).

Die Grundrißanordnung II (Bild 150b) ist bauakustisch günstig. Armaturen, Geräte und Rohrleitungen sind nicht an oder in Wänden befestigt, die einen fremden Wohn-, Schlaf- oder Arbeitsraum F begrenzen. Sie liegen nach Bild 150a und b an einer gegenüberliegenden Wand, wodurch die Geräuschübertragung um 5 bis 10 dB(A) gemindert wird.

Für mehrere Geschosse gilt die Anordnung II, wenn Bad und Küche übereinanderliegen und die gemeinsame Installationswand zu fremden Wohn-, Schlaf und Arbeitsräumen F um einen Raum versetzt liegt (Bild 150c).

Sanitärobjekte, Sanitärarmaturen und haustechnische Einrichtungen, die selbst Geräusche erzeugen oder bei denen starke Füll- und Entleerungsgeräusche auftreten, sollen nicht an Trennwänden zu Wohn-, Schlaf- und Arbeitsräumen befestigt werden. Durch Anordnung mehrerer Sanitärräume nebeneinander, mit dazwischenliegenden gemeinsamen Installationswänden, wird dieser Regel entsprochen. Die Geräuschübertragung wird dadurch selbst in die Wohn- und Schlafräume der gleichen Wohnung stark eingeschränkt. Das setzt für die gleiche Wohnung allerdings Türen mit guter Luftschalldämmung voraus. Sinngemäß lassen sich diese Erkenntnisse auf Raumgruppen öffentlicher und gewerblicher Gebäude übertragen.

Vertikale Steig- und Falleitungen sind möglichst im Sanitärraum vor der Installationswand und in Rohrschächten zu verlegen.

Wo dies nicht möglich ist, dürfen die Leitungen nicht an wohnraumseitigen Schachtwänden befestigt werden.

Stockwerks- und Anschlußleitungen sollen nicht in oder auf Trennwänden zu akustisch zu schützenden bzw. schallempfindlichen Räumen verlegt werden. Das gilt auch für die Anordnung von Sanitärarmaturen.

2.4.6.9 Schalldämmung und Schalldämpfung

Der Schallschutz betrifft Maßnahmen der Minderung der Schallübertragung von einer Schallquelle zum Hörer. Befinden sich Schallquelle und Hörer in verschiedenen Räumen, so geschieht dies hauptsächlich durch *Schalldämmung*. Befinden sich beide im gleichen Raum, so geschieht dies durch *Schalldämpfung (Schallabsorption)*. Die Schalldämmung unterscheidet man nach der Art des zu dämmenden Schalls (Abschnitt **2.4.6.1**) in Luftschalldämmung, Körperschalldämmung,

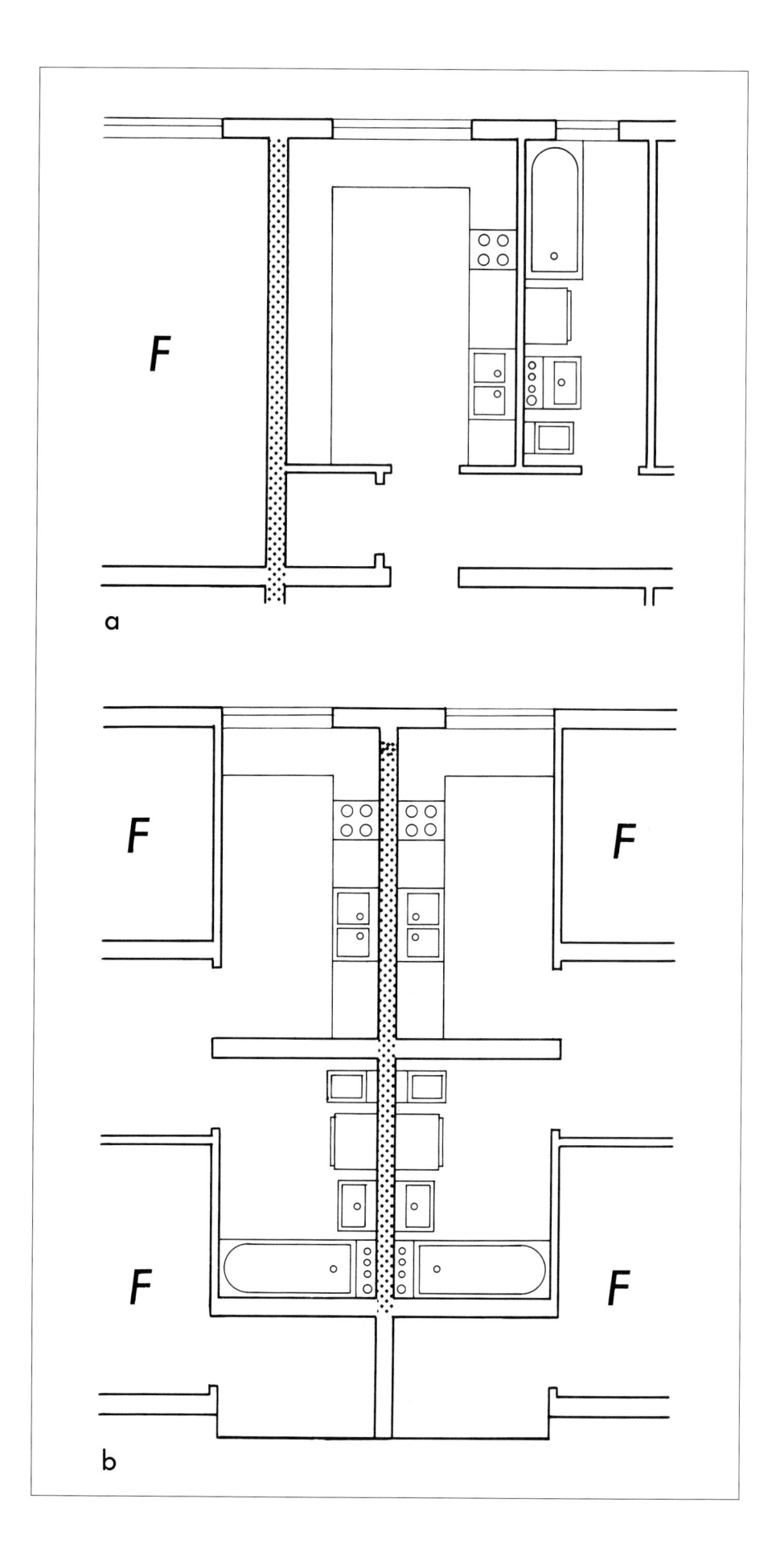

Bild 150 Beispiele der bauakustisch günstigen Grundrißanordnung II
a) Sanitärobjekte, Armaturen oder Rohrleitung nicht an der Wohnungstrennwand – Ergebnis: um 5 bis 10 dB(A) geminderte Geräuschübertragung zum fremden Wohn-, Schlaf- oder Arbeitsraum F
b) Sanitärobjekte, Armaturen oder Rohrleitung an der Wohnungstrennwand, jedoch ohne angrenzende fremde Wohn-, Schlaf- oder Arbeitsräume – Ergebnis: um 5 bis 10 dB(A) geminderte Geräuschübertragung zum fremden Wohn-, Schlaf- oder Arbeitsraum F

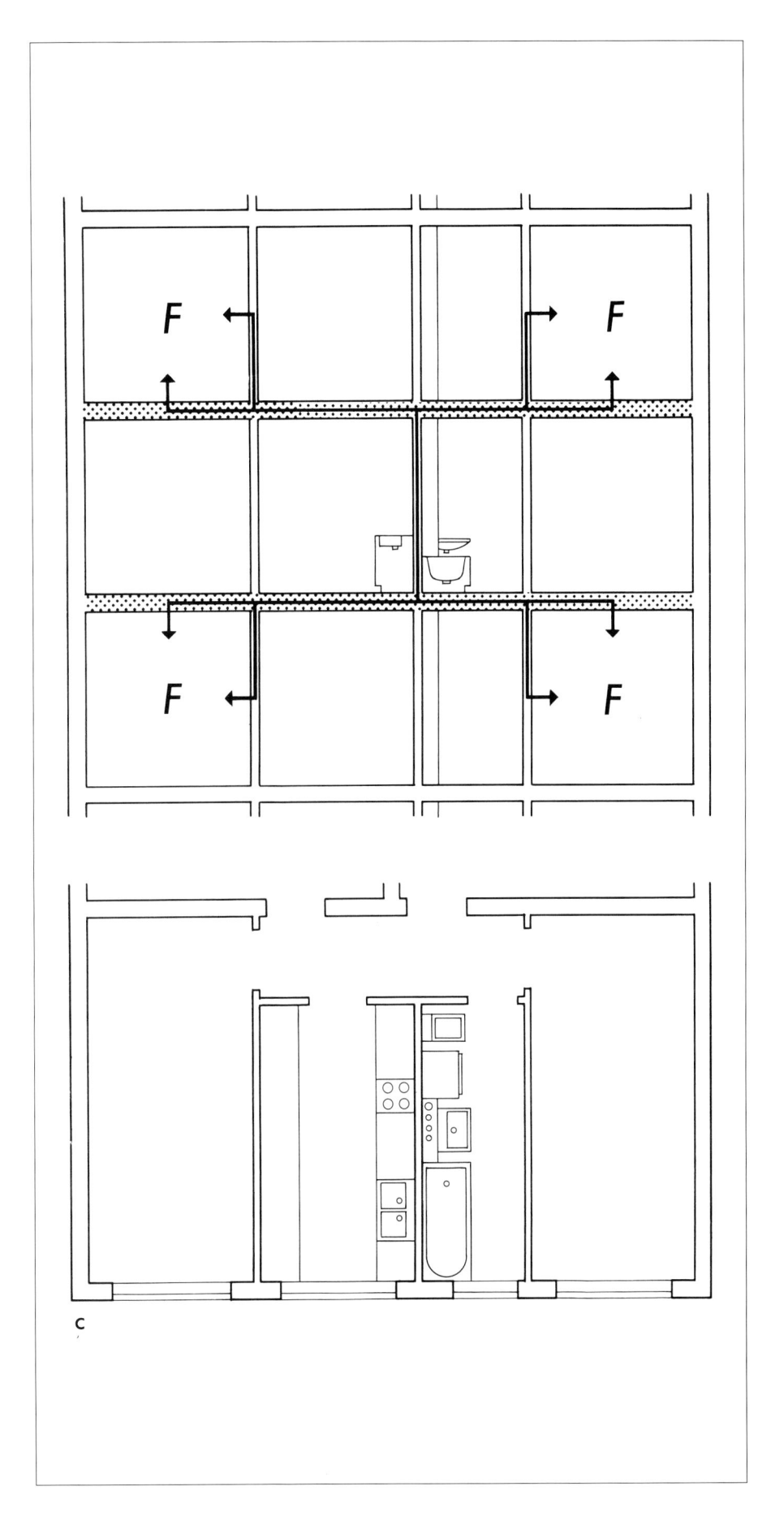

Bild 150

c) Sanitärobjekte, Armaturen oder Rohrleitung an der Trennwand zwischen Bad und Küche der gleichen Wohnung, zum fremden Wohn-, Schlaf- oder Arbeitsraum F im darunter- und darüberliegenden Geschoß nicht angrenzend – Ergebnis: um 5 bis 10 dB(A) geminderte Geräuschübertragung.

Bild 151 Installationsschacht in der Wandecke eines Sanitärraumes; 1 Befestigungsschiene mit Gummi-Metallelementen, 2 eine Längs- und Querseite des Schachtes, mit 30 mm dicken Mineralwollmatten ausgekleidet.

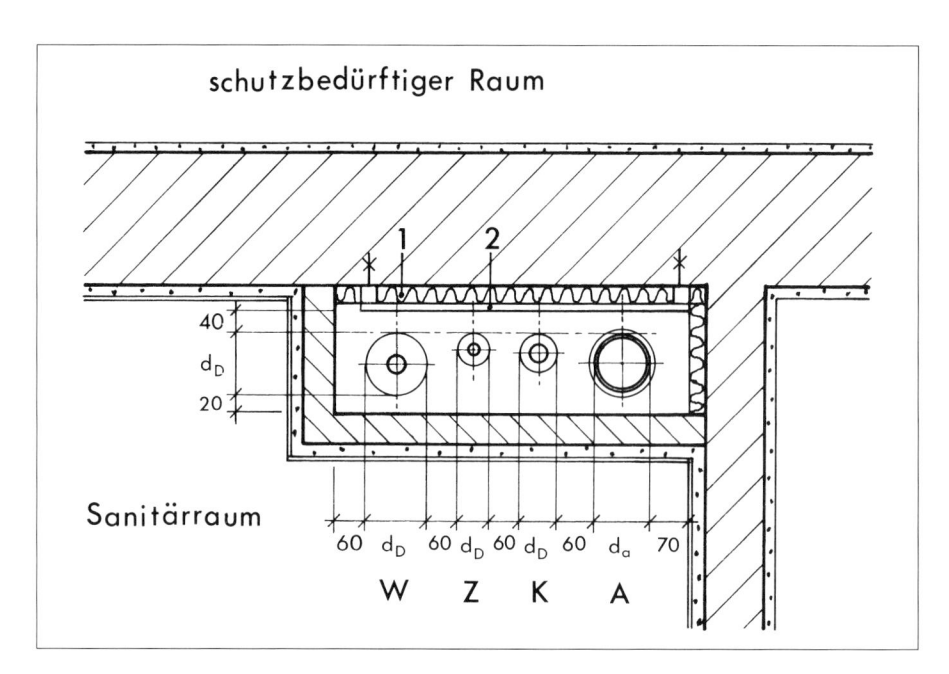

Wasserschalldämmung und Trittschalldämmung. Sie wird für den im Bauwesen vorherrschenden Frequenzbereich von 100 Hz bis 3150 Hz geprüft.

Die *Luftschalldämmung* betrifft den Widerstand von Wänden, Decken, Bau- und Einrichtungsteilen, der dem Durchgang von Luftschall entgegengesetzt wird. Die bewirkte Differenz zwischen dem Schallpegel L_1 im Senderaum und dem Schallpegel L_2 im Empfangsraum entspricht der Schallpegeldifferenz D (Gleichung 15).

$$D = L_1 - L_2 \tag{15}$$

Die Luftschalldämmung ist bei schweren und dichten Baustoffen gut, bei porösen Stoffen nur gering. Die Schalldämmung einschaliger Wände wächst mit deren Gewicht und deren Luftdichtigkeit. Sie kann durch eine zweite, biegeweiche Schale (zweischalige Wand) verbessert werden. Für Decken bestehen gleiche Voraussetzungen.

Bild 152 Leitungsführung in und an Wänden
a) in einem Wandschlitz auf der Seite des Sanitärraumes
b) freiliegend vor der Wand im Sanitärraum.

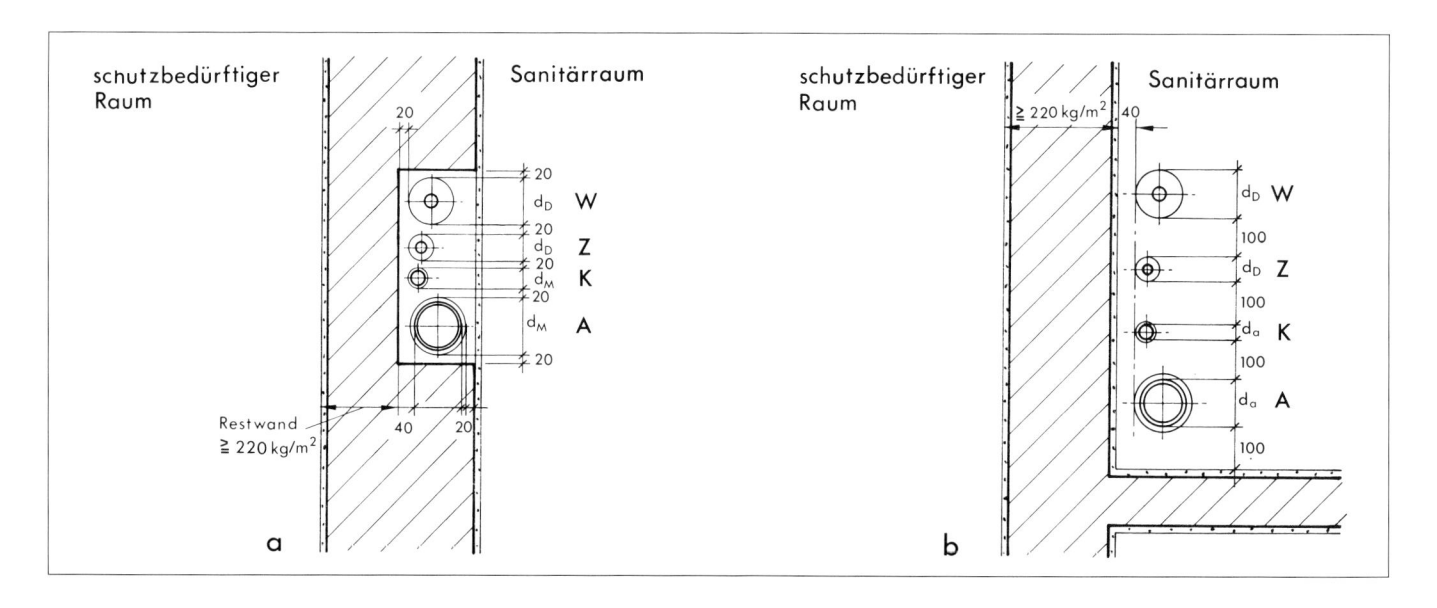

Tabelle 24 Mittlere Flächengewichte für beidseitig verputzte Innenwände.

Steinrohdichte-klasse[1] kg/dm³	Rohwanddicke	Flächengewicht	
		Gips- oder Kalk-gipsputz 10 mm, 10 kg/m²	Kalk-, Kalkzement- oder Zementputz 15 mm, 25 kg/m²
0,5	100	70	–
	240	140	–
0,6	100	79	–
	240	162	–
0,7	100	88	–
	240	183	–
0,8	100	97	–
	240	205	–
1,0	100	115	–
	240	248	–
1,2	115	–	165
	175	–	236
	240	–	313
1,4	115	–	186
	175	–	268
	240	–	356
1,6	115	–	207
	175	–	299
	240	–	399
1,8	115	–	227
	175	–	331
	240	–	442
2,0	115	–	248
	175	–	362
	240	–	486

[1] Die Steinrohdichteklasse entspricht dem Gewicht in kg/dm³.
[2] Gasbetonwände in Rohdichten 0,5, 0,6, 0,7, 0,8 und 1,0; Leichthochlochziegelwände in Rohdichten 0,7, 0,8 und 1,0; Hochlochziegelwände in Rohdichten 1,2, 1,4 und 1,6; Vollziegelwände in Rohdichten 1,8 und 2,0; Kalksandsteinwände in Rohdichten 1,4, 1,6, 1,8 und 2,0 lieferbar.

Einschalige Wände, an oder in denen Armaturen oder Wasser- und Abwasserinstallationen befestigt sind, müssen nach DIN 4109 ein Flächengewicht von mindestens 220 kg/m² haben. Das gilt gleicherweise für freiliegend vor der Wand und für in Wandschlitzen verlegte Leitungen. Beim Wandschlitz muß die Restwanddicke dieser Anforderung entsprechen.

Vergleichsweise sind die Flächengewichte verschiedener Wandausführungen, beiderseitig verputzt, in Tabelle 24 zusammengestellt.

Körperschall ist durch Schalldämpfung mittels schallweicher Stoffe, die zwei schallharte Stoffe in der Anordnungsfolge unterbrechen, zu mindern. Der Dämmstoff soll in seinem Schallwiderstand möglichst verschieden zu dem zu dämmenden Stoff oder Bauteil sein. Schallweich sind Luft, Filz, Kork, Gummi, Moltopren, verschiedene Leichtbauplatten und dergleichen. Bei der Körperschalldämmung ist darauf zu achten, daß die Dämmstoffe auch nach dem Einbau elastisch bleiben. *Es ist also zu verhindern, daß schalldämpfende Umhüllungen von Rohrleitungen beispielsweise einer zu großen Pressung ausgesetzt sind oder durch eindringende Zementmilch verhärten. Die schallharten Bauteile selbst müssen außerdem ausreichende Massen besitzen, die nicht so leicht zum Mitschwingen angeregt werden. Das gilt z.B. bei Rohrleitungen, Maschinen- und Pumpenfundamenten.*

Die Körperschalldämmung ist zu verbessern durch:

- ◆ schwere Ausbildung der unmittelbar angeregten Bauteile,
- ◆ Vorsatzschale im schutzbedürftigen Raum,
- ◆ Zwischenschalten einer federnden Dämmschicht,
- ◆ Ummantelung von Rohrleitungen mit einem Dämmstoff,
- ◆ Einbau von Kompensatoren in Wasserleitungen,
- ◆ schwimmend gelagerte Fundamente.

Die *Trittschalldämmung* von Decken ist vor allem eine Körperschalldämmung, die sich auf den nach unten abgestrahlten Luftschall auswirkt. Sie wird durch nachgiebige, federnde Fußbodenbeläge, schwimmenden Estrich und zweischalige Decken erreicht. Die günstigste Wirkung hat ein schwimmender Estrich zwischen Oberkante Rohdecke und Fußbodenbelag. *Diese Ausführung ist für Sanitärräume schalltechnisch von besonderer Bedeutung.*

Schwimmende Estriche verbessern gleichzeitig die Luft- und die Trittschalldämmung einer Decke. Bild 153 zeigt zwei Ausführungen mit Fliesen als Wand- und Fußbodenbelag mit Kehlsockel und geradem Sockel.

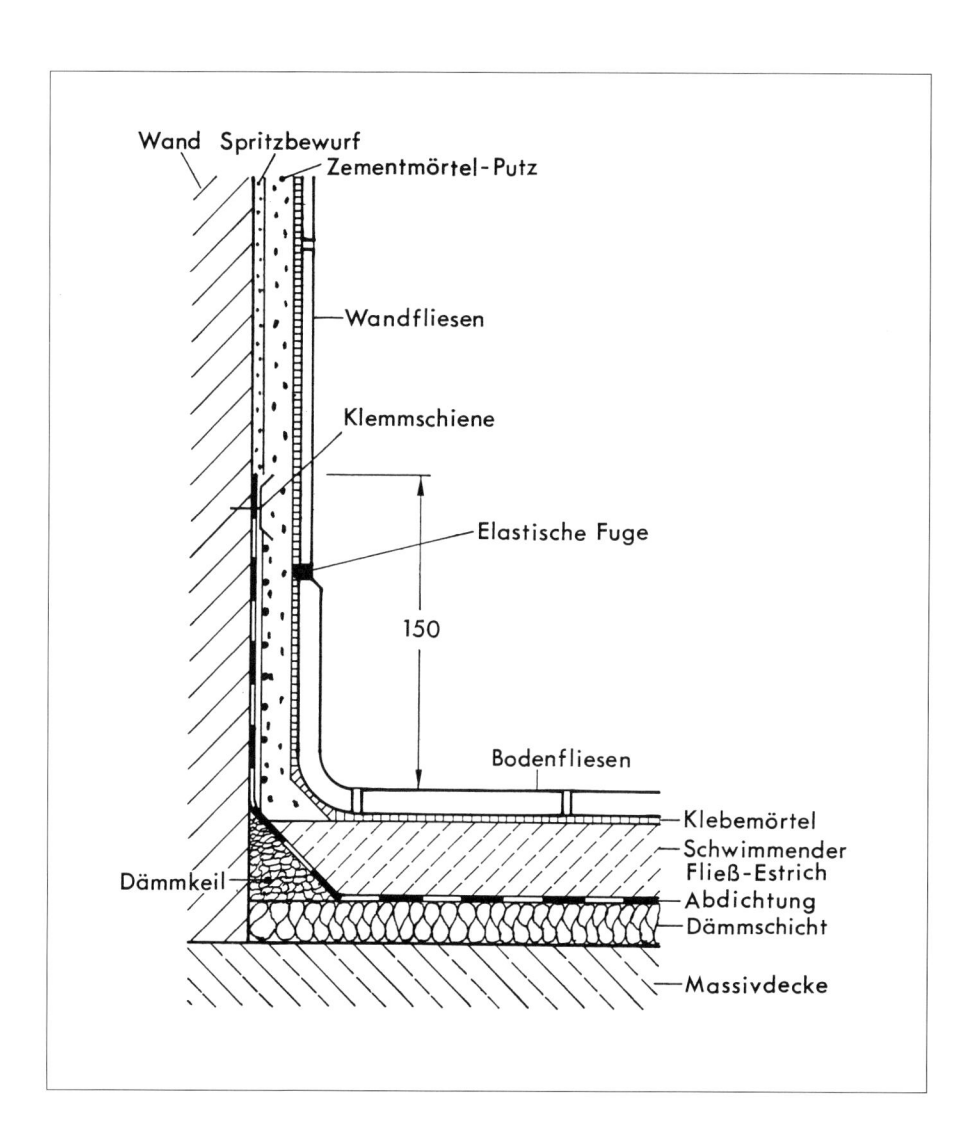

Bild 153 Schwimmender Estrich in Räumen mit Massivfußböden mit normgerecht über Oberkante Fußboden hochgeführter Abdichtung.

An Wänden und anderen Bauteilen, Rohrleitungen und Türzargen muß ein besonderer Dämmstreifen angeordnet werden, um einen Übergang des als Körperschall weitergeleiteten Trittschalls aus dem Estrich in andere Bauteile zu verhindern. Nach Bild 153 bedarf es zwischen dem Fliesen-Fußbodenbelag und dem Fliesen-Wandbelag der Einschaltung einer dauerelastischen Zwischenlage. *Das gilt auch für die Anschlüsse des Fußbodenbelages an Rohrdurchführungen.*

Die *Wasserschalldämmung* bei Rohrleitungen ist schwierig, da die Fortleitung über die Wasserfüllung erfolgt. Sie erfordert Maßnahmen einer gleichzeitigen Körperschall- und Wasserschalldämmung (Abschnitt **2.4.6.6**).

Schalldämpfung, auch als *Schallabsorption* bezeichnet, ist der Verlust an Schallenergie bei der Reflexion an Begrenzungsflächen, an Gegenständen oder Personen eines Raumes und bei der Ausbreitung in Luft und Wasser. Die Schallenergie wird dabei vor allem in Wärme umgewandelt. Auch in Nachbarräumen oder durch offene Fenster ins Freie gelangende Schallenergie gehört zur Schallabsorption. Glatte und harte Oberflächen besitzen eine geringe, rauhe, weiche und poröse Oberflächen eine größere Schallabsorption.

Maßnahmen zur Schallabsorption bestehen in:

- schallabsorbierender Bekleidung von Wänden und Decken, wodurch eine Schallpegelminderung < 5 dB(A) zu erreichen ist;
- einer Kapselung der Geräuschquelle, z.B. bei Kompressoren mit einer Schalldämmhaube und einer erreichbaren Schallpegelminderung von etwa 15 bis 30 dB(A);
- einer schallabsorbierenden Innenauskleidung von Installationsschächten (Bild 151) und einer erreichbaren Schallpegelminderung von etwa 5 bis 10 dB(A).

2.4.6.10 Installationstechnischer Schallschutz

Maßnahmen des installationstechnischen Schallschutzes betreffen die Schalldämmung an den Verbindungsstellen der Installationsteile mit dem Baukörper und die Schalldämpfung bei Geräuschübertragung in Hohlraumbereichen.

Sanitärobjekte für Fußbodenaufstellung wie Klosetts, Bidets, Bade- und Duschwannen erhalten durch Decken mit schwimmendem Estrich eine gute Körperschalldämmung (Bild 153).

Bade- und Duschwannen sind an den Anschlußstellen zum Fußboden und zur Wand körperschallgedämmt aufzulagern. Bei der herkömmlichen Einbauweise auf einem Mauersockel wird dieser entsprechend der Darstellung in Bild 154 auf den schwimmenden Estrich aufgesetzt.

Die Einbauwand soll außerdem im Bereich des Wannenrandanschlusses mit einer Dämmschicht, z.B. in Form einer Mineralfaser-

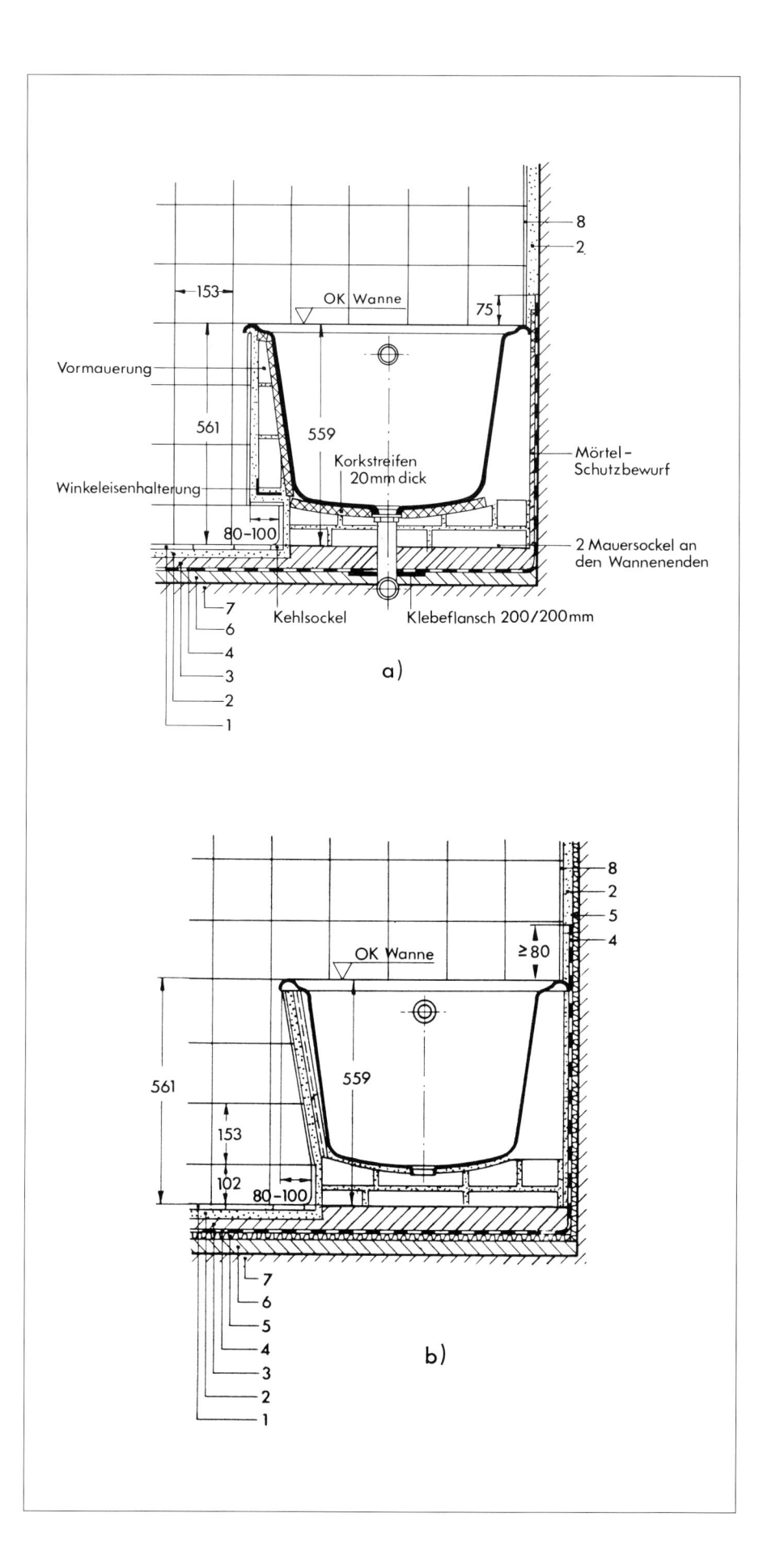

Bild 154 Körperschallgedämmter Einbau von Badewannen;
a) mit Korkstreifen oder Dämmatten zwischen Wannenkörper und Einmauerung;
b) auf schwimmenden Estrich und Dämmatten auf der Rohbauwand;
1 Bodenfliesen, 2 Mörtelbett, 3 Schutzestrich bzw. schwimmender Estrich, 4 Abdichtung *), 5 Dämmschicht (Fußboden und Wand), 6 Gefälleestrich, 7 Massivdecke, 8 Wandfliesen;

*) Abdichtung bei Ausstattung mit Dusche mindestens bis 200 mm über Unterkante Duschkopf.

matte, ausgeführt werden. Der Wandanschluß ist mit elastischen Anschlußprofilen herzustellen und dauerelastisch zu verfugen.

Wannenträger aus Styropor (Bild 155), die dem Einbau von Bade- und Duschwannen aus emailliertem Stahl und aus Acryl dienen, ergeben gleichzeitig eine gute Schall- und Wärmedämmung. Abhängig von dem Frequenzbereich der Geräusche wird bei Badewannen eine Pegelminderung um L = − 5 bis 22 dB(A) erreicht (Bild 156). Wichtig ist auch hier die dauerelastische Verfugung der Wand- und Fußbodenanschlußfugen.

Bild 155 Wanneneinbau mit Poresta-Wannenträger
a) Schnitt,
b) Wandanschluß (Correcta)
1 Wannenrand, 2 Poresta-Wannenträger, 3 Wandfliesen, 4 Wand, 5 Kleber, 6 Markierung, 7 Silikon-Dichtung.

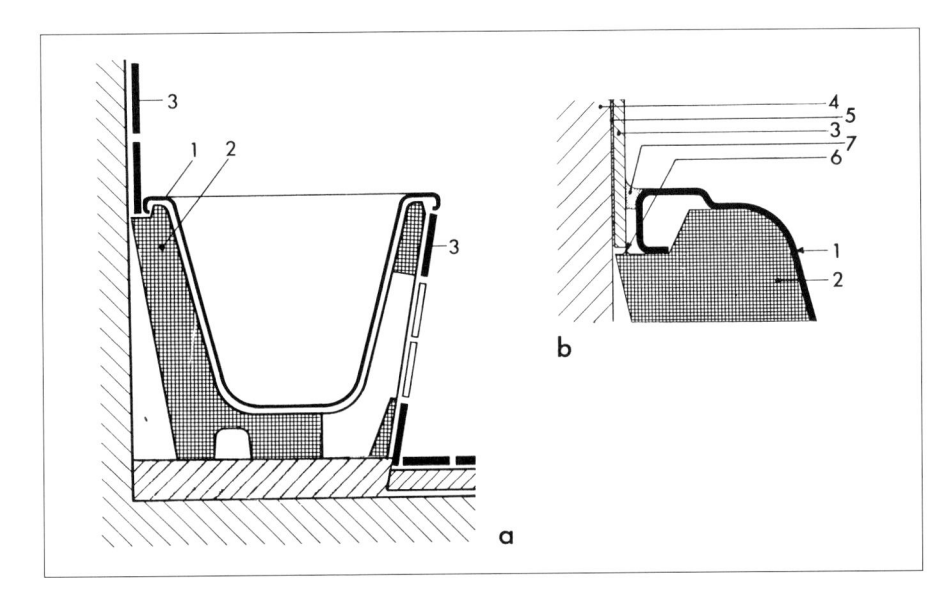

Bild 157 zeigt ein Montagesystem für den schall- und wärmedämmenden Einbau von Bade- und Duschwannen aus emailliertem Stahl. Dasselbe besteht jeweils aus einem Fußgestell mit höhenverstellbaren Füßen und Kunststoff-Gewindehülsen zur Körperschalldämmung, einem Wannenprofil für den elastischen Wandanschluß (Bild 73 Abschnitt **2.3.3**), drei schallgedämmten Wannenankern zur Befestigung und Unterstützung des Wannenrandes an der Wand (Bild 158) und einem Satz Anti-Dröhnmatten mit aufkaschiertem Schaumstoff. Verglichen mit einer konventionellen Einmauerung wird eine frequenzabhängige Schallpegelminderung von etwa L = 9 bis 13 dB(A) erreicht. Für Wannen aus Gußeisen wird ein gleiches Montagesystem, für Wannen aus Acryl ein solches ohne Anti-Dröhnmatten geliefert.

Der Ablaufanschluß von Bade- und Duschwannen soll mit elastischen Ablaufverbindern, z.B. Gummi-Steckverbindern, erfolgen. Bodenabläufe sind Schallbrücken und gegen eine Körperschallübertragung nur ungenügend zu schützen. Daher sind bei Badabläufen aus schalltechnischen Gründen solche mit seitlichem Einlauf, die keine Aufprallgeräusche erzeugen, denen mit oberem Einlauf vorzuziehen.

Gummi- oder Kunststoff-Unterlegscheiben unter Wannenfüßen dienen der körperschalldämmenden Trennung vom Baukörper. Sie dürfen aber die Wanne unter Last nur sehr gering absenken, um die Anschlußfugen am Wannenrand nicht aufzureißen. Gummipuffer als Wandabstandshalter in Höhe der Wannenwulst sind bei freistehenden Wannen zu empfehlen.

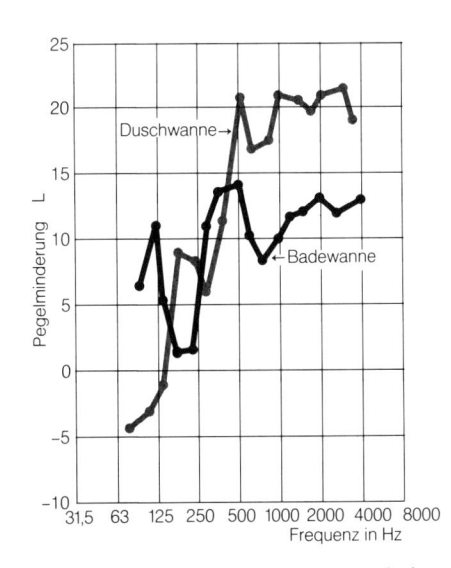

Bild 156 Schallpegelminderung bei Bade- und Duschwannen mit Poresta-Wannenträger (Correcta).

Bild 157 Duschwanne mit aufgeklebten Anti-Dröhnmatten und Wannenfußgestell mit 4 Schraubfüßen (MEPA Pauli und Menden).

Bild 158 Wannenrandbefestigung bei Stahl- und Acrylwannen mit schallgedämmtem Wannenanker mit Spannbügel (MEPA Pauli und Menden).

Wand-Klosetts und -Bidets sind unter Zwischenschaltung eines Wandanschlußprofils aus PVC oder einer selbstklebenden Schallschutzmatte sowie Befestigungsschrauben mit Schallschutzhülsen (Bild 159) auf dem Wandbelag festzuschrauben.

Die Schallschutzmatte mit Klebefläche bewirkt eine Trennung zwischen dem schallharten Porzellan des Beckens und der schallharten, in der Regel gefliesten Wand. Im Bereich der Befestigungsschrauben wird die Trennung durch mitgelieferte Schallschutzhülsen erreicht. Die Schallpegelminderung zum danebenliegenden bzw. schräg darüber und darunterliegenden Raum beträgt:

- ◆ beim Spülvorgang 8 dB(A),
- ◆ beim Urinieren, dem sogenannten Spureinlauf 13 dB(A),
- ◆ beim Zuschlagen des Deckels 11 dB(A).

Für *Waschtische und Handwaschbecken* zeigt Bild 160 eine körperschallgedämmte Montage. Als Zwischenlage zum Wandbelag wird ein selbstklebendes Naturkautschuk-Band verwendet, das an die Beckenform anpaßbar zu verarbeiten ist. Die Schraubenbefestigung wird mit Gummihülsen und Unterlegscheiben mit Gummiauflage gedämmt. Die Wandfuge ist abschließend mit dauerplastischem, essigsaurem Kitt zu verfugen. Die Schallpegelminderung liegt bei 14,5 dB(A). Ein gleicher Schallschutz-Set ist für wandhängende Klosetts, Bidets und Urinale einsetzbar.

Geräuscharme Armaturen sind strömungstechnisch gut ausgebildet. Kennzeichnend sind große Durchflußquerschnitte sowie möglichst geringe Richtungs- und Querschnittsänderungen. *Bei gleichem Aufbau ist die schwere Ausführung leiser.* Für die vergleichende Bewertung sind herstellerseitige Angaben über die Prüfung des Geräuschverhaltens nach DIN 52218 [23] heranzuziehen (Bild 143 Abschnitt **2.4.6.4**). Dabei ist das Geräuschverhalten für den *gesamten Fließdruckbereich* zu berücksichtigen.

Eine Geräuschminderung bei Sanitärarmaturen wird durch Reduzierung des Fließdruckes und des Durchflusses erreicht (Abschnitt **2.4.6.3** und **2.4.6.4**). Das erfordert ein Abwägen der Schallschutzanforderungen mit den Nutzungsanforderungen des Durchflusses. Berücksichtigt man, daß eine Minderung des Geräuschpegels um 10 dB(A) einer Halbierung der empfundenen Lautstärke entspricht, sind die so erreichbaren Ergebnisse nicht unbedeutend.

Auslaufmundstücke mit Luftansaugung bei Auslaufventilen und Mischbatterien bewirken bei Fließdrücken von 2 bis 6 bar eine Minderung des Armaturengeräuschpegels um etwa 5 bis 24 dB(A) (Bild 143).

Wie bei den Sanitärobjekten kommt es darauf an, daß die Körperschallübertragung von der Sanitärarmatur auf den Baukörper eingeschränkt wird. Die Sanitärarmatur ist dazu ohne starre Verbindung zum Baukörper und zum Wandbelag einzubauen. Das geschieht durch körperschallgedämmte Armaturenanschlüsse nach Bild 161. Auch die Wandrosette ist durch untergelegte Gummirollringe oder eine Silikonunterlage vom Wandbelag zu trennen.

Bild 159 Schallschutz-Set für Wand-Klosett und -Bidet (Geberit).

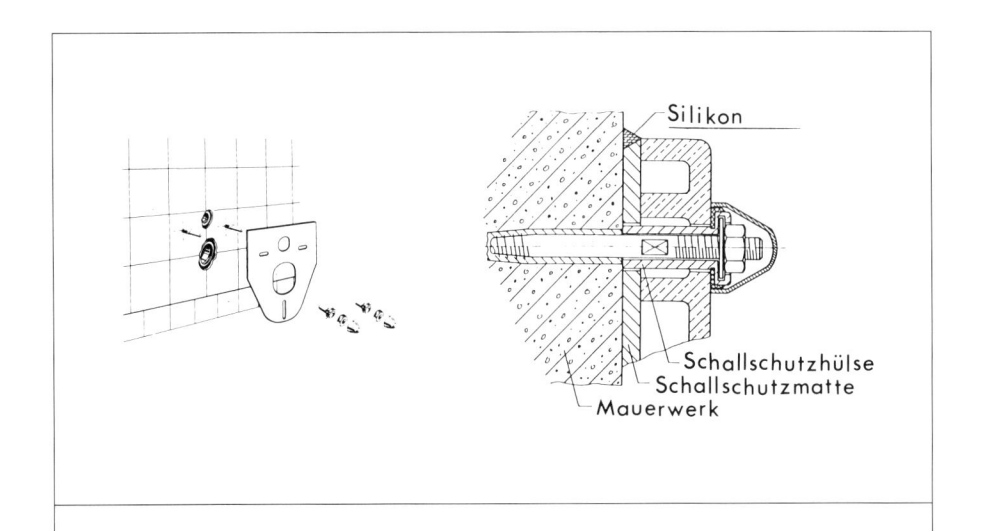

Bild 160 Waschtischmontage mit Schallschutz-Set (SCHWAB).

Bild 161 Anschlußwinkel für Wandarmaturen mit Wandscheiben-Isolierkörper; Minderung der auf den Baukörper übertragenen Armaturengeräusche 11 dB(A) bei einem Fließdruck von 3 bar (Franz Viegener II).

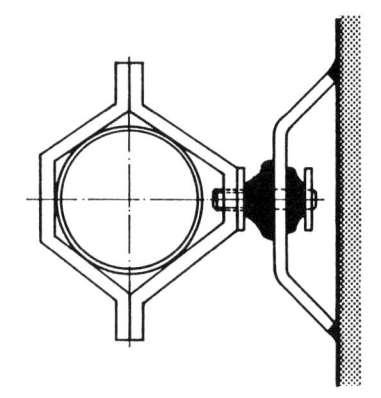

Bild 162 Wand-Rohrhalterung mit Schwingmetall-Anschweißelement 5 Gummidämpfer (Continental).

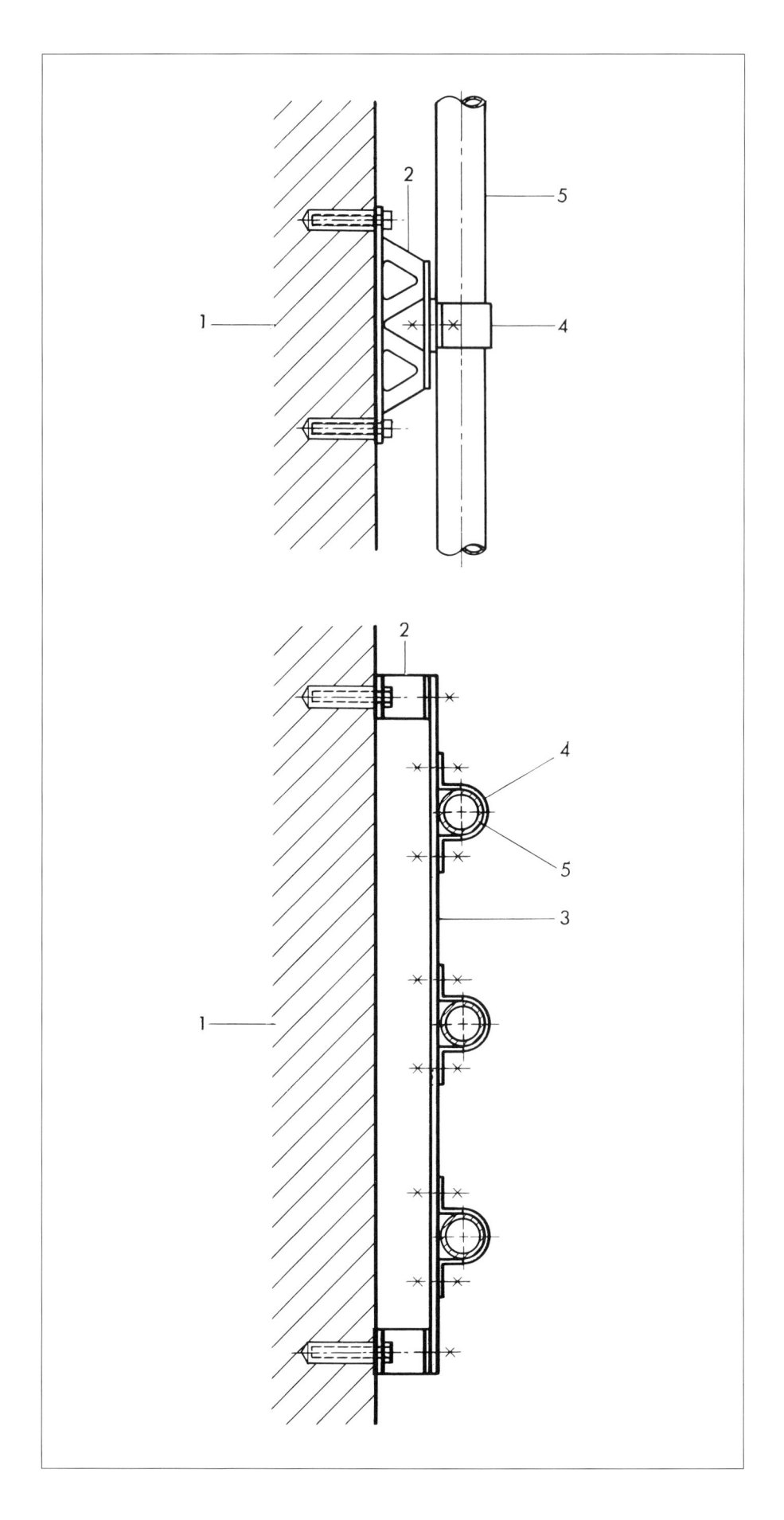

Bild 163 Rohrbefestigung mit Sammel-Befestigungsschiene 3 und Gummi-Metall-Elementen 2; 1 Wand, 4 Rohrband, 5 Rohr.

Bei Wandeinbauarmaturen kann durch eine schalldämmende Auskleidung des Einbaukastens der Schallschutz verbessert werden. Das gilt insbesondere für den Einbau in Leichtbauwände, die infolge einer geringen flächenbezogenen Masse (Wandgewicht/m^2) eine ungenügende Luftschalldämmung zum angrenzenden Nebenraum aufweisen.

Die Geräuschausbreitung in *Wasserverbrauchsleitungen* erfolgt als Körperschall innerhalb der Rohrwandung und als Wasserschall innerhalb der Wasserfüllung. Dabei regt der Wasserschall die Rohrleitung wiederum zu Körperschallschwingungen an. Von den Rohrwandungen wird der Körperschall auf dem Wege über Rohrbefestigungen und bei direkter Verbindung mit Bauteilen auf Wände und Decken übertragen und von hier als Luftschall abgestrahlt. Die Geräuschausbreitung ist durch eine körperschalldämmende Ummantelung der Rohre an Rohrbefestigungen und Rohrdurchführungen zu mindern.

Vor Wänden, in Schlitzen oder Rohrschächten zu verlegende Rohre erhalten zwischen Rohr und Schelle eine körperschalldämmende Einlage, in der Regel aus profiliertem Gummi. Elastische Einlagen aus 5 bis 8 mm dicken Gummi können eine mittlere Dämmung von etwa 10 bis 15 dB(A) bewirken. Dabei darf die Einlage beim Schließen der Schelle nur eine bestimmte Anpressung erhalten.

Rohrbefestigungen mit Gummidämpfer im Kopfteil (Bild 162) erreichen eine mittlere Schalldämmung von 15 dB(A). Die Belastung darf 200 kg je Rohrbefestigung nicht überschreiten. Die Befestigung mehrerer gleichlaufender Rohre kann nach Bild 163 auf einer Sammelschiene unter Zwischenschaltung von Gummi-Metall-Elementen für die Wandbefestigung vorgenommen werden.

Innerhalb von Wänden zu verlegende Rohre, vor allem bei leichten Trennwänden, sollen mit einem körperschalldämmenden Stoff lückenlos umwickelt werden. Zu verwenden sind Filz, Sillan-Filz, Bitumenfilz, Seidenzopf und andere handelsübliche Dämmstoffe, z.B. aus physikalisch vernetztem Polyethylen. Auch hier ist die Dicke der Umwicklung für die Dämmung maßgebend. Sie sollte mindestens 20 mm dick ausgeführt werden. Anschlußwinkel oder Anschluß-T-Stücke für Wandarmaturen sind mit einem elastischen Kork- oder Plastikband oder Kunststoffmantel so zu umgeben, daß ein sitzfester Einbau möglich ist (Bild 161).

Für die Deckenbefestigung einzelner Leitungen können Aufhängeschellen mit Gummidämpfer für die Schraubbefestigung eingesetzt werden. Mehrere nebeneinanderliegende Leitungen werden zweckmäßigerweise mit Rohrschellen und Profilgummieinlage an einer Rohrbrücke befestigt. Wand- und Deckendurchführungen der Rohre sind unter Zwischenschaltung körperschalldämmender Manschetten aus Faserdämmstoffen, wie Filz, Sillan-Filz, Bitumenfilz, Korkschrot u.a., herzustellen. Die Dicke der Ummantelung soll mindestens 20 mm betragen. Dazu müssen die Rohrhülsen einen entsprechend großen Innendurchmesser haben.

Bild 164 zeigt eine körperschallisolierte Wanddurchführung. In Bild 165 ist eine körperschallisolierte Deckendurchführung dargestellt.

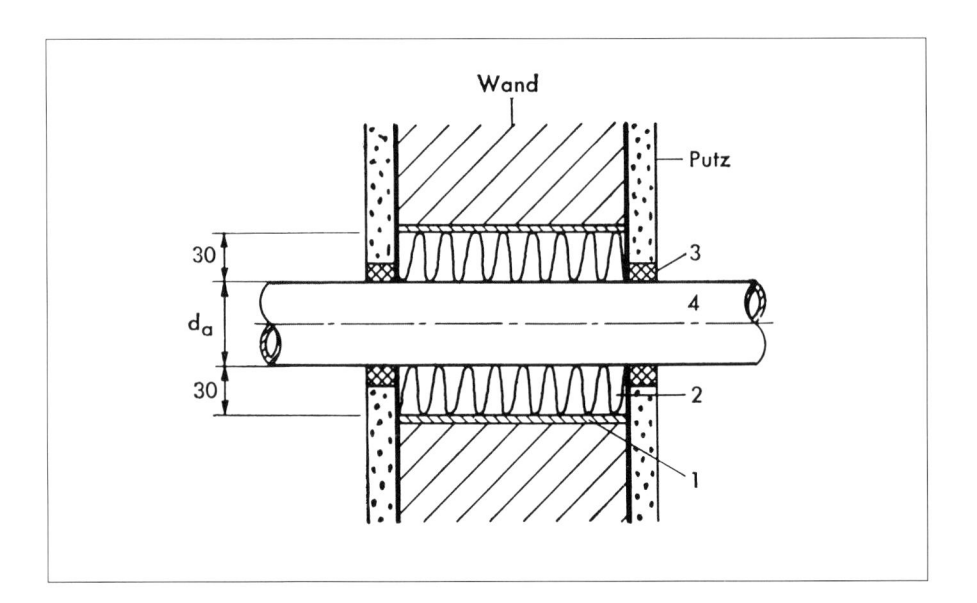

Bild 164 Körperschallgedämmte Wanddurchführung eines Rohres; 1 Schutzrohr, 2 Dämmstoff, 3 dauerplastischer Kitt, 4 Rohr.

Bei Decken mit Abdichtung muß die Rohrhülse einen Klebeflansch von mindestens 80 mm Breite haben.

Zweckmäßig werden Wasser- und Abwasser-Steig- und -Falleitung in einem Installationsschacht (Bild 151) angeordnet, der nicht in den Bereich des schwimmenden Estrichs und der Abdichtung einbezogen wird. Installationsschächte sind zudem schalltechnisch vorteilhaft, wenn eine Längs- und Querseite des Schachtes mit 30 mm dicken Mineralwollematten ausgekleidet werden. Nach Untersuchungen von Geberit wird damit die in Installationsschächten infolge der schallharten Wände eintretende Schallpegelerhöhung von etwa 10 dB(A) eliminiert.

Die Luftschalldämmung darf durch Wand- und Deckendurchführungen nicht verschlechtert werden. Es dürfen innerhalb derselben keine Hohlräume vorhanden sein, und die abschließenden Fugen sind mit einer dauerplastischen Dichtungsmasse sorgfältig zu verstreichen. Bei Decken und Wänden, die feuerhemmend oder feuerbeständig sein sollen, ist die Widerstandsfähigkeit der Durchführung gegen Feuer und Wärme nach den Bestimmungen der DIN 4102 sicherzustellen.

Eine wesentliche Minderung der Geräuschausbreitung ist bei Kalt- und Warmwasserleitungen durch eine gleichzeitige Körperschall- und Wasserschalldämmung möglich. Bisher untersuchte Maßnahmen sind in der Durchführung allerdings aufwendig. Sie werden daher nur bei Installationen, die schalltechnisch besonders hohen Anforderungen unterliegen, zur Anwendung kommen. Die Körperschallminderung des Rohres erfolgt durch Aufbringen eines Stoffes mit hoher innerer Dämmung. Das kann mit einer Sandummantelung aus geglühtem Sand geschehen. Nach durchgeführten Untersuchungen ergab eine Sandummantelung von 15 x 23 cm im Querschnitt für ein Gewinderohr DN 20

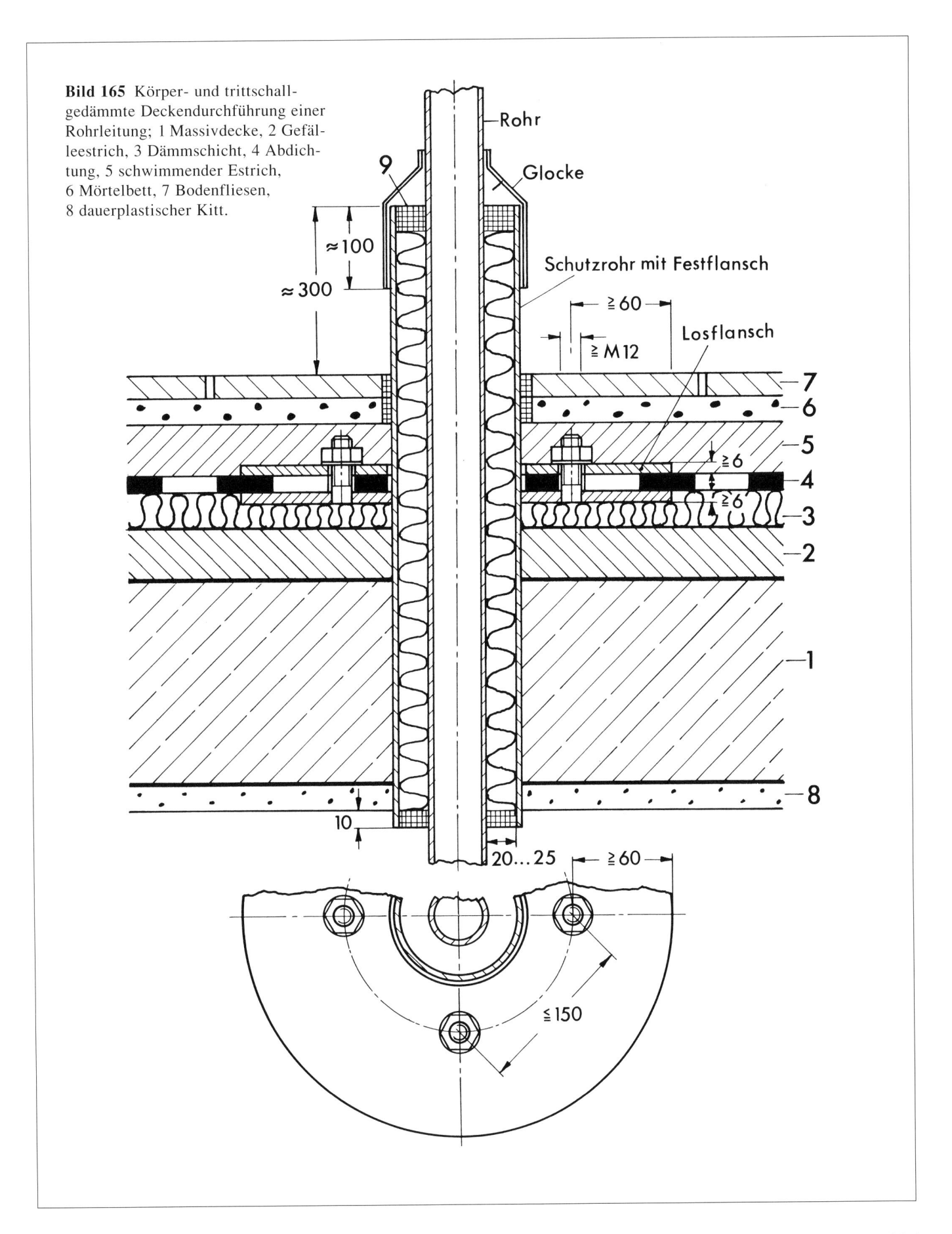

Bild 165 Körper- und trittschallgedämmte Deckendurchführung einer Rohrleitung; 1 Massivdecke, 2 Gefälleestrich, 3 Dämmschicht, 4 Abdichtung, 5 schwimmender Estrich, 6 Mörtelbett, 7 Bodenfliesen, 8 dauerplastischer Kitt.

eine Dämmung von 10 bis 17 dB(A) je Meter bei einem Frequenzbereich von 150 bis 3200 Hz. Die Sandummantelung hat jedoch auf den Wasserschall nur einen geringen Einfluß (1 dB(A)/m). Die Schallschwingungen im Wasser regen hinter der Sandummantelung das Rohr erneut zu Körperschwingungen an, so daß die Maßnahme, allein durchgeführt, nur im Bereich der Sandummantelung ein positives Ergebnis hat, sonst aber praktisch wirkungslos ist. Der Wasserschall muß durch zusätzlichen Einbau von Wasserschalldämpfern verringert werden. Bild 166 zeigt schematisch ein Anordnungsbeispiel für die Körper- und Wasserschalldämmung.

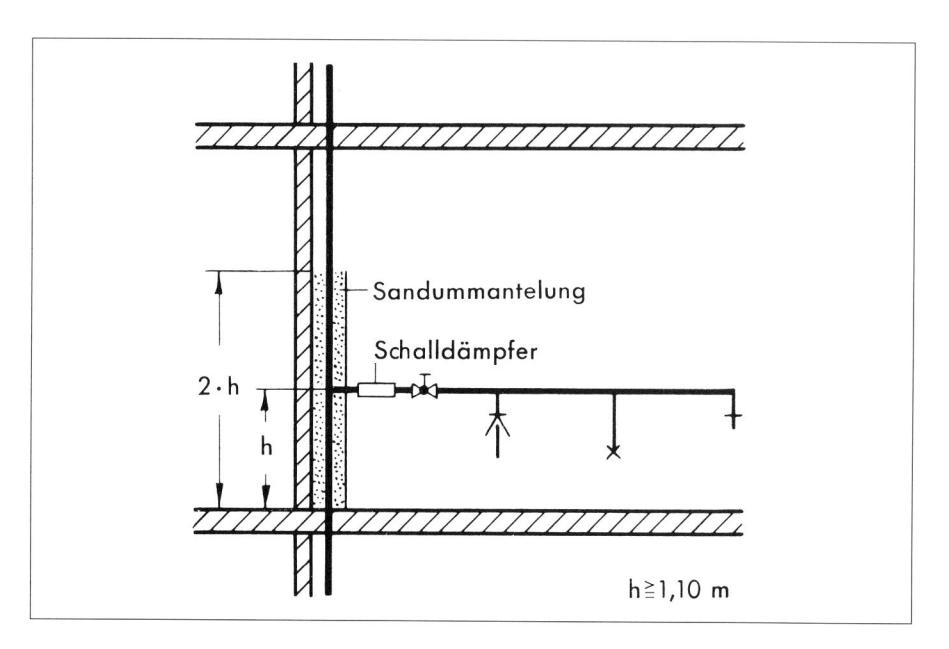

Bild 166 Schematische Darstellung der gleichzeitigen Körper- und Wasserschalldämmung einer Kaltwasserinstallation.

Die Sandummantelung kann als bauliche Maßnahme bei Installationen in Leichtbauwänden, insbesondere bei selbstschließenden Entnahmearmaturen mit kurzzeitig auftretenden Geräuschspitzen, für einen zu schützenden Nebenraum vorteilhaft eingesetzt werden. Hierdurch wird eine durch Resonanzwirkung eintretende Schallpegelerhöhung verhindert, und die Geräuschspitzen werden absorbiert.

Bei *Abwasserleitungen* regen die auftretenden Strömungsvorgänge das Abwasserrohr zu Körperschwingungen an, die als Körperschall über die Rohrbefestigungen auf die Wände übertragen und als Luftschall von den Rohrwandungen abgestrahlt werden. Nach ihrer Entstehung sind dabei folgende drei Arten von Geräuschquellen zu unterscheiden:

◆ Fallgeräusche in der senkrechten Falleitung, die auch bei großen Fallhöhen mehr oder weniger konstant verlaufen, da die zusätzliche Lageenergie durch erhöhte Reibungsverluste verbraucht wird;

◆ Aufprallgeräusche in Umlenkungen, d.h. im Übergangsbereich von der Falleitung zur liegenden Leitung und bei Falleitungsverziehungen;

◆ Fließgeräusche in der liegenden Leitung.

Tabelle 25 Geräuschpegel bei PEh-Abflußrohren [32].

Geräuschquelle	Geberit PE		Geberit PE–Silent oder Geberit PE mit Isol	
	WC-Spülung dB(A)	Dauerablauf 50 l/min dB(A)	WC-Spülung dB(A)	Dauerablauf 50 l/min dB(A)
Fallgeräusch	61	58	43	39
Aufprallgeräusch Umlenkung	64	61	51	48
Fließgeräusch liegende Leitung	50	47	35	32
[1]) Rohrgewicht DN 100: Geberit PE = 1,363 kg/m Geberit PE-Silent = 5,3 kg/m				

Der Geräuschpegel ist abhängig von der Geräuschquelle, der Einbausituation, z. B. freiliegend oder im Wandschlitz, und den akustischen Eigenschaften des Rohrmaterials. Vergleichswerte sind für PEh-Abflußrohre der Tabelle 25 zu entnehmen.

Bei dünnwandigen Abflußrohren und Rohrwerkstoffen mit geringer Dichte dringen die Geräusche leichter durch und breiten sich bei freiliegenden Leitungen als Luftschall, bei fest eingebauten Leitungen zunächst als Körperschall aus. Als Schallschutzmaßnahmen kommen in Frage:

- Freiliegende Abwasserleitungen sind innerhalb von Sanitärräumen auf der dem schutzbedürftigen Raum abgewandten Seite anzuordnen. Das Flächengewicht einer solchen Installationswand soll mindestens 220 kg/m² betragen. In DIN 4109 Abschnitt 7.2.2.6 wird gefordert: „Abwasserleitungen dürfen an Wänden in schutzbedürftigen Räumen nicht freiliegend verlegt werden".

- Umlenkungen sind mit 2 Bogen 45° und dazwischenliegender Beruhigungsstrecke nach Bild 167 auszuführen.

- Bei in Wandschlitzen zu verlegenden Abwasserleitungen soll das Flächengewicht der Restwand zum schutzbedürftigen Raum hin mindestens 220 kg/m² betragen.

- Im Fußboden einzubetonierende Abwasserleitungen besitzen mit der umgebenden Masse des Betons im Normalfall eine ausreichende Schalldämmung; die Betonüberdeckung soll dabei allseitig mindestens 40 mm betragen (Bild 168a). Bei erhöhten Anforderungen an den Schallschutz sind der Umlenkungsbogen und die anschließende liegende Leitung in einer Länge von etwa 1 m mit einer Körperschalldämmung zu versehen (Bild 168b).

- Bei der Umlenkung und Verlegung liegender Abwasserleitungen unterhalb von Decken wird mit einer abgehängten Decke in der Regel nur eine ungenügende Schalldämmung erreicht (Bild 169a). Hier wird durch Verwendung schallisolierter Formstücke und Rohre oder durch Umhüllung der Abwasserleitung mit Dämmatten eine ausreichende Geräuschminderung bewirkt (Bilder 169b und 169c).

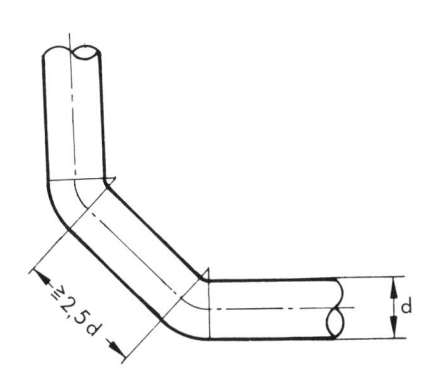

Bild 167 Übergang einer Falleitung in eine liegende Leitung.

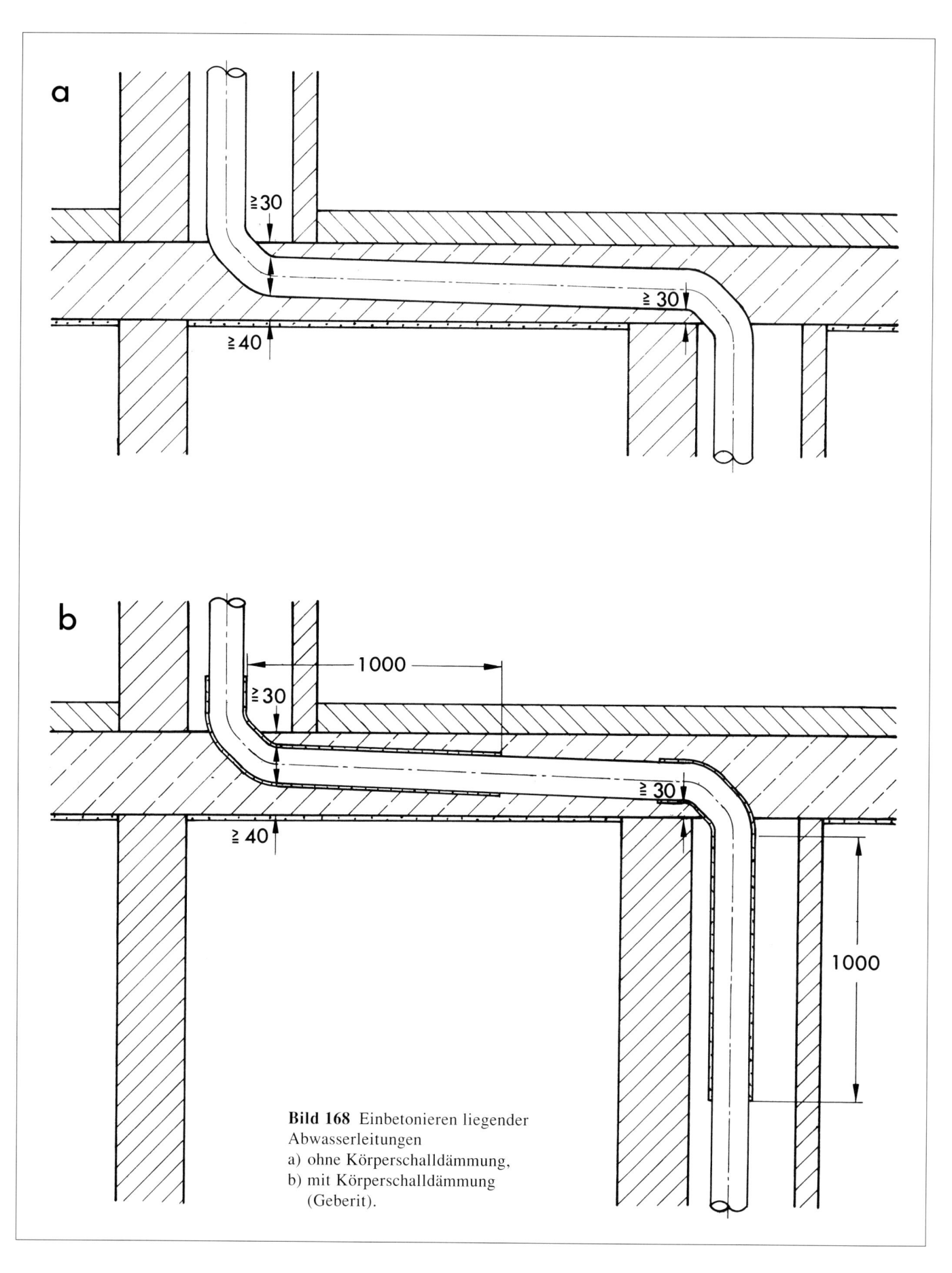

Bild 168 Einbetonieren liegender Abwasserleitungen
a) ohne Körperschalldämmung,
b) mit Körperschalldämmung (Geberit).

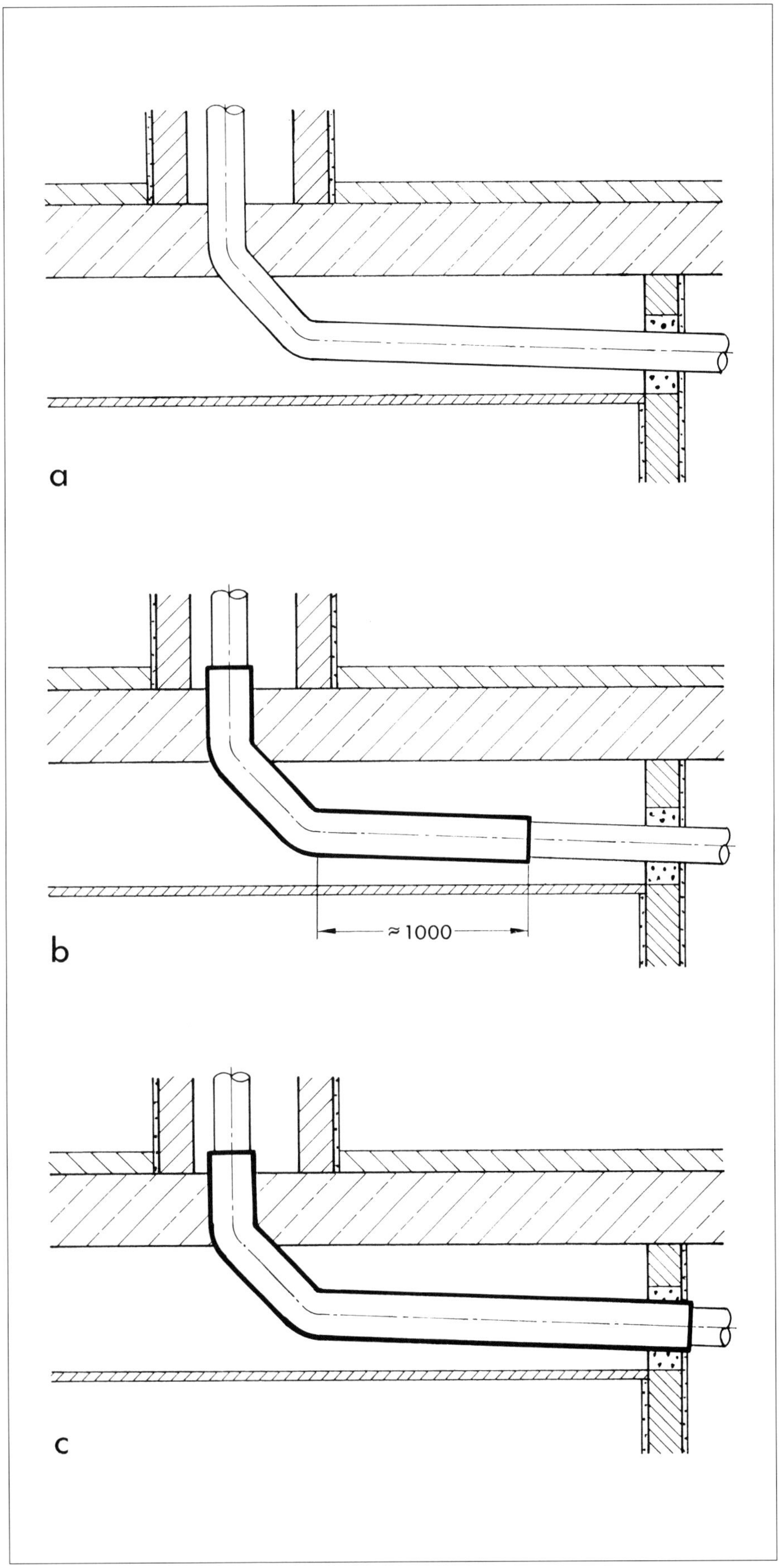

Bild 169 Geräuschverhalten bei Umlenkung und Verlegung von Abwasserleitungen innerhalb abgehängter Decken

a) Ohne Rohrdämmung ergeben das Aufprallgeräusch $L_1 = 64$ dB(A) und das Fließgeräusch $L_2 = 50$ dB(A) nach Gleichung (14) einen Gesamtpegel $L_g = 64$ dB(A). Bei einem angenommenen Schalldämmaß der abgehängten Decke von 25 dB(A) liegt der Schallpegel im Raum A bei $64 - 25 = 39$ dB(A).

b) Geberit PE-Silent oder Isol im Aufprallbereich ergeben mit dem kleineren Aufprallgeräusch $L_1 = 51$ dB(A) und dem unveränderten Fließgeräusch $L_2 = 50$ dB(A) einen Gesamtpegel $L_g = 54$ dB(A). Damit liegt der Schallpegel im Raum B bei $54 - 25 = 29$ dB(A).

c) Geberit PE-Silent oder Isol im Aufprall- und Fließbereich verringern das Aufprallgeräusch auf $L_1 = 51$ dB(A) und das Fließgeräusch auf $L_2 = 35$ dB(A). Der Gesamtpegel liegt dann bei $L_g = 51$ dB(A) und der Schallpegel im Raum C bei $51 - 25 = 26$ dB(A).

Bild 170 Körperschallgedämmte Pumpenaufstellung; 1 Pumpe mit Motor und gemeinsamer Grundplatte, 2 freier Betonsockel, 3 Preßkorkplatte, 4 fester Betonsockel.

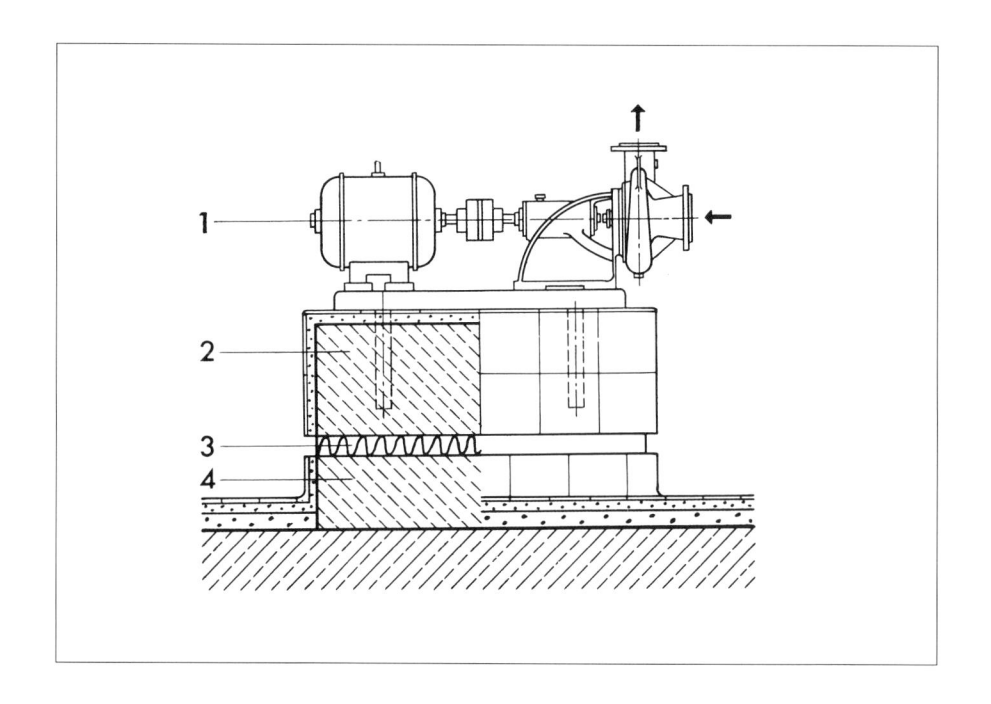

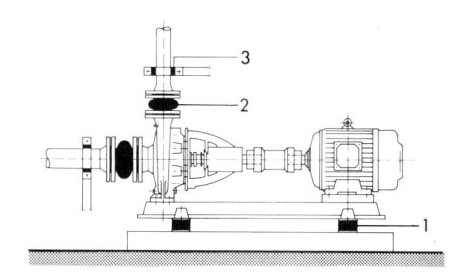

Bild 171 Pumpenaufstellung mit Schwingmetall-Puffern (1), Gummi-Kompensatoren (2) und Festpunkten (3) (Continental).

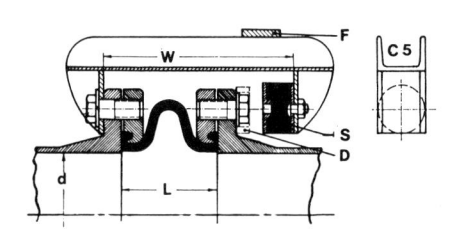

Bild 172 Gummi-Kompensator mit Längenbegrenzer; D loses Distanzstück, F Flacheisenschelle, S Schwingmetall-Puffer (Continental).

◆ Bei in Installationsschächten zu verlegenden Abwasserleitungen ergibt die Verwendung schallgeschützter Abflußrohre einerseits eine Reduzierung der Schallpegelerhöhung durch Reflexion im Schacht und mit dem Dämmwert der Schachtwände eine ausreichende Schallpegelminderung.

◆ Bei Bodenabläufen ist eine Körperschallübertragung nur schwer zu vermeiden. Angebracht ist auch hier die Verwendung von Dämmatten und eine Deckenabhängung mit ausreichendem Dämmwert.

Geräte, Maschinen und Pumpen, deren Geräusche überwiegend durch Körperschall übertragen werden, sind durch weich federnde Zwischenschichten oder durch eine dynamische Maschinengründung (z.B. DIN 4150, Erschütterungsschutz im Bauwesen) gegen das Bauwerk abzudämmen. Ein bewährtes Material sind *Preßkorkplatten,* die zwischen dem festen und dem freien Fundamentsockel eingelegt werden.

Die Plattensorte und deren Dicke sind nach der Gewichtsbelastung und der hauptsächlichen Schwingungsfrequenz durch einen Schalltechniker zu ermitteln. Unbedingt ist darauf zu achten, daß bei einer Plattenverkleidung der Fundamentsockel im Bereich der Preßkorkplatte ausgespart bleibt. Fundamentplatten von Pumpen und Maschinen können auch durch *Schwingmetall-Puffer* oder *federnde Schwingungsdämpfer* schalldämmend gegen das Bauwerk ausgeführt werden.

Die Rohrleitungen sind mit Gummi-Kompensatoren nahe an der Geräuschquelle, z.B. an den Pumpenstutzen, zu sichern. Der Einbau erfolgt nach Bild 171 zwischen zwei Festpunkten oder in Verbindung mit elastischen Längenbegrenzern.

Eine erforderliche Luftschalldämmung ist mit einer Kapselung der Geräuschquelle, d.h. mit einer Schalldämmhaube, zu erreichen.

2.5 Wände und Fußböden

2.5.1 Abdichtung gegen Feuchtigkeit

Besondere Aufmerksamkeit ist der Ausführung der Abdichtung des Duschplatzes zu schenken. Eine solche ist nach DIN 18 195 Teil 5 [17] gegen nichtdrückendes Wasser für Fußboden und Wände auszuführen. Sie soll für den Fußboden des Baderaumes trogartig ausgebildet sein. An den Wänden soll die Abdichtung in der Regel 150 mm über die Oberfläche der Schutzschicht (Schutzestrich), des Belages oder der Überschüttung hochgeführt werden. Bei Wandbegrenzungen der Dusche müssen Abdichtungen mindestens 200 mm über die Unterkante des höchsten Duschkopfes hochgeführt werden.

Wandabdichtungen müssen an durchführende Armaturenanschlüsse und Wandeinbauarmaturen wasserdicht angeschlossen werden. Ausführungsbeispiele sind in den Bildern 174 und 175 dargestellt. Klebeflansche, die als Festflansch ohne und mit losem Flansch (Flanschring) auszuführen sind, sollen eine Flanschbreite von mindestens 60 mm erhalten. Der Klebeflansch ist so anzubringen, daß die Abdichtung hohlraumfrei zum Untergrund herangeführt werden kann.

Die Oberfläche des festen Flansches muß in der Ebene der angrenzenden Abdichtungsfläche liegen. Klebeflansche ohne Flanschring werden nur in Wohnbädern und Duschräumen mit geringer Feuchtigkeit als ausreichend angesehen. Durchführungen mit Fest- und Losflansch sind dagegen für Wasch- und Duschanlagen in öffentlichen und gewerblichen Einrichtungen zu verwenden.

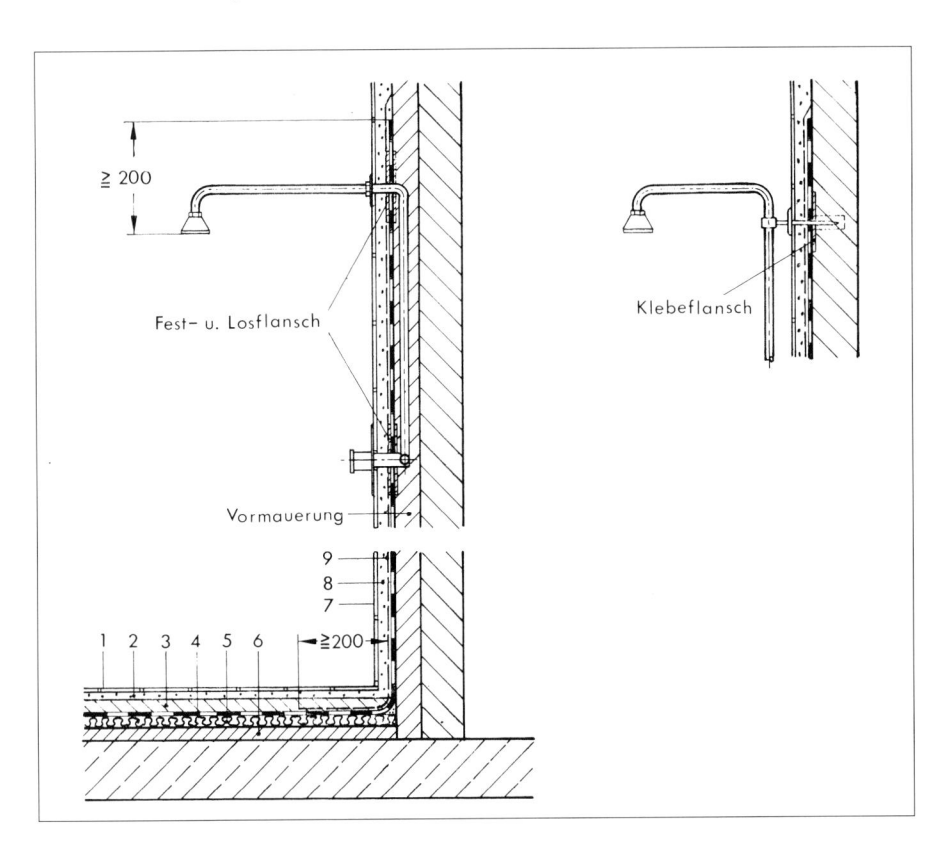

Bild 173 Wand- und Fußbodenabdichtung bei Duschständen 1 Bodenfliesen 6 bis 11 mm, 2 Mörtelbett 15 mm, 3 Schwimmender Estrich (Schutzestrich) 30 mm, 4 Abdichtung 10 mm, 5 Dämmung 20 mm, 6 Gefälleestrich 30 bis 35 mm, 7 Wandfliesen 5 bis 11 mm, 8 Mörtelbett 10 bis 15 mm, 9 Putzträger 10 mm.

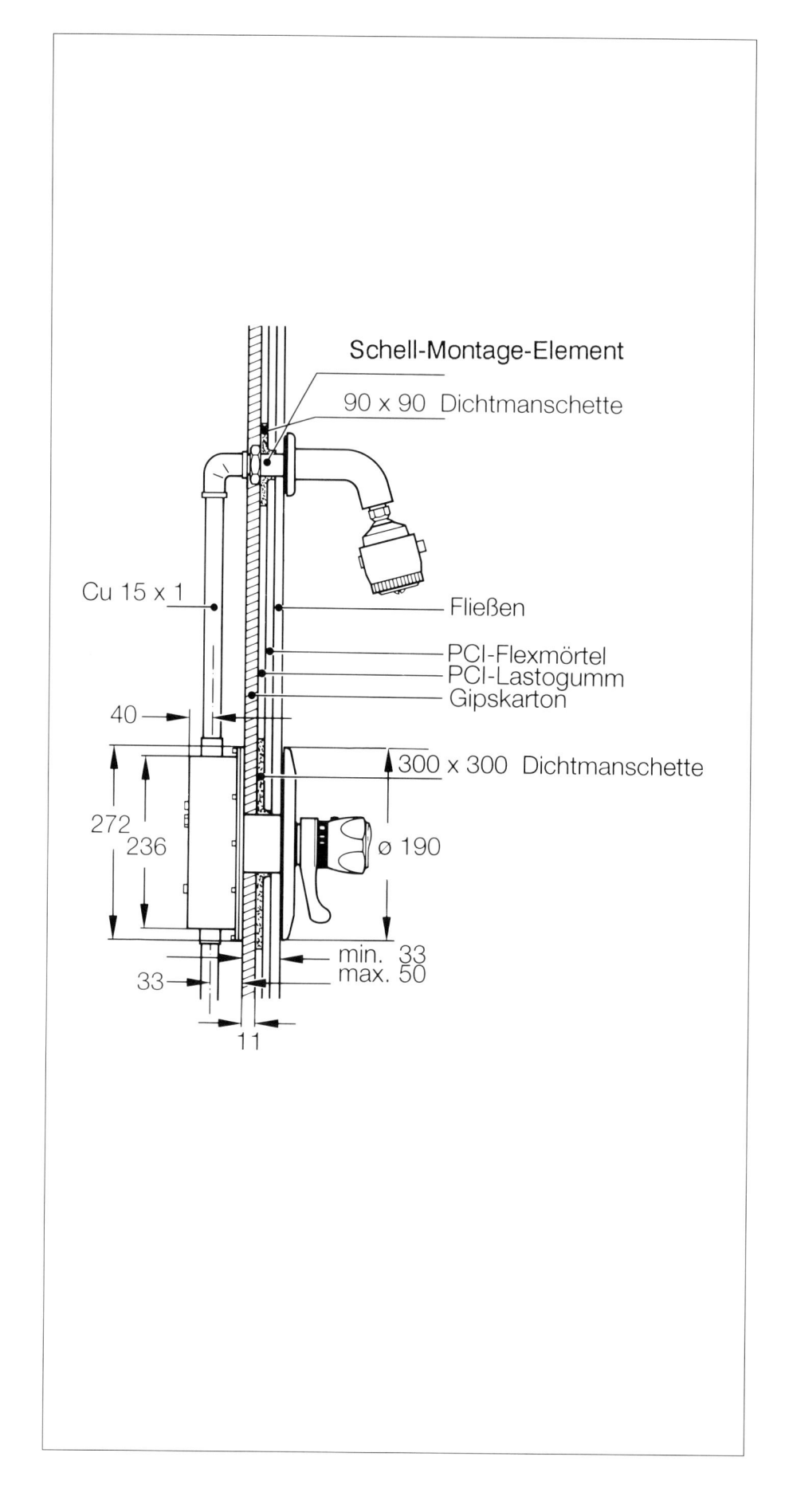

Bild 174 Abdichtung bei einer Duscharmatur mit Einbaukasten, mit PCI-Sicherheitsmanschette, PCI-Lastogum und PCI-Flexmörtel. Eine handwerklich herzustellende Dichtungsdurchführung für Thermostat und Kopfdusche (Hansa Metallwerke).

Einbaukasten
Kondenswasserableitung nach außen
Klebeflansch

1 = Wandfliese
2 = Mörtelbett
3 = Abdichtung
4 = Vormauerung
5 = Rohbauwand

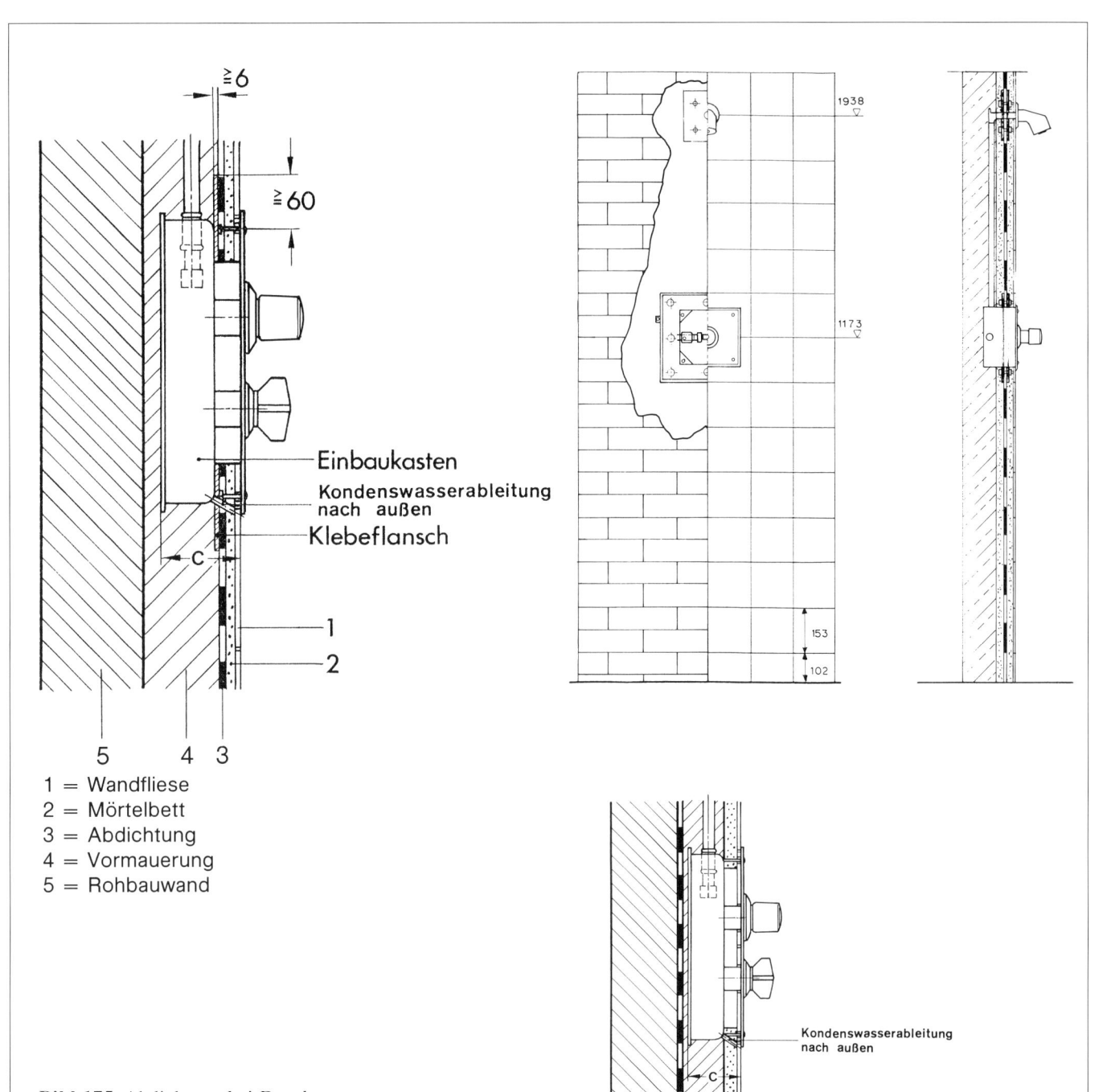

Bild 175 Abdichtung bei Duscharmaturen mit Einbaukasten innerhalb einer Vormauerung bei Vorwandinstallation
a) Los- und Festflanschkonstruktion nach DIN 18 195 Blatt 9,
b) Abdichtung auf der Vormauerung an dem Klebeflansch des Einbaukastens herangeführt,
c) Abdichtung zwischen Rohbauwand und Vormauerung fest eingebettet; Einbaukasten und Rohrinstallation innerhalb der Vormauerung (AQUA Butzke-Werke AG).

Kondenswasserableitung nach außen

1 = Wandfliese
2 = Mörtelbett
3 = Vormauerung
4 = Abdichtung
5 = Rohbauwand

2.5.2 Rutschsicherheit

Für den Barfußbereich von Duschbädern besteht mit der Naßbelastung der Standfläche, insbesondere in Verbindung mit Seifenlösung und mit Desinfektionslösung bei der Fußdesinfektion, eine Unfallgefahr durch Ausrutschen.

Nach dem vom Bundesverband der Unfallversicherungsträger der öffentlichen Hand e.V. herausgegebenen Merkblatt „Bodenbeläge für naßbelastete Barfußbereiche" (GUV 26.19) [9] werden die Barfußbereiche entsprechend ihren Rutschgefahren drei Bewertungsgruppen – A, B, C – zugeordnet. Die Anforderungen an die Rutschhemmung steigen von Gruppe A zu Gruppe C.

Zur Bewertungsgruppe A gehören z.B. Barfußbereiche, Einzel- und Sammelumkleideräume. Zur Bewertungsgruppe B gehören unter anderem Duschräume, Bereiche von Desinfektionssprühanlagen, Beckenumgänge und Beckenböden. Zur Bewertungsgruppe C gehören ins Wasser führende Treppen, Durchschreitebecken und geneigte Beckenrandausbildungen.

Die Liste der als rutschhemmend anerkannten Bodenbeläge ist gegliedert nach der handelsüblichen Bezeichnung des geprüften Materialtyps, der Artikel-Nr., der Abmessung des Prüfmaterials, der Oberflächengestaltung und dem zulässigen Anwendungsbereich. Die Oberflächengestaltung wird beurteilt nach glasiert oder unglasiert, nach profiliert oder unprofiliert und nach Einstreuungen bzw. Aufrauhung. Dabei zeigt sich, daß sowohl glasierte wie unglasierte Bodenbeläge für den Anwendungsbereich B oder C in Betracht kommen können; gleiches gilt für profiliertes und unprofiliertes Material.

Bei Auswahlentscheidungen sollte man sich daher über die Einordnung des jeweiligen Bodenbelages entsprechend der Liste „NB" (Rutschhemmende Bodenbeläge in naßbelasteten Barfußbereichen) genau informieren.

Duschwannen werden teilweise mit einer die Trittsicherheit verbessernden Ausführung des Wannenbodens geliefert. Für den privaten Anwendungsbereich können auch rutschhemmende Gummieinlagen in Frage kommen, nicht jedoch für öffentliche und gewerbliche Anlagen.

2.6 Elektrische Schutzmaßnahmen in Baderäumen

2.6.1 Elektrische Schutzbereiche

In der DIN VDE 0100, Teil 701 bzw. 702 (in Schwimmbädern) sind Bereiche um Bade- und Duschwannen bzw. Schwimmbecken als Schutzbereiche festgelegt.

Mit der Festlegung soll möglichen Gefahren vorgebeugt werden, die – wenn auch unbeabsichtigt – durch Fehler bei weiteren Ausbaumaßnahmen heraufbeschworen werden können. So könnte z.B. durch das nachträgliche Anbringen von Haltegriffen bei Bade- und Duschwannen oder von Haltestangen für Schlauchduschen eine elektrische Leitung angebohrt werden und damit der metallene Griff oder die metallene Stange unter Spannung geraten – wenn es nicht verboten wäre, in diesen Schutzzonen elektrische Leitungen zu verlegen.

Die Gefährdung des Menschen steigt außerdem in dem Maße, in dem er selbst als elektrischer Leiter in Betracht kommt. Normal bekleidet mit trockenen Straßenschuhen – vor allem bei Gummisohlen – ist die Leiterfunktion schlecht, im Bad aber mit nackten Füßen und gar noch auf nassen Böden ist die Leiterfunktion hervorragend, noch besser ist sie allerdings, liegt der Mensch von Wasser umgeben in der Wanne. Deshalb kommt auch dem Greifbereich um die Wannen herum eine besondere Gefahren-Bedeutung zu.

Es werden in Badezimmern und Duschräumen die Schutzbereiche 0–3 unterschieden.

- **Schutzbereich 0**
  Das Innere der Dusch- oder Badewanne.

- **Schutzbereich 1**
  Wandflächen über der Dusch- oder Badewanne bis 2,25 m über dem Fußboden.

- **Schutzbereich 2**
  Wand- und Bodenflächen in einer Breite von 0,60 m ab Dusch- oder Badewanne und parallel zum Schutzbereich 1 verlaufend.

- **Schutzbereich 3**
  Wand- und Bodenflächen in einer Breite von 3,00 m (entsprechend 2,40 m ab Schutzbereich 2) ab Dusch- oder Badewanne und parallel zum Schutzbereich 1 verlaufend.

Diese Schutzbereiche mit ihren einschränkenden Bestimmungen für Elektroinstallationen sind zur Vermeidung von kostspieligen Abänderungen bereits im Planungsstadium zu beachten.

Die einschränkenden Bestimmungen betreffen:

- Das Verbot bzw. die einschränkende Zulässigkeit von Leitungsführungen.

- Das Verbot bzw. die eingeschränkte Zulässigkeit zur Anbringung von Schaltern und Steckdosen.

- Die erforderliche Restwanddicke.

- Den Einsatz einer Fehlerstrom-Schutzeinrichtung.

Derartige räumliche Situationen, also Bade- oder Duschräume, gibt es in vielen öffentlichen und gewerblichen Einrichtungen oder ihnen gleichzusetzenden Gebäuden, wie z.B. Wohnheimen, Krankenhäusern u.dgl. oder in Bädern, Saunen, gewerblichen Sanitäranlagen usw.

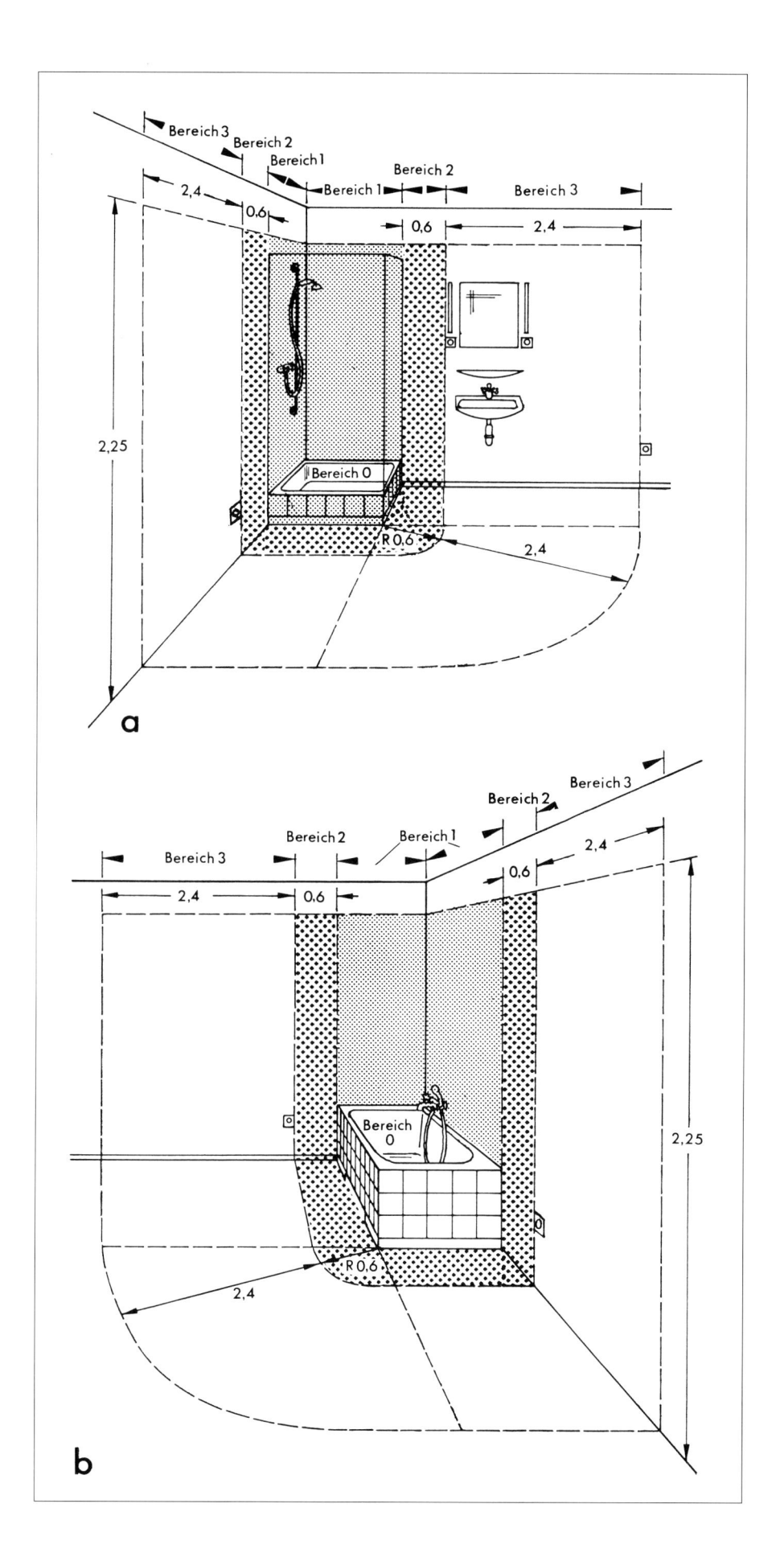

Bild 176 Lage und Größe der elektrischen Schutzbereiche;
a) in Räumen mit Dusche,
b) in Räumen mit Badewanne.

Im einzelnen betreffen die genannten Bestimmungen folgendes:

- In den Schutzbereichen 0–3 dürfen keine Leitungen (Kabel) verlegt werden, die andere Räume mit Elektrizität versorgen.
- In den Bereichen 0–2 dürfen grundsätzlich keine Leitungen verlegt werden, ausgenommen solche, die der Stromversorgung von dort fest installierten Verbrauchsmitteln – z. B. Warmwasserbereitern, Heizstrahlern oder Leuchten – dienen. Ebenfalls unzulässig sind in den Schutzbereichen 0–2 Verbindungs- bzw. Abzweigdosen.
- In den Schutzbereichen 0–2 sind außerdem Schalter und Steckdosen – auch Einbausteckdosen etwa in Spiegelschränken – nicht zulässig, ausgenommen hier die Einbauschalter an den in den Schutzbereichen 1 oder 2 befindlichen, zulässigen Betriebsmitteln.
- Im Schutzbereich 3 sind Steckdosen und Schalter zulässig, wenn diese z. B. durch eine Fehlerstrom-Schutzeinrichtung (Fi-Schutzschalter) mit einem Nennfehlerstrom 30 mA geschützt sind.
- Hinsichtlich der „Restwanddicke" ist gefordert, daß diese in den Schutzbereichen 1 und 2 mindestens 6 cm betragen muß. Das bedeutet, daß zwischen Leitungen auf der gegenüberliegenden Wandseite oder der Rückwand von dortigen Gerätedosen und der Wandoberfläche auf der Badseite mindestens 6 cm Wandmaterial verbleiben müssen. Dies gilt auch für Wände von Schwimmbädern, die den Schutzbereich begrenzen.

2.6.2 Maßnahmen zum örtlichen Potentialausgleich

In den Schutzbereichen 1–3 wird ein zusätzlicher örtlicher Potentialausgleich gefordert.

Dieser Potentialausgleich ist deshalb zusätzlich, weil ohnehin alle metallischen Systeme in einem Gebäude über die sogenannte Potentialausgleichsschiene im elektrisch leitenden Verbund stehen, um ihre elektrischen Potentiale ausgleichen zu können und über den Fundamenterder abzuleiten.

Durch den zusätzlichen örtlichen Potentialausgleich soll eine Spannungsverschleppung, gegebenenfalls auch über mehrere verschiedene Häuser oder Wohnblöcke, verhindert werden. Ohne diesen Potentialausgleich könnte eine badende Person gefährdet werden, wenn sie z. B. mit einer Armatur in Berührung kommt, die wegen der schadhaften Isolierung einer elektrischen Leitung unter Spannung steht. Dabei würde der Strom durch den menschlichen Körper, das Badewasser, die Wanne zur Abflußleitung fließen. Dies müßte zu einer erheblichen Gefährdung des Badenden führen. Durch den zusätzlichen Potentialausgleich besteht aber bereits eine elektrisch gut leitende Verbindung zwischen

Badewanne, Wasserleitung und Abflußleitung. Der elektrische Strom wählt daher diesen direkten Weg mit geringem Widerstand, statt durch den menschlichen Körper mit hohem Widerstand zu fließen.

Im Rahmen des örtlichen Potentialausgleiches sind folgende Maßnahmen durchzuführen:

- ◆ Herstellen einer elektrisch gut leitfähigen Verbindung zwischen Wasserleitungen, Wannenkörper und Abflußleitung

- ◆ Herstellen einer elektrisch gut leitfähigen Verbindung zwischen Wasserleitungen und Heizleitungen, soweit vorhanden

- ◆ Herstellen einer elektrisch gut leitenden Verbindung zwischen Wasserleitungen und metallischen Systemen wie Stahlrahmen und metallischen Hilfskonstruktionen im Bereich der Schutzzonen

- ◆ Herstellen einer elektrisch gut leitenden Verbindung zwischen Wasserleitungen bzw. Abflußleitungen mit metallischen Gehäusen von Boden- bzw. Badabläufen.

Metallische Badewannen haben in der Regel zur Herstellung des örtlichen Potentialausgleiches Anschlußnocken am Wannenkörper, ebenso Boden- bzw. Badabläufe sowie Wannen-Ablauf-Armaturen. Sofern solche Nocken an Ablaufarmaturen nicht vorhanden sind, können sogenannte Erdungscheiben eingeschraubt werden.

2.6.3 Maßnahmen zum direkten Personenschutz

Wie bereits im Abschnitt **2.1** ausgeführt, sind im Schutzbereich 3 Schalter und Steckdosen zulässig. Die mögliche hohe Leiterfunktion des Menschen in Bädern stellt aber dennoch eine erhebliche Gefahr dar.

Die Tatsache, daß Stromkreise durch Überstromschutzeinrichtungen (Sicherungen) geschützt sind, bedeutet nicht, daß damit auch eine Gefährdung des Menschen ausgeschlossen sei. Vielmehr schützt die Überstromschutzeinrichtung nur das elektrische Leitungssystem vor Überlastung und damit vor gefährlicher Erwärmung. Ob aber ein Widerstand durch ein elektrisches Gerät, eine Lampe oder einen Menschen entsteht, kann die Überstromschutzeinrichtung nicht erkennen.

Auch das Vorhandensein des Schutzleiters in unserem elektrischen Installationssystem bietet hier keine Abhilfe: Über diese Schutzleiter fließt Strom ab, der bei defekten Geräten mit metallischen Gehäusen diese Gehäuse unter Spannung setzt.

Aus diesem Grunde ist zum Schutz der Menschen in Bädern wegen der erhöhten Gefährdung (nackte Füße, nasser Fußboden) Weiteres zu beachten.

Nachdem der von elektrischen Leitungen ausgehenden Gefahr über Wasserleitungen, Wannen, Abläufe und metallische Konstruktionen durch den zusätzlichen Potentialausgleich begegnet wurde, besteht nun nur noch eine Gefährdung durch elektrische Geräte, die an Steckdosen angeschlossen werden können. Diese mögliche Gefährdung wird – wie beschrieben – auch nicht durch die Installation von Schutzkontakt-Steckdosen beseitigt.

Im Schutzbereich 3 sind zwar Steckdosen grundsätzlich erlaubt, doch müssen diese entweder einzeln von Trenntransformatoren oder mit Schutzkleinspannung gespeist werden. Diese Schutzform wird relativ selten angewandt. In der Regel wird die Elektroinstallation in Bädern – also auch die dort befindlichen Steckdosen – zusätzlich durch eine Fehlerstrom-Schutzeinrichtung nach DIN VDE 0664 mit einem maximalen Nennfehlerstrom von 30 mA geschützt.

Durch diese Fehlerstrom-Schutzeinrichtung wird der Stromfluß sofort unterbrochen, wenn die Differenz im Stromfluß der Hauptleiter wegen fehlerhaft über andere Wege abfließende elektrische Energie 30 mA erreicht. Die Abschaltzeit solcher Fehlerstrom-Schutzeinrichtung (Fi-Schutzschalter) ist dabei extrem kurz, so daß eine Gefährdung des Menschen praktisch ausgeschlossen wird.

2.7 Pflege und Überwachung sanitärer Anlagen

2.7.1 Pflege und Überwachung der Installation

Von sanitären Anlagen wird eine jahrzehntelange Funktionstüchtigkeit erwartet. In den meisten Fällen erfüllen sanitäre Anlagen diese Erwartung, doch wird ihre Lebensdauer bzw. Funktionstüchtigkeit von vielerlei Faktoren beeinflußt.

Hauptverursacher aller möglichen Probleme ist das Wasser, das in sanitären Anlagen geführt wird:

- ◆ Zu hartes Wasser neigt bei ausreichender Energiezufuhr zur Ablagerung der zunächst noch gelösten Mineralien. Dabei wandelt sich unter Wärmezufuhr die wasserlösliche in eine wasserunlösliche Form um. Es kann zu erheblichen Querschnittsverengungen kommen, wodurch die Funktionstüchtigkeit solcher Leitungen oder Apparate stark gemindert wird.

- ◆ Zu weiches Wasser wirkt aggressiv, wodurch Korrosionserscheinungen begünstigt werden.

Vor Planung einer Trinkwasseranlage sollte deshalb stets von dem zuständigen Wasserwerk eine Wasseranalyse angefordert werden. Sofern empfehlenswert, ist durch eine hauseigene Wasseraufbereitungsanlage sicherzustellen, daß nur unproblematisches Wasser in die Verbrauchsleitungen gelangt.

In Leitungen und Anlagen, die Schmutzwasser oder fäkalienhaltige Abwasser führen, können Störungen durch Verunreinigungen eintreten. In Leitungen werden hier vor allem Inkrustationen zu nennen sein, die infolge ungünstiger hydraulischer Verhältnisse, besonders durch Entmischungen des abfließenden Schmutzwassers, entstehen. Durch derartige Inkrustationen wird nicht nur der lichte Rohrquerschnitt verringert, sondern die überaus rauhe Oberfläche der Inkrustation stört in erheblichem Maße den zügigen Abfluß, was wiederum inkrustationsfördernd wirkt. Besonders unangenehm kann sich solche Inkrustation bei Rückstauverschlüssen auswirken, in dem sie im Gefahrenfall das automatische Schließen der Rückstauklappe bzw. des Rückstauventiles verhindert.

Wir unterscheiden heute Rückstauverschlüsse nach DIN 1997, das sind Rückstauverschlüsse für fäkalienfreie Abwässer, und Rückstauverschlüsse nach DIN 19578, das sind Rückstauverschlüsse für fakalienhaltige Abwässer, die in begrenzten Sondersituationen zulässig sind. Für beide Arten besteht wegen des hohen Risikos die Verpflichtung der ständigen Kontrolle der Funktionstüchtigkeit.

Einzelheiten hinsichtlich der Durchführung von Inspektion und Wartung der Rückstauverschlüsse sind in DIN 1986

- **Teil 32**
  für Rückstauverschlüsse für fäkalienfreie Abwässer

- **Teil 33**
  für Rückstauverschlüsse für fäkalienhaltiges Abwasser

geregelt.

Nach dieser Norm sollen Rückstauverschlüsse für fäkalienfreie Abwässer mindestens 2x jährlich gewartet werden. Für Rückstauverschlüsse für fäkalienhaltige Abwässer ist dies eine „Muß-Vorschrift".

DIN 1986, Teil 32 „Rückstauverschlüsse für fäkalienfreies Abwasser – Inspektion und Wartung"

- **4.2 Wartung**
  „Die Anlage soll durch einen Fachkundigen gewartet werden. Die Wartung ist mindestens 2x im Jahr durchzuführen."

- **4.3 Wartungsvertrag**
  „Den Anlagenbesitzern wird empfohlen, für die regelmäßig durchzuführenden Wartungs- und Instandhaltungsarbeiten einen Wartungsvertrag abzuschließen."

DIN 1986, Teil 33 „Rückstauverschlüsse für fäkalienhaltiges Abwasser – Inspektion und Wartung"

- **4.3 Wartung**
  „Die Anlage **muß** durch einen **Fachbetrieb** mindestens 2x im Jahr gewartet werden …"

- **4.4 Wartungsvertrag**
  „Den Anlagenbesitzern wird empfohlen, für die regelmäßig durchzuführenden Wartungs- und Instandhaltungsarbeiten einen Wartungsvertrag abzuschließen."

Nach jeder Wartung ist eine Funktionsprüfung durchzuführen. Unabhängig von diesen geforderten Wartungen, die von Laien kaum durchführbar sind und für die Wartungsverträge mit zuverlässigen Sanitärinstallationsfirmen geschlossen werden sollten, sind monatlich einmal derartige Anlagen zu kontrollieren, und dabei soll der Notverschluß einmal von Hand betätigt werden.

Derartige Betätigungen empfehlen sich für alle Sanitärarmaturen, die nicht regelmäßig benutzt werden. Typisches Beispiel sind in diesem Zusammenhang die Eckventile von Standarmaturen. Werden sie nicht hin und wieder betätigt, lassen sie sich durch die allmählich wirksam werdenden Ablagerungen nicht mehr bewegen, werden also funktionsuntüchtig.

Gleiches gilt für alle Durchgangsabsperrarmaturen, z.B. in Verteilungsleitungen, zumal diese überwiegend schwer zugängig in Kellerräumen angeordnet sind.

DIN 1988, Teil 8 „Betrieb der Anlagen"

- ◆ **11** „Hinweise für Instandhaltung
  Neben den Rohrleitungen und den angeschlossenen Entnahmearmaturen, Absperrarmaturen, Verbrauchseinrichtungen und Apparaten, die entsprechend den jeweiligen Herstellerangaben instandzuhalten sind, müssen insbesondere die in Leitungsanlagen undApparaten eingebauten Sicherungseinrichtungen und Sicherungsarmaturen stets in einem betriebssicheren Zustand erhalten werden."

- ◆ **11.5** „Wartungsvertrag
  Dem Betreiber wird empfohlen, für die Trinkwasseranlagen einen Wartungsvertrag mit einem Installationsunternehmen abzuschließen."

Die Forderung nach regelmäßiger Inspektion und Wartung formuliert DIN 1986 im Teil 31 auch ausdrücklich für Abwasserhebeanlagen.

DIN 1986, Teil 31 „Abwasserhebeanlagen – Inbetriebnahme, Inspektion und Wartung"

- ◆ **5** „Inspektion und Wartung"

- ◆ **5.1** Inspektion
  Abwasserhebeanlagen sollen monatlich 1x vom Betreiber durch Beobachtung eines Schaltspiels auf Betriebsfähigkeit und Dichtheit geprüft werden.

- ◆ **5.2** Wartung
  Die Anlage soll durch einen Fachkundigen gewartet werden.
  Die Zeitabstände sollen nicht größer sein als
  $^1/_4$ Jahr bei Anlagen in gewerblichen Betrieben,
  $^1/_2$ Jahr bei Anlagen in Mehrfamilienhäusern,
  1 Jahr bei Anlagen in Einfamilienhäusern.

  Anmerkung: Abwasserhebeanlagen dürfen nur mit Prüfzeichen des Instituts für Bautechnik eingebaut werden.

Absolute Funktionstüchtigkeit ist für einen sicheren Betrieb unbedingte Voraussetzung. Absolute Funktionstüchtigkeit ist aber auch im Hinblick auf die Nutzerwartungen ständig geboten. Dadurch wird aggressives Benutzen und eventuelles Zerstören der Anlagen durch unbeherrschte Benutzer gemildert, und Reparaturkosten werden gespart.

So sind tropfende Auslaufarmaturen ein zwar teures Versäumnis für den Betreiber, das er besser sofort abstellen lassen sollte, aber kein Ärgernis für die Benutzer. Immerhin führt eine tropfende Armatur zu einem unnötigen Wasserverlust von ca. 6000 l/Jahr, ein durchlaufender Klosettspülkasten zu einem von 500 l täglich. Das sind vermeidbare Kosten, aber auch vermeidbare Umweltbelastungen durch unnötige Ressourcenentnahme: *Wasser ist ein kostbares Gut.*

Ganz anders z.B. bei thermostatischen Mischbatterien. Lassen sich diese zur Temperatureinstellung nicht mehr bewegen, so hat dies u.U. wenig Bedeutung für den Betreiber, verärgert aber den Benutzer, der mit Gewalt dann versuchen wird, was bei pfleglichem Umgang nicht erreichbar ist.

Im ungünstigsten Fall kann das Versagen des Thermostaten zu Verbrühungen bei dem Benutzer führen. Auf die möglichen rechtlichen Folgen bei der Durchsetzung von Ansprüchen aus Sach- oder Personenschäden infolge nicht funktionierender Anlagen, die nicht vorschriftsmäßig gewartet wurden, sei hier nur hingewiesen.

Aus diesem Grunde sollen derartige Armaturen einer regelmäßigen Wartung unterliegen, wobei die Wartungsintervalle von der Art und Häufigkeit der Nutzung abhängen.

Die Wartung technisch komplizierter Anlagen ist selbstverständlich. Sie kann nur durch Fachpersonal vorgenommen werden. Sofern hierfür kein eigenes technisches Personal zur Verfügung steht, sind Wartungsverträge, wie sie auch ausdrücklich in DIN 1986 (Teile 31, 32, 33) und in DIN 1988 (Teil 8) empfohlen werden, der beste Weg für regelmäßigen Service und optimale Sicherheit.

Übliche Wartungsverträge mit sachkundigen Firmen oder Herstellern erfassen in der Regel jedoch nur die Prüfung und Wartung einzelner Geräte oder Apparate bzw. bestimmter Anlagenteile. Sollten weitere Prüfungen von Anlagen oder Anlagenteilen, Einrichtungen und Geräten einbezogen werden, müssen diese gesondert in den Wartungsvertrag aufgenommen werden. Der Betreiber sollte sich daher rechtzeitig sachkundig beraten lassen.

2.7.2 Pflege der Räume

Pflege und Überwachung der Sanitärräume beginnt jedoch nicht erst mit deren Nutzung, sondern bei Planung, Ausführung und Ausstattung. Die Planung muß auf übersichtliche Räume ohne schlecht zugängige Winkel, Nischen, Flächen abzielen. Leicht zugängige glatte, d.h. gut reinigungsfähige Flächen sollen die Räume begrenzen. Die Ausführung muß mit glatten, porenfreien Materialoberflächen erfolgen. Unnötige Fugen sind zu vermeiden. Eine richtig ausgeführte Fläche gibt zumindest die Chance zu einer optimalen Reinigung. Der hygienisch einwandfreie Zustand sanitärer Räume hängt nämlich wesentlich von der Reinigung und der Wahl der Reiniger ab.

Fissler [31] schreibt dazu in seiner Untersuchung sanitärer Anlagen von Gaststätten:

> „Die Untersuchung zeigt ganz deutlich, daß die Reinigung eine wesentliche Bedeutung für den hygienischen Zustand der sanitären Anlagen hat. Die Wahl der Reiniger und Desinfektionsmittel ist neben der gründlichen ‚handwerklichen' Ausführung in alle Zonen hinein von ausschlaggebender Bedeutung. Des weiteren sollte darauf geachtet werden, daß die sanitäre Anlage trocken ist und damit den Keimen der Nährboden genommen wird.
>
> Berücksicht werden muß auch die Art des Reinigers und Desinfektionsmittels, da einige Materialien durch sie angegriffen und damit ihre Oberflächenstruktur zerstört wird".

Sinnvoll erscheint nur der Einsatz von Mitteln, die als Kombinationsprodukt von der Deutschen Gesellschaft für Hygiene und Mikrobiologie getestet und empfohlen sind.

Eine Mischung von Desinfektionsmitteln und Reinigungszusätzen durch das Personal sollte vermieden werden, denn falsche Mischungen können die desinfizierende Wirkung aufheben.

Um die Kolonien bildenden Einheiten in Sanitärräumen öffentlicher Gebäude und Anlagen ständig klein zu halten, muß auch der Reinigungsintervall kurz genug gehalten werden. Im allgemeinen dürfte die tägliche Reinigung unter diesem Gesichtpunkt ausreichend sein, bei starker Frequentierung wird eine täglich zweimalige Reinigung sich als notwendig erweisen können, um den gewünschten Sauberkeitsgrad einhalten zu können. Dabei muß das Reinigungspersonal angehalten werden, erkennbare Mängel, wie verstopfte Abflüsse, zerstörte Einrichtungen, tropfende Auslaufventile bzw. Mischbatterien usw., sofort zu melden. Zu diesem Zweck muß das Personal gegebenenfalls mit vorbereiteten Mängelzetteln ausgestattet werden, auf denen Art und Ort des Mangels und Tag der Feststellung eingetragen werden und die bereits die Anlaufstelle der Meldung enthalten. Dort muß dann entschieden werden, auf welche Weise der gemeldete Mangel schnellstens behoben werden kann.

Sanitärräume in öffentlichen Anlagen sind gegen Vandalismus in der Regel nicht gefeit. Aber auch hier kann bereits bei Planung, Ausführung und Wahl der Ausstattung und Einrichtung viel dazu beigetragen werden, daß dieser Zeiterscheinung nur wenig zum Opfer fallen kann.

Grundsätzlich sind zwei Wege hier effektiv: Erstens die ständige Überwachung der Sanitärräume durch eine Person, zweitens die verdeckte Installation möglichst vieler Anlageteile. Unter diesem

Gesichtspunkt sind z. B. „Auf-Putz"-Druckspüler bzw. -Spülkästen als nicht vandalismussicher, Unterputzanlagen dagegen wesentlich sicherer zu bezeichnen. Am besten schneiden Anlagen ab, deren Existenz gar nicht erkennbar ist, wie z. B. Radarsteuerungen, die „irgendwo" hinter Fliesen angeordnet werden können.

Interessant ist in diesem Zusammenhang auch die Feststellung, daß der Zustand öffentlicher und gewerblicher sanitärer Anlagen um so besser ist, je begrenzter und definierter der Personenkreis ist, der darauf angewiesen ist. Konkret: Sanitäre Anlagen in Schulen, auf die nur eine oder 2 Klassen angewiesen sind, weisen in der Regel einen deutlich besseren Zustand auf als solche, die für die ganze Schule konzipiert sind.

Auch diese Erkenntnis sollte bei der Planung öffentlicher und gewerblicher Sanitäranlagen beachtet werden.

3 Vorschriften

Die hier angeführten Auszüge aus Vorschriften, Verordnungen usw. erheben keinen Anspruch auf Vollständigkeit. Sie sollen als Beispiele und Hinweise dienen, wie ernst auch der Gesetzgeber die Einhaltung eines hohen Hygienestandards im Sanitärbereich nimmt.

3.1 Gesetze und Verordnungen des Bundes

3.1.1 BGB – Bürgerliches Gesetzbuch

Das Bürgerliche Gesetzbuch ist die wichtigste Grundlage des bürgerlichen Rechts. Es beinhaltet allgemeine Vorschriften, die für das gesamte Privatrecht gelten (z.B. Regeln über Rechts- und Geschäftsfähigkeit, Rechtsgeschäfte, Fristen und Verjährung), Recht der Schuldverhältnisse (sog. Schuldrecht) mit allgemeinen Regeln über Inhalt der Schuldverhältnisse, insbesondere der Schuldverhältnisse aus Verträgen (z.B. über Annahme- und Schuldnerverzug, gegenseitige Verträge, Rücktritt, Erfüllung, Hinterlegung, Aufrechnung und Forderungsabtretung) und Vorschriften für einzelne Schuldverhältnisse (z.B. Kaufvertrag, Miete, Pacht, Darlehen, Dienst- und Werkvertrag, Auftrag, Gesellschaft, Bürgschaft, ungerechtfertigte Bereicherung und unerlaubte Handlung) sowie das Sachenrecht und das Familien- und Erbrecht.

Das BGB in seiner Fassung vom 18. August 1896 trat durch ein Einführungsgesetz mit Änderungen zum 1. Januar 1900 in Kraft. Es gliedert sich in 5 Bücher:

- ◆ **1. Buch: Allgemeiner Teil**
  Personen, Rechtsgeschäfte, Fristen und Termine, Verjährung, Ausübung der Rechte, Sicherheitsleistung.

- ◆ **2. Buch: Recht der Schuldverhältnisse**
  Inhalt der Schuldverhältnisse, Schuldverhältnisse aus Verträgen, Erlöschen der Schuldverhältnisse, Übertragung der Forderung, Schuldübernahme, Mehrheit von Schuldnern und Gläubigern, Einzelne Schuldverhältnisse.

- ◆ **3. Buch: Sachenrecht**
  Besitz, Rechte an Grundstücken, Eigentum, Erbbaurecht, Dienstbarkeit, Vorkaufsrecht, Reallasten, Hypothek/Grundschuld/ Rentenschuld, Pfand

- ◆ **4. Buch: Familienrecht**
  Bürgerliche Ehe, Verwandtschaft, Vormundschaft.

- ◆ **5. Buch: Erbrecht**
  Erbfolge, Rechtliche Stellung der Erben, Testament, Erbvertrag, Pflichtteil, Erbunwürdigkeit, Erbverzicht, Erbschein, Erbschaftskauf.

Das BGB regelt u.a. die Verjährung wie folgt:

- ◆ Die regelmäßige Verjährungsfrist beträgt 30 Jahre.
- ◆ In 2 Jahren verjähren die Ansprüche der Kaufleute, Handwerker, der Zeugen und Sachverständigen wegen ihrer Gebühren und Auslagen, der Rechtsanwälte, Notare und Gerichtsvollzieher, der Ärzte usw.
- ◆ In 4 Jahren verjähren die Ansprüche auf Rückstände von Zinsen.
- ◆ In 1 Jahr verjähren die Ansprüche bei Arbeiten an einem Grundstück.
- ◆ In 5 Jahren verjähren die Ansprüche bei Arbeiten bei Bauwerken. Die Verjährung beginnt mit der Abnahme des Werkes.

3.1.2 HGB – Handelsgesetzbuch

Das Handelsgesetzbuch, dessen geltende Fassung in seinen wesentlichen Teilen mit dem Bürgerlichen Gesetzbuch am 1. Januar 1900 in Kraft getreten ist, ist die für das Handelsrecht grundlegende Kodifikation. Es geht vom Kaufmannsbegriff aus und gilt für alle „Handelsgeschäfte", d.h. solche Geschäfte, die ein Kaufmann im Betrieb seines Handelsgewerbes abschließt; sogenannte absolute Handelsgeschäfte. Gleichwohl enthält es kein reines Standesrecht, da es bei Geschäften, die ein Kaufmann mit einem Nichtkaufmann abschließt (sogenannte einseitige Handelsgeschäfte), auch den letzteren erfaßt.

Das Handelsgesetzbuch enthält vier Bücher:

Buch I – Handelsstand
Buch II – Handelsgesellschaften und Stille Gesellschaft
Buch III – Handelsgeschäfte
Buch IV – Seerecht

Die vom Handelsgesetzbuch erfaßten Tatbestände werden als „Handelssachen" (im materiellrechtlichen Sinne) bezeichnet. In Handelssachen haben das Handelsgesetzbuch und seine Nebengesetze den Vorrang; die allgemeinen Privatrechtsnormen, insbesondere des Bürgerlichen Gesetzbuches, gelten nur ergänzend.

3.1.3 Strafgesetzbuch

Das Strafrecht bezweckt die Erhaltung der Ordnung im Staat und den Schutz der für jene Ordnung wesentlichen Rechtsgüter der Gesamtheit wie des Einzelnen durch das besondere Mittel der „Strafe" als schärfster Reaktion gegen Rechtsbrüche. Die Strafe trifft nicht den Rechtsbruch, sondern den Rechtsbrecher, der durch bestimmtes Verhalten mit bestimmtem Erfolg die Rechtsordnung verletzt hat. Das (objektive) Strafrecht regelt die Voraussetzungen (Verbrechen) und den Inhalt (Strafe) der staatlichen (subjektiven) Strafbefugnis. Es bestimmt und begrenzt den strafrechtserheblichen äußeren Bruch der Rechtsordnung durch zurechenbares menschliches Verhalten. Es stellt daher ein System einzelner, festumrissener Deliktstypen auf und schließt Gewohnheitsrecht, Analogien und schon ausdehnende Auslegung zur Begründung der Strafbarkeit menschlichen Verhaltens aus. Die Strafrechtssätze haben normierende und gewährleistende Funktion. Sie gewährleisten dem Staat und dem Bürger den Schutz bestimmter öffentlicher und privater Interessen.

Für unseren Bereich spricht das Strafgesetzbuch besonders im § 330 – Baugefährdung – (Januar 1975) die strafrechtliche Seite bei Nichtbeachtung der „Allgemein anerkannten Regeln der Technik" durch den Auftragnehmer an. Durch diese Vorschrift erlangen die Technischen Vorschriften, Normen, Bau- und Prüfgrundsätze weitgehende Bedeutung.

Der § 330 StGB lautet:

„Wer bei der Planung, Leitung oder Ausführung eines Baues oder des Abbruchs eines Bauwerkes gegen die allgemein anerkannten Regeln der Technik verstößt und dadurch Leib oder Leben eines anderen gefährdet, wird mit Freiheitsstafe bis zu fünf Jahren oder mit Geldstrafe bestraft."

3.1.4 Gesetz zur Regelung des Rechtes der Allgemeinen Geschäftsbedingungen – AGB-Gesetz – vom 9.12.1976

Das Gesetz ist in 5 Abschnitte gegliedert:

Abschnitt 1	Sachlich-rechtliche Vorschriften
Abschnitt 2	Kollisionsrecht
Abschnitt 3	Verfahren
Abschnitt 4	Anwendungsbereich
Abschnitt 5	Schluß- und Übergangsvorschriften.

Allgemeine Geschäftsbedingungen sind alle für eine Vielzahl von Verträgen vorformulierten Vertragsbedingungen, die eine Vertragspartei der anderen bei Abschluß eines Vertrages stellt. Sie werden allerdings nur dann Bestandteil des Vertrages (§ 2), wenn der Verwender dieser Allgemeinen Geschäftsbedingungen bei Vertragsabschluß die andere Vertragspartei ausdrücklich darauf hinweist und ihr die Möglichkeit verschafft, in zumutbarer Weise von ihrem Inhalt Kenntnis zu nehmen.

Bestimmungen in Allgemeinen Geschäftsbedingungen sind unwirksam, wenn sie den Vertragspartner des Verwenders entgegen den Geboten von Treu und Glauben unangemessen benachteiligen.

Das AGB-Gesetz regelt weiterhin

◆ Aufrechnungsverbot
◆ Mahnung, Fristsetzung
◆ Pauschalisierung von Schadenersatzansprüchen, Vertragsstrafen

- ◆ Haftung bei grobem Verschulden
- ◆ Gewährleistung
- ◆ Haftung für zugesicherte Eigenschaften und anderes mehr.

Die Vorschriften des Gesetzes finden z.T. keine Anwendung auf allgemeine Geschäftsbedingungen, die gegenüber einem Kaufmann verwendet werden, wenn der Vertrag zum Betriebe seines Handelgewerbes gehört.

3.1.5 Gesetz über die Haftung für fehlerhafte Produkte – Produkthaftungsgesetz ProdHaftG –

Der Rat der Europäischen Gemeinschaft hat die Richtlinien des Rates vom 25. Juli 1985 zur Angleichung der Rechts- und Verwaltungsvorschriften der Mitgliedstaaten über die Haftung für fehlerhafte Produkte als Beitrag zum Schutz des privaten Endverbrauchers erlassen. Die Bundesregierung hat den Inhalt dieser Richtlinie in nationales deutsches Recht transformiert.

Das deutsche Produkthaftungsgesetz tritt ergänzend neben die unverändert weitergeltenden Anspruchsgrundlagen aus Vertrag und unerlaubter Handlung (sog. Deliktshaftung: § 823 BGB).

Grundlage der EG-Produkthaftung ist eine **neue, erweiterte Definition des Fehlers** eines Produktes.

§ 3 Fehler

[1] Ein Produkt hat einen Fehler, wenn es nicht die Sicherheit bietet, die unter Berücksichtigung aller Umstände, insbesondere

a) seiner Darbietung,

b) des Gebrauchs, mit dem billigerweise gerechnet werden kann,

c) des Zeitpunkts, in dem es in den Verkehr gebracht wurde,

berechtigterweise erwartet werden kann.

Definition und Inhalt entsprechen weitgehend der bisherigen deutschen Rechtsprechung zur Produkt-Verschuldungshaftung.

Das Produkthaftungsgesetz unterscheidet zwischen:

- ◆ Personen- und
- ◆ Sachschäden.

Personenschäden werden erfaßt unabhängig davon, ob sie bei gewerblicher oder privater Benutzung entstanden sind. Der Ersatz von Personenschäden aus derselben Ursache eines Produktes oder gleicher Produkte (Serienschaden) ist auf 160 Mio DM begrenzt.

Sachschäden sind nur zu ersetzen, wenn eine andere Sache als das fehlerhafte Produkt beschädigt wird, und diese gewöhnlich für den privaten Ge- und Verbrauch bestimmt und hierzu von dem Geschädigten hauptsächlich verwendet worden ist.

Schäden an fehlerhaften Produkten selbst sind als Teil der Vertragserfüllung nicht ersatzfähig.

Das Produkthaftungsgesetz definiert als **Produkt:**

- ◆ jede bewegliche Sache, auch wenn sie ein Teil einer anderen beweglichen oder unbeweglichen Sache ist, und
- ◆ Elektrizität.

Erzeugnisse des Bodens, der Tierzucht, der Fischerei und der Jagd fallen nicht hierunter, „solange sie nicht einer ersten Verarbeitung unterzogen worden sind".

In Übereinstimmung mit dem bisherigen, auf Verschulden begründeten deutschen Produkthaftungsrecht können Ansprüche nur geltend gemacht werden bei einem Personen- oder Sachschaden, den ein **fehlerhaftes Produkt eindeutig nachweisbar** verursacht hat.

Bisher war das Verschulden des Herstellers oder seiner Mitarbeiter für Entstehen oder Nichtvermeiden des den Schaden auslösenden Fehlers notwendige und nachzuweisende Grundlage seiner Haftung. War der Fehler auch bei größter Sorgfalt nicht vermeidbar oder, z.B. beim Entstehen bei Zulieferern, für ihn nicht erkennbar, haftete er nicht, da ihn dafür keine Schuld treffen konnte.

Nach dem Produkthaftungsgesetz wird nur noch geprüft, ob das Produkt einen Fehler hatte. Wer diesen Fehler verursacht und verschuldet hat, spielt für das Entstehen der Haftung keine Rolle mehr. Dies ist der entscheidende Unterschied des neuen zum bisherigen Recht.

Das Produkthaftungsgesetz schafft keine allgemeine Haftung für Schäden durch Produkte (Gefährdungshaftung), sondern verändert nur die Haftung für Schäden durch **fehlerhafte Produkte;** auf ein Verschulden des Herstellers kommt es für seine Haftung nicht mehr an.

Der **§ 4 Hersteller** besagt:

1) *Hersteller* im Sinne dieses Gesetzes ist, wer das *Endprodukt*, einen *Grundstoff* oder ein *Teilprodukt* hergestellt hat. Als Hersteller gilt auch jeder, der sich *durch das Anbringen* seines *Namens*, seines *Warenzeichens* oder eines anderen *unterscheidungskräftigen Kennzeichens* als Hersteller ausgibt.

Alle am Entstehen eines Fehlers Beteiligten haften als Gesamtschuldner (§ 5) für den vollen Schaden. Deshalb kann der Geschädigte den gesamten Schaden von jedem Unternehmen einklagen, das das fehlerhafte Halbzeug oder das fehlerhafte Zulieferteil lieferte oder daran fehlerauslösende Behandlungen durchführte oder fehlerhafte Teile in Baugruppen oder in das Endprodukt einbaute. Diesem gesetzlich normierten Haftungsverbund in der Herstellerkette kann nicht ausgewichen werden. Ist der Hersteller eines Produktes, das zu einem Schaden führte, nicht feststellbar, gilt jeder Lieferant als dessen Hersteller, solange er nicht innerhalb eines Monats den Hersteller oder denjenigen eindeutig nachweist, der ihm das Produkt geliefert hat.

Ansprüche nach dem Produkthaftungsgesetz erlöschen:

3 Jahre nach dem Zeitpunkt, zu dem der Anspruchsberechtigte von dem Schaden, dem Fehler und der Person des Ersatzpflichtigen Kenntnis erlangt hat oder hätte erlangen müssen (§ 12 (1));

10 Jahre nach dem Zeitpunkt, zu dem das schadenverursachende Produkt in den Verkehr gebracht wurde (§ 13 (1)).

Nach bisherigem deutschen Recht konnten Ansprüche aus der deliktischen Produkthaftung privaten Endverbrauchern gegenüber durch Allgemeine Geschäftsbedingungen in beschränktem Umfang ausgeschlossen werden. Das Produkthaftungsgesetz schließt allgemein und ohne Ausnahme im voraus vereinbarte Haftungsausschlüsse als rechtlich unwirksam aus (§ 14).

3.1.6 Bundesbaugesetz vom 18.8.1976

Das Bundesbaugesetz ist der Mittelpunkt des bundesrechtlichen Bauplanungsrechtes. Es enthält folgende Vorschriften:

im 1. Teil	Die Bauleitplanung	
im 2. Teil	Die Sicherung der Bauleitplanung	
im 3. Teil	Regelungen der baulichen und sonstigen Nutzung, Anordnung von Baumaßnahmen, Abbruchgebot und Erhaltung baulicher Anlagen	
im 4. Teil	Bodenordnung	
im 5. Teil	Enteignung	
im 6. Teil	Erschließung	
im 7. Teil	Ermittlung von Grundstückswerten	
im 8. Teil	Allgemeine Vorschriften; Verwaltungsverfahren	
im 9. Teil	Verfahren vor den Kammern (Senaten) für Baulandsachen	
im 10.Teil	Änderung grundsteuerlicher Vorschriften	
im 11.Teil	Übergangs- und Schlußvorschriften.	

3.1.7 Zweites Wohnungsbaugesetz vom 1.2.1966

Das Gesetz macht die Wohnungsbauförderung zur öffentlichen Aufgabe. Durch die Förderung des Wohnungsbaues soll Wohnungsnot bei Wohnungsuchenden mit geringem Einkommen beseitigt und für weite Kreise der Bevölkerung Einzeleigentum geschaffen werden, Sparwille und Tatkraft sollen angeregt werden.

Das Gesetz ist in 6 Teile gegliedert:

- Teil 1 Grundsätze, Geltungsbereich und Begriffsbestimmungen
- Teil 2 Bundesmittel und Bundesbürgschaften
- Teil 3 Öffentlich geförderter sozialer Wohnungsbau
- Teil 4 Steuerbegünstigter und freifinanzierter Wohnungsbau
- Teil 5 Förderung des Wohnungsbaues durch besondere Maßnahmen und Vergünstigungen
- Teil 6 Ergänzungs-, Durchführungs- und Überleitungsvorschriften.

3.1.8 Gesetz über technische Arbeitsmittel – Gerätesicherheitsgesetz – vom 24.6.1968

Dieses Gesetz gilt für technische Arbeitsmittel, die der Hersteller oder Einführer gewerbsmäßig oder selbstständig im Rahmen einer wirtschaftlichen Unternehmung in den Verkehr bringt oder ausstellt.

Technische Arbeitsmittel im Sinne des Gesetzes sind verwendungsfertige Arbeitseinrichtungen, vor allem Werkzeuge, Arbeitsgeräte, Arbeits- und Kraftmaschinen, Hebe- und Fördereinrichtungen sowie Beförderungsmittel. Außerdem gilt das Gesetz für Schutzausrüstungen, Einrichtungen zum Beleuchten, Beheizen, Be- und Entlüften, Haushaltsgeräte, Sport- und Bastelgeräte sowie für Spielzeug.

Der Hersteller oder Einführer technischer Arbeitsmittel darf diese nur dann in den Verkehr bringen oder ausstellen, wenn sie nach den allgemeinen anerkannten Regeln der Technik sowie den Arbeitsschutz- und Unfallverhütungsvorschriften so beschaffen sind, daß Benutzer oder Dritte bei ihrer bestimmungsgemäßen Verwendung gegen Gefahren aller Art für Leben oder Gesundheit geschützt sind.

3.1.9 Wassersicherstellungsgesetz

Das Gesetz regelt Vorsorgemaßnahmen zur Trinkwasser-Notversorgung.

3.1.10 Gesetz zur Ordnung des Wasserhaushaltes – Wasserhaushaltsgesetz WHG – vom 23.9.1986

Das Gesetz gilt für:

- stehende und ständig oder zeitweilig in Betten fließende Wässer (oberirdische Gewässer)
- das Grundwasser
- Küstengewässer.

Als Grundsatz formuliert das Gesetz, daß die Gewässer als Bestandteil des Naturhaushaltes so zu bewirtschaften sind, daß sie dem Wohl der Allgemeinheit oder auch dem Nutzen Einzelner dienen, und jede vermeidbare Beeinträchtigung unterbleibt.

§ 2 sagt, daß eine Benutzung der Gewässer der behördlichen Genehmigung oder Bewilligung bedarf. Benutzungen sind u.a.:

- Entnehmen und Ableiten von Wasser aus oberirdischen Gewässern
- Aufstauen und Absenken derselben
- Einleiten und Einbringen von Stoffen in oberirdische Gewässer
- Einleiten und Einbringen von Stoffen in das Grundwasser
- Entnehmen, Fördern und Ableiten von Grundwasser.

Das Gesetz ist in 6 Teile gegliedert:

Teil 1   Gemeinsame Bestimmungen für die Gewässer
Teil 2   Bestimmungen für oberirdische Gewässer
Teil 3   Bestimmungen für Küstengewässer
Teil 4   Bestimmungen für Grundwasser
Teil 5   Wasserwirtschaftliche Planung
Teil 6   Bußgeld- und Schlußbestimmungen.

3.1.11 Gesetz zur Verhütung und Bekämpfung übertragbarer Krankheiten beim Menschen – Bundes-Seuchengesetz – vom 18.12.1979, zuletzt geändert am 27.6.1985.

Das Gesetz ist in 10 Abschnitte gegliedert:

1. Abschnitt: Begriffsbestimmungen
2. Abschnitt: Meldepflicht
3. Abschnitt: Meldepflicht in besonderen Fällen

4. Abschnitt:	Vorschriften zur Verhütung übertragbarer Krankheiten
5. Abschnitt:	Vorschriften zur Bekämpfung übertragbarer Krankheiten
6. Abschnitt:	Zusätzliche Vorschriften für Schulen und sonstige Gemeinschaftseinrichtungen
7. Abschnitt:	Entschädigung in besonderen Fällen
8. Abschnitt:	Kosten
9. Abschnitt:	Straf- und Bußgeldvorschriften
10. Abschnitt:	Übergangs- und Schlußbestimmungen.

3.1.12 Energieeinsparungsgesetz 1980 – EnEG 1980 – (Erstfassung von 1976)

Der Bundestag hat mit Zustimmung des Bundesrates dieses Gesetz beschlossen mit der Zielsetzung, daß bei der Errichtung von Gebäuden vermeidbare Energieverluste unterbleiben.

Das Gesetz ermächtigte die Bundesregierung durch Rechtsverordnung:

- ◆ Anforderungen an den Wärmeschutz
- ◆ Anforderungen an heizungs- und raumlufttechnische Anlagen sowie an Brauchwasseranlagen
- ◆ Anforderungen an den Betrieb heizungs- und raumlufttechnischer Anlagen sowie von Brauchwasseranlagen

zu stellen, sowie durch Rechtsverordnung vorzuschreiben, daß eine verbrauchsabhängige Abrechnung erfolgt.

Weiterhin enthält das Gesetz Regelungen:

- ◆ für Sonderfälle
- ◆ für die Überwachung der in den Rechtsverordnungen festgelegten Anforderungen
- ◆ für die Änderung des Schornsteinfegergesetzes.

In Ausfüllung des Energieeinsparungsgesetzes hat die Bundesregierung dazu die 3 Ausführungsvorschriften erlassen:

- ◆ die Wärmeschutz-Verordnung
- ◆ die Heizungsanlagen-Verordnung
- ◆ die Heizungsbetriebs-Verordnung.

3.1.13 Wärmeschutz-Verordnung 1982

Diese Verordnung regelt:

- ◆ den Anwendungsbereich
- ◆ die Begrenzung des Wärmedurchganges
- ◆ die Begrenzung der Wärmeverluste bei Undichtigkeiten
- ◆ Ausnahmen
- ◆ Härtefälle.

Sie gliedert sich in 5 Abschnitte:

Abschnitt 1	Gebäude mit normalen Innentemperaturen
Abschnitt 2	Gebäude mit niedrigen Innentemperaturen
Abschnitt 3	Gebäude für Sport- und Versammlungszwecke
Abschnitt 4	Bauliche Veränderungen an bestehenden Gebäuden
Abschnitt 5	Ergänzende Vorschriften.

In den Anlagen 1–3 sind die zulässigen Werte sowie die Berechnungsverfahren festgelegt.

3.1.14 Heizungsanlagen-Verordnung 1982 – HeizAnlV 1982 –

Diese Verordnung enthält Aussagen:

- ◆ zum Anwendungsbereich
- ◆ zu den Begriffen
- ◆ zur Begrenzung der Abgasverluste
- ◆ zu Einbau und Aufstellung von Wärmeerzeugern
- ◆ zu Einrichtungen zur Begrenzung von Betriebsbereitschaftsverlusten
- ◆ zur Wärmedämmung von Wärmeverteilungsanlagen
- ◆ zu Einrichtungen zur Steuerung und Regelung
- ◆ zu Brauchwasseranlagen
- ◆ zu den Ausnahmen
- ◆ zu Härtefällen
- ◆ zur Überwachung.

Hinsichtlich der Brauchwasseranlagen wird festgesetzt, daß:

- ◆ die Brauchwassertemperatur im Rohrnetz durch selbsttätig wirkende Einrichtungen oder andere Maßnahmen auf höchstens 60°C zu begrenzen ist
- ◆ die Brauchwasseranlagen mit selbsttätig wirkenden Einrichtungen zur Abschaltung der Zirkulationspumpen auszustatten sind.

3.1.15 Verordnung über energiesparende Anforderungen an den Betrieb von heizungstechnischen Anlagen und Brauchwasseranlagen 1978 – Heizungsbetriebs-Verordnung, HeizBetrV –

Diese Verordnung trifft Regelungen:

- ◆ zum Anwendungsbereich
- ◆ zu den Begriffen
- ◆ zur Begrenzung der Abgasverluste in Abhängigkeit vom Zeitpunkt ihrer Errichtung oder Aufstellung
- ◆ zu den Pflichten des Betreibers heizungstechnischer Anlagen oder von Brauchwasseranlagen
- ◆ zur Überwachung
- ◆ zu den Härtefällen.

3.1.16 Gewerbeordnung vom 5.1.1978

Die heutige Gewerbeordnung hat eine lange Geschichte. Die Idee der Gewerbefreiheit geht auf die Wirtschaftslehre des Liberalismus unter Beseitigung des Zunftzwanges zurück. Sie wurde zuerst in der Folge der Französischen Revolution 1791 eingeführt. In Deutschland wurde die Gewerbefreiheit mit der ersten Gewerbeordnung von 1869 gewährt.

Die Gewerbeordnung von 1978 ist in 11 Titel gegliedert. Von besonderem Interesse sind dabei die folgenden:

Titel 1   Allgemeine Bestimmungen

Titel 2   Stehendes Gewerbe

Titel 6   Innungen, Innungsausschüsse, Handwerkskammern, Innungsverbände

Titel 7   Gewerbliche Arbeitnehmer (Gesellen, Gehilfen, Lehrlinge, Betriebsbeamte, Werkmeister, Techniker, Fabrikarbeiter)

Titel 11   Gewerbezentralregister

Das Gesetz legt in § 1 fest, daß der Betrieb eines Gewerbes jedermann gestattet ist, soweit das Gesetz nicht Ausnahmen oder Beschränkungen vorsieht. Das Gesetz findet jedoch u. a. keine Anwendung auf die Fischerei, die Errichtung von Apotheken, das Unterrichtswesen, auf die Tätigkeit von Rechtsanwälten und Notaren, Wirtschaftsprüfern, Steuerberatern und andere.

Es besteht eine Anzeigepflicht für diejenigen, die ein Gewerbe anfangen oder es verlegen (§ 14). Zum Schutz der Beschäftigten oder Dritter vor Gefahren durch Anlagen, die mit Rücksicht auf ihre Gefährlichkeit einer besonderen Überwachung bedürfen, sind in § 24 entsprechende Festlegungen erfolgt. Überwachungsbedürftig sind danach insbesondere:

- Dampfkesselanlagen
- Druckbehälter außer Dampfkesseln
- Aufzugsanlagen
- Leitungen unter innerem Überdruck für brennbare, ätzende oder giftige Gase, Dämpfe oder Flüssigkeiten.

Der § 35a trifft Regelungen, die die Vorbildung im Baugewerbe betreffen.

3.1.17 Arbeitsstättenverordnung – ArbStättV – vom 20. 3. 1975 –

Die Arbeitsstättenverordnung ist ein einheitliches Vorschriftenwerk für die Errichtung aller Arbeitsstätten. Sie gilt für alle Arbeitsstätten in Industrie, Handwerk und Handel und enthält Anforderungen an Betriebshallen, Werkstätten, Büros, Baustellen, Binnenschiffe, Kaufhäuser und Verkaufsstände.

Sie ist nicht zwingend verbindlich für die öffentliche Verwaltung, die Bundesbahn, Bundespost, Bundeswehr sowie für Bergbau und Landwirtschaft. Dennoch sollte sie auch für diese Bereiche beachtet werden.

Die Arbeitsstättenverordnung wird durch spezielle Arbeitsstätten-Richtlinien ergänzt. Sie bestimmt in zahlreichen Einzelanforderungen Parameter für Arbeitsstätten, so z. B.:

- Ausreichende Atemluft, Mindestluftraum je Arbeitnehmer
- Gesundheitlich zuträgliche Raumtemperaturen
- Außenwandlage von Arbeits-, Pausen-, Bereitschafts-, Liege- und Sanitärräumen, sowie mögliche Ausnahmen
- Schutzvorkehrungen für Glastüren bzw. Türen mit Glasfüllungen
- Notwendigkeiten von Absaugeeinrichtungen
- Lärmschutzmaßnahmen
- Notwendige lichte Raumhöhen

- Notwendige Bewegungsflächen
- Erforderliche Sitzgelegenheiten
- Erfordernisse: „Pausenraum", „Liegeraum", „Umkleideräume", „Kleiderablagen", „Sanitätsräume"
- Ausreichende Sanitärräume.

Die Arbeitsstättenverordnung regelt u. a. hinsichtlich der Toilettenräume folgendes:

- Toilettenräume mit ausreichender Zahl von Klosetts und Handwaschbecken in der Nähe des Arbeitsplatzes.
- Wenn mehr als 5 Arbeitnehmer verschiedenen Geschlechts beschäftigt sind, dann müssen für Männer und Frauen vollständig getrennte Toilettenräume vorhanden sein.
- Werden mehr als 5 Arbeitnehmer beschäftigt, so müssen Toilettenräume ausschließlich den Betriebsangehörigen zur Verfügung stehen.

3.1.18 Verordnung über Trinkwasser und über Wasser für Lebensmittelbetriebe – Trinkwasserverordnung (TrinkWV) – vom 12.12.1990 (BGBl. I Nr. 66)

Die Trinkwasser-Verordnung ist in 7 Abschnitte gegliedert und hat 7 Anlagen.

Die Abschnitte:

1. Beschaffenheit des Trinkwassers
2. Trinkwasseraufbereitung
3. Beschaffenheit des Wassers für Lebensmittelbetriebe
4. Pflichten des Unternehmers oder sonstigen Inhabers einer Wasserversorgungsanlage
5. Überwachung durch das Gesundheitsamt in hygienischer Hinsicht
6. Straftaten und Ordnungswidrigkeiten
7. Übergangs- und Schlußbestimmungen

Die Anlagen:

1. Mikrobiologische Untersuchungsverfahren
2. Grenzwerte für chemische Stoffe
3. Zur Trinkwasseraufbereitung zugelassene Zusatzstoffe
4. Kenngrößen und Grenzwerte zur Beurteilung der Beschaffenheit des Trinkwassers
5. Umfang und Häufigkeit der Untersuchungen
6. Desinfektionstabellen zur Trinkwasseraufbereitung in Verteidigungs- und Katastrophenfällen
7. Richtwerte für chemische Stoffe.

3.1.19 Verordnung über die hygienischen Anforderungen und amtlichen Untersuchungen beim Verkehr mit Fleisch – (Fleischhygiene-VO) vom 30. 10. 1986, zuletzt geändert 11. 3. 1988.

Die Verordnung behandelt die Materie in 20 Paragraphen und 2 Anlagen.

§ 1 Anwendungsbereich. Die Verordnung bezieht sich auf Tiere und Betriebe, jedoch nicht auf Verkaufsräume, Wochen- und Jahrmärkte, sowie Küchen, Gaststätten und dgl.

§ 2 Begriffsbestimmung

§ 3 Kennzeichnung von Schlachttieren

§ 4 Anmeldung zur Schlachttier- und Fleischuntersuchung

§ 5 Schlachttier- und Fleischuntersuchung (hierzu Anlage 1)

§ 6 Beurteilung, Kennzeichnung

Wichtig im Sinne sanitärer Belange ist:

§ 7 Hygienische Anforderungen an das Gewinnen, Zubereiten und Behandeln von Fleisch im innerstaatlichen Verkehr.

Dieser § 7 wird durch Anlage 2 zur Verordnung präzisiert. Die Anlage 2 macht zusätzliche Angaben zur Beschaffenheit und Ausstattung der Räume, in denen Fleisch gewonnen, zubereitet oder behandelt wird.

1. In den Räumen müssen:

1.1 Fußböden mit einem Belag versehen sein, der wasserundurchlässig, leicht zu reinigen und zu desinfizieren ist

1.2 Wände glatt und mit einem hellen Belag oder Anstrich versehen sein, der bis zu einer Höhe von $\geq 2{,}00$ m abwaschbar ist

1.6 in größtmöglicher Nähe des Arbeitsplatzes in ausreichender Anzahl Einrichtungen zur Reinigung und Desinfektion

1.61 der Hände mit handwarmem fließendem Wasser, Reinigungs und Desinfektionsmitteln sowie Wegwerf-Handtüchern

1.62 der Arbeitsgeräte mit Wasser von mindestens $+82\,°C$ vorhanden sein.

3. Es müssen ferner vorhanden sein:

3.5 eine Anlage, die in ausreichender Menge heißes Wasser liefert

3.6 Wasser unter Druck in ausreichender Menge zum Reinigen liefert

3.7 Toilettenanlagen mit Handwaschgelegenheiten, in denen die Ventile nicht mit der Hand zu betätigen sein dürfen.

3.1.20 Verordnung über bauliche Mindestanforderungen für Altenheime, Altenwohnheime und Pflegeheime für Volljährige – HeimMindBauV – vom 10.5.1983

Die Verordnung enthält Aussagen zu:

- Gemeinsamen Vorschriften
- Altenheimen und gleichartigen Einrichtungen
- Altenwohnheimen und gleichartigen Einrichtungen
- Pflegeheimen für Volljährige und gleichartigen Einrichtungen
- Einrichtungen mit Mischcharakter
- Einrichtungen für behinderte Volljährige
- Ordnungswidrigkeiten und Schlußbestimmungen.

Besondere Regelungen für sanitäre Anlagen:

- Badewannen und Duschen in Gemeinschaftsanlagen müssen räumlich abtrennbar sein

- Bei Badewannen muß ein leichtes Ein- und Aussteigen möglich sein. Durch Haltegriffe ist für ausreichende Sicherheit zu sorgen

- In Gemeinschaftsbädern sind Badewannen an den Längsseiten und an einer Stirnseite freistehend aufzustellen. Duschen und Spülaborte müssen mit Haltegriffen versehen sein

- Für Rollstuhlbenutzer müssen sanitäre Anlagen in ausreichender Zahl mit entsprechender Ausstattung vorhanden sein.

- Für jeweils 8 Bewohner in Altenheimen und gleichartigen Einrichtungen muß im gleichen Geschoß mindestens 1 Spülabort mit Handwaschbecken vorhanden sein.

- Für jeweils 20 Bewohner muß im gleichen Gebäude mindestens 1 Badewanne oder eine Dusche zur Verfügung stehen.

- In Pflegeheimen und gleichartigen Einrichtungen müssen für jeweils 4 Bewohner in unmittelbarer Nähe des Wohnraumes ein Waschtisch mit Kalt- und Warmwasseranschluß und für je 8 Bewohner ein Spülabort vorhanden sein.

- Für je 20 Bewohner müssen im gleichen Gebäude eine Badewanne und eine Dusche zur Verfügung stehen.

3.2 Gesetze und Verordnungen der Länder

In der Regel an den jeweiligen Verordnungen des Landes Berlin beispielhaft dargestellt.

3.2.1 Landesbauordnungen

In der Bundesrepublik Deutschland ist das Baurecht ein allgemeines Landesrecht. Daher erläßt jedes Bundesland seine für sein Landesgebiet geltende Bauordnung. Die einzelnen Bauordnungen sind Landesgesetze, die durch Verordnungen der zuständigen Ministerien weiter ausgefüllt werden (z. B. Bauvorlagenverordnung, Baudurchführungsverordnung usw.).

Die Gemeinden können weitergehende Regelungen für ihr Gemeindegebiet schaffen, so z. B. Ortssatzungen, Ortsbaustatute usw.

Um eine Zersplitterung des Baurechts der einzelnen Landesbauordnungen zu vermeiden, haben die obersten Baubehörden der Länder eine Musterbauordnung geschaffen.

Die Bauordnungen der Länder enthalten im allgemeinen Regelungen zu:

- der Bebaubarkeit der Grundstücke
- den baulichen Anlagen und ihrer Gestaltung
- den allgemeinen Anforderungen an die Bauausführung
- den Anforderungen an Wände, Decken, Dächer, Vorbauten, Treppen und Aufzügen
- den notwendigen Rettungswegen
- den haustechnischen Anlagen
- den Aufenthaltsräumen und Wohnungen
- der Anzahl und Gestaltung von Stellplätzen und Garagen für Kraftfahrzeuge
- dem Verwaltungsverfahren zwischen den am Bau Beteiligten und den Bauaufsichtsbehörden.

3.2.2 Verordnung über Bauvorlagen im bauaufsichtlichen Verfahren – Bauvorlagenverordnung – BauVorlVO – vom 18.7.1985

Bauvorlagenverordnungen ergänzen in der Regel die Landesbauordnungen und legen fest, welche Unterlagen zu einem Bauantrag gehören.

Die BauVorlVO Berlin vom 17.8.1979 forderte noch die Beibringung von Plänen zu den Anlagen der Haus- und Grundstücksentwässerung sowie der Wasserversorgung sowohl außerhalb des Gebäudes als auch innerhalb desselben. Dies ist in einigen Bundesländern auch heute noch der Fall.

Die BauVorlVO Berlin 1985 schreibt nunmehr nur noch in § 6 die Darstellung der Grundstücksentwässerung – also der Anlagen außerhalb von baulichen Anlagen – in einem gesonderten Plan vor. Gegebenenfalls sind diese Anlagen durch eine Baubeschreibung zu erläutern.

In dem besonderen Plan ist das zu entwässernde Grundstück darzustellen. Der Plan muß insbesondere enthalten:

1. Angaben des Lageplanes, soweit sie für die Beurteilung der Grundstücksentwässerung erforderlich sind.
2. Führung vorhandener und geplanter Leitungen und den dazugehörigen Anlagen und Angaben von Werkstoff und Dimensionierung.
3. Lage vorhandener und geplanter Brunnen.
4. Lage vorhandener und geplanter Kleinkläranlagen, Abwassersammelgruben und Sickeranlagen.
5. Bei Anschluß an die Kanalisation die Sohlenhöhe an der Anschlußstelle.
6. Kennzeichnung von Ablaufstellen, die dem Rückstau ausgesetzt sind.

3.2.3 Verordnung über prüfzeichenpflichtige Baustoffe, Bauteile und Einrichtungen – Prüfzeichenverordnung PrüfzVO – vom 17.5.1973

Die Verordnung regelt, welche werkmäßig hergestellten Baustoffe, Bauteile und Einrichtungen nur dann verwendet werden dürfen, wenn sie ein Prüfzeichen haben. Die Baustoffe, Bauteile und Einrichtungen werden in der Verordnung in 9 Gruppen behandelt.

Diese Gruppen betreffen:

1. Grundstückentwässerung
1.1 Rohre zur Ableitung von Abwasser und Niederschlagswasser ..., ihre Formstücke und die Dichtmittel ...
1.2 Abläufe für Niederschlagswasser über Räumen, Urinalbecken, Geruchverschlüsse, Becken und Abläufe mit eingebauten oder angeformten Geruchverschlüssen
1.3 Spülkästen und Steckbeckenspülapparate
1.4 Absperrvorrichtungen in Anlagen für Abwasser und Niederschlagswasser außer in Druckleitungen
1.5 Abwasserhebeanlagen und Rückflußverhinderer für Abwasserhebeanlagen
1.6 Kleinkläranlagen.

2. Abscheider und Sperren

2.1 Benzinabscheider

2.2 Fettabscheider

2.3 Heizölabscheider mit Heizölsperren

3. Brandschutz

4. Feuerungs- und Lüftungsanlagen

5. Holzschutz

6. Gewässerschutz

7. Betonzusätze

8. Gerüstbauteile

9. Armaturen, Drosselvorrichtungen, Duschen und Geräte der Wasserinstallation, wenn von ihnen ausgehende Geräusche in fremde Wohn-, Schlaf- und Arbeitsräume übertragen werden können

9.1 Auslaufarmaturen (auch Mischbatterien)

9.2 Gas- und Elektrogeräte zur Bereitung von warmem und heißem Wasser

9.3 Spülkästen

9.4 Druckspüler

9.5 Durchgangsarmaturen (Absperrventile), Druckminderer, Rückflußverhinderer

9.6 Drosseleinrichtungen (Drosselventile, Strahlregler für Ausläufe und Auslaufarmaturen)

9.7 Duschen

Anmerkung: Für die Gruppen 3 – 8 wurde hier auf die Untergliederung verzichtet.

3.2.4 Verordnung über die Überwachung von Baustoffen, Bauarten und Einrichtungen – Überwachungsverordnung – ÜVO – vom 9.1.1976.

Die Verordnung regelt, welche Baustoffe, Bauteile, Bauarten und Einrichtungen, an die wegen der Standsicherheit, des Brand-, Wärme- und Schallschutzes oder wegen des Schutzes der Gewässer bauaufsichtliche Anforderungen gestellt werden, nur dann verwendet werden dürfen, wenn sie aus Werken stammen, die einer Überwachung unterliegen.

Die Verordnung führt hierzu 15 Positionen an:

1. Künstliche Wand- und Deckensteine
2. Formstücke für Schornsteine
3. Bindemittel für Mörtel und Beton
4. Betonzuschlag
5. Beton B II, Transportbeton einschl. Trockenbeton
6. Betonstahl – ausgenommen glatter Betonstahl BSt 22/34 GU und durch Widerstands-Punktschweißen hergestellte Bewehrung
7. Dämmstoffe für den Schall-,Wärme- und Feuchtigkeitsschutz
8. Bauplatten
9. Vorgefertigte Bauteile aus Beton, Gasbeton, Leichtbeton, Stahlbeton, Spannbeton, Stahlleichtbeton und Ziegeln
10. Wand-, Decken- und Dachtafeln für Häuser in Tafelbauart

Für die Sanitärtechnik ist die Position 11 von besonderer Bedeutung:

11. Ganz oder teilweise unzugängliche, in vorgefertigte Bauteile eingebaute Leitungen zur Ableitung von Abwasser
12. Feuerschutzabschlüsse
13. Fahrschachttüren für feuerbeständige Schachtwände
14. Ortsfeste Lagerbehälter für wassergefährdende brennbare Flüssigkeiten
15. Lager unter Verwendung von Kunststoffen.

3.2.5 Landeskrankenhausgesetz – LKG – Berlin 1986

Ziel des Gesetzes ist, eine bedarfsgerechte und humane Versorgung der Bevölkerung in leistungsfähigen, sparsam wirtschaftenden Krankenhäusern sicherzustellen. Weiteres Ziel ist, das Zusammenwirken der Träger der gesundheitlichen Versorgung zu fördern.

Die Weiterentwicklung der Strukturen, der Leistungsfähigkeit und der Wirtschaftlichkeit der Krankenhäuser ist, im Gesetz als ständige Aufgabe formuliert.

Das Gesetz gliedert sich in 3 Abschnitte:

Abschnitt 1   Allgemeine Vorschriften

Abschnitt 2   Besondere Vorschriften für die Krankenhäuser des Landes Berlin

Abschnitt 3   Übergangs- und Schlußvorschriften.

3.2.6 Verordnung über die Errichtung und den Betrieb von Krankenhäusern – Berlin 1985 (Krankenhausbetriebs-VO 1985)

Die Verordnung gliedert sich in 11 Abschnitte:

Abschnitt 1	Allgemeine Vorschriften
Abschnitt 2	Gesamtanlage
Abschnitt 3	Allgemeiner Pflegebereich
Abschnitt 4	Besonderer Pflegebereich
Abschnitt 5	Untersuchungs- und Behandlungsbereich
Abschnitt 6	Besonderheiten bei baulichen Anforderungen
Abschnitt 7	Personal
Abschnitt 8	Hygiene
Abschnitt 9	Betrieb
Abschnitt 10	Ordnungsbehördliches Genehmigungsverfahren
Abschnitt 11	Übergangs- und Schlußvorschriften.

Hinsichtlich sanitärtechnischer Anforderungen sind folgende Vorschriften enthalten:

Abschnitt 3:

Jede Station muß u. a. mindestens folgende Betriebsräume aufweisen:

- einen unreinen Pflegearbeitsraum mit Fäkalienspüle
- einen reinen Pflegearbeitsraum
- einen Baderaum mit Toilette, die Badewanne muß von beiden Längsseiten und einer Schmalseite zugänglich sein und Haltegriffe haben
- eine Dusche für jeweils 10 Patienten; die Duschen sind mit Haltegriffen auszustatten
- auf je 8 Betten eine Toilette
- eine Personaltoilette.

In allen Betriebsräumen jeder Station – außer Duschen, Küchen, Geräte- und Putzmittelräumen – sind Waschbecken anzubringen. In jedem Krankenhaus müssen zusätzliche Toiletten für Besucher vorhanden sein.

In jedem Krankenzimmer oder dem unmittelbar zugeordneten Waschraum ist ein Waschbecken anzubringen. Krankenzimmer mit mehr als drei Betten sollen ein zweites Waschbecken haben. Sind die Waschbecken im Krankenzimmer angebracht, so sind sie jeweils durch ausreichenden Sichtschutz abzuschirmen.

Abschnitt 4:

Eine intensivmedizinische Einheit muß u.a. mindestens folgende Räume aufweisen:

- ein Bad für Patienten
- eine Patiententoilette
- einen reinen Pflegearbeitsraum
- einen unreinen Pflegearbeitsraum
- Entsorgungsräume mit Fäkalienspüle und direktem Zugang zu höchstens 2 Krankenzimmern
- einen Pausenraum mit Waschbecken und Vorrichtungen zur Händedesinfektion.

Abschnitt 5:

Zum Untersuchungs- und Behandlungsbereich gehört vor allem auch der Operationsbereich. Zu einer Operationseinheit gehört u.a. auch ein Waschraum, weiter ein Pausenraum mit Waschbecken und Vorrichtungen zur Händedesinfektion.

In den Räumen zur Einleitung und zur Ausleitung der Narkose muß jeweils eine Vorrichtung zur Händedesinfektion vorhanden sein. Für zwei benachbarte Operationsräume sind ein gemeinsamer Waschraum, gemeinsamer Einleitungs- und Ausleitungsraum zulässig. Bodenabläufe sind im Operationsraum unzulässig. In den Waschräumen müssen die Armaturen der Waschgelegenheiten ohne Handberührung zu bedienen sein. Der gemeinsame unreine Außenraum ist mit einer Toilette, Waschbecken und Dusche auszustatten. Im abgeschlossenen Operationsbereich ist eine Toilette nicht zulässig.

Die Personaltoilette soll sich im unreinen Umkleidebereich befinden. Die Armaturen der Waschgelegenheiten müssen ohne Handberührung zu bedienen sein. In der Infektionskrankenpflege ist jedem Krankenzimmer ein Waschraum mit Waschbecken, Dusche, Toilette und Fäkalienspüle zuzuordnen. In der Neugeborenen- und Wöchnerinnenpflege soll für bis zu 10 Patientinnen eine Sitzbademöglichkeit vorgehalten werden. Auf geburtshilflichen Stationen ist für je 10 Patientinnen eine Sitzbademöglichkeit einzurichten.

Abschnitt 6:

Hinsichtlich der Toiletten ist im Abschnitt „Besonderheiten bei baulichen Anforderungen" folgendes gefordert:

- Räume mit mehreren Toiletten müssen einen eigenen lüftbaren Vorraum mit Waschbecken in ausreichender Zahl haben.
- Vorräume ohne Waschbecken sind nur dann zulässig, wenn Waschbecken in den Toilettenräumen angebracht sind.
- In jedem Geschoß des Pflegebereiches muß mindestens ein Toilettenraum vorhanden sein, der auch von behinderten Personen, insbesondere Rollstuhlbenutzern, genutzt werden kann.

Abschnitt 8:

Unter „Hygienemaßnahmen" ist verfügt, daß

- ◆ Waschbecken keinen Verschluß und keinen Überlauf haben sollen
- ◆ Handwaschbecken mit Seifenspendern und hygienisch einwandfreien Vorrichtungen zum Händetrocknen ausgestattet sein sollen
- ◆ Spender für Händedesinfektionsmittel in allen Krankenzimmern, Dienstzimmern, Untersuchungs- und Behandlungsräumen, Personaltoiletten, unreinen Pflegearbeitsräumen und Schleusen anzubringen sind.

3.2.7 Gaststättenverordnungen der Länder zum Gaststättengesetz vom 5.5.1970

Zur Ausführung des Gaststättengesetzes haben die einzelnen Bundesländer Gaststättenverordnungen erlassen:

Baden-Württemberg	vom 20.04.1971
Bayern	vom 23.04.1971
Berlin	vom 10.09.1971
Bremen	vom 03.05.1971
Hamburg	vom 27.04.1971
Hessen	vom 21.04.1971
Niedersachsen	vom 03.05.1971
Nordrhein-Westfalen	vom 20.04.1971
Rheinland-Pfalz	vom 02.12.1971
Saarland	vom 27.04.1971
Schleswig-Holstein	vom 27.04.1971

In diesen Verordnungen werden einheitlich folgende Regelungen hinsichtlich der erforderlichen Abortanlagen für Gäste getroffen. Bezugsgröße ist die Schank-/Speiseraumfläche in Schank- und Speisewirtschaften:

§ 6   Abortanlagen

[1] Die Abortanlagen für die Gäste müssen leicht erreichbar, gekennzeichnet und von anderen Abortanlagen getrennt sein.

[2] In Schank- oder Speisewirtschaften müssen vorhanden sein:

Tabelle 26 Anzahl der Abortanlagen.

Schank-/Speiseraumfläche qm	Spülaborte Männer Stück	Spülaborte Frauen Stück	PP-Becken Männer Stück
bis 50	1	1	2
über 50–100	1	2	3
über 100–150	2	2	3
über 150–200	2	3	4
über 200–250	2	3	5
über 250–350	3	4	6
über 350	Festlegung im Einzelfall		

[3] In jedem Geschoß von Beherbergungsbetrieben, in dem Schlafräume für Gäste liegen, müssen vorhanden sein

1. bis zu 10 Betten 1 Spülabort;
2. über 10 bis 20 Betten 2 Spülaborte;
3. bei mehr als 20 Betten Spülaborte und PP-Becken nach Festsetzung im Einzelfall.

Soweit Schlafräume eine eigene Abortanlage haben, werden die Betten in diesen Räumen nicht mitgerechnet.

[4] Für die im Betrieb Beschäftigten müssen leicht erreichbare Abortanlagen vorhanden sein. Der Weg der in der Küche Beschäftigten zu den Abortanlagen darf nicht durch Schankräume oder durchs Freie führen. Im übrigen richten sich die Anforderungen an die Abortanlagen, unbeschadet der Absätze 5 bis 7, nach den betrieblichen Verhältnissen, insbesondere nach Zahl und Geschlecht der Personen, deren regelmäßige Beschäftigung in dem Betrieb zu erwarten ist.

[5] Abortanlagen für Frauen und Männer müssen durch durchgehende Wände voneinander getrennt sein. Jede Abortanlage und im Falle des Absatzes 3 Nr.2 auch jeder Spülabort muß einen lüftbaren und beleuchtbaren Vorraum mit Waschbecken, Seifenspender und hygienisch einwandfreier Handtrockeneinrichtung haben. Handtrocknungseinrichtungen und Seife dürfen nicht ausschließlich gegen Entgelt bereitgestellt werden, Gemeinschaftshandtücher sind unzulässig. Die Wände der Abortanlagen sind bis zur Höhe von 1,5 m mit einem waschechten, glatten Belag oder Anstrich zu versehen. Die Fußböden müssen gleitsicher und leicht zu reinigen sein.

[6] Aborte und PP-Becken müssen Wasserspülung haben. Die Türen zu den Spülaborten müssen von innen verschließbar sein. Die nach den Absätzen 2 bis 4 notwendigen Aborte dürfen nicht durch Münzautomaten oder ähnliche Einrichtungen versperrt oder nur gegen Entgelt zugänglich sein. Die Standbreite von PP-Becken darf 0,6 m nicht unterschreiten.

§ 7 Küchen

[1] Gaststätten müssen Küchen haben, wenn dies nach der Art des Betriebes erforderlich ist. Die Größe der Küche bestimmt sich nach den betrieblichen Verhältnissen; Kochküchen müssen mindestens 15 qm Grundfläche haben.

[2] Der Fußboden muß gleitsicher, wasserundurchlässig, fugendicht und leicht zu reinigen sein. Die Wände sind bis zur Höhe von 2 m mit einem glatten, waschfesten und hellen, jedoch nicht roten Belag oder entsprechenden

Anstrich auf dichtem Putz aus Zementmörtel oder gleichwertigem Putz zu versehen. An Fenstern, die geöffnet werden können, und an Luftöffnungen müssen Vorrichtungen gegen das Eindringen von Insekten vorhanden sein.

[3] Die Küche muß einen Trinkwasseranschluß haben mit mindestens einer Wasserzapfstelle sowie eine besondere Handwaschgelegenheit und einen Schmutzwasserausguß. In der Küche oder in einem unmittelbar anschließenden, gut lüftbaren Raum ist eine ausreichende Spülanlage einzurichten.

[4] Die Küche muß einen nach außen lüftbaren, ausreichend großen Nebenraum oder Einbauschrank zur Aufbewahrung von Lebensmitteln sowie eine demselben Zweck dienende, ausreichend große Kühleinrichtung haben. Für den Nebenraum gilt Absatz 2.

[5] Die Küche muß hinreichend belüftet sein. Ist nach den betrieblichen Verhältnissen die Beschäftigung von Arbeitnehmern in der Küche zu erwarten, so muß die Lüftung zugfrei sein. Die Entlüftung muß über das Dach erfolgen, wenn dies zum Schutz der Gäste, der Bewohner des Betriebsgrundstücks oder der Nachbargrundstücke oder der Allgemeinheit gegen erhebliche Geruchsbelästigung erforderlich ist.

3.2.8 Verordnung über Waren- und Geschäftshäuser für Berlin – Warenhausverordnung – vom 20.12.1966

Diese Verordnung enthält keine Ausagen zur Sanitärtechnik im engeren Sinne. Sie enthält jedoch Aussagen zu erforderlichen Feuerlöschanlagen.

3.2.9 Verordnung über Camping- und Zeltplätze – Campingplatzverordnung – Musterentwurf November 1980

Die Campingplatzverordnung ist nicht in allen Bundesländern eingeführt. Soweit erforderlich, stützen sich die bauaufsichtlichen Behörden auf den Musterentwurf vom November 1980.

Die Verordnung regelt insbesondere:
- ◆ Begriffe
- ◆ Lage und Beschaffenheit
- ◆ Zufahrt
- ◆ Fahrwege
- ◆ Standplätze
- ◆ Stellplätze
- ◆ Einfriedungen
- ◆ Brandschutz

- Trinkwasserversorgung
- Wascheinrichtungen
- Geschirr- und Wäschespüleinrichtungen
- Abortanlagen
- Einrichtungen zugunsten Behinderter
- Anlagen für Abwasser und feste Abfallstoffe
- Beleuchtung
- Sonstige Einrichtungen
- Betriebsvorschriften

Im einzelnen ist festgelegt:

- Je Standplatz müssen – bei dauernd gesicherter Versorgung – mindestens 200 l Trinkwasser täglich zur Verfügung stehen.

- Für je 100 Standplätze sollen mindestens 6 zweckmäßig verteilte Trinkwasserzapfstellen mit Schmutzwasserabläufen vorhanden sein.

- Für je 100 Standplätze müssen jeweils zur Hälfte für Männer und Frauen mindestens 16 Waschplätze und 8 Duschen in nach Geschlechtern getrennten Räumen vorhanden sein. Dabei sind $1/4$ der Waschplätze und die Duschen in Einzelzellen anzuordnen.

- Für je 100 Standplätze müssen mindestens 8 Aborte für Frauen sowie mindestens 4 Aborte und mindestens 4 Urinale für Männer vorhanden sein. Aborte und Urinale müssen Wasserspülung haben.

- Die Abortanlagen müssen für Männer und Frauen getrennte Aborträume und Vorräume haben. In den Vorräumen ist für bis zu 6 Aborten oder Urinalen mindestens 1 Waschbecken anzubringen.

- Bei mehr als 200 Standplätzen sollen mindestens 1 Waschplatz sowie eine Dusche und ein Abort für Behinderte, insbesondere Rollstuhlbenutzer, zugänglich und benutzbar sein.

- In räumlicher Verbindung mit den Abortanlagen sind Einrichtungen zum Einbringen derjenigen Abwässer und Fäkalien herzustellen, die in den in Wohnwagen oder Zelten vorhandenen Aborten und Spülen anfallen.

- Wascheinrichtungen und Abortanlagen müssen eine ausreichende elektrische Beleuchtung haben.

3.2.10 Verordnung über die hygienische Behandlung von Lebensmitteln (Lebensmittelhygiene-VO) vom 23.8.1977 – Berlin

Die Verordnung besteht aus 7 Abschnitten:

I	Allgemeine Vorschriften
II	Vorschriften für Räume
III	Vorschriften für Gegenstände
IV	Vorschriften für Personen
V	Vorschriften für bestimmte Lebensmittel
VI	Vorschriften für das Herstellen, Inverkehrbringen oder Behandeln von Lebensmitteln außerhalb von Räumen
VII	Übergangs- und Schlußbestimmungen.

Im Abschnitt II „Vorschriften für Räume" ist folgendes geregelt:

§ 7 (1) Räume müssen von Stallungen, Dungstätten und Müllabladestellen, Jauchegruben und ähnlichen Anlagen, die Fliegen und Ungeziefer anziehen, Geruch oder Staub verbreiten, ebenso von Toiletten auch innerhalb der Betriebe so weit entfernt liegen oder so abgegrenzt sein, daß die Möglichkeit einer nachteiligen Beeinflussung von Lebensmitteln ausgeschlossen ist.

§ 7 (2) Abwasserleitungen in Räumen müssen sich in einem Zustand befinden, der eine Verunreinigung der Räume und Bedarfsgegenstände sowie eine nachteilige Beeinflussung der Lebensmittel ausschließt. Wenn Betriebsabwässer innerhalb der Räume aufgefangen werden, müssen die Sammeleinrichtungen geruch- und überlaufsicher sein; sie sind im erforderlichen Umfang zu entleeren und zu reinigen.

Im Abschnitt VI „Vorschriften für das Herstellen, Inverkehrbringen oder Behandeln von Lebensmitteln außerhalb von Räumen" wird folgendes festgelegt:

§ 17 (3) Für jeden Markt müssen leicht erreichbare, hygienisch einwandfreie Toilettenanlagen mit Wasserspülung und hygienisch einwandfreien Waschgelegenheiten in ausreichender Anzahl zur Verfügung stehen. Ist eine Kanalisation nicht vorhanden, so muß eine anderweitige, hygienisch einwandfreie Beseitigung der Fäkalien und Abwässer gewährleistet sein.

3.3 Richtlinien

3.3.1 Richtlinien für den Bäderbau

herausgegeben vom Koordinierungskreis Bäder (KOK) 1977

Die Richtlinie enthält Angaben in folgenden Abschnitten:

- Rahmen und Bedarfsplanung
- Objektplanung Hallenbäder
- Objektplanung Freibäder
- Objektplanung Naturbäder
- Objektplanung Kombination von Bädern
- Bädertechnik
- Anhang mit Hinweisen zu Literatur, Gesetzen, Normen, Richtlinien.

Zur Sanitärplanung ist im einzelnen folgendes festgelegt:

A. Hallenbäder

1. Versorgung mit Frischwasser

Vor Anschluß an die öffentliche Trinkwasserversorgung (nach DIN 2000) sind Menge und Druck zu prüfen. Bei der Planung einer Eigenwasserversorgung (nach DIN 2001) ist eine kontinuierlich anfallende, ausreichende Entnahmemenge erforderlich.

Vorberechnung der Anschlußleistung:

- bei einer Wasserfläche bis ca. 133 m^2 0,05 l/s je 1 m^2 Wasserfläche;
- bei größeren Wasserflächen 0,033 l/s je 1 m^2 Wasserfläche.
- Der Tagesverbrauch an Wasser ist mit bis zu 1 m^3 je 1 m^2 Wasserfläche anzusetzen.
- Die Beckenfüllzeit richtet sich nach der vorgenannten Anschlußleistung; kurze Füllzeiten sind anzustreben, setzen jedoch eine höhere Anschlußleistung voraus.

Als Grundlage für die Berechnung des Rohrnetzes gilt die endgültige Leistungsmenge an der Wasserübergabestelle. Ggf. muß eine Druckerhöhungsanlage eingeplant werden. DIN 1988 ist zu beachten.

2. Entsorgung, Abwasserbeseitigung

Bei der Planung sind die DIN 1986, evtl. bestehende ergänzende Ortsvorschriften sowie die Höhe und Lage des Kanalsystems zu berücksichtigen. Die Belastung des Kanals durch Schmutzwasser ergibt sich aus der Abwasserberechnung und überschläglich aus den Angaben in Ziffer 1.

Besonders zu beachten sind die örtlich unterschiedlich große Regenspende und das bei der Rückspülung der Filter anfallende Wasser. Verfügt die Kanalisation über ein Trennsystem, so sollen das Reinigungswasser und das Rückspülwasser wie Schmutzwasser, das Bekkenwasser wie Regenwasser behandelt werden. Bei zu geringer Kapazität des Kanals oder der Kläranlage bieten Rückhaltebecken oder Sonderzeiten für die Einleitung der Abwässer (z. B. Nachtstunden) einen Ausweg. Da Meerwasser- und Mineralbäder nicht an das allgemeine Abwassersystem angeschlossen werden dürfen, muß eine spezielle Lösung des Abwasserproblems von Fall zu Fall in Zusammenarbeit mit Wasserwirtschaftsamt, Marsch- oder Deichamt erfolgen.

3. Personalräume

Der Personalbereich besteht aus einer Umkleide-, Sanitär- und Aufenthaltszone bzw. je nach Hallenbadgröße aus entsprechenden Räumen. Es empfiehlt sich, in der Umkleide- und Sanitärzone eine Trennung nach weiblichem und männlichem Personal vorzunehmen. Raumhöhe im Lichten: mindestens 2,50 m.

4. Sanitärbereich

Der Sanitärbereich umfaßt nach Geschlechtern getrennte Duschräume und Toiletten. Sie liegen zwischen dem Umkleide- und Beckenbereich. Die Toiletten sind so anzuordnen, daß der Badegast nach Benutzung derselben vor Betreten des Beckenbereiches wieder einen der Duschräume durchqueren muß. Direkt vom Beckenbereich aus zugängliche Toiletten sind nicht zulässig. Ein direkter Rückweg vom Beckenbereich zum Umkleidebereich ist dringend zu empfehlen.

Die Grundausstattung des Sanitärbereichs umfaßt mindestens 1 Duschraum für Damen und 1 Duschraum für Herren mit je 10 Duschen. Berechnungsbasis: je Übungseinheit 1 Duschraum, darin ist der Bedarf für den öffentlichen Badebetrieb enthalten. Bei 3 bzw. 5 Duschräumen ist eine Teilungsmöglichkeit für den 3. bzw. 5. Duschraum einzuplanen. Bei Hallenbädern mit 100 bis 150 m² Wasserfläche (entsprechend einer Übungseinheit) genügt 1 teilbarer Duschraum mit 5 Duschen für Damen und 5 Duschen für Herren. Duschen für Behinderte erhalten einen Klappsitz von 0,60 m Breite und 0,40 m Tiefe. Armaturen auf rd. 1,00 m Höhe über Fußboden anbringen. Haltestangen senkrecht und waagerecht anbringen. Türen nicht nach innen schlagend. Bei Bedarf sollen eine Dusche und eine Toilette rollstuhlgängig sein.

Als Toiletten werden dem Duschraum für Damen 2 Sitze, dem für Herren 1 Sitz und 2 Stände zugeordnet. Bei teilbarem Duschraum entfallen auf den Teil für Damen 1 Sitz, auf den für Herren 1 Sitz und 1 Stand. Sowohl für Duschräume als auch für die Toiletten ist eine lichte Raumhöhe von mindestens 2,50 m, besser 2,75 m, vorzusehen.

In jeden Duschraum für Herren gehören mindestens 2, in jeden Duschraum für Damen mindestens 4 Duschen, in jeden weiteren Duschraum mindestens 1 Dusche mit Sichtschutz. Jeder Duschplatz erhält eine Fußstütze und eine, wenn möglich, wandbündige Seifenablage.

Fehlt eine spezielle Behinderten-Umkleidekabine mit Dusche, so ist ein Duschplatz mit komplettem Sichtschutz, Klappsitz und Haltegriffen auszustatten. Wandduschen in Form von Schrägduschen (Unterkante mindestens 1,80 m hoch) bieten die geringsten Beschädigungsmöglichkeiten.

In den Toiletten werden Fußboden, Wand und Decke wie im Umkleidebereich ausgeführt. Wandhängende Klosetts mit festem Sitzring ohne Deckel sind zu empfehlen. Die Halter für die Toilettenpapierrollen sind mit abschließbarem Gehäuse aus korrosionsbeständigem Material, ggf. auch mit Reserverollenhalter, zu versehen.

Aus Reinigungsgründen werden Urinalstände mit seitlicher Blende den Urinalbecken bevorzugt. Zu jedem Stand gehört 1 Ablauf in vertiefter Bodenrinne; die Trittplatte des Standes liegt bodengleich.

Die glatten Einbauwaschtische werden, um eine höhere Stabilität zu erzielen, mit zusätzlichen Untertischkonsolen abgesichert; der Kaltwasseranschluß erfolgt über eine Wandarmatur mit Vorabsperrung. Die bruch- und kratzfesten Spiegel erhalten eine Spezialbefestigung zur Diebstahlsicherung.

B. Freibäder

1. Personalräume

Der Personalbereich besteht aus einer Umkleide-, Sanitär- und Aufenthaltszone, bzw. je nach Badgröße aus entsprechenden Räumen. Es empfiehlt sich, in der Umkleide- und Sanitärzone eine Trennung nach weiblichem und männlichem Personal vorzunehmen.

2. Umkleidebereich

Fußwaschplätze müssen bequem und möglichst mit Sitzgelegenheit genutzt werden können. Ablagemöglichkeiten für Handtücher und Seife sollen in greifbarer Nähe sein. Den Abläufen unter Fußsprühdesinfektions- und Fußwaschplätzen sind Sandfänge vorzuschalten.

3. Sanitärbereich

Die Duschräume werden, nach Geschlechtern getrennt, möglichst in der Nähe des Umkleidebereiches angelegt. Grundsätzlich empfiehlt sich eine Zusammenlegung der Toiletten und Duschen. In größeren Bädern ist es ggf. vorteilhaft, die Toiletten in einzelne Gruppen aufzuteilen, wenn es die Lage des Sanitärbereiches zum Becken- und Freiflächenbereich erforderlich macht. Für den allgemeinen Badebetrieb können auch die bei eventuellen Zuschaueranlagen erforderlichen Toiletten genutzt werden. Die Toiletten erhalten getrennte Vorräume mit Waschgelegenheit.

Ca. 20 % des Sanitärbereiches sind dem beheizbaren Umkleidebereich zuzuordnen und ebenfalls zu beheizen. Bei kleinen Anlagen empfiehlt es sich, den gesamten Sanitärbereich zu erwärmen.

Innerhalb des Sanitärbereiches empfiehlt sich die Anlage gesonderter Räumlichkeiten (15–25 m²) für Mutter und Kind, bestehend aus Kindertoilette, Dusche, Wickel- und Stillraum (Kochnische). Die Anordnung in der Nähe des Kinderspielplatzes ist anzustreben. Die Anzahl der Duschen soll je 1000 Richtwerteinheiten 3 Warmwasserduschen für Damen und 3 Warmwasserduschen für Herren sowie ggf. zusätzlich 1 Kaltwasserdusche je Duschraum betragen.

Toiletten sollen für je 1000 Richtwerteinheiten* 4 Sitze für Damen und 2 Sitze sowie 4 Stände für Herren eingerichtet werden. Dabei ist in den Vorräumen für je 4 Toiletten bzw. je 4 Stände 1 Waschbecken zuzuordnen.

Raumhöhe: im Lichten mindestens 2,50 m

Der Ausbau und die Ausstattung des Sanitärbereiches erfolgen frostsicher und wetterfest mit natürlicher Be- und Entlüftung unter Berücksichtigung einer Überwinterung ohne Beheizung. Details des Ausbaues und der Ausstattung ergeben sich analog zum Hallenbad.

Die Lufttemperatur des beheizbaren Sanitärbereiches entspricht der des Hallenbades im entsprechenden Bereich, jedoch bezogen auf eine Außentemperatur von +12 °C.

3.3.2 Richtlinien für den Saunabau vom 25.9.1976
herausgegeben vom Deutschen Sauna-Bund e.V.

Durch diese Richtlinien sollen Saunaanlagen geschaffen werden, die ohne Gefahren benutzt werden können. Sie berücksichtigen sowohl medizinische als auch betriebliche Anforderungen.

Die Richtlinie ist in folgende Abschnitte gegliedert:

- ◆ 1. Allgemeines
- ◆ 2. Planung für öffentliche Saunaanlagen
- ◆ 3. Ausführung
- ◆ 4. Raumtemperatur.

3.3.3 Arbeitsstätten-Richtlinien
(April/Mai 1976)

Am 1. Mai 1976 ist die Arbeitsstätten-Verordnung in Kraft getreten. Sie enthält neben konkreten Anforderungen auch allgemeine Vorschriften. Wie die Schutzziele dieser Vorschriften erfüllt werden können, wird in den Arbeitsstätten-Richtlinien angegeben.

* Richtwerteinheiten gemäß Tabelle I bzw. II der Richtlinie. 1000 RWE. entsprechen einem Einzugsgebiet von 5000 bis 10 000 Einwohnern.

Die Arbeitsstätten-Richtlinien machen Aussagen zu:

- Raumtemperaturen
- Sichtverbindungen
- Sicherheitsbeleuchtungen
- Türen, Toren
- Sicherheitsverglasungen
- Verkehrswegen
- Feuerlöscheinrichtungen
- Steigeisengängen
- Waschgelegenheiten außerhalb von erforderlichen Waschräumen
- Sanitätsräumen
- Mitteln und Einrichtungen zur Ersten Hilfe.

3.3.4 Schulbau-Richtlinien

Derartige Richtlinien bestehen z.B. in Bayern, Baden-Württemberg, Rheinland-Pfalz, Niedersachsen und Hessen.

Die Hessische Schulhaus-Richtlinie (SHR) vom 10.12.1973 enthält z.B. folgende Anforderungen:

4.4 Naßräume

> Wasch- und Duschräume sollen durch Umkleideräume zugängig sein. Die Wände sind waschfest, die Fußböden rutschsicher auszuführen. Es muß sichergestellt sein, daß an den Schülern zugänglichen Wasserzapfstellen und Duschen kein Wasser mit einer Temperatur von mehr als 45°C entnommen werden kann.
>
> Aborte sollen so angeordnet und gelüftet werden, daß sie nicht zu Geruchsbelästigungen in anderen Räumen führen. Sie sind für die Geschlechter getrennt anzuordnen. Aborte dürfen nur über lüftbare Vorräume mit Handwaschbecken zugänglich sein.
>
> Für je 30 Schüler oder Lehrer müssen 1 Sitzabort und 2 Standbecken oder 1 m Standrinne;
>
> für je 15 Schülerinnen oder Lehrerinnen 1 Sitzabort
>
> vorhanden sein.

Die Anforderungen hinsichtlich der Anzahl von Sitzaborten und Standbecken sind jedoch in den einzelnen Bundesländern in ihren Schulbau-Richtlinien unterschiedlich geregelt, jedoch werden nicht mehr als in der Hessischen Schulhaus-Richtlinie gefordert.

3.4 Normen

3.4.1 VOB – Verdingungsordnung für Bauleistungen
gültig ist zur Z. die Ausgabe von 1988 mit Ergänzungen I und II von 1990*

Die VOB soll eine ausgewogene Vertretung der Interessen von Auftraggeber und Auftragnehmer bei der Durchführung von Bauleistungen sichern. In dieser Hinsicht hat sich die VOB seit ihrer Einführung 1926 bewährt. Öffentliche Auftraggeber sind zur Anwendung der VOB durch haushaltsrechtliche Vorschriften verpflichtet.

Die VOB besteht aus 3 Teilen:

- Teil A: „Allgemeine Bestimmungen für die *Vergabe* von Bauleistungen"

- Teil B: „Allgemeine *Vertragsbedingungen für die Ausführung* von Bauleistungen"

- Teil C: „Allgemeine *technische Vertragsbedingungen* für Bauleistungen".

Einer der wesentlichen Aspekte der VOB ist, daß bei Anwendung der technischen Vertragsbedingungen für die Ausführung der Bauleistungen – womit eine Bauausführung nach den anerkannten Regeln der Bautechnik gesichert werden soll – die Gewährleistungsfrist für den Auftragnehmer auf zwei Jahre im Regelfall begrenzt wird. An einer solchen Verkürzung der Verjährungsfrist – das BGB sieht hierfür fünf Jahre vor – ist der Auftragnehmerseite verständlicherweise sehr gelegen. Durch die Beachtung der „technischen Vertragsbedingungen für Bauleistungen" (Teil C) soll dafür dem Auftraggeber eine qualitätsvolle Ausführung zugesichert werden.

Im Teil C sind im Hinblick auf die Errichtung von Sanitäranlagen folgende Normen von besonderer Bedeutung:

- DIN 18299 „Allgemeine Regelungen für Bauarbeiten jeder Art" (vgl. Abschnitt **3.4.14**)

- DIN 18336 „Abdichtungsarbeiten" (vgl. Abschnitt **3.4.15**)

- DIN 18352 „Fliesen- und Plattenarbeiten" (vgl. Abschnitt **3.4.16**)

- DIN 18381 „Gas-, Wasser- und Abwasserinstallationsanlagen innerhalb von Gebäuden" (vgl. Abschnitt **3.4.17**)

---

* Ergänzungsband I enthält die Neufass. von DIN 18379, 18380, 18381 und 18421. Ergänzungsband II enthält die Neufass. von VOB Teil A, VOB Teil B und DIN 18299.

3.4.2 VOL – Verdingungsordnung für Leistungen

Alle Lieferungen und Leistungen, die nicht unter die VOB (Verdingungsordnung für Bauleistungen) fallen, sind Leistungen im Sinne der VOL.

3.4.3 DIN 1986 „Entwässerungsanlagen für Gebäude und Grundstücke"

Teil 1, ... Technische Bestimmungen für den Bau (Juni 1988).

Dieser Teil behandelt:

1. Anwendungsbereich
2. Grundlagen
3. Begriffe und Sinnbilder
4. Allgemeine Anforderungen an Rohre, Formstücke und Rohrverbindungen
5. Ablaufstellen
6. Verlegen von Leitungen
7. Schutz gegen Rückstau
8. Rückhalten schädlicher Stoffe
9. Grundstückskläranlagen
10. Beseitigung nicht mehr benutzter Entwässerungsanlagen

Teil 2, ... Bestimmungen für die Ermittlung der lichten Weiten und Nennweiten für Rohrleitungen (September 1978).

Dieser Teil behandelt insbesondere:

- Bemessungsgrundsätze
- Begriffe
- Ermittlung des Schmutzwasserabflusses
- Bestimmen der maßgebenden Anschlußwerte und Abwassermengen
- Bemessung der Anschlußleitungen
- Bemessung der Schmutzwasserfalleitungen
- Bemessung der liegenden Schmutzwasserleitungen
- Bemessung der Regenwasserleitungen
- Bemessung der Mischwasserleitungen
- Bemessung der Lüftungsleitungen.

Teil 3, Entwässerungsanlagen für Gebäude und Grundstück, Regeln für Betrieb und Wartung (Juli 1982).

Dieser Teil behandelt insbesondere:

- ◆ Benutzung der Entwässerungsanlagen
- ◆ Wartung und Instandhaltung der Entwässerungsanlagen
- ◆ Gefahren bei Arbeiten an Entwässerungsanlagen
- ◆ Bedienungs- und Wartungsanleitungen
- ◆ Musterwartungsverträge.

Teil 4, Entwässerungsanlagen für Gebäude und Grundstücke, Verwendung von Abwasserrohren und -formstücken verschiedener Werkstoffe (Ausgabe Mai 1984)

Der Teil 4 behandelt die Verwendungsbereiche von Abwasserrohren und -formstücken verschiedener Werkstoffe

Ergänzend zu den Teilen 1- 4 wurden noch folgende Teile verabschiedet:

Teil 30   ... Entwässerungsanlagen für Gebäude und Grundstücke, Instandhaltung.

Teil 31   ... Abwasserhebeanlagen, Inbetriebnahme, Inspektion und Wartung.

Teil 32   ... Rückstauverschlüsse für fäkalienfreies Abwasser; Inspektion und Wartung.

Teil 33   ... Rückstauverschlüsse für fäkalienhaltiges Abwasser; Inspektion und Wartung.

Die DIN 1986 legt im Interesse der öffentlichen Sicherheit einheitliche technische Bestimmungen für die Planung und den Bau von Entwässerungsanlagen zur Ableitung von Abwasser in Gebäuden und auf Grundstücken fest und ist als technische Bestimmung in den Bundesländern und bei der Bundesbahn eingeführt.

3.4.4 DIN 1988 „Technische Regeln für Trinkwasser-Installationen – TRWI"

(Dezember 1988)

Teil 1, TRWI, Allgemeines; Technische Regeln des DVGW

Inhalt:

1   Anwendungsbereich und Zweck

2   Zuständigkeiten für Planung, Bau und Betrieb

3   Technische Begriffe

4   Graphische Symbole und Kurzzeichen

Teil 2, TRWI, Planung und Ausführung; Bauteile, Apparate, Werkstoffe; Technische Regeln des DVGW

Inhalt:

1 Anwendungsbereich und Zweck
2 Allgemeines
3 Leitungsanlagen
4 Armaturen
5 Apparate
6 Trinkwasser-Erwärmungsanlagen
7 Trinkwasserbehälter
8 Einsatz von Anlagen zur Behandlung von Trinkwasser
9 Meß- und Zähleinrichtungen
10 Schutzmaßnahmen
11 Prüfung, Spülen und Inbetriebnahme

Teil 3, TRWI, Ermittlung der Rohrdurchmesser; Technische Regeln des DVGW

Inhalt:

1 Anwendungsbereich und Zweck
2 Begriffe, Zeichen und Einheiten
3 Berechnungsgrundlagen
4 Berechnungsdurchfluß und Fließdruck
5 Zuordnen der Summendurchflüsse zu den Teilstrecken
6 Anwenden der Umrechnungskurve von Summendurchfluß auf den Spitzendurchfluß
7 Ermittlung des verfügbaren Rohrreibungsdruckgefälles
8 Auswahl der Rohrdurchmesser
9 Einzelwiderstände
10 Vergleich – Druckverlust und verfügbarer Druck
11 Vereinfachter Berechnungsgang
12 Pauschale Ermittlung des Rohrdurchmessers für Anschlußleitungen
13 Auswahl der Wasserzähler
14 Zirkulationsleitungen und Umwälzpumpen
15 Tabellen
16 Berechnungsbeispiele

Teil 4, TRWI, Schutz des Trinkwassers, Erhaltung der Trinkwassergüte; Technische Regeln des DVGW

Inhalt:

1 Anwendungsbereich und Zweck

2 Grundsatz

3 Ursachen für eine Beeinträchtigung oder Gefährdung durch das veränderte Trinkwasser

4 Sicherungsmaßnahmen gegen Rückfließen

5 Schutz des Trinkwassers in Wassererwärmungsanlagen.

Teil 5, TRWI, Druckerhöhung und Druckminderung; Technische Regeln des DVGW

Inhalt:

1 Anwendungsbereich und Zweck

2 Begriffe, Zeichen, Einheiten, graphische Symbole

3 Planungsgrundlagen

4 Druckerhöhungsanlagen

5 Druckminderer

Teil 6, TRWI, Feuerlösch- und Brandschutzanlagen; Technische Regeln des DVGW

Inhalt:

1 Anwendungsbereich und Zweck

2 Begriffe

3 Aufbau und Anforderungen

4 Inbetriebnahme

Teil 7, TRWI, Vermeidung von Korrosionsschäden und Steinbildung; Technische Regeln des DVGW

Inhalt:

1 Anwendungsbereich und Zweck

2 Begriffe

3 Vermeidung von Schäden durch Innenkorrosion

4 Vermeidung von Steinbildung

5 Vermeidung von Schäden durch Außenkorrosion

Teil 8, TRWI, Betrieb der Anlagen; Technische Regeln des DVGW

Inhalt:

1 Anwendungsbereich und Zweck

2 Grundsätze

3 Inbetriebnahme der Trinkwasseranlagen und Einweisung des Betreibers

4 Betrieb

5 Betriebsunterbrechungen, Außerbetriebnahme

6 Wiederinbetriebnahme

7 Schäden und Störungen

8 Änderungen und Erweiterungen

9 Nachträgliche Anpassung der Anlagen an die anerkannten Regeln der Technik

10 Zugänglichkeit von Anlagenteilen

11 Hinweise für Instandhaltung

12 Durchführung von Instandhaltungsmaßnahmen.

Mit ihren 8 Teilen wurde die DIN 1988 in ihrer Ausgabe Dezember 1988 erstmals zu einer umfassenden „Technischen Regel ‚Wasserinstallation'" erweitert. Sie ist damit eine wichtige Arbeitsgrundlage für alle an der Planung und der Ausführung von Trinkwasser-Installationen Beteiligten, sie wendet sich also an Handwerker, Ingenieure, Architekten, Behörden, Hoch-, Fach- und Berufsschulen.

Trinkwasser ist unser wichtigstes Lebensmittel. Trinkwasseranlagen müssen deshalb, um Gesundheitsschäden zu vermeiden, unbedingt den Regeln der Technik entsprechen:

DIN 1988 ist das dafür gültige Regelwerk.

3.4.5 DIN 2000 „Zentrale Trinkwasserversorgung – Leitsätze für Anforderungen an Trinkwasser, Planung, Bau und Betrieb der Anlagen"

(Ausgabe November 1973)

Die Norm gliedert sich in folgende Abschnitte:

1 Geltungsbereich und Zweck

2 Allgemeines

3 Anforderungen an Trinkwasser

4 Planung von zentralen Trinkwasser-Versorgungsanlagen

5 Bau von zentralen Trinkwasser-Versorgungsanlagen

6 Betrieb von zentralen Trinkwasser-Versorgungsanlagen

7 Werkseitige Überwachung von zentralen Trinkwasser-Versorgungsanlagen

Die Norm gibt Hinweise für hygienisch befriedigende sowie technisch und wirtschaftlich zweckmäßige Bau- und Betriebsweisen bei Anlagen der zentralen Trinkwasserversorgung.

Die Anforderungen an Trinkwasser werden in 6 Hauptforderungen festgelegt:

- ◆ Trinkwasser muß frei sein von Krankheitserregern und darf keine gesundheitsschädigenden Eigenschaften haben
- ◆ Trinkwasser soll keimarm sein
- ◆ Trinkwasser soll appetitlich sein und zum Genuß anregen. Es soll klar, farblos, kühl, geruchlos und geschmacklich einwandfrei sein
- ◆ Der Gehalt an gelösten Stoffen soll sich in Grenzen halten
- ◆ Trinkwasser und die damit in Berührung stehenden Werkstoffe sollen so miteinander abgestimmt sein, daß keine Korrosionsschäden hervorgerufen werden
- ◆ Trinkwasser soll an der Übergabestelle in genügender Menge und mit ausreichendem Druck zur Verfügung stehen.

Die Norm macht zu allen diesen Forderungen noch ausführliche Angaben.

Die **DIN 2001** „Eigen- und Einzeltrinkwasserversorgung – Leitsätze für Anforderungen an Trinkwasser, Planung, Bau und Betrieb der Anlagen – Technische Regel des DVGW" (Ausgabe Februar 1983) ist eine Ergänzung zu DIN 2000. Sie ist z.T. textgleich in entsprechenden Abschnitten.

3.4.6 DIN 4109 „Schallschutz im Hochbau – Anforderungen und Nachweise –"

(Ausgabe November 1989)

Beiblatt 1   Ausführungsbeispiele und Rechenverfahren

Beiblatt 2   Hinweise für Planung und Ausführung, Vorschläge für einen erhöhten Schallschutz, Empfehlungen für den Schallschutz im eigenen Wohn- und Arbeitsbereich.

DIN 4109 ist in 8 Abschnitte gegliedert:

1   Anwendungsbereich und Zweck

2   Kennzeichnende Größen für die Anforderungen an den Schallschutz

3   Schutz von Aufenthaltsräumen gegen Schallübertragung aus einem fremden Wohn- oder Arbeitsbereich; Anforderungen an die Luft- und Trittschalldämmung

4   Schutz gegen Geräusche aus haustechnischen Anlagen und Betrieben

5   Schutz gegen Außenlärm; Anforderungen an die Luftschalldämmung von Außenbauteilen

6   Nachweis der Eignung der Bauteile

7   Nachweis der schalltechnischen Eignung von Wasserinstallationen

8   Nachweis der Güte der Ausführung (Güteprüfung).

Anhang A   Begriffe

Anhang B   Ermittlung des „maßgeblichen Außenlärmpegels" durch Messung.

Die Norm legt u.a. Werte für die zulässigen Schalldruckpegel in schutzbedürftigen Räumen von Geräuschen aus haustechnischen Anlagen und Gewerbebetrieben – wozu auch Gaststätten und Theater zählen – fest (Tabelle 4 der Norm: Werte für die zulässigen Schalldruckpegel in schutzbedürftigen Räumen von Geräuschen aus haustechnischen Anlagen und Gewerbebetrieben) (Tabelle 19, Abschnitt **2.4.6.3**). Weiterhin werden in Tabelle 6 der Norm (Tabelle 20, Abschnitt **2.4.6.3**) Armaturen, entsprechend ihrem Armaturengeräuschpegel für den kennzeichnenden Fließdruck oder Durchfluß, Armaturengruppen zugeordnet.

Im Abschnitt 7 werden Hinweise gegeben für den Nachweis der schalltechnischen Eignung von Wasserinstallationen ohne bauakustische Prüfungen. Diese Hinweise beziehen sich auf:

- zu verwendende Armaturen und Geräte
- den zulässigen Ruhedruck (kleiner 5 bar)
- den Betrieb von Durchgangsarmaturen
- den zulässigen Durchfluß von Armaturen
- die Anforderungen an Wände und Wasserinstallationen
- die Anordnung von Armaturen
- die Anforderungen an die Verlegung von Abwasserleitungen.

Danach müssen einschalige Wände, an oder in denen Armaturen oder Sanitärinstallationen befestigt sind, eine flächenbezogene Masse von mindestens 220 kg/m² haben. An solchen Wänden dürfen Armaturen und ihre Wasserleitungen angebracht werden, wenn sie der Armaturengruppe I zugehören. Armaturen der Gruppe II dürfen jedoch nicht angebracht werden, wenn die Wände im selben Geschoß, im Geschoß darunter oder darüber an schutzbedürftige Räume grenzen.

In den meisten Bundesländern ist z.Zt. noch DIN 4109 in der Ausgabe 1962 bauaufsichtlich eingeführt.

3.4.7 DIN 18022 „Küchen, Bäder und WC's im Wohnungsbau, Planungsgrundlagen"

(Ausgabe November 1989)

Diese Norm dient der Planung von Küchen, Bädern und Toiletten im Wohnungsbau und enthält Angaben über Einrichtungen, Stellflächen, Abstände und Bewegungsflächen.

Wenngleich die Norm sich auf die Bedingungen des Wohnungsbaues bezieht, sind viele Angaben allgemeingültiger Art, insbesondere die Angaben über den Platzbedarf von Objekten, d.h. die erforderlichen Stell- und Bewegungsflächen gelten auch für Sanitärräumen in öffentlichen und gewerblichen Gebäuden.

Inhalt:

1 Anwendungsbereich und Zweck
2 Begriffe
3 Küchen
4 Bäder und WC's.

3.4.8 DIN 18024 „Bauliche Maßnahmen für Behinderte und alte Menschen im öffentlichen Bereich – Planungsgrundlagen –"

Anmerkung: Z.Zt. in Neubearbeitung

Teil 1: „Straßen, Plätze, Wege". (Ausgabe November 1974)

Diese Norm behandelt Maßnahmen, die Behinderten und alten Menschen größere Bewegungssicherheit auf Straßen, Plätzen und Wegen geben sollen.

Sie behandelt im einzelnen:

- Gehwege
- Bordsteinhöhen
- Fußgängerüberwege
- PKW-Stellplätze
- Öffentliche Fernsprechzellen
- Beschilderung

Teil 2: „Öffentlich zugängige Gebäude" (Ausgabe April 1976)

Diese Norm will Behinderten größere Bewegungsfreiheit in allen öffentlich zugängigen Gebäuden, also z.B. Ämtern, Gerichten, Dienststellen, Krankenhäusern, Badeanstalten, Gaststätten, Banken und Sparkassen, Museen usw., ermöglichen.

Behandelt werden:

- ◆ Zugang zum Gebäude
- ◆ PKW-Stellplätze
- ◆ Bewegungsfreiheit innerhalb des Gebäudes
- ◆ Öffentliche Fernsprechzellen
- ◆ Sanitärräume
- ◆ Beschilderung.

3.4.9 DIN 18025 „Wohnungen für Schwerbehinderte; Planungsgrundlagen."

(Ausgabe Januar 1972. Anmerkung: Z.Zt. in Neubearbeitung)

Teil 1: Wohnungen für Rollstuhlbenutzer

Inhalt:

1 Begriff

2 Bemessung von Wohnzimmer, Freisitz, Flur und Abstellraum

3 Stellflächen in Schlafzimmern

4 Ausstattung und Stellflächen in Küche, Hausarbeitsraum und Sanitärräumen

5 Abstände

6 Bewegungsflächen

7 Besondere Anforderungen an die Ausstattung

8 Zugang zu Haus und Wohnung

Teil 2: Wohnungen für Blinde und wesentlich Sehbehinderte. (Ausgabe Juli 1974).

Dieser Teil ist entsprechend Teil 1 gegliedert, jedoch bezieht sich der Inhalt auf eine Reihe besonderer Grundriß- und Ausstattungsmerkmale, die den Blinden oder wesentlich Sehbehinderten das Wohnen und Wirtschaften erleichtern sollen.

3.4.10 DIN 18031 „Hygiene im Schulbau"

(Ausgabe 1963, ersatzlos 1983 zurückgezogen)

Die Norm enthielt u.a. als Planungsangabe Aussagen zur Anzahl der erforderlichen Sanitäreinrichtungen in Schulen.

Bezugsgrößen waren:

- ◆ für Schüler
  je Knabenklasse   1 Abort
  je Mädchenklasse   2 Aborte

- für Lehrer
  - jeweils für 25 Lehrer   1 Abort
  - jeweils für 10 Lehrerinnen   1 Abort.

Diese Angaben konkurrieren mit Angaben an anderen Stellen, so z. B. den Schulbau-Richtlinien, die als Bezugsgröße für Schüler deren Anzahl nehmen und für

- jeweils 20 Jungen   1 Abort
- jeweils 10 Mädchen   1 Abort

fordern.

3.4.11 DIN 18 032, Teil 1 „Hallen für Turnen, Spiele und Mehrzwecknutzung, Grundsätze für Planung und Bau"

(Ausgabe April 1989)

Die Norm behandelt:

- Allgemeine Planungsgesichtspunkte für Hallen, Zusatzsporträume, Betriebsräume
- Die jeweiligen Anforderungen an die Raumzuordnungen
- Die Anforderungen an die Beleuchtung, Heizung, Lüftung, sanitäre Installationen, Elektrotechnik.

Für die Sanitärausstattung der Hallen ist folgendes geregelt:

- Für jede Halle soll zusätzlich zu den Toiletten im Duschbereich eine eigene Toilette mit Vorraum und Waschbecken (Sportraumtoilette) vorgesehen werden.
- Sportraumtoiletten können bei günstiger Anordnung durch die Toiletten im Eingangsbereich ersetzt werden.
- Auf jeweils 4 Umkleideplätze soll 1 Duschplatz zur Verfügung stehen. Bei mehr als 8 Duschplätzen sind je Duschplatz 2,50 m² ausreichend.
- Bei Einzelhallen ist 1 Duschraum erforderlich, der mit der jeweils halben Ausstattung teilbar sein kann.
- Bei Doppel- und größeren Mehrfachhallen ist je Umkleideraum 1 Duschraum erforderlich.
- Duschräume sind von den Umkleideräumen zu erschließen.
- Bei Schrägduschen mit unverstellbarem Duschkopf gilt:
  Duschkopfhöhe 1,80 m über OKFF
  Achsabstand 0,80 m
  Ablage für Waschutensilien und Brillen

- ◆ Für Waschstellen gilt:
  Waschreihen 0,60–0,65 m hoch
  Achsabstand der Zapfstellen mind. 0,60 m
  Haken und Ablageflächen an trockenbleibender Stelle
- ◆ Zapfstellen zur Raumreinigung und Einrichtung zur Fußpilzbekämpfung jeweils mit Schlauchanschluß

Für die Sanitärausstattung des Eingangsbereiches ist gesagt:

- ◆ Ausstattung mit Toiletten, und zwar:
- ◆ Mindestausstattung:
- ◆ 2 Klosetts für Damen
- ◆ 1 Klosett und 2 Urinale für Herren (ausreichend für 200 Besucher- bzw. Zuschauerplätze). – Bei mehr als 200 Plätzen sind je 100 zusätzliche Plätze 1 Toilette mehr vorzusehen.

Für die Auslegung der Warmwasserversorgung sind folgende Werte zugrunde zu legen:

- ◆ Für die Auslegung sind mind. 25 Personen je Halle bzw. Hallenteil zu berücksichtigen
- ◆ Warmwasserentnahmetemperatur max 40 °C
- ◆ Wasserverbrauch je Person 8 l/min
- ◆ Duschzeit je Person 4 min.
- ◆ Aufheizzeit für die Warmwasserbereitung 50 min
- ◆ Speichertemperatur im Regelfall 50 °C
- ◆ Durchflußleistung der Duschköpfe mind. 8 l/min
- ◆ Zur Maximalbegrenzung der Auslauftemperatur ist ein Thermostat erforderlich
- ◆ Selbstschlußarmaturen im Duschraum

3.4.12 DIN 18195 „Bauwerksabdichtungen"

(Ausgabe August 1983)

Diese Norm wendet sich nicht nur an den Abdichtungsfachmann, sondern auch an die für Planung und Ausführung des Bauwerkes Zuständigen. Sie behandelt die Abdichtung von Bauwerken und Bauteilen gegen Bodenfeuchtigkeit, nichtdrückendes und drückendes Wasser mit Bitumenwerkstoffen, Kunststoffdichtungsbahnen und Metallbändern.

Die Norm besteht aus 10 Teilen:

Teil 1 Allgemeines, Begriffe
Teil 2 Stoffe
Teil 3 Verarbeitung der Stoffe

Teil 4 Abdichtungen gegen Bodenfeuchtigkeit, Bemessung und Ausführung

Teil 5 Abdichtungen gegen nichtdrückendes Wasser, Bemessung und Ausführung

Teil 6 Abdichtungen gegen von außen drückendes Wasser, Bemessung und Ausführung

Teil 7 Abdichtungen gegen von innen drückendes Wasser, Bemessung und Ausführung

Teil 8 Abdichtungen über Bewegungsfugen

Teil 9 Durchdringungen, Übergänge, Abschlüsse

Teil 10 Schutzschichten und Schutzbahnen.

3.4.13 DIN 18 228 „Gesundheitstechnische Anlagen in Industriebauten"

(Ausgabe 1960 (1971), ersatzlos 1989 zurückgezogen)

Die Norm enthielt im Blatt 2 (Ausgabe Nov. 1960) interessante Angaben zur Planung von Abortanlagen in Industriebauten. So war hinsichtlich der Verteilung von Abortanlagen gesagt, daß:

◆ sie nicht mehr als 100 m vom Arbeitsplatz entfernt sein sollen

◆ der Höhenunterschied nicht mehr als 1 Geschoß betragen soll.

Hinsichtlich der Größe der Anlagen bzw. Anzahl der Sanitäreinrichtungen war folgendes festgelegt:

◆ Die Größe richtet sich nach der stärksten Schicht des Betriebes

◆ Die Anzahl der Aborte und Urinale richtet sich nach:

Tabelle 27 Gesundheitstechnische Anlagen in Industriebauten.

Männer			Frauen	
Beschäftigtenzahl	Zahl der Spülaborte	Zahl der Pißstellen	Beschäftigtenzahl	Zahl der Spülaborte
≤ 10	1	1	≤ 10	1
≤ 25	2	2	≤ 20	2
≤ 50	3	3	≤ 35	3
≤ 75	4	4	≤ 50	4
≤ 100	5	5	≤ 65	5
≤ 130	6	6	≤ 80	6
≤ 160	7	7	≤ 100	7
≤ 190	8	8	≤ 120	8
≤ 220	9	9	≤ 140	9
≤ 250	10	10	≤ 160	10

◆ Vor Abortanlagen sind gut gelüftete Vorräume anzuordnen. Der Vorraum ist durch eine bis an die Decke führende Wand von den Abortanlagen abzutrennen.

◆ Im Vorraum ist für je 5 Spülaborte mindestens 1 Waschbecken anzuordnen.

3.4.14 DIN 18 299 „Allgemeine Regelungen für Bauarbeiten jeder Art"

(Ausgabe September 1988, Ergänzungsband II/1990)

Die Norm ist Bestandteil der VOB, Teil C

In dieser Norm sind allgemeine Regelungen, die vorher in den einzelnen Fachnormen der VOB, Teil C, immer wieder in gleicher Weise aufgeführt waren, zusammengefaßt. Sie ist somit im Zusammenhang mit jeder dieser Fachnormen zu sehen.

Mit dieser Norm wird allerdings die bisher übliche Einteilung von Leistungen in sogenannte *Nebenleistungen* und *Hauptleistungen* verändert. Statt dessen wird nunmehr zwischen *Hauptleistungen*, *Nebenleistungen* und *Besonderen Leistungen* unterschieden.

Hauptleistungen sind solche Leistungen, die zur Erfüllung der Bauaufgabe notwendig sind und dazu im Leistungsverzeichnis aufgeführt, nach Umfang und Art beschrieben und mit einer Ordnungszahl (Position) versehen werden.

Nebenleistungen sind Leistungen, die auch ohne Erwähnung im Vertrag zur vertraglichen Leistung gehören. Ihr Aufwand ist in die jeweiligen Hauptleistungen einzukalkulieren. Eine ausdrückliche Erwähnung ist deshalb nur dann geboten, wenn die Kosten der Nebenleistung von erheblicher Bedeutung für die Preisbildung sind.

Besondere Leistungen sind Leistungen, die nicht Nebenleistungen sind und nur dann zur vertraglichen Leistung gehören, wenn sie in der Leistungsbeschreibung besonders erwähnt sind. Die DIN 18 299 führt Leistungen auf, die „Besondere Leistungen" sein können.

Wichtig ist auch die Regelung, wonach zur Abrechnung Leistungen aus Zeichnungen zu ermitteln sind, soweit die ausgeführte Leistung diesen Zeichnungen entspricht. Sind solche Zeichnungen nicht vorhanden, ist die Leistung aufzumessen.

3.4.15 DIN 18 336 „Abdichtungsarbeiten"

(Ausgabe September 1988)

Die Norm ist Bestandteil der VOB, Teil C.

Sie gliedert sich in 6 Abschnitte:

- ◆ Hinweise für das Aufstellen der Leistungsbeschreibung
- ◆ Geltungsbereich
- ◆ Stoffe, Bauteile
- ◆ Ausführung
- ◆ Nebenleistungen, Besondere Leistungen
- ◆ Abrechnung

Hinsichtlich der Ausführung werden Angaben gemacht zur

- Abdichtung gegen Bodenfeuchtigkeit
- Abdichtung gegen nichtdrückendes Wasser
- Abdichtung gegen drückendes Wasser
- Abdichtung über Bewegungsfugen
- Abdichtungen bei Durchdringungen, Übergängen und Anschlüssen.

3.4.16 DIN 18 352 „Fliesen- und Plattenarbeiten"

(Ausgabe September 1988)

Die Norm ist Bestandteil der VOB, Teil C.

Sie gliedert sich in 6 Abschnitte:

- Hinweise für das Aufstellen der Leistungsbeschreibung
- Geltungsbereich
- Stoffe, Bauteile
- Ausführung
- Nebenleistungen, Besondere Leistungen
- Abrechnung

Hinsichtlich der Ausführung werden folgende Angaben bzw. Hinweise gemacht:

- Beim Ansetzen und Verlegen von Fliesen und Platten im Dickbett sind folgende Mörteldicken herzustellen:

bei Wandbekleidungen	15 mm
bei Bodenbelägen	20 mm
bei Bodenbelägen auf Trennschicht innen	30 mm
bei Bodenbelägen auf Trennschicht außen	50 mm
bei Bodenbelägen auf Dämmschicht innen	45 mm
bei Bodenbelägen auf Dämmschicht außen	50 mm

- Beim Ansetzen und Verlegen im Dünnbett wird auf DIN 18 157, Teil 1–3, verwiesen.

3.4.17 DIN 18 381 „Gas-, Wasser- und Abwasser-Installationsanlagen innerhalb von Gebäuden"

(Ausgabe September 1988, Ergänzungsband I/1990)

Diese Norm ist Bestandteil der VOB, Teil C.

Sie gliedert sich in 6 Abschnitte:

- Hinweise für das Aufstellen der Leistungsbeschreibung
- Geltungsbereich

- Stoffe, Bauteile
- Ausführung
- Nebenleistungen, Besondere Leistungen
- Abrechnung

Hinsichtlich der Ausführung legt die Norm fest, daß der Auftragnehmer nach den Plänen des Auftraggebers Einbau-, Fundament-, Schlitz- und Durchbruchpläne aufzustellen und diese mit dem Auftraggeber abzustimmen hat. Sofern Schlitz- und Durchbruchpläne bereits vorliegen, hat der Auftragnehmer diese zu prüfen.

Der Auftragnehmer hat Bedenken insbesondere formgerecht geltend zu machen bei

- nicht rechtzeitiger Fertigstellung von Fundamenten
- unzureichenden Querschnitten
- fehlendem Meterriß
- unzureichendem oder mangelhaftem Schall-, Wärme- oder Brandschutz des Bauwerkes oder Teilen davon
- unzureichenden Voraussetzungen zur Aufnahme von Reaktionskräften.

Sofern die Leitungsführung dem Auftragnehmer überlassen bleibt, muß dieser den genauen Leitungsplan so zeitig aufstellen, daß mit Einverständnis des Auftraggebers die erforderlichen Schlitze und Aussparungen vorgesehen werden können.

Durch das Einverständnis des Auftraggebers wird allerdings die Verantwortung des Auftragnehmers nicht eingeschränkt.

Wenn vorgeschrieben ist, daß Armaturen und Anschlüsse im Fugenschnitt von Wandbelägen anzuordnen sind, so hat der Auftragnehmer rechtzeitig die dafür erforderlichen Angaben beim Auftraggeber anzufordern.

Der Auftragnehmer hat dem Auftraggeber zu übergeben

- Bedienungsanweisungen
- Bestandszeichnungen und schematische Beschreibungen der eingebauten Anlage (falls solche Unterlagen in der Leistungsbeschreibung gefordert sind)
- Wartungsanweisungen der Hersteller

Bei der Abrechnung werden die Maße der Anlagenteile zugrunde gelegt. Bei Abrechnung nach Längenmaß werden Rohrleitungen in der Achslinie gerechnet, Rohrbögen, Form- und Preßstücke sowie Armaturen werden übermessen.

3.4.18 DIN 19 644 V „Aufbereitung und Desinfektion von Wasser für Warmsprudelbecken"

(Ausgabe Mai 1986)

Diese Vornorm behandelt insbesondere:

- ◆ die Anforderungen an die Wasserbeschaffenheit
- ◆ die Zusätze für die Aufbereitung und Desinfektion
- ◆ Verfahrenskombinationen
- ◆ die Kontrolle der Wasserbeschaffenheit
- ◆ das hydraulische System
- ◆ die Automation.

Hinsichtlich der Anforderungen an das Reinwasser und das Beckenwasser sind u.a. in einer Tabelle sowohl die Parameter als auch die maximal zulässigen (ggf. auch die minimal zulässigen) Belastungen angegeben.

3.4.19 DIN 52 218 „Prüfung des Geräuschverhaltens von Armaturen und Geräten der Wasserinstallation im Laboratorium"

(Ausgabe November 1986)

Die Norm besteht aus 4 Teilen:

Teil 1: Meßverfahren;
Beiblatt 1: Formblätter für die Darstellung der Prüfergebnisse

Teil 2: Anschluß- und Betriebsbedingungen für Auslaufarmaturen

Teil 3: Anschluß- und Betriebsbedingungen für Durchgangsarmaturen

Teil 4: Anschluß- und Betriebsbedingungen für Sonderarmaturen.

3.4.20 DIN 52 219 „Messung von Geräuschen der Wasserinstallation in Gebäuden"

(Ausgabe September 1985)

Das Verfahren nach dieser Norm dient zum Messen der Geräusche der Wasserinstallation in Gebäuden. Aufgrund der Meßergebnisse kann beurteilt werden, ob Anforderungen an den Schallschutz (z.B. nach DIN 4109) erfüllt werden, die an eine haustechnische Anlage der Wasserinstallation und an die bei deren Betrieb entstehenden Ablaufgeräusche gestellt werden.

3.4.21 DIN 52221 „Körperschallmessungen bei haustechnischen Anlagen"

(Ausgabe Mai 1980)

Diese Norm dient zur Festlegung der Begriffe und Meßgrößen für Körperschallmessungen bei haustechnischen Anlagen. Die in dieser Norm beschriebenen Messungen dienen:

- ◆ zur Feststellung der Körperschallspektren von Maschinen, die zu haustechnischen Anlagen gehören

- ◆ zur Bestimmung der Körperschalldämmung von Isolationsmaßnahmen auf dem Prüfstand bzw. im eingebauten Zustand

- ◆ zur Messung von Pegeldifferenzen in Gebäuden zur Ermittlung der Impedanzen von Maschinenfundamenten, Decken und Wänden.

Literaturverzeichnis

[1] **Ammon, Josef:** Handbuch der Vor-Wandinstallation; Genthner-Verlag, Stuttgart 1989

[2] **Arbeitsstätten-Richtlinien** zur Arbeitsstättenverordnung, Normenheft 100 und 101, 5.76.

[3] **ash Arbeitsgemeinschaft Sanitär-Hygiene:** Rathaus – Häuschen ohne Herz? Bundesweite Untersuchung in Städten mit über 50 000 Einwohner; 1981, Wachenheim.

[4] **Auer, Felix:** Der WC-Raum – seine Größe, Apparate- und Türanordnung; Geberit GmbH, Pfullendorf.

[5] **Bahrdt, Hans Paul:** Die moderne Großstadt, Reinbek 1961
Humaner Städtebau, Hamburg 1968

[6] **Baurichtlinien für Medizinische Bäder,** 1982; Verlag Arno Schrickel, Oberstdorf.

[7] **Brandstetter, K.:** Zugängliche sanitäre Leitungen in Wohnungen – ist das sinnvoll?; DAB Heft 5/91

[8] **Broecher, Erika:** Die römischen Thermen und das antike Badewesen, Wissenschaftliche Buchgesellschaft, Darmstadt 1983

[9] **Bundesverband der Unfallversicherungsträger der öffentlichen Hand e.V., Fachgruppe „Bäder":** GUV 26.17, 02.81; Merkblatt „Bodenbeläge für naßbelastete Barfußbereiche".

[10] **DIN 1986** Entwässerungsanlagen für Gebäude und Grundstücke; Teil 1, 06.88, Technische Bestimmungen für den Bau.
Teil 2, 09.78, …; Bestimmungen für die Ermittlung der lichten Weiten und Nennweiten für Rohrleitungen.

[11] **DIN 1988** Teil 1 bis 8, 12.88, Technische Regeln für Trinkwasser-Installation (TRWI), Beuth Verlag GmbH, Berlin

[12] **DIN 2000,** 11.73, Zentrale Trinkwasserversorgung; Leitsätze für Anforderungen an Trinkwasser; Planung, Bau und Betrieb der Anlagen; Technische Regel des DVGW

[13] **DIN 2001,** 02.83, Eigen- und Einzeltrinkwasserversorgung; Leitsätze für Anforderungen an Trinkwasser; Planung, Bau und Betrieb der Anlagen; Technische Regel des DVGW

[14] **DIN 3265** Teil 1, 09.86, Sanitärarmaturen; Druckspüler; Druckspüler für Klosettbecken; Maße, Anforderungen.

[15] **DIN 4109,** 11.89, Schallschutz im Hochbau; Anforderungen und Nachweise.

[16] **DIN 18 022,** Küchen, Bäder und WC's im Wohnungsbau, Planungsgrundlagen.

[17] **DIN 18 195** Teil 5, 02.84, Bauwerksabdichtungen; Abdichtungen gegen nichtdrückendes Wasser; Bemessung und Ausführung.

[18] **DIN 18 024** Teil 1, 11.74, Bauliche Maßnahmen für Behinderte und alte Menschen im öffentlichen Bereich; Planungsgrundlagen, Straßen, Plätze und Wege.
Teil 2, 04.76, …; Planungsgrundlagen, Öffentlich zugängige Gebäude.

[19] **E DIN 18 025** Teil 1, Wohnungen für Menschen mit Behinderungen; Planungsgrundlagen, Wohnungen für Rollstuhlbenutzer.
Teil 2, Planungsgrundlagen, Wohnungen für Menschen mit sensorischen oder anderen Behinderungen.

[20] **DIN 18 228**, 06.83, Sanitärtechnische Anlagen in Gewerbebetrieben und Betrieben des Handels; Umkleideräume, Waschräume, Toilettenräume; Planungs- und Ausführungsgrundsätze,
Teil 1, 10.60, Gesundheitstechnische Anlagen in Industriebauten; Gliederung
Teil 2, 11.60, Abortanlagen.
Teil 3, 01.71, Umkleide-, Reinigungs- und Sonderanlagen.

[21] **DIN 19 545** Vornorm 05.84, Ablaufgarnituren (Geruchverschlüsse und Zubehör); Bau- und Prüfgrundsätze.

[22] **DIN 19 599**, 08.82, Abläufe und Abdeckungen in Gebäuden; Klassifizierung, Bau- und Prüfgrundsätze, Kennzeichnung.

[23] **DIN 52 218**, Prüfung des Geräuschverhaltens von Armaturen und Geräten der Wasserinstallation im Laboratorium.

[24] **DIN 52 219**, 09.85, Bauakustische Prüfungen; Messung von Geräuschen der Wasserinstallation in Gebäuden.

[25] **Durkheim, Emile:** Über die Teilung der sozialen Arbeit, Frankfurt/Main 1977

[26] Stellungnahme des **DVGW-Hauptausschusses** „Wasserverwendung" zu den „Empfehlungen des Bundesgesundheitsamtes zur Verminderung eines Legionella-Infektionsrisikos"; DVGW Deutscher Verein des Gas- und Wasserfaches e.V., Eschborn, Februar 1988.

[27] **Fabian, Dietrich:** Bäderbauten, Krammer-Verlag, Düsseldorf, 1978

[28] **Feurich, Hugo:** Sanitärtechnik, erweiterte 5. Auflage 1991; Krammer-Verlag, Düsseldorf.

[29] **Feurich, Hugo:** Stand und Entwicklung der physikalischen Therapie in der Rheumabehandlung, Gesundheits-Ingenieur Heft 1/1989. R. Oldenbourg Verlag, München.

[30] **Finsler, Dr. Georg:** Homers Odyssee, Verlag B.G. Teubner, Leipzig/Berlin, 1925.

[31] **Fissler, Jürgen:** Untersuchung zur Bemessung und Ausstattung sanitärer Anlagen in Gaststätten aus funktioneller, ergonomischer und hygienischer Sicht; Dissertation 1983, Fachbereich Umwelttechnik der Technischen Universität Berlin.

[32] **Geberit GmbH:** Schallschutz bei Abwasserleitungen, Technische Information 1990.

[33] **Gesetz** über den Verkehr mit Lebensmitteln, Tabakerzeugnissen, kosmetischen Mitteln und sonstigen Bedarfsgegenständen vom 15.08.1974, BGBl. I. S. 1945 (LMBG)

[34] **Gesetz** zur Verhütung und Bekämpfung übertragbarer Krankheiten beim Menschen (Bundes-Seuchengesetz) vom 18.12.1979 (BGBl. I, 1979, S. 2262, berichtigt BGBl. I, 1980, S. 151, geändert durch Artikel 2, § 12 des Gesetzes vom 18.08.19, BGBl. I, S. 1469)

[35] **Habermas, Jürgen:** Strukturwandel der Öffentlichkeit, Frankfurt 1990 (1962).

[36] **Harmsen:** Vorteile des Flachspülklosetts, Münchener Medizinische Wochenschrift Heft 10/1968; J. F. Lehmanns Verlag, München.

[37] **Hassenpflug:** Die Entwicklung der Krankenhausstruktur, Verlag Urban & Schwarzenberg, München/Berlin 1962

[38] **Heizungsanlagen-Verordnung (HeizAnlV)** Verordnung über energiesparende Anforderungen an heizungstechnische Anlagen und Brauchwasseranlagen, vom 1. März 1989.

[39] **Herschmann, Wilhelm:** Aufbereitung von Schwimmbadwasser, Krammer-Verlag, Düsseldorf 1980.

[40] **Kant, Immanuel:** Werke, ed. Ernst Cassirer, Berlin, Bd.4. 467 f.

[41] **Kira, Alexander:** The bathroom, criteria for design, 1966; Cornell University Ithaca, New York, Card Number 66-17889.

[42] **Kira, Alexander:** Das Badezimmer – Private und öffentliche Sanitäranlagen für Nichtbehinderte und Behinderte; Krammer-Verlag, Düsseldorf.

[43] **Koch, H. und Riessner, D.:** Infektionsquellen der meist tödlich verlaufenden Pseudomonas-Sepsis und des Pseudomonas-Hospitalismus; Medizinische Welt Nr. 8 vom 24.02.1968.

[44] **KOK – Koordinierungskreis Bäder:** Richtlinien für den Bäderbau, 2. Auflage 1982; W. Tümmels Buchdruckerei und Verlag GmbH, Nürnberg.

[45] **Krankenhausbetriebs-Verordnung für das Land Berlin,** 1985; Verwaltungsdruckerei Berlin.

[46] **Kranz, Matthias:** Der Stoff aus dem die Legionellen kommen; Installateur Heft 10/1990, AT-Zeitschriften Verlag, Aarau/ Schweiz.

[47] **Kretschmer, Joachim:** Gegenüberstellung des Energieverbrauchs bei Verwendung von kolbenlosen Selbstschlußventilen und berührungslosen elektronischen Brausen gegenüber herkömmlichen Ventilen in Abhängigkeit von der Anzahl der Wasserentnahmestellen; Archiv des Badewesens Heft 5/1976, Verlag Arno Schrickel, Oberstdorf.

[48] **Laboyga, Dirichlet, F.:** Krankenhausbau, Verlagsanstalt Alexander Koch GmbH, Stuttgart 1980.

[49] **Lein, Peter:** Vom Wasserhahn zur elektronisch gesteuerten Armatur – in „Die vergessenen Tempel" Zur Geschichte der Sanitärtechnik – AQUA Butzke-Werke AG, Berlin, 1988.

[50] **Löwe, Reinhardt:** Hygiene im Krankenhausbau; Hygiene + Medizin Heft 5/1977.

[51] **Luz, Wilhelm August:** Das Büchlein vom Bade, F.A.Herbig Verlagsbuchhandlung, Berlin 1958.

[52] **Mitscherlich, Alexander:** Die Unwirtlichkeit unserer Städte, Frankfurt/Main 1965.

[53] **Müller, Hans E.:** Mit kurzzeitiger Überhitzung des Brauchwassers ist schon einiges gewonnen; Sanitär- und Heizungstechnik Heft 4/1984, Krammer-Verlag, Düsseldorf.

[54] **Müller, Reiner:** Hygiene; 4. Auflage 1949, Verlag Urban & Schwarzenberg, Berlin-München.

[55] **Noelle-Neumann, Elisabeth:** Untersuchungen zur Sauberkeit – Sauberkeitsnormen 1964 – 1975; Zentralblatt für Bakteriologie, Parasitenkunde, Infektionskrankheiten und Hygiene, Band 163, Heft 1–4, 1976; Gustav Fischer Verlag, Stuttgart/New York.

[56] **Philippen, Dieter P.:** Lebensraumplanung und Haustechnik der Gemeinschaft für Kinder, Behinderte, Nichtbehinderte, alte Menschen; Wilhelm Gienger GmbH, München 1980.

[57] **Reploh, H.** und **Otte, H.J.:** Lehrbuch der Medizinischen Mikrobiologie und Infektionskrankheiten; 1961 Gustav Fischer Verlag, Stuttgart/New York.

[58] **Ridenour, Gerald M.** und **Armbruster, E. H.:** Bacterial Cleanability of Various Types of Eating Surfaces; Verlag American Public Health Association, Inc., New York. Vo. 43, Nr. 2. Februar 1953

[59] **Ruppel:** Anlagen und Bau der Krankenhäuser, Gustav Fischer Verlag, Jena 1899.

[60] **Sachse, Volker:** Betriebskosten automatischer Duschanlagen im Badebetrieb; Archiv des Badewesens Heft 5/1976, Verlag Arno Schrickel, Oberstdorf.

[61] **Schmidt-Salzer, Dr. Joachim:** Kommentar EG-Richtlinie Produkthaftung, Band 1, Verlag Recht und Wirtschaft, Heidelberg, 1986.

[62] **Schneider, P.:** Schallschutz bei haustechnischen Anlagen, Jahrbuch des Bauwesens 1966, Deutsche Verlagsanstalt, Stuttgart.

[63] **Schulze-Röbbecke, R.:** Legionellen – Einführung in die Problematik; 4. Symposium über Krankenhaushygiene der Universitätskliniken Bonn am 17.09.1988 in Bonn.

[64] **Schulze-Röbbecke, R.:** Sanitärtechnik und Hygiene; VDI-Seminar „Sanitärtechnik – Planung und Gestaltung" am 03.11.88 BW 42-39-01.

[65] **Seidel, K., Seeber, E.** und **Hässelbarth, U.:** Legionellen Beiträge zur Bewertung eines hygienischen Problems; 1987 Georg Fischer Verlag, Stuttgart/New York.

[66] **Sennet, Richard:** Verfall und Ende des öffentlichen Lebens. Die Tyrannei der Intimität, Frankfurt 1985.

[67] **Stierling, Henri:** Enzyklopädie der Weltliteratur, Office du Livre S.A., Fribourg (Suisse).

[68] **Suhr, Dr.phil. Marianne:** Lehrbeauftragte an der TU Berlin Planungs- und Architektursoziologie.

[69] **Theus, Peter-Martin:** Schwimmbadhygiene, Verlag Volk und Gesundheit, 1983.

[70] **Wagner, Prof. Heinz, Piechottka, Dr. O.:** Vorfertigung im technischen Ausbau – Teilgebiet Sanitärtechnik. Abschlußbericht Forschungsvorhaben S 99 im Auftrage der FTA 1985.

[71] **Wagner, Prof. Heinz:** Im Baderaum – sozialer Raum der Familie; Internationales Design Zentrum, Berlin 1973

[72] **Verordnung** über Trinkwasser und über Brauchwasser für Lebensmittelbetriebe (Trinkwasser-Verordnung) vom 31.01.1975, (BGBl. 1975, S. 453, berichtigt S. 679)

[73] **VDI 4100**, Entwurf 10.89, Schallschutz von Wohnungen; Kriterien für Planung und Beurteilung, Beuth Verlag GmbH, Berlin.

Vertriebsprogramm

DTS Wasser-Abwasser-Technik GmbH
D-6000 Frankfurt/Main 94
Eschborner Landstraße 134–138
Telefon 069/78 91 02-0
Telefax 069/78 90 31 78

Planung und Bau von Anlagen zur Reinigung von Abwässern mit chemischen und physikalischen Verfahren

- Dekontaminierungsanlagen für radioaktive Abwässer
- Neutralisationsanlagen saurer und alkalischer Abwässer
- Entgiftung chrom-, cyan- und nitrithaltiger Abwässer
- Entgiftung von Eloxal- und Fotoabwässern
- Fällung von Metallhydroxiden mit Schlammbehandlung
- Reinigung von Emulsionen durch Brechung, Fällung und Ultrafiltration
- Ionenaustauscher Kreislaufanlagen zur Reinigung von Galvanikabwässern
- Thermische und chemische Desinfektionsanlagen für z.B. Krankenhausabwässern

Planung und Bau von Anlagen zur Wasseraufbereitung

- Wasserenthärtung, Wasserentsalzung mit Ionenaustauscheranlagen
- Wasserentsalzung mit Umkehrosmoseanlagen

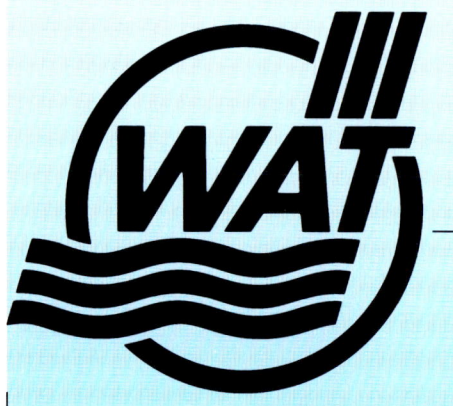

Sprechen Sie mit uns, wenn Sie auf zukunftsichere Technologien setzen.

- **Abwasser-Technik:**
  Neutralisation (CO_2 NE), Fällung/Flockung, Flotation, Sedimentation, Bio-Reaktoren, Entgiftung, Dekontaminierung, Desinfektion, chem.-/thermisch

- **Wasser-Aufbereitung:**
  Umkehrosmose, Desinfektion, chem.-/thermisch, Filtration, Enthärtung, Entsalzung, Dosierung, Entkeimung

- **Planung, Ausführung:**
  Wartung, Aufbereitungsmittel für Brauch-, Trink-, Schwimmbadwasser, Prozeßreinigungen

- **Membran-Technologien:**
  Cross-Flow-Filtration
  Nano-, Ultra- und Mikrofiltration

**WAT
Wasser- und
Abwassertechnik**

Gruitener Straße 17
4006 Erkrath
Tel. 02104/46031-33
Fax 02104/42831
Teletex 2627-2104310

MINIMALER ZEITAUFWAND

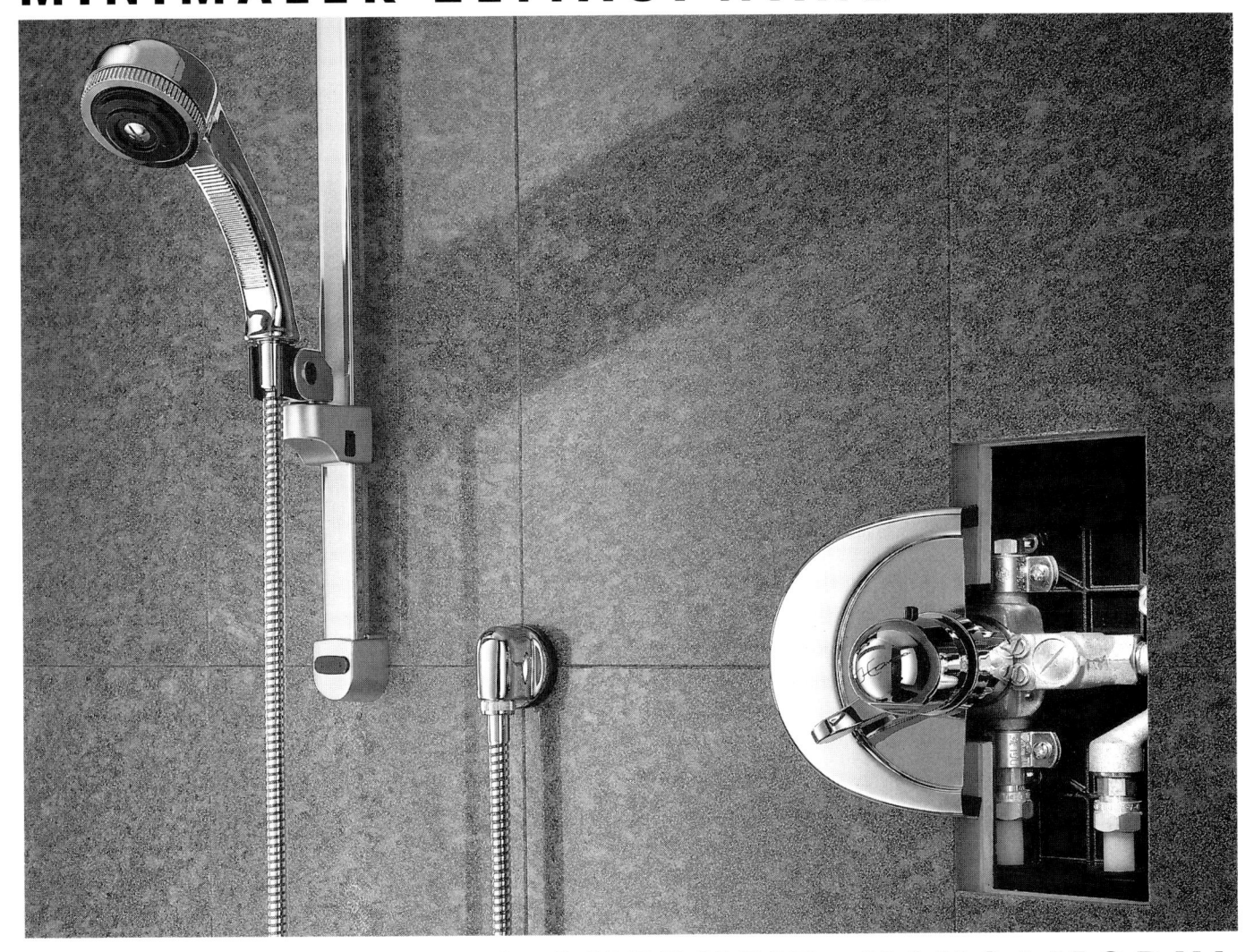

BEI MAXIMALER SICHERHEIT: HANSAMODUL

Für die Vorwand-Montage und den sanitären Trockenausbau gibt es die optimalen Montagemöglichkeiten: HANSAMODUL-UNIVERSAL. Dieses Modulsystem vereint die Vorzüge einer Unterputzarmatur mit den Montagevorteilen der Aufputzarmatur. HANSAMODUL-UNIVERSAL paßt für alle gängigen Rohrsysteme und erfüllt die entsprechenden DIN-Vorschriften. Fazit: HANSAMODUL-UNIVERSAL ist die Lösung für perfekten Badkomfort im Neubau und bei der Renovierung.

HANSA Metallwerke AG
Sigmaringer Str. 107
7000 Stuttgart 80
Telefon (07 11) 16 14-0
Telefax (07 11) 16 14-368

HANSA
Sicherheit einer großen Marke

Vielfältig komfortabel.

Armaturen mit Komfort:
FRIEDRICH GROHE

Europlus, flexibel in der Anwendung, eigenständig im Design, zuverlässig in der Technik. Ihre Wahl für das Plus an Komfort. Friedrich Grohe, Postfach 1361, 5870 Hemer

Waschplatzgestaltung nach Maß von Alape

Hotelbäder, Wasch- und Toilettenräume

Waschtischanlage nach Maß in CeramoStahl®

Waschtischanlage in Vollkern

Reihenwaschtischanlage nach Maß in Vollkern

Waschtischanlage nach Maß in Corian

Wenn im Rahmen einer modernen Sanitärplanung funktionsgerechte Waschplatzgestaltung nach Maß in zeitlos klarem Design und hoher Qualität zur Disposition steht, ist die Alape-Firmengruppe eine erste Adresse als leistungsstarker Partner. Mit modernster Technik, die in der Produktion zur Anwendung kommt. Mit umfassenden Erfahrungen in der Verarbeitung der modernen Werkstoffe unserer Zeit. Mit Lösungsvorschlägen für jeden Anspruch und Kostenrahmen. Bei Neuplanung oder Renovation. Von der anspruchsvollen Einzelanfertigung bis zur Großserie im Objektbereich.

Weltweit werden anspruchsvolle Hotels mit Alape-Waschtischen aus der Serie oder nach Maß unter Bezug auf bauseitige Vorgaben und spezielle Wünsche der Bauherren, Architekten und Planer ausgestattet.

Informationen, Referenzen, Beratung:
Alape D-3380 Goslar,
Tel. 05321/ 558-0, Fax 05321/ 80304

Gute Formen tragen einen guten Namen.

Alape

friatherm
INSTALLATIONS-SYSTEM

FRIATEC

Ein starkes Stück Sicherheit.

Der Fitting: ein einzigartiger Sicherheits-Konus mit extralanger Sicherheitszone.
Für sichere Preßsitz-Verbindungen durch Kaltverschweißen.
Und das schönste: Sie arbeiten wie gewohnt, auch bei Steig- und Kellerleitungen!
Mehr Infos zu diesem Kunststoff-Installations-System? Einfach anfordern. Wir schicken Ihnen gerne Unterlagen zum gesamten Profi-Programm der Hauswasser-Technik von FRIATEC.

FRIATEC
FRIATEC AG
Bereich Gebäudetechnik
Postfach 71 02 61 · D-6800 Mannheim 71
Tel. (06 21) 48 60 · Fax (06 21) 48 13 33

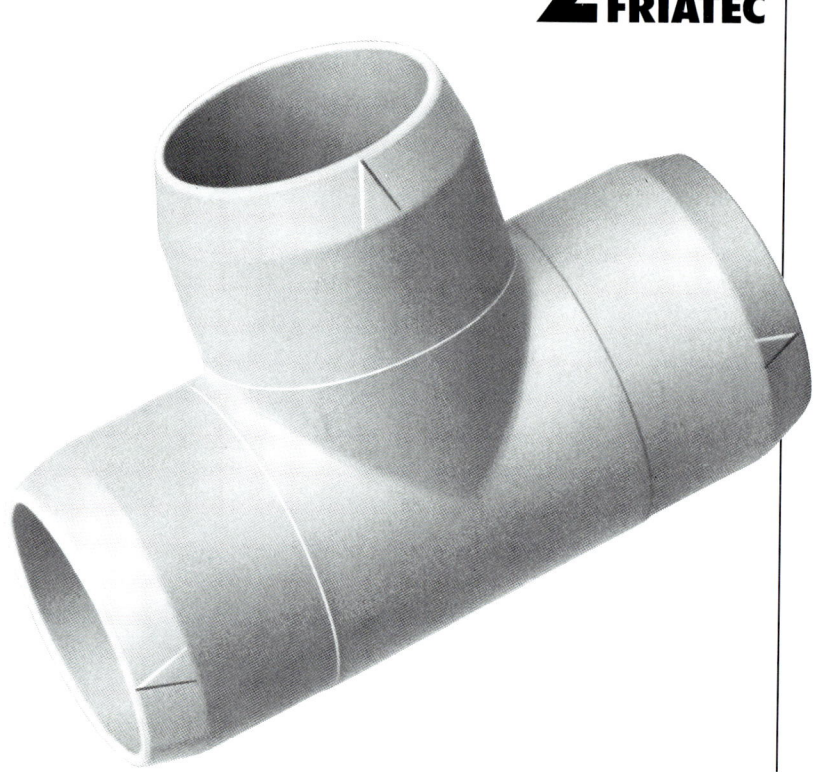

In nur 5 Minuten kann ein Badezimmer speziell für Behinderte eingerichtet werden.

Komplett.
  Zunächst ist es ein ganz normales Badezimmer. Aber im Handumdrehen wird daraus ein sicheres und komplett eingerichtetes Behinderten-Badezimmer.
  Dieser Umbau ist mit dem Pressalit Multi System innerhalb von nur 5 Minuten möglich.
  Alle Zusätzteile können auf einer Wandschiene, die wie eine diskrete Wanddekoration aussieht, montiert werden.
  Und naturlich kann man sie genau so schnell wieder demontieren.
  Pressalit gibt den Behinderten seit Jahren Hilfestellung im Badbereich. Da ist es nur logisch, auch den Gastgebern von Behinderten ein bißchen zu helfen.
  Wir geben Ihnen gerne weitere Informationen über dieses flexible Baukastensystem.

pressalit

Pressalit GmbH, Grosser Kamp 11,
2000 Barsbüttel b. Hamburg,
Tel.: (040) 6700073-74, Fax: (040) 6703170

EIN PLUS IN HYGIENE

Die Parma-Urinale von Ideal-Standard.

Ein Hotel ist so gut wie seine Bäder: Je komfortabler, desto besser. Deshalb bietet Ideal-Standard fürs Plus im Image das Plus in Hygiene: Mit den idealen Parma-Urinalen. Für größte Effektivität bei sparsamen Verbrauch. Für mehr Farbe im Bad durch die breite Farb-Palette in insgesamt 14 verschiedenen Oberflächen. Für optimalen Komfort durch individuelle Modellvarianten. Die ideale Lösung für Hotels, die ihren Gästen einen besonderen Standard bieten wollen – im WC genauso wie im Gästebad.

Ja, ich will mehr wissen über die Parma-Collection von Ideal-Standard. Schicken Sie mir mehr Informationen.

Coupon ausschneiden und abschicken an:
Ideal-Standard, Abt. MPW, Euskirchener Str. 80, 5300 Bonn 1.

Ideal Standard
Ein Unternehmensbereich der WABCO Standard GmbH

Das komplette Programm
für die optimale Sanitärausstattung
gewerblich und öffentlich genutzter
Wasch-, Dusch- und Toilettenräume.

ROTTER
Sanitärausstattung

ROTTER GmbH & Co. KG
Soltauer Straße 18 – 22
D - 1000 Berlin 27

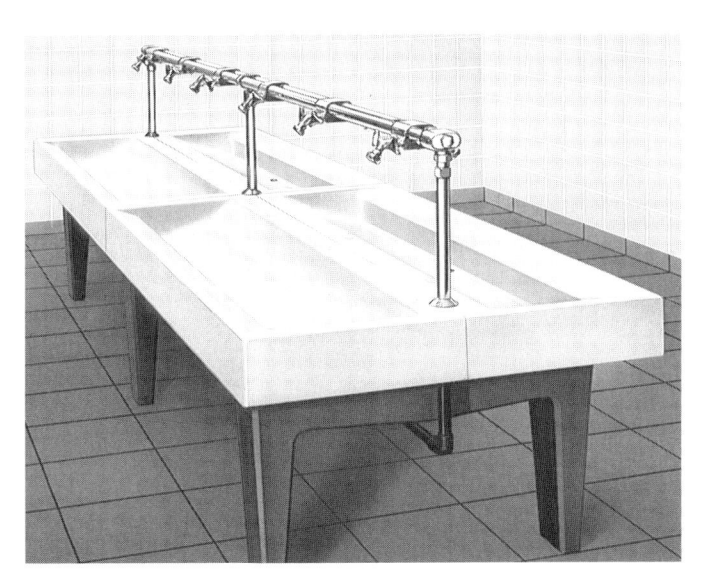

Hotel-Waschtische
nach Maß

ROTTER – der Hygiene wegen

MEROBLOCK®

Nur wer hinter die Dinge sieht, ist vor Überraschungen sicher!

Wenn Sie sich ein neues Badezimmer zulegen, oder ein bestehendes Bad modernisieren möchten, dann sollten Sie auf den Einbau einer zukunftssicheren Vorwand-Installation großen Wert legen. Die **MEROBLOCK** Vorwand-Installationselemente ermöglichen einen universellen und kreativen Einsatz in jedem Badezimmer.

Der **MEROBLOCK** ist ein Vorwand-Installations-System mit einem Schallschutzgutachten. Er unterliegt einer ständigen Güteüberwachung (DVGW).
Mit dem **MEROBLOCK** sind Sie vor Überraschungen sicher.

MERO-Werke
Dr. Ing. M. Mengeringhausen GmbH & Co.
Sanitär-Haustechnik
Postfach 6169, D-8700 Würzburg
Telefon: (0931) 4103-668
Telefax: (0931) 4103-658

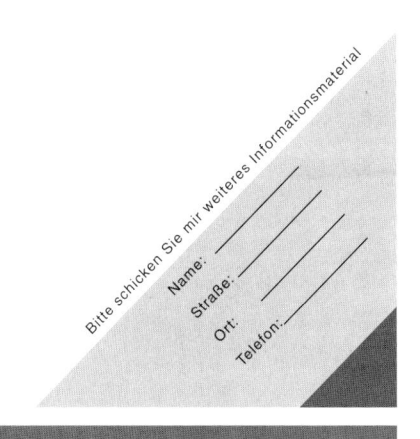

MERO®

Bitte schicken Sie mir weiteres Informationsmaterial
Name:
Straße:
Ort:
Telefon:

Vorwand-Installation – die neue zukunftsweisende Methode in der Sanitärtechnik

Zeit und Kostenersparnis

Die Vorwandinstallation macht die herkömmliche Schlitz-Installation mit all ihren Nachteilen wie Dreck, Schutt und Lärm überflüssig. Die von MEPA entsprechend der baulichen Gegebenheiten auf Maß vorgefertigten Installationselemente konnten direkt vor die Wand bzw als Raumteiler montiert werden. Aufwendige Maurerarbeiten entfielen, ebenso zeitraubende Austrocknungszeiten. Alle Arbeiten konnten durch den Installateur ausgeführt werden – es entstanden keine zusätzlichen Kosten für den Maurer.

Schallschutz

Akustische Gesichtspunkte spielen bei einer Modernisierung eine besondere Rolle. Bei einer Vorwandinstallation werden die Rohrleitungen im Hohlraum des Ständerwerkes verlegt und finden somit keine Anbindung an das Mauerwerk.

Statik

Da keine Stemmarbeiten erforderlich sind, kann eine statische Relevanz der Modernisierungsmaßnahmen von vornherein ausgeschlossen werden.

Anwendungsbereiche

Die Vorwand-Installationselemente Varimont-AS eignen sich nicht nur im Wohnungsbaubereich für die Montage der sanitären Einrichtungen im Neubau oder bei der Altbausanierung, sondern auch ganz besonders für den Einsatz in Großanlagen wie Krankenhäuser, Hotels, Industrieanlagen, Schulen, Sporthallen etc.. Dabei kann die Gestaltung der sanitären Einrichtungen nach individuellen Vorstellungen oder baulichen Gegebenheiten erfolgen.

Wenn Sie mehr über das Vorwandinstallationssystem Varimont-AS erfahren möchten, können Sie die kostenlosen Informationsunterlagen telefonisch bei uns anfordern.

Objekt: Beethovenhalle, Bonn
Aufgabe: Modernisierung der sanitären Einrichtungen innerhalb von 6 Wochen
Lösung: Vorwandinstallation Trockenbau mit MEPA-Varimont AS

MEPA – Pauli und Menden GmbH
Rolandsecker Weg 37
5342 Rheinbreitbach
Telefon (0 22 24) 77 09-0
Telefax (0 22 24) 77 09-50

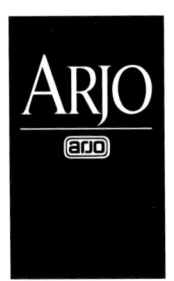

ARJO *Rhapsody*

Das neue und bessere Badekonzept

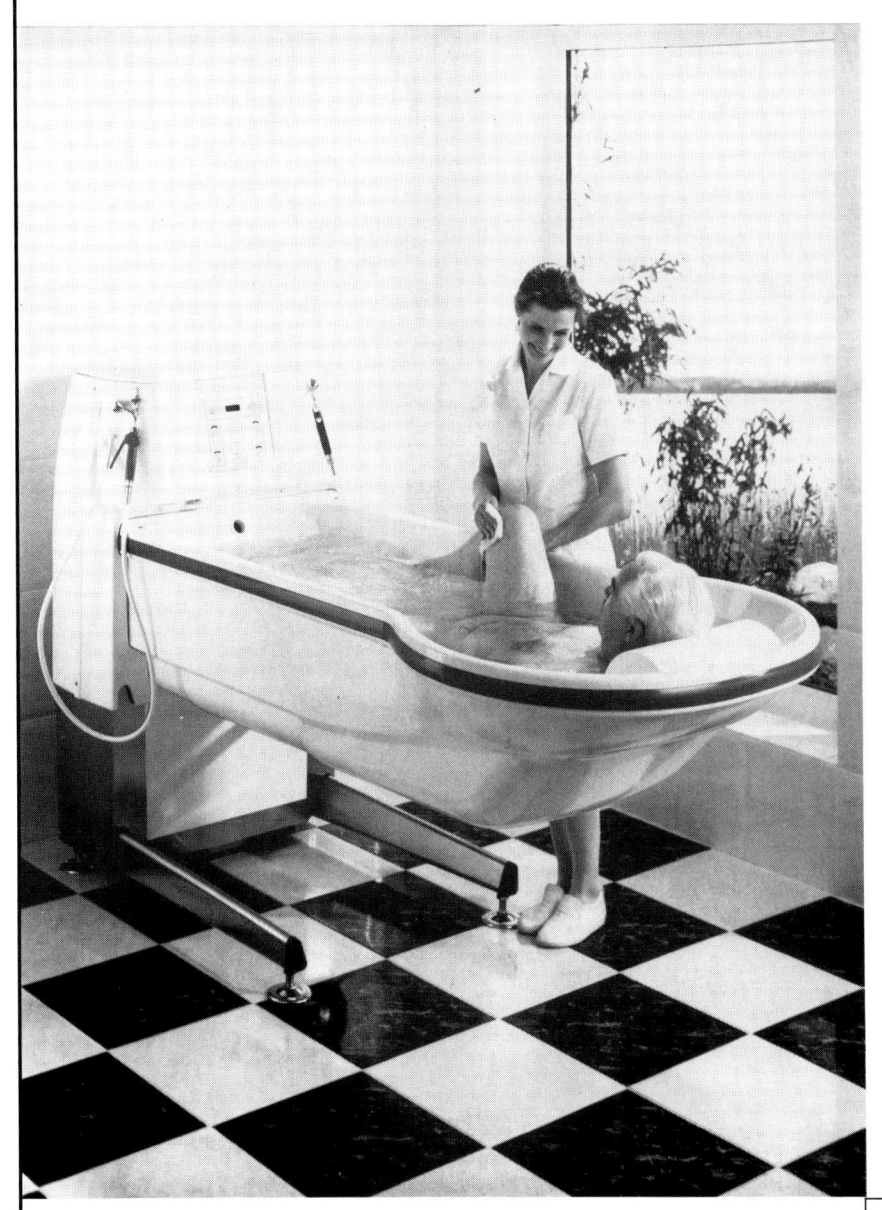

NEU UND BESSER:

Automatische Wannenfüllung mit Doppelthermostatmischer für minimale Füllzeiten bei vorgewählter Temperatur bis zur vorgegebenen Füllhöhe. Elektronisch gesteuerte Temperaturüberwachung mit Verbrühschutz.
Elektrischer Pumpenspender für Badeöl und Shampoo. Bedienungsfreundliche und hygienische Folientastatur mit Digitalanzeige.
Ergonomisch geformter Wannenkörper mit „Beckenform" zur optimalen Pflege des Oberkörpers. 4-fach verstellbare Fußstütze. Großer Hubbereich für leichten Einstieg mobiler Patienten und für die richtige Körperhaltung der Pflegekraft.
Die ARJO-Sitz und Liegelifter sind integrierbar.

NOCH FRAGEN!?
Dann anrufen, faxen, schreiben oder Coupon zusenden! Wir beraten Sie gerne über unsere Pflege- und Hygienesysteme.

ARJO *Technik im Dienst des Menschen.*

ARJO SYSTEME FÜR REHABILITATION GMBH
Rudolf-Diesel-Straße 5, 6238 Hofheim-Wallau
Tel. (0 61 22) 80 40, Fax (0 61 22) 8 04 60, Telex 4064212 arjo d

☐ Bitte senden Sie mir die Informationsschriften zur ARJO RHAPSODY zu.

☐ Bitte rufen Sie mich an! Wir benötigen detailliertere Auskünfte zur ARJO RHAPSODY.

Name:
Straße:
Wohnort:
Tel.: Fax:

Strobel

WIRTSCHAFTLICHKEIT, HALTBARKEIT UND UMWELTSCHUTZ SIND BEREITS EINGEPLANT

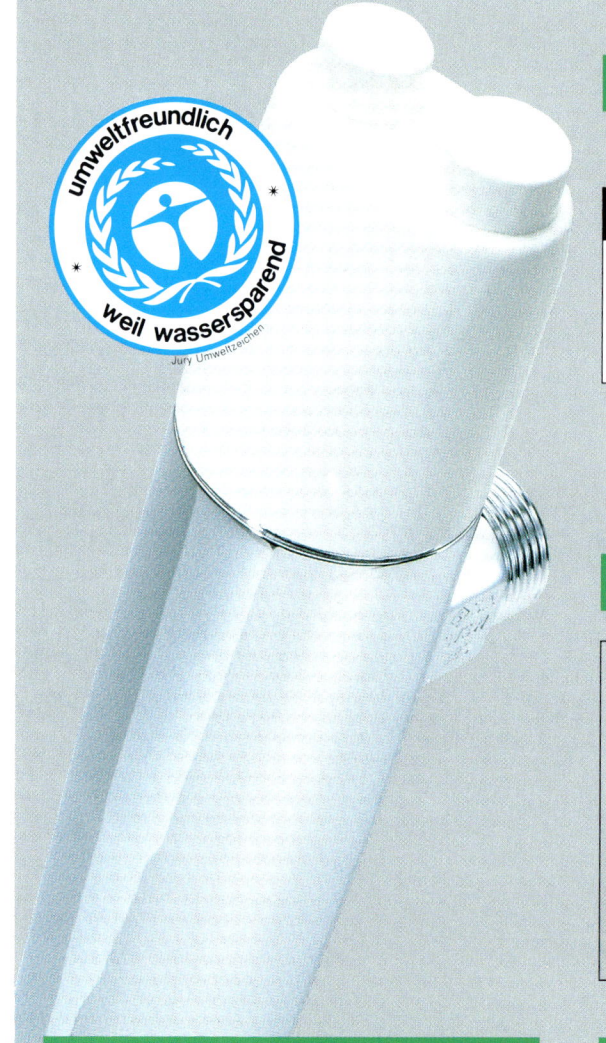

DUOMAT '90

Der erste serienmäßige 2-Mengen-Spüler der Welt.

Die große Taste ermöglicht eine Spülmenge von 6 Litern nach DIN 3265. Die kleine Taste gibt nur etwa die Hälfte der Norm-Spülmenge frei.

Diese Art von Umweltschutz macht sich schnell bezahlt.

EINZELSICHERUNGEN

Zum Schutz in der Hausinstallation vor Gefährdung oder Beeinträchtigung durch verändertes Trinkwasser.

Damit wird zu jeder Zeit die Qualität des Trinkwassers als wertvollstes Lebensmittel sichergestellt.

SANICONTROL

Die infrarotgesteuerten Sanitärarmaturen reagieren berührungslos – kein Bedienungselement muß von Hand oder Fuß in Gang gesetzt werden.

Der Verbrauch wird so der jeweiligen Anforderung ökonomisch angepaßt.

TWS

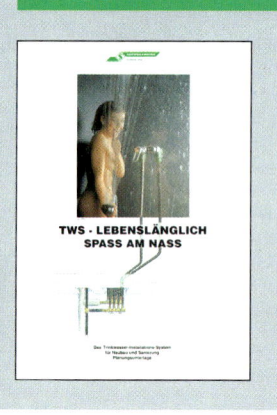

Das professionelle Trinkwasser-Installations-System für Neubau und Sanierung.

Unsere Planungsunterlage zeigt Ihnen effiziente Lösungsmöglichkeiten mit einem Höchstmaß an Rationalität und Qualität.

Wir informieren Sie ausführlich – auch durch den Besuch eines Außendienst-Mitarbeiters. Anruf oder Telefax genügt.

Technische Beratung:

- DUOMAT '90
- Einzelsicherungen

Bereich Armaturen
Haldenstraße 27
4650 Gelsenkirchen
Telefon 02 09 / 40 41 28
Telefax 02 09 / 40 44 96

- SANICONTROL
- TWS

Bereich Systemtechnik
Kurt-Schumacher-Str. 161
4650 Gelsenkirchen
Telefon 02 09 / 94 09 60
Telefax 02 09 / 40 44 98

Qualität ohne Kompromisse

SEPPELFRICKE
Armaturen · Systemtechnik

AQUA

Armaturen für den Einsatz in öffentlichen und gewerblichen Sanitäranlagen.

Wirtschaftlich, hygienisch, komfortabel.

AQUA – weil es um Wasser geht

AQUA

Weitere Informationen erhalten Sie bei:

AQUA BUTZKE-WERKE AG,
Ritterstraße 21-27
Postfach 610340, D-1000 Berlin 61
Telefon (030) 61 01-0
Telex 184581 aqua d,
Telefax (030) 61 01 219